그림 A 중국의 전통 서예가 쉬파 헤(Shuifa He)의 작품.

그림 B 라파엘의 그림 〈아테네학당(The School of Athens)〉에서 계산에 몰두하고 있는 피타고라스.

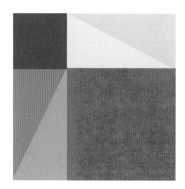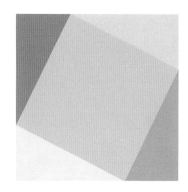

그림 C '가장 간단한' 피타고라스 정리의 증명.

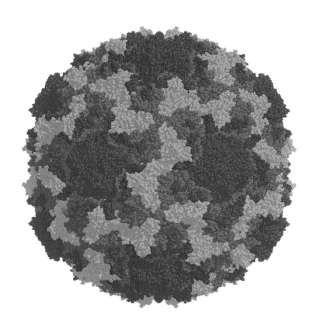

그림 D 전형적인 바이러스의 외골격. 정십이면체와 정이십면체가 섞인 형태이다.

그림 E 살바도르 달리(Salvador Dali)의 〈최후의 성찬식(The Sacrament of the Last Supper)〉. 건물이 정십이면체로 에워싸여 있다.

그림 F 플라톤은 "실체의 깊은 내부 구조를 파악하려면 사물의 외형을 초월해야 한다"고 강조했다.

그림 G 페루지노(G. Perugino)의 〈성 베드로에게 열쇠를 주는 그리스도 (Giving the Keys to Saint Peter)〉. 원근법을 최대로 활용한 작품이다.

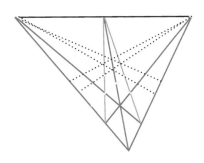

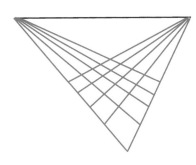

그림 H 원근법의 기하학적 구현.

그림 I 서구의 기독교 문화에서 흰색은 순수함과 권위를 상징한다. 프라 안젤리코(Fra Angelico)의 〈예수의 변형(Transfiguration)〉이 대표적 사례이다.

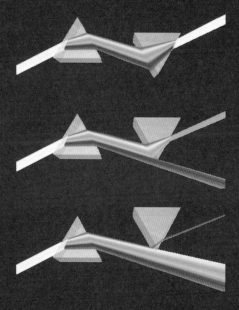

그림 J 백색광이 프리즘을 통과하면 단색광 스펙트럼으로 분리되고, 거꾸로 세워놓은 두 번째 프리즘을 통과하면 다시 백색광으로 합쳐진다.

그림 K 윌리엄 블레이크(William Blake)의
〈연구하는 뉴턴(Isaac Newton at work)〉.

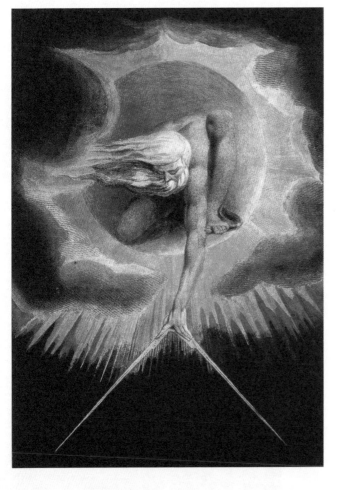

그림 L 윌리엄 블레이크의
〈유리즌(Urizen)〉. 컴퍼스를
들고 있는 창조주의 모습이
〈연구하는 뉴턴〉과 매우 비
슷하다.

그림 M 간단한 수학 규칙을 적용하면 정교하고 아름다운 프랙털 영상을 만들 수 있다. 이 그림은 컴퓨터 시뮬레이션으로 제작한 것이다.

맥스웰 방정식

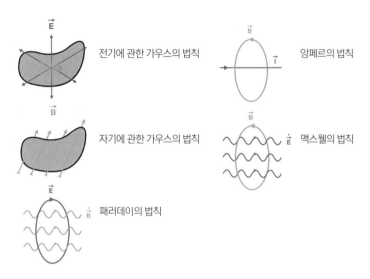

전기에 관한 가우스의 법칙

앙페르의 법칙

자기에 관한 가우스의 법칙

맥스웰의 법칙

패러데이의 법칙

그림 N 전기와 자기, 그리고 빛의 원리가 아름답게 축약된 맥스웰 방정식.

맥스웰의 모순

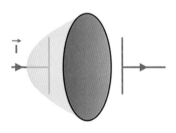

그림 O 맥스웰이 발견하고 해결한 모순. 이 그림에서 전류는 고리를 통과하는가?

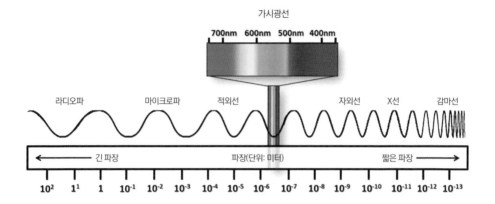

그림 P 맥스웰 방정식의 해는 가시광선을 포함한 모든 빛의 거동을 서술하고 있다. 백색광은 라디오파에서 감마선에 이르는 다양한 단색광으로 이루어져 있으며, 이 모든 것이 전자기파이다.

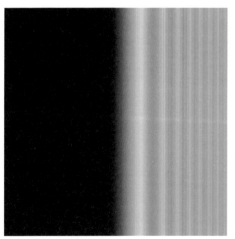

그림 Q 날카로운 면도날에 빛을 쪼였을 때 배경에 드리우는 그림자.

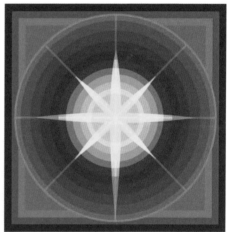

그림 R 고파쿠마르(R. Gopakumar)의 디지털 페인팅 〈신의 아들의 탄생(The Birth of the Son of God)〉.

그림 S 윌리엄 블레이크의 〈천국과 지옥의 결혼(The Marriage of Heaven and Hell)〉의 표지.

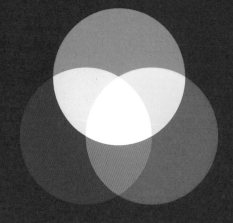

그림 T 적·녹·청색 단색광을 섞으면 노란색, 흰색 등 다양한 색을 얻을 수 있다. 단, 중앙부의 흰색은 태양에서 방출된 백색광과 많이 다르다.

그림 U 두꺼운 종이를 도넛 모양으로 오려서 색을 칠하고 회전시키면 혼합된 색을 볼 수 있다(단, 물감의 혼합이 아닌 빛의 혼합 규칙을 따른다). 또한 도넛 띠의 일부 영역을 검게 칠하면 이 부분에서 빛이 반사되지 않으므로 전체적인 밝기를 조절할 수 있다.

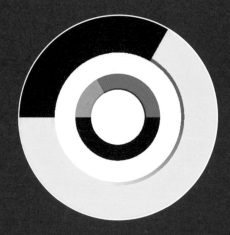

그림 V 클로드 모네의 연작 시리즈 중 하나인 〈건초더미〉. 인상파 화가들은 여러 색을 섞어서 새로운 색감을 창조해냈다.

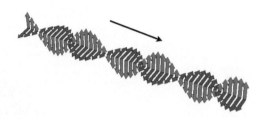

그림 W 맥스웰의 전자기파가 진행하는 모습. 붉은 화살표는 전기장, 푸른 화살표는 자기장을 나타낸다. 이 복잡한 교란(攪亂)은 특정 방향을 따라 빛의 속도로 진행하고 있다!

당신의 눈에 비친 모습

개의 눈에 비친 모습

그림 X 정상적인 사진에 약간의 조작을 가하면 3차원 색을 2차원 색으로 줄일 수 있다. 색을 구별하지 못하는 색맹이나 대부분의 개들은 이와 같은 색감으로 세상을 인지한다.

갯가재(mantis shrimp)의 특별한 눈

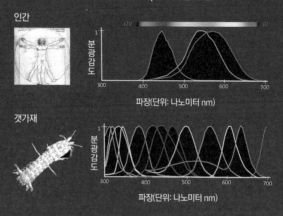

그림 Y 인간의 시각인지 시스템은 세 개의 색수용체로 이루어진 반면, 갯가재는 열 개가 넘는 색수용체를 갖고 있어서 인간보다 훨씬 다양한 색을 인지할 수 있다.

그림 Z 갯가재는 시각 기능이 가장 발달한 생명체이자 가장 화려한 외모를 가진 생명체이기도 하다. 사진 속 갯가재는 사람의 눈에 보이는 모습일 뿐이고 다른 갯가재의 눈에는 훨씬 화려하게 보일 것이다.

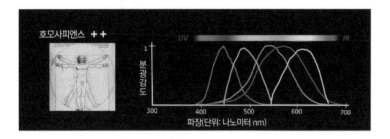

그림 AA 시간 변조를 이용하여 새로운 수신 채널을 추가하면 인간의 색상인지 범위를 넓힐 수 있다. 예를 들어 두 개의 인공 채널을 추가하면 색공간은 3차원에서 5차원으로 확장된다.

R1	R2	R1	R2	R1	R2	R1	R2	R1	R2	R1	R2
R3	R4	R3	R4	R3	R4	R3	R4	R3	R4	R3	R4
R1	R2	R1	R2	R1	R2	R1	R2	R1	R2	R1	R2
R3	R4	R3	R4	R3	R4	R3	R4	R3	R4	R3	R4
R1	R2	R1	R2	R1	R2	R1	R2	R1	R2	R1	R2
R3	R4	R3	R4	R3	R4	R3	R4	R3	R4	R3	R4
R1	R2	R1	R2	R1	R2	R1	R2	R1	R2	R1	R2
R3	R4	R3	R4	R3	R4	R3	R4	R3	R4	R3	R4
R1	R2	R1	R2	R1	R2	R1	R2	R1	R2	R1	R2
R3	R4	R3	R4	R3	R4	R3	R4	R3	R4	R3	R4
R1	R2	R1	R2	R1	R2	R1	R2	R1	R2	R1	R2
R3	R4	R3	R4	R3	R4	R3	R4	R3	R4	R3	R4

그림 BB 네 종류의 소형 색 수신 장치를 주기적으로 배열하면 4차원 색으로 이루어진 영상 정보를 담을 수 있다. 그리고 이와 동일한 배열에서 적어도 하나 이상의 수신 장치에 시간 변조를 적용하면 주어진 정보를 시각화할 수 있다.

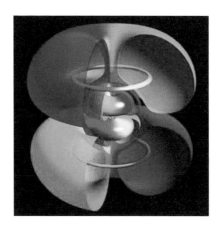

그림 CC 3차원 공간에서 원자를 수학적으로 표현한 그림. 미적 감각이 뛰어나지 않은 사람도 첫 눈에 아름다움을 느낄 수 있다. 이 그림은 수소원자의 들뜬 상태[구체적으로 $(n, l, m) = (4, 2, 1)$인 상태]를 나타낸 것으로, 각 도형의 표면은 전자가 발견될 확률이 동일한 지점이며 전자의 상대적 위상은 색으로 표현되어 있다.

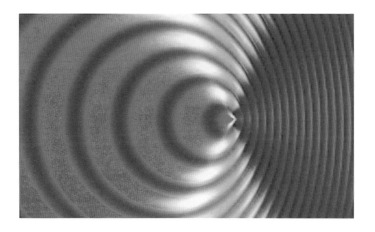

그림 DD 광원과 관측자 사이에 상대속도가 존재할 때 관측자의 눈에 보이는 빛의 색은 상대속도 에 따라 달라진다. 이 그림은 광원이 오른쪽을 향해 광속의 70%로 움직일 때 나타나는 파동의 패턴을 표현한 것이다. 당신이 그림의 오른쪽에 있다면 광원과의 거리가 가까워지고 있으므로 빛 이 보라색 쪽으로 편향되고 왼쪽에 있으면 광원과의 거리가 멀어지고 있으므로 붉은색 쪽으로 편 향된다. 이 그림에서 광원은 중심 근처에 있다.

그림 EE 애너모픽 아트는 관점의 변화뿐만 아니라 더욱 일반적인 변형을 이용한 예술로서 주어진 원형을 투영한 영상은 실제보다 훨씬 크고 심하게 왜곡되어 있다.

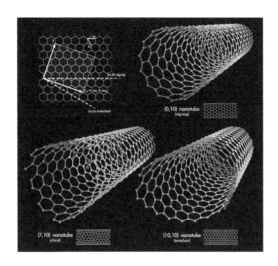

그림 FF 그래핀 시트를 가늘게 말면 길이와 직경이 다양한 나노튜브를 만들 수 있다.

그림 GG 사진 원본에 색 변화를 준 작품 사례. 윗줄 위쪽은 바르셀루나 거리에 있는 한 가자가게의 진열대를 찍은 원본 사진이고, 그 오른쪽은 모든 화소(픽셀)를 일괄적으로 바꾼 사진이다. 아래에 있는 두 사진은 일괄적인 변환이 아니라 사진을 여러 구획으로 나눠서 각 구획마다 다른 변환을 적용한 결과이다. 아랫줄 왼쪽에 있는 사진은 이런 방식으로 원본을 조금 수정한 것이고, 더 큰 변화를 주면 오른쪽 사진처럼 된다.

그림 HH 사원의 벽과 천장에는 기하학과 색, 대칭, 애너모피, 아나크로미가 복합적으로 구현되어 아름다운 장관을 연출한다.

그림 II 한 픽셀의 색상은 R, G, B값에 의해 결정된다. R, G, B는 0~1의 값을 가지므로 구가 아닌 정육면체로 표현하는 것이 가장 그럴 듯하다.

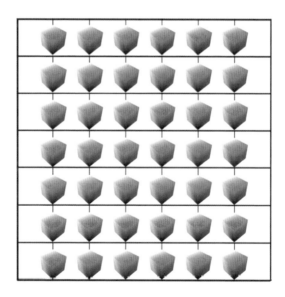

그림 JJ 〈그림 32〉의 구(球)를 R, G, B 정육면체로 대치한 그림. 컴퓨터 모니터의 모든 픽셀에는 이와 같이 정육면체형 3차원 고유차원이 할당되어 있다.

전자기력   약력   강력

그림 KK 고유공간의 개념은 사진의 색을 통해 구체화할 수 있다. 왼쪽 사진은 고유공간을 1차원으로 간소화하여 원본의 G값만 할당한 것이고(R=0, B=0), 가운데 사진은 고유공간을 2차원으로 간주하여 R과 G값만 할당한 사진이다(B=0). 오른쪽 사진은 R=0, G, B값이 모두 할당된 원본이다. 고유공간의 차원과 코어이론의 기본 구조 사이에는 신기한 유사성이 존재하기 때문에 각각 '전자기력', '약력', '강력'이라는 이름을 붙여놓았다.

그림 LL 어안렌즈를 사용하면 현대식 사원의 인테리어에 '2단계 애너모피'가 적용된 효과를 낼 수 있다.

그림 MM 쿼크를 연결하는 힘은 용수철이나 고무줄과 비슷하여, 쿼크들 사이의 거리가 멀어질수록(용수철이나 고무줄이 길게 늘어날수록) 결합력은 강해진다.

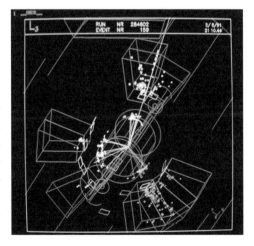

그림 NN 고에너지로 가속된 전자와 반전자(전자의 반입자)가 서로 충돌하여 소멸되면서 나타나는 현상들. 그림에서 볼 수 있듯이 세 그룹의 입자들이 각기 다른 방향으로 빠르게 움직이고 있다. 이 세 줄기의 제트(jet)는 각각 쿼크와 반쿼크, 그리고 글루온의 아비티이다.

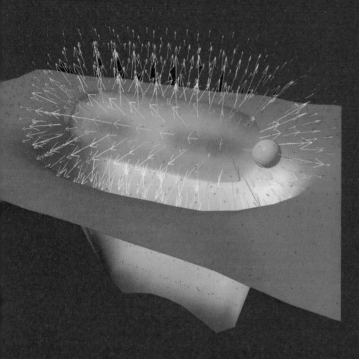

그림 OO 쿼크와 반쿼크가 만드는 역선(力線)은 가느다란 튜브에 집중되는 경향을 보인다. 이 튜브는 쿼크와 반쿼크 사이를 흐르는 색전기장(color electric field)의 선속을 니타낸다. 색전기장을 만든 글루온들은 끈끈한 성질을 갖고 있기 때문에 서로 뭉쳐 다니는 경향이 있다. 이 현상은 쿼크 감금을 설명할 때 핵심적 역할을 한다.

그림 PP 〈그림 OO〉를 조금 변형한 그림. 세 개의 쿼크들이 선속으로 연결되어 있다. 이 그림은 양성자와 같은 중입자의 골격에 해당한다.

그림 QQ 세 개의 선속튜브를 하나로 이으면 삼색으로 이루어진 양자색역학(QCD), 즉 '탈색법칙'
이 얻어진다. 쿼크를 용수철로 이은 〈그림 MM〉은 사실 정확한 표현이 아니다(〈그림 PP〉 참조). 이
것은 나의 노벨상장에 인쇄된 그림인데, 〈그림 MM〉보다 훨씬 정확하다!

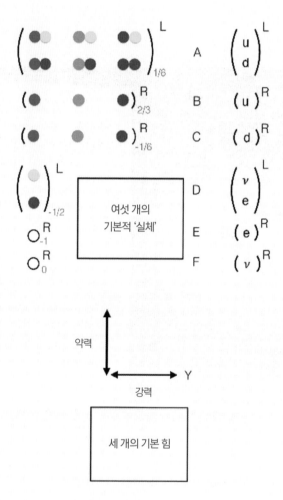

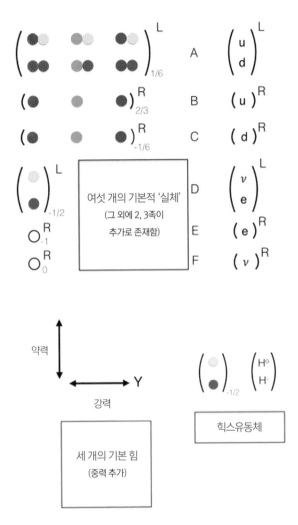

그림 TT, UU 코어이론의 2단계 요약.

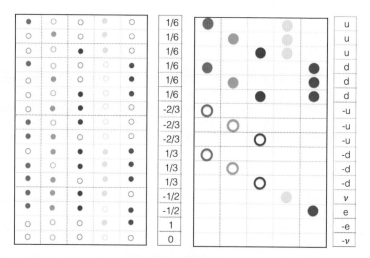

$$Y = -1/3(적+녹+청) + 1/2(노랑+자주)$$

하나의 실체, 하나의 힘

그림 VV, WW 코어이론에 더 큰 대칭을 도입하면 〈그림 RR〉, 〈그림 SS〉를 더욱 간략하게 줄일 수 있으며, 우리의 논의는 '현실=이상형'이라는 최종 아이콘에 더욱 가까워진다. 그림에 관한 설명은 18장에 제시되어 있다.

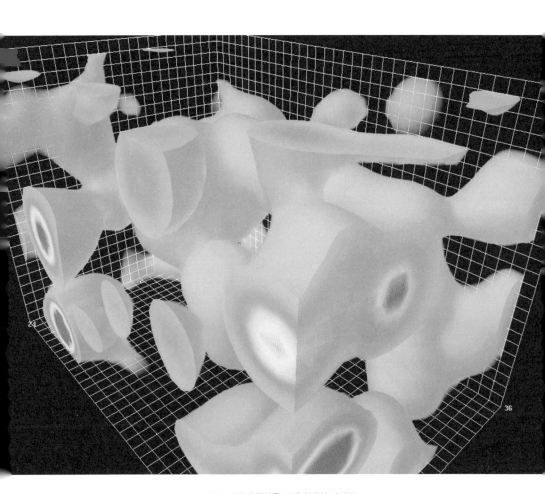

그림 XX 텅 빈 공간을 크게 확대한 상상도.

그림 YY 17세기 이탈리아 화가 카라바조(Caravaggio)의 〈의심하는 도마(Incredulity of Saint Thomas)〉. 도마는 예수의 제자들 중 의심이 가장 많았던 사람으로, 스승의 몸에 난 상처를 손으로 만져본 후에야 그의 부활을 믿게 되었다.

그림 ZZ 레오나르도 다빈치(Leonardo da Vinci)의 명작으로 꼽히는 인체비례도 〈비트루비안 맨(Vitruvian Man)〉. 케플러의 태양계모형이 그랬던 것처럼 이 아름다운 작품도 실체에 대한 잘못된 개념에서 비롯되었다고 한다. (글쎄…. 과연 그럴까?)

그림 AAA 초창기 우주의 구조를 밝히는 데 결정적 단서를 제공했던 마이크로파 우주배경복사 분포도.

뷰티풀 퀘스천

A
BEAUTIFUL
QUESTION

뷰티풀 퀘스천

프랭크 윌첵 지음 | 박병철 옮김 | 김상욱 감수

흐름출판

아름다운 우주에 관한 아름다운 책. 음악과 색각(color vision)에서 최첨단 물리학에 이르기까지 자연에 숨어 있는 아름다움을 생동감 있게 보여준다. 어설픈 지식으로 이런 문제를 다루다 보면 미신 같은 신비적 사조에 빠지기 쉽다. 그러나 프랭크 윌첵이 누구인가? 그는 현존하는 최고의 이론물리학자로서 방대한 지식과 치밀한 사고력으로 정평이 나 있는 사람이다. 그의 설명을 듣고 나면 당신은 우주를 완전히 다른 시각으로 바라보게 될 것이다.

• 로렌스 크라우스(Lawrence Krauss),
《무로부터의 우주(A Universe from Nothing)》의 저자

표지 디자인도 아름답고 내용은 더욱 아름답다. 역시 프랭크 윌첵이다. 세계 최고의 물리학자가 '아름다움'이라는 도구 하나만으로 올바른 질문을 던지고 올바른 답을 찾아냈다. 그의 머릿속에서는 물리학과 예술, 시, 그리고 음악의 구별이 따로 없는 것 같다. 물리학자들은 자신의 이론이 왜 아름답다고 하는가? 이 책에 완전히 몰입하여 끝까지 읽은 후 잠시 쉬면서 생각을 정리하다 보면 "과연 그럴 수밖에 없겠다"는 결론에 도달할 것이다.

• 리처드 뮬러(Richard Muller),
《대통령을 위한 물리학(Physics for Future Presidents)》의 저자

물리학자들이 이론을 설명하면서 왜 자꾸 '아름답다'고 하는지, 그 이유가 궁금했다면 이 책을 꼭 읽어보기 바란다. 당신이 찾던 답이 그 안에 들어 있다. 저자인 프랭크 윌첵은 노벨상을 수상한 최고의 석학으로, 난해한 물리학 이론과 신비적 아름다움을 엮어서 일상적인 언어로 풀어냈다. 그가 아니면 해낼 수 없는 과감하고도 참신한 시도이다.

• 피터 보이트(Peter Woit),

《초끈이론의 진실(Not Even Wrong)》의 저자

이 책은 단순하면서도 흥미로운 질문으로 시작한다. "이 세계에는 아름다운 사고가 구현되어 있는가?" 그리고 그 뒤로 물리학, 예술, 철학 등 경계를 넘나드는 놀라운 설명이 이어진다. 윌첵의 질문은 다음과 같이 바꿔 쓸 수도 있다. "이 책에는 아름다운 사고가 구현되어 있는가?" 답은 자명하다. "Yes!"

• 마리오 리비오(Mario Livio), 천체물리학자,

《찬란한 실수(Brilliant Blunders)》의 저자

양자장 이론에 탁월한 업적을 남긴 프랭크 윌첵이 특유의 창조력을 발휘하여 새로운 분야를 개척했다. 그는 맥스웰의 물리학을 상징하는 거미와 대칭 및 불변성으로 르네상스 예술을 견인했던 사영기하학을 이용하여 애너모픽 아트와 물리학의 국소대칭을 연결시켰다. 물론 그 과정에서 안내자 역할을 한 것은 바로 이 책의 주제인 '아름다움'이다.

• 프랭크 클로우스(Frank Close),
《무한퍼즐과 반감기(The Infinity Puzzle and Half-Life)》의 저자

현대 예술은 아름다움을 상실하고 새로운 진리(또는 추한 진리)를 외면한 채 식상한 기법이 주류를 이루고 있다. 그러나 물리학자인 프랭크 윌첵은 아름다움을 유일한 가이드로 삼아 이 세계의 놀라운 진실에 다가선다. "이 세계는 아름다운가?" 윌첵은 이 간단하고 미묘한 질문에서 시작하여 독자들을 심오한 진리의 세계로 안내하고 있다.

• 재너 레빈(Janna Levin),
《우주의 점(How the Universe Got Its Spots)》의 저자

지난 100년 동안 과학은 진리와 아름다움 그리고 초월적 존재에 대한 '말랑말랑한 질문'을 가차 없이 깔아 뭉개왔다. 물론 이들이 배척된 것은 적대감 때문이 아니라 엄밀한 검증을 통과하지 못했기 때문이다. 따라서 프랭크 윌첵처럼 추상적인 질문을 엄밀한 과학의 영역으로 끌어들이려면 엄청난 용기가 필요하다. 과학과 초월적 존재가 양립하기를 바라는 사람이라면 반드시 읽어야 할 책이다. 윌첵은 변화의 바람을 감지하고 호기심과 통찰 그리고 지적 능력의 비밀스러운 경계를 허무는 데 멋지게 성공했다.

• 디팩 초프라(Deepak Chopra), 의학박사이자 베스트셀러 작가

물리학을 공부해본 사람이라면 책과 씨름하다가 무지의 구름이 걷히는 순간, 수학과 진리가 하나라는 아름다운 생각에 빠져본 경험이 있을 것이다. 윌첵의 책을 읽으면 굳이 수학을 동원하지 않아도 그 아름다움이 결코 허상이 아니었음을 깨닫게 된다.

• 노어 스미스(Noah Smith), 스토니브룩대학교,

'노아피니언(Noahpinion)' 블로그 운영자

현대물리학이 이룩한 위대한 업적과 아직 남아 있는 도전 과제를 정통파 물리학자의 미학적 관점에서 서술한 책이다. 특히 자연을 이해하려는 인간의 탐구정신과 아름다움을 추구하는 미적 감각이 절묘한 조화를 이루고 있다. '과학의 본질은 무엇이며 지금 어디를 향해 나아가고 있는가?' 이 질문의 답을 이 시대 최고의 물리학자에게 듣고 싶다면 이 책이 단연 최선의 선택이라고 자신 있게 말할 수 있다.

> • 리 스몰린(Lee Smolin), 《되살아난 시간과 물리학의 문제들
> (Time reborn and The Trouble with Physics)》의 저자

과학이 태동하기 전에 자연철학이 있었다. 프랭크 윌첵은 명성에 걸맞은 탁월한 설명으로 피타고라스와 코페르니쿠스, 갈릴레오, 뉴턴, 맥스웰, 아인슈타인, 뇌터 등 위대한 석학들이 평생 동안 추구했던 아름답고 심오한 문제와 그 해답을 제시하고 있다.

> • 조지 다이슨(George Dyson),
> 《튜링의 사원(Turing's Cathedral)》의 저자

윌첵은 전문가답게 2500년의 철학과 물리학의 역사 투어로 독자들을 이끈다. 이 책이 정말 재미있는 이유 중 하나는 윌첵이 찾아낸 대칭의 아름다움이 어떻게 인간의 경험에 적용되는지에 대해 그가 얼마나 깊이 관심을 갖고 있는지를 느낄 수 있기 때문이다. 영원불멸한 자연에 대해 직접 질문을 던지며 심오한 인간성을 탐구하는 이 책은 보기 드문 걸작이라 할 수 있다.

• 〈월 스트리트 저널〉

미지의 세계라고 할 만한 영역을 훌륭하게 탐구하는 동시에 입자물리학 이론의 전개 상황을 참신하고 독특한 시각으로 설명해주고 있다.

• 〈네이처〉

이 책은 단 하나의 질문을 다룬다.

"이 세계는 하나의 예술작품인가?"

사실 이 질문은 그 자체로 하나의 예술작품이다. 질문이 철학적, 예술적 상상력을 불러일으키지 않는가. 저자 프랭크 윌첵은 양자색역학의 점근 자유성을 발견한 공로로 2004년 노벨물리학상을 수상한 살아 있는 전설이다. 하지만 고도의 수학을 밥 먹듯이 사용하는 이론물리학자가 했다고 보기에는 다소 모호하고 비과학적인 질문이 아닐까. 윌첵이 이런 이상한 질문으로 책을 한 권 썼다니, 그 자체만으로 눈길을 끌기에 충분하다. 대체 이 세계를 아름다움이라는 잣대로 이해하려는 윌첵의 의도는 무얼까. 물론 이 책의 결론은 이 세계가 예술작품이라는 것이다. 터무니없는 주장 같다면 책을 찬찬히 읽어보시라.

이 책은 고대 그리스 철학자 두 사람을 소환하며 시작된다. 바로 피타고라스와 플라톤이다. 이것을 보면 윌첵이 생각하는 아름다움이 무엇인지 엿볼 수 있다. 피타고라스는 모든 것이 수(數)라고 주장한 사람이다. 윌첵은 피타고라스의 정리를 여러 가지 방법으로 증명하며 수학의 아름다움을 보여주려 한다. 수포자를 대량으로 양산하는 대한민국에서 이 방법이 통할지는 의문이다. 여기서 아름다움을 느낀 독자라면 이 책의 결론에 쉽게 동의하리라. 피타고라스는 음악의 화음이 특별한 정수비와 관계가 있다는 것을 알아낸다. 음악은 수(數)이다. 하지만 우리는 왜 정수비의 진동수를 아름답다고 느끼는가? 여기서 윌 책은 인간이 소리를 인지하는 과정에 대해 이야기한다. 이런 부분이 이 책의 진정한 미덕이다.

플라톤은 다른 방식으로 자연에서 수학을 찾는다. 수학적으로 5개의 정다면체만 존재한다. 플라톤은 세상을 이루는 근본물질이 이 5개 도형에 대응된다고 했다. 이 이론은 과학에서 폐기된 지 오래다. 하지만 자연에 수학이 발현되어 있다는 생각이야말로 현대물리학의 나침반이다. 당신은 이 사실이 아름다운가? 케플러는 태양계 행성들의 위치가 정다면체를 포개어 생긴 구조로 설명된다고 믿었다. 행성들은 기하학이 정한 규칙대로 배치되어 있다. 물론 틀린 생각이지만 아름답다는 생각이 드는가? 이 책에서 이야기하는 아름다움은 바로 이런 것이다.

고대 그리스 철학자들의 생각에 들어 있는 기본 사고는 이렇다.

'자연은 보다 더 근본적이고 추상적인 개념의 발현에 불과하다.'

피타고라스는 이것을 수(數)라고 생각했던 것이고, 플라톤은 이를

'이데아'라 불렀다. 자연이 아름답다면 그것은 그 뒤에 감춰진 이데아 세계의 아름다움에서 근원하는 것이다. 여기에 자연의 예술적 취향이 있다. 자연에서 아름다움을 느끼는 사람이라면 이데아를 보는 훈련을 통해 아름다움의 진정한 근원을 찾을 수 있다.

물리학은 뉴턴에서 시작된다. 뉴턴은 운동의 법칙을 찾았을 뿐 아니라 정교한 수학으로 자연을 기술하는 과학의 방법 자체를 만든 장본인이기도 하다. 자연은 뉴턴이 제시한 미분방정식에 따라 한 치의 오차도 없이 톱니바퀴처럼 정교하게 돌아간다. 오늘날 톱니바퀴에서 아름다움을 찾을 사람은 없다. 하지만 이런 사실을 처음 알았을 때 많은 사람들은 전율을 느꼈다. 종이 쪼가리에 휘갈겨 쓴 수식 한 줄이 우주 모든 물체의 운동을 기술하다니! 다시 말하지만 이것이 이 책에서 주장하는 아름다움이다. 이렇게 본다면 이 책이 말하는 아름다움은 자연이 갖는 예기치 못한 수학적 단순성을 깨달았을 때 느끼는 지적 쾌감에 다름 아니다.

뉴턴은 세상의 모든 색깔이 빛 안에 숨어 있다는 것도 알아냈다. 밝게 보이는 무색의 빛이 빨주노초파남보의 모든 색을 이미 품고 있었던 것이다. 전자기학의 아버지 맥스웰은 색채이론을 더욱 발전시킨다. 세상에는 무수히 많은 색이 있지만 인간은 빨강, 초록, 파랑, 세 가지 색만 볼 수 있다. 각각의 색에 반응하는 세 가지 신경물질만 가지고 있기 때문이다. 동물에 따라 더 많거나 적은 색을 볼 수 있다. 인간이 색을 인지하는 과정에 대한 설명은 단순히 색의 과학을 넘어 그 자체로 아름다움과 직결된 문제다. 아름다움은 기본적으로 시각에서 생기기 때문이다.

맥스웰이야말로 우주의 아름다움을 가장 '월책'적으로 깨달은 사람이다. 자연에 수학적 아름다움이 내재되어 있다면 오히려 아름다움에서 출발하여 자연법칙을 추론하는 것이 가능하지 않을까? 맥스웰은 정확히 이런 방법으로 전자기방정식을 찾았다. 이렇게 찾아진 방정식은 전자기파라는 존재가 있음을 예측하며, 빛이 바로 그 존재다. 월책이 맥스웰을 가장 좋아하는 과학자 1위로 꼽는 것도 무리는 아니다.

이제부터 물리학자들은 자연에서 아름다움을 찾는 것이 아니라 아름다움으로 자연을 규정하기 시작한다. 아인슈타인은 자연이 갈릴레오의 대칭성을 갖는지 생각하다가 특수상대성이론에 도달한다. 아인슈타인은 신에게 다른 선택의 여지가 없다고 생각했다. 갈릴레오의 대칭을 국소(局所)적으로만 적용하면 일반상대성이론이 나온다. 모르는 용어들이 나와 당황스럽다면 이제 책을 읽어야 한다.

'대칭'이리는 단어가 붐쑥 튀어나왔다. 대칭이란 변화를 가해도 변하지 않는 것이라 할 수 있다. 탁구공을 돌려보아도 모양이 같다. 탁구공은 돌리는 변환에 대해 대칭이다. 대칭은 아름다움과도 직결된다.

우리는 좌우대칭인 얼굴을 아름답다고 느낀다. 대칭이라는 아름다움은 자연에 보존법칙을 강제한다. 대칭이 있다면 그에 대응되는 보존법칙이 있어야 한다는 말이다. 누군가 기차에 앉아 있다면 그 사람 주머니에 기차표가 있는 것과 마찬가지다. 자연은 무임승차하지 않는다.

우주 전체를 공간에서 한 방향으로 이동시켜도 우주 전체에 변화가 없다. 그러면 '운동량'이라는 물리량이 보존되어야 한다. 시간에 대해서도 마찬가지인데, 그러면 '에너지'가 보존되어야 한다. 물리학자들이 경험적으로 알고 있던 보존법칙들이 사실 우주가 갖는 대칭에서 기원한다는 것이다. 대칭이라는 아름다움이 물리법칙으로 연역되는 아름다운 예다. 이러한 사실을 알아낸 사람은 에미 뇌터라는 여성과학자다. 여성이라는 단어를 굳이 쓴 이유는 뇌터가 여성이라서 엄청난 차별을 받았기 때문이다. 20세기 초 유럽의 안타까운 역사다.

책의 뒷부분은 윌첵 자신의 이야기다. 그렇다고 한가로운 개인사가 아니다. 그의 이야기는 바로 20세기 중반 물리학의 역사이기도 하다. 윌첵은 대칭이라는 아이디어를 이용하여 원자핵 내부의 세계를 설명하는 이론을 만든다. 이제 우리는 양성자나 중성자보다 더 근본적인 입자들이 있다는 것을 안다. 눈에 보이지도 느껴지지도 않는 세계에서 일어나는 일을 어떻게 상상하고 기술할 수 있을까? 그런 세계에 일상의 경험이나 직관은 통하지 않는다. 하지만 이제 당신도 깨달았을 거다. 자연이 아름답다는 사실을 믿는다면, 아니 자연이 대칭을 갖는다는 것을 안다면 우리는 더 나아갈 수 있다.

물질의 궁극을 탐구하는 입자물리학은 오로지 대칭에 의존하여 앞으로 나아간다. 자연이 마땅히 가져야 대칭을 나열하고 그런 대칭이 강제하는 법칙을 찾는 것이다. 자연이 이렇게 예측된 법칙을 정말 따르는지 실험으로 검증한다. 만약 사실이라면 그 법칙은 이제 진짜 법칙이 되지만, 사실이 아니라면 그 법칙은 폐기되고 다른 대칭을 찾는다. 이렇게 본다면 플라톤도 현대의 물리학자와 크게 다르지 않다. 그는 만물의 근원이 5개의 정다면체라는 대칭성을 갖는 도형에 대응된다고 생각했다. 이렇게 아름다운 기하학적 사실로 자연이 기술되어야 마땅하고 믿었을 거다. 하지만 실험은 그의 생각이 틀렸다고 말해준다. 현대의 많은 물리이론들이 그렇듯이.

처음 질문으로 돌아가자.

"이 세계는 하나의 예술작품인가?"

이제 당신이 답할 차례다.

경희대학교 물리학과교수 김상욱

차
례

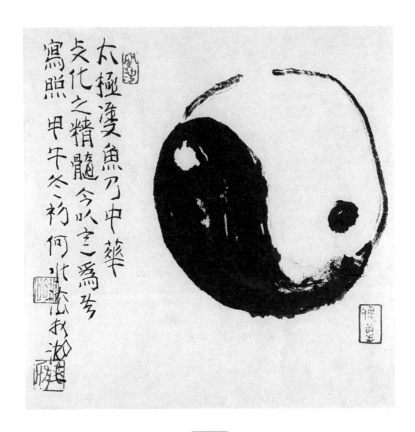

이 책의 출간을 기념하기 위해 중국 전통 서예가인 쉬파 헤(Shuifa He)가 직접 그린 작품이다. 그는 섬세하면서 박력 넘치는 화풍으로 널리 알려져 있으며 꽃, 새, 자연을 대상으로 영적 깊이를 추구하는 여러 작품을 발표했다. 작품의 왼쪽에 적힌 헌정사의 뜻은 다음과 같다. "태극 문양에는 중국 문화의 정수(精髓)가 담겨 있다. 초겨울의 호숫가에서 -쉬파 헤." 두 마리의 물고기가 서로 꼬리를 물고 돌아가는 듯한 태극 문양은 쉬파 헤의 붓끝을 통해 마치 살아 있는 생명체처럼 역동적인 분위기를 창출한다. 잉어처럼 생긴 두 형체는 음(陰)과 양(陽)을 상징하며, 몸에는 눈과 지느러미가 달려 있다. 황하 유역의 허난성에는 세계적으로 유명한 용문폭포가 있는데, 이곳에 사는 잉어는 거센 물살을 거스르며 폭포 위로 뛰어오른다. 물론 대부분은 실패하지만 성공한 극소수는 용이 되어 하늘로 승천한다는 전설이 있다. 물리학자들은 재미 삼아 이 이야기를 '가상입자가 실제입자로 변환하는 과정'에 비유하곤 한다. 여기에는 우주의 기원과 깊이 관련된 양자적 과정이 숨어 있다. 또는 잉어의 몸부림을 '자연을 이해하기 위한 과학자들의 몸부림'에 비유할 수도 있다.

나의 가족과 친구들에게:
제2종의 아름다운 해답을 헌정하며

— 이 책의 뒷부분에 실린 '용어해설'에는 본문에 등장하는 용어의 개념
  이 정리되어 있다. 독자들도 보면 알겠지만 이것은 단순한 용어의 뜻
  풀이가 아니라 하나의 용어를 다양한 관점에서 서술한 일종의 해설이
  다. 그중에는 기존의 용어를 새로운 관점에서 해석한 것도 있다.

— 분량이 많은 주석들은 용어해설 뒤의 '미주'에 모아놓았다. 미주를 잘
  활용하면 본문에서 미처 설명하지 못한 부분과 기술적인 내용을 추가
  로 습득할 수 있다.

— 미주 뒤에 수록된 '추천도서'는 인기 서적이나 교과서를 모아놓은 일
  상적인 목록이 아니라 본문의 특정 주제를 더욱 자세히 다룬 책들의
  목록이다.

— 본문에서 언급된 주요 사건들은 용어해설 앞에 수록된 '물리학 연대
  기'에 연대순으로 정리해놓았다. 물론 모든 사건을 망라한 완벽한 연
  대표는 아니다.

─────

이 책의 아름다운 표지와 쉬파 헤의 그림도 느긋한 마음으로 감상해주기 바
란다. 이 작품에는 자연을 탐구하는 인간의 사고가 아름답게 표현되어 있나.

1장

질문

이 책은 '하나의 질문에 대한 긴 고찰'로 요약된다.

이 세계에는 아름다운 사고가 깃들어 있는가?

다소 생소한 질문이다. 물리적 객체와 사고는 완전히 다른 개념이기 때문이다. '사고(idea)'가 '깃든다(embody)'는 건 과연 무슨 뜻일까?

자신의 사고를 대상물에 투영하는 것은 주로 예술가들이 하는 일이다. 예술가는 관념적인 사고에서 출발하여 물리적 객체(또는 악보와 같은 준-물리적 결과물)를 만들어낸다. 그러므로 우리의 아름다운 질문은 다음과 같이 바꿔 쓸 수 있다.

이 세계는 하나의 예술 작품인가?

　이렇게 질문을 바꾸면 다른 질문이 연달아 떠오른다. 이 세계가 예술 작품이라면 그것은 과연 성공적인 작품인가? 물리적 세계는 예술이라는 측면에서 볼 때 아름다운 면을 갖고 있는가? 물리적 세계에 관한 지식은 과학자의 연구를 통해 축적되지만 앞서 제시한 질문의 답을 찾으려면 예술가의 심미안도 필요하다.

정신적 우주

우주를 정신적 관점에서 바라볼 때 이것은 가장 자연스러운 질문이다. 막강한 에너지와 힘을 보유한 창조주가 이 세계를 만들었다면 그 (또는 그녀, 또는 그들, 또는 그것)의 창조 행위는 '무언가 아름다운 것을 만들겠다'는 충동에서 시작되었을지도 모른다. 그러나 이런 생각은 자연스럽기만 할 뿐, 대부분 종교의 전통적인 교리와는 **많은 차이가 있**다. 종교에서 말하는 창조주는 다양한 속성을 갖고 있지만 미적 감각과 그것을 피조물에 구현하려는 의지는 찾아보기 힘들다.

　아브라함 종교(Abrahamic religions, 믿음의 조상 아브라함의 믿음에서 출발한 종교. 유대교와 기독교, 이슬람교 등이 여기 속한다 – 옮긴이)의 전통적 교리에 의하면 창조주는 선(善)과 정의를 적절히 섞어서 자신의 영광을 드러내는 세계를 창조했다. 물활론적 종교(모든 사물에 영혼이 깃들어 있고 그 영혼이 인간에게 영향을 미친다는 믿음에 기초한 종교 – 옮긴이)와 다신교에서는 여러 신들이 욕정이나 선 또는 풍부함 등 다양한 동기로 세상을 창조하여 자신의 관할 구역을 다스린다고 믿고 있다.

좀 더 고차원적인 신학에서는 '인간은 창조주의 의도를 이해할 수 없으며, 우리는 분석이 아닌 믿음을 통해 그의 의도를 부분적으로 드러낼 수 있을 뿐'이라거나, 간단히 '신은 사랑'이라고 주장한다. 이렇게 상호 모순된 정통 신학에서는 이 세상에 아름다운 사고가 반영된 이유를 궁금해하지 않고 아름다운 사고의 흔적을 애써 찾으려 하지도 않는다. 아름다움은 그들이 말하는 창조론의 일부가 될 수 있지만 핵심은 아니라는 이야기이다.

그러나 예로부터 풍부한 창조력을 가진 많은 사람들은 창조주가 본질적으로 예술가이며, 그의 심미안을 우리가 공유하거나 느낄 수 있다고 믿었다. 그 후 이들의 사상은 수세기에 걸쳐 다양한 질문을 양산하면서 철학과 과학, 문학, 예술 등에 지대한 영향을 미쳤고, 가끔은 이 모든 변화를 집약적으로 반영한 걸작이 탄생하기도 했다. 이런 작품은 모든 인류가 추구하는 아름다움의 표상이자 문명의 중심을 관통하는 금맥이기도 하다.

갈릴레오 갈릴레이(Galileo Galilei)는 물리적 세계의 아름다움을 깊이 신뢰했을 뿐만 아니라 그것을 세상에 널리 알리려고 노력했다.

신의 위대함은 모든 피조물에 투영되어 기적처럼 빛나고, 천상에 펼쳐진 책에 또렷이 기록되어 있다.

요하네스 케플러(Johannes Kepler)와 아이작 뉴턴(Isaac Newton), 제임스 클러크 맥스웰(James Clerk Maxwell)도 신의 영광이 반영된 미적 요소가 물리적 세계에 반드시 존재한다고 굳게 믿었으며, 이들의 신념은 결국 위대한 발견으로 보상받았다.

"우주는 하나의 예술 작품인가?"

이것은 우주의 정신적 측면을 강조할 때 종종 제기되는 질문이다. 그러나 굳이 이런 동기가 아니어도 질문 자체만으로 의미가 있다. 우주를 정신적 단계에서 해석하려는 사람들은 "Yes!"라는 답을 듣고 싶겠지만 반드시 긍정적인 답으로 귀결될 필요는 없다.

이 질문은 앞으로 관련 내용을 좀 더 깊이 분석하여 어느 정도 준비가 되었을 때 다시 생각해보기로 하자.

영웅적인 모험

이 세계를 예술 작품으로 간주하는 관점의 변천사는 예술의 역사와 비슷하다. 예술 분야에서 하나의 독창적 스타일은 오래되었다는 이유로 폐기되지 않으며, 새로운 스타일에 중요한 영향을 미치면서 긴 생명을 유지하곤 한다. 물론 과학에서는 수용성의 한계 때문에 이런 경우가 흔치 않지만, 우리가 제기한 질문에 역사적 관점으로 접근하면 몇 가지 유리한 점이 있다. 가장 큰 장점은 단순한 개념에서 시작하여 점차 복잡한 개념으로 옮겨갈 수 있다는 점이다(사실은 그럴 수밖에 없다). 그리고 위대한 과학자들이 거쳐 왔던 길을 되짚어보면 새로운 개념이 처음에 매우 낯설게 느껴지다가 친숙한 단계를 거쳐 자명해지는 과정을 순차적으로 조명할 수 있다. 또한 인간은 주어진 개념을 이야기로 풀어내거나 특정 이름(또는 얼굴)에 연관시키는 데 익숙하고, 서로 상반된 개념을 평화롭게 조화시키는 데 탁월한 재능을 갖고 있다

(가끔은 이 과정에서 피를 보기도 한다).

이런 장점을 십분 활용하기 위해 피타고라스(Pythagoras)와 플라톤 (Plato), 필리포 브루넬레스키(Filippo Brunelleschi), 아이작 뉴턴, 제임스 클러크 맥스웰 등 과학 영웅들의 이야기로 시작해보자[뒤로 가면 대칭과 관련하여 심오한 법칙을 발견한 여성 수학자 에미 뇌터(Emmy Noether)도 만나게 될 것이다]. 이들은 대중들 사이에 널리 알려진 흥미로운 인물이지만 우리에게는 단순한 인물이 아니라 과학의 전설이자 한 시대를 대표하는 표상이다. 그래서 나는 앞으로 이들의 학문적인 면보다 단순하고 명쾌한 사고 체계를 강조할 생각이다. 다음 장부터 펼쳐질 이들의 전기는 우리의 사고를 단계적으로 확장시켜줄 것이다.

• 피타고라스는 그 유명한 직각삼각형 정리를 통해 숫자들 사이의 근본적인 관계를 발견했고, 다른 한편으로는 도형의 크기 및 형태와 숫자의 관계를 발견했다. 숫자는 순수한 사고의 산물인 반면 도형의 크기와 형태는 겉으로 드러난 물질의 특성이므로 피타고라스의 발견은 마음과 물질이 근본적으로 하나임을 시사하고 있다.

또한 피타고라스는 현악기에서 숫자와 화음의 놀라운 관계를 발견했다. 이 발견으로 마음-물질-아름다움의 삼위일체가 숫자를 통해 완벽하게 완성되었다. 이 얼마나 놀라운가! 피타고라스는 숫자에서 화성(和聲)을 발견한 후 '만물은 숫자로 이루어져 있다'고 결론지었다. 그의 발견과 사색을 통해 우리의 질문은 비로소 생명력을 얻게 된다.

• 플라톤은 사고의 스케일부터 다르다. 그는 다섯 종류의 대칭도형에 기초하여 원자와 우주의 기하학적 이론을 구축했는데, 이 도형

은 2400년이 지난 지금도 '플라톤의 입체'로 회자되고 있다. 물리적 실체를 서술하는 플라톤의 대담한 이론에서 최고의 덕목은 정확함이 아니라 아름다움이었다. 비록 그의 이론은 틀린 것으로 판명되었지만 아름다움을 추구하는 그의 정신은 유클리드(Euclid)와 케플러 등 수많은 후대 과학자들에게 전수되어 역사에 길이 남을 위대한 결과를 낳았다. 현대물리학에서 커다란 성공을 거둔 소립자이론(표준모형)도 대칭의 미학에 뿌리를 두고 있는데, 플라톤이 이 사실을 안다면 매우 흡족해할 것이다. 나는 지금도 미래의 이론을 예측할 때 수학적 아름다움을 최고의 가치로 여겼던 플라톤식 논리를 펼쳐보곤 한다.

플라톤은 뛰어난 문학가이기도 했다. 그가 남긴 '동굴의 비유'는 인간의 탐구와 실체 사이의 관계를 감정적, 철학적으로 표현한 명문으로 알려져 있는데, 대략적인 내용은 다음과 같다. "우리가 실체라고 믿는 주변 사물은 실체의 그림자에 불과하다. 그러나 우리의 감각을 이용하여 그림자를 탐구하면 실체에 가까이 접근할 수 있으며, 그 실체는 그림자보다 훨씬 또렷하고 아름답다." 플라톤은 물질 세계의 창조주인 **데미우르고스**(dēmiourgos, '예술가'로도 해석됨)가 완벽한 세계(Idea, 이데아)에 존재하는 실체를 인간의 세계에 투영하고 있다고 생각했다. 우리 눈에 보이는 세상이 화가의 손을 거쳐 어설프게 비슷한 모습으로 화폭에 옮겨지는 것처럼 이 세계를 '실체가 엇비슷하게 투영된' 하나의 예술 작품으로 간주한 것이다.

• 브루넬레스키는 예술과 공학을 기하학에 구현하기 위해 새로운 개념을 도입한 사람이다. 그가 창안한 **사영기하학**(projective geometry, 射影幾何學)은 사물의 실제 형상을 다루는 기하학으로 상

대성과 불변성, 대칭성 등 새로운 개념을 포함하고 있는데, 이들은 그 자체로 아름다울 뿐만 아니라 다양한 가능성을 내포하고 있다.

• **뉴턴**은 수학을 통해 자연을 이해하는 방식을 전례 없이 정확한 수준으로 끌어올렸다.

뉴턴이 남긴 위대한 업적의 공통 주제는 미적분학과 운동, 그리고 역학으로 귀결된다. 그는 이 방식을 '분석과 종합(Analysis and Synthesis)'이라 불렀다. 이것은 두 단계를 거쳐 이루어지는데, 분석 단계에서는 대상물의 가장 작은 단위(이것을 편의상 '원자'라 하자. 물론 현대물리학이 알아낸 원자와는 다른 개념이다)가 갖고 있는 특성을 몇 개의 정확한 법칙으로 요약한다. 예를 들면 다음과 같은 법칙들이다.

- 빛의 원자는 순수한 스펙트럼 색상을 형성한다.
- 미적분학의 원자는 무한소와 그들의 비율이다.
- 운동의 원자는 속도와 가속도이다.
- 역학의 원자는 힘(force)이다.

(자세한 내용은 나중에 따로 다룰 예정이다.) 그다음으로 종합 단계에서는 각 원자의 거동 방식에 논리적이고 수학적인 추론을 적용하여 여러 개의 원자로 이루어진 물리계의 거동을 서술한다.

언뜻 생각하면 분석과 종합은 별로 인상적이지 않다. '복잡한 문제를 해결할 때는 잘게 나눠서 각개 격파하라'는 상식적 수준의 문제 해결법과 비슷해 보인다. 그러나 뉴턴은 자연을 이해할 때 정확성과 완벽성을 최고의 가치로 삼았다.

"뚜렷한 확신 없이 추론에 의거하여 모든 것을 대충 설명하는 것보다는 아주 작은 일부라도 정확하게 규명하고 확신이 없는 나머지를 미지의 상태로 놔두는 것이 훨씬 바람직하다."

뉴턴은 이 지침을 충실하게 따르면서 자신의 목적을 완벽하게 달성했다. 또한 뉴턴은 '자연 자체도 분석과 종합의 법칙을 따라 운영된다'는 놀라운 사실을 알아냈다. 자연에는 '원자(우리가 알고 있는 전자와 원자핵으로 이루어진 원자를 뜻하는 건 아니다 - 옮긴이)'라는 최소 단위가 정말로 존재했고, 자연은 이들이 원하는 대로 움직이도록 방치하면서 우아하게 작동하고 있었던 것이다.

뉴턴은 물체의 운동이론과 역학을 통해 물리법칙의 개념을 확고하게 정립했다. 그가 알아낸 운동법칙과 중력은 '동적인 법칙(dynamical law)'에 속한다. 즉 이들은 자연의 변화를 다스리는 법칙이다. 피타고라스와 플라톤이 총애했던 '정적인 완벽함'과 달리 동적인 법칙은 새로운 개념의 아름다움을 낳았다.

동적인 아름다움은 특정 물체나 현상을 초월하여 방대한 가능성의 세계로 우리를 인도한다. 예를 들어 실제 행성궤도의 크기와 형태는 이론에서 계산된 것처럼 단순 명료하지 않다. 행성의 궤도는 아리스토텔레스(Aristotle)와 프톨레마이오스(Claudios Ptolemaios), 그리고 니콜라우스 코페르니쿠스(Nicolaus Copernicus)가 상상했던 원이 아니며, 케플러가 예측했던 완벽한 타원도 아니다. 태양계의 모든 행성은 태양과 여타 행성들의 위치와 질량에 따라 매우 복잡한 궤도를 돌고 있어서 정확한 궤도를 알아내려면 수치해석적 방법으로 계산하는 수밖에 없다. 원래 행성의 공전궤도는 매우 단순하고 아름답지만 그 아름다움을 알아보려면 궤도 속에 숨어 있는 심오한 설계를 이해해야 한다. 게다가 하나의 피조물에 내재된 아름다움이 모든 아름다움을 대변하지도 않는다.

• 엄밀히 따지면 '최초의 현대물리학자'는 맥스웰이었다. 그는 새로운 개념의 물리적 실체와 함께 새로운 탐구 방식을 도입하여 전자기학(electromagnetism)이라는 최고의 걸작을 완성시켰다. 여기서 새로운 개념이란 마이클 패러데이(Michael Faraday)의 아이디어를 발전시킨 장(field, 場)을 의미한다. 맥스웰은 물리적 실체의 주성분이 점입자가 아니라 공간을 가득 채우고 있는 장이라고 생각했다. 그리고 맥스웰이 도입한 새로운 방법이란 바로 '영감 어린 추측'이었다. 1864년에 맥스웰은 이미 알려져 있던 전기이론과 자기이론을 하나의 방정식 체계로 통합했으나 현실에 부합되지 않았다. 과거에 플라톤이 네 개의 완벽한 입체도형으로 우주를 서술하려다가 뜻대로 되지 않자 다섯 번째 도형을 끼워 넣었던 것처럼 맥스웰은 여기서 포기하지 않고 누락된 요소를 찾아 끈질기게 파고들었다. 그는 방정식을 면밀히 분석한 끝에 새로운 항을 추가하면 전기와 자기를 서술하는 방정식이 더욱 대칭적인 형태를 띠면서 수학적으로 타당해진다는 사실을 깨달았다. 이것이 바로 그 유명한 맥스웰 방정식(Maxwell equations)이다. 이 방정식은 전기와 자기를 하나의 이론으로 통합했을 뿐만 아니라 빛이 전자기파(electromagnetic wave)임을 입증함으로써 오늘날까지 전자기학의 기본 이론으로 통용되고 있다.

물리학자의 '영감 어린 추측'은 어디서 오는 것일까? 논리적 타당성도 물론 중요하지만 이것만으로는 부족하다. 맥스웰을 비롯한 현대물리학자들을 진리의 길로 인도한 것은 아름다움과 대칭이었다(자세한 내용은 뒤에서 다룰 예정이다).

또한 맥스웰은 색채인식원리를 연구하던 중 플라톤의 동굴의 비유가 옳았음을 다시 한 번 확인했다. 인간이 인지할 수 있는 색이 자연에 존재하는 다양한 색채들 중 극히 일부에 불과했던 것이다. 그리고 후대에 사는 우리는 인지력의 한계를 알고 있기에 그 한계를 뛰어넘으려는 시도를 할 수 있었다. 우리의 감각을 향상시켜주는 모든 도구들은 이와 같은 탐구 정신의 산물이다.

양자역학의 성취

우리의 질문에 "Yes!"라는 답이 확실하게 내려진 것은 20세기에 출현한 양자역학 덕분이었다.

우리는 양자역학을 통해 비로소 물질의 실체를 알게 되었다. 여기 등장하는 방정식은 '표준모형'이라는 거대한 이론의 한 부분이다. 그런데 나는 이 하품 나는 이름을 다음과 같이 바꾸고 싶다[나는 《존재의 가벼움(The Lightness of Being)》을 집필할 때부터 표준모형의 개명 운동을 벌여왔다].

표준모형(standard model) → 코어이론(core theory)

이 이름이 적절한 이유는 다음과 같다.

1. '모형'이라는 단어에는 '진짜가 나타날 때까지 임시로 쓰다가 결

국은 폐기될 그 무엇'이라는 뉘앙스가 담겨 있다. 그러나 '코어이론(핵심이론)'은 말 그대로 물리적 실체를 서술하는 이론이라는 뜻이며, 여기에는 '미래에 등장할 진짜배기'까지 포함되어 있으므로 훨씬 적절한 이름이다.

2. '표준'이라는 단어에는 '전통적'이라는 뜻과 함께 '이보다 더 우월한 무언가가 존재한다'는 뜻이 내포되어 있다. 그러나 지금으로서는 표준모형보다 더 우월한 이론을 찾을 수 없다. 코어이론은 앞으로 수정·보완되겠지만 이론의 핵심은 변하지 않을 것이다. 수많은 증거들이 이를 입증하고 있다.

코어이론은 아름답다. 이 이론에는 원자와 빛의 거동을 서술하는 방정식이 등장하는데, 악기의 소리를 서술하는 방정식과 형태가 매우 비슷하다. 물질세계의 최소 단위부터 우아한 설계가 개입되어 있는 것이다.

네 개의 힘(중력, 전자기력, 약한 핵력, 강한 핵력)을 설명하는 코어이론의 중심에는 **국소대칭**(local symmetry)이라는 원리가 공통적으로 적용된다. 이 책을 읽다 보면 알게 되겠지만 국소대칭원리는 피타고라스와 플라톤이 열성적으로 추구했던 '조화'와 '개념적 순수함'을 곳곳에 간직하고 있으며, 가끔은 그것을 초월하는 경우도 있다. 또한 이 원리는 브루넬레스키의 예술적 기하학과 천연 색채에 대한 뉴턴과 맥스웰의 통찰을 기반으로 하면서 이것마저도 초월해 있다.

물질의 분석에 관한 한, 코어이론은 목적을 훌륭하게 달성했다. 이 이론을 적용하면 굳이 실험이나 관측을 하지 않아도 우주에 존재하는 원자핵, 원자, 분자, 그리고 별의 종류를 '예측'할 수 있으며, 트랜지스터와 레이저, 대형 강입자충돌기(Large Hadron Collider, LHC) 등 여러 개의 입자로 이루어진 복잡한 구조물을 통제할 수 있다. 또한 코어이론의 방정식은 우리의 상상을 초월할 정도로 정확한 수준까지 검증되었으며, 화학, 생물학, 공학, 천체물리학에서 요구하는 것보다 훨씬 극단적인 환경에도 적용될 수 있다. 물론 아직 이해하지 못한 부분이 없는 것은 아니지만(이 부분은 잠시 후에 공개할 예정이다!) 우리 몸을 구성하는 물질의 기본단위와 일상적인 삶에서 마주치는 대부분의 현상들은 코어이론으로 설명 가능하다(화학자와 공학자, 천체물리학자들의 일상적인 삶도 여기 포함된다).

이처럼 코어이론은 다양한 분야에서 막강한 위력을 발휘하고 있으나, 아직은 완전한 이론으로 보기 어렵다. 물리적 실체에 관한 서술은 매우 믿음직하지만 최고 수준의 미학적 아름다움에는 아직 도달하지 못했기 때문이다. 코어이론은 방정식의 균형이 맞지 않고, 연결관계가 명확하지 않은 몇 개의 부분으로 이루어져 있으며, 암흑물질(dark matter)과 암흑에너지(dark energy)를 아직 이론 체계 안에 포함시키지 못했다. 이들은 우리의 삶에 직접적인 영향을 미치지 않지만 성간 공간(별들 사이의 공간)과 은하들 사이의 빈 공간에 널리 퍼져 있으면서 우주의 질량을 좌우하는 것으로 추정된다. 이 정도면 아름다움의 근원을 추구하는 우리의 입장에서 볼 때 그다지 만족스러운 이론이 아니다.

이 세계의 중심에서 아름다움의 진수를 살짝 맛본 우리는 지금의 코어이론에 결코 만족할 수 없다. 아름다움의 근원을 찾는 여정에서 가장 믿을 만한 가이드는 아름다움, 그 자체이다. 앞으로 나는 자연의 서술법을 더욱 아름답게 개선하는 한 가지 방법을 공개할 것이다. 나는 개인적으로 영감 어린 추측을 선호하며, 영감의 주원천은 바로 '아름다움'이다. 그동안 입자물리학을 연구하면서 이 덕을 여러 번 보았는데, 자세한 내용은 나중에 다루기로 한다.

아름다움의 다양성

예술가들은 자신만의 스타일을 갖고 있다. 르누아르의 특징인 희미한 색채와 렘브란트의 신비로운 그림자, 그리고 라파엘의 우아한 화풍에는 공통점이 거의 없다. 모차르트와 비틀스, 루이 암스트롱의 음악도 마찬가지이다. 이들의 음악을 듣고 누구의 곡인지 헷갈리는 사람은 없을 것이다. 물리적 실체에 투영된 아름다움에도 특별한 스타일이 존재한다. 자연은 예술가처럼 고유의 스타일을 갖고 있다.

자연의 예술을 음미하려면 자연만이 갖고 있는 스타일에 공감할 수 있어야 한다. 갈릴레이는 이것을 다음과 같이 멋진 글로 표현했다.

[자연]철학은 우리 눈앞에 펼쳐진 위대한 책에 낱낱이 기록되어 있다. 그 책이란 다름 아닌 우주, 그 자체이다. 그러나 거기 사용된 언어와 기호부터 배우지 않으면 내용을 이해할 수 없다. 이 책은 수학이라는 언어로 적혀 있으며, 사용된 기호는 삼각형이나 원 등 기하학적 도형들이다. 이 기호의 의미를 모른다면 책의 내용을 한 구절도 해석하지 못한 채 어두운 미궁 속을 헤맬 수밖에 없다.

오늘날 우리는 이 위대한 책의 상당 부분을 독파하고 뒷부분에까지 도달했는데, 마지막 몇 개 장(章)은 갈릴레이가 알고 있던 유클리드 기하학이 아닌 낯선 언어로 적혀 있다. 이 부분에 익숙해지려면 평생을 매달려야 한다(최소한 대학원에서 몇 년 동안 씨름을 벌여야 한다). 그러나 예술사를 공부하여 석사 학위를 받았다고 해서 세계 최고 수준의 작품을 만들거나 예술의 심오한 경지를 체험한다는 보장은 없으므로, 나는 이 책에서 자연이 선호하는 예술적 스타일을 가능한 한, 쉬운 언어로 전달하고자 한다. 독자들이 이 책을 끝까지 읽고 나면 분명히 어떤 보상을 받게 될 것이다. 아인슈타인의 말이 이것을 입증하고 있다.

신은 미묘한 존재지만 악의는 없다.

자연의 예술적 스타일은 크게 다음 두 가지로 요약된다.

- 대칭: 자연은 조화와 균형, 그리고 절묘한 비율을 통해 사랑을 구현한다.
- 경제성: 자연은 최소한의 방법으로 다양한 효과를 낳는다.

이 책을 읽으면서 앞에 언급한 스타일이 모습을 드러내고, 자라나고, 개선되는 과정을 주의 깊게 지켜보기 바란다. 과거의 인간들은 직관과 기대감으로 자연을 바라보았지만 지금은 정확하고 강력한 도구를 이용하여 좀 더 실체에 가까운 모습을 볼 수 있게 되었다.

그런데 자연은 자신이 갖고 있는 다양한 아름다움을 모두 보여주지 않고, 대부분을 은밀한 곳에 숨겨놓고 있다. 자연의 운영 체계가 원래 그런 식으로 설계되어 있다. 인간으로서 느끼는 행복과 멋진 작품에 대한 관심, 동물과 자연에 대한 사랑 등 우리가 갖고 있는 미적 취향은 자연의 운영 체계에 끼어들 여지가 없다. 다행히도 우리는 과학이 전부가 아닌 세상에서 살고 있는 것이다.

개념과 실체: 마음과 물질

우리의 질문은 두 가지 방향으로 해석될 수 있다. 하나는 아름다움의 원천을 바깥에서 찾는 것이다. 지금까지 언급된 내용은 대부분 이 방향으로 치중되어 있다. 그러나 다른 방향도 이에 못지않게 매력적이다. 우리의 미적 감각이 물리적 세계를 통해 발현된다는 것은 바깥세계뿐만 아니라 우리의 내면에도 아름다움과 관련된 무언가가 존재한다는 뜻이다.

인간이 자연의 법칙을 발견한 것은 진화의 역사에서 볼 때 비교적 최근의 일이다. 게다가 이 법칙들은 현미경과 망원경으로 들여다보거나, 원자와 원자핵을 분해하거나, 길고 긴 수학적 논리를 거치는 등 전혀 자연적이지 않은 정교한 조작을 거쳐야 비로소 그 모습을 드러낸다. 우리의 미적 감각으로는 자연의 작동원리를 인지할 수 없다는 이야기이다. 그러나 어떤 도구를 사용했건 자연의 아름다움을 한번이라도 보기만 하면 우리의 미적 감각은 강렬한 자극을 받게 된다.

이렇게 물질과 마음은 기적 같은 조화를 이루고 있다. 이 기적을 설명하지 못하면 우리의 질문은 영원히 미지로 남을 수밖에 없다. 둘 사이의 조화는 대체 어디서 온 것일까? 앞으로 이 문제를 여러 번 반복해서 다루게 될 텐데, 지금 당장은 다음 두 가지 가능성을 예측해볼 수 있다.

1. 인간은 외부로부터 정보를 수집할 때 상당 부분을 시각에 의존하고 있다. 물론 무언가를 보려면 빛이 있어야 한다(그 이유는 확실치 않지만 가장 깊은 영역에서 이루어지는 사고도 빛의 영향을 받는다). 예를 들어 인간은 사영기하학을 이해하는 능력을 어느 정도 갖고 태어난다. 이 능력은 두뇌와 연결되어 있어서 망막에 맺힌 2차원 영상을 자연스럽게 3차원 영상으로 해석할 수 있다.

우리의 뇌는 3차원 공간에 놓인 3차원 물체를 인식하는 데 탁월한 능력을 발휘한다. 이 작업을 수행하려면 엄청나게 많은 계산이 필요한데, 모든 과정이 무의식적으로, 그것도 순식간에 이루어지고 있다. 물체에서 반사되거나 방출된 빛이 직선 경로를 따라 망막에 2차원 영상으로 맺히면 우리의 뇌는 이것을 재빨리 3차원 영상으로 복원한다. 사영기하학을 공부해본 사람은 알겠지만 이것은 많은 양의 계산을 요하는 복잡한 문제이다. 게다가 대부분의 경우 망막에 도달한 정보가 턱없이 부족하여 이론적으로는 3차원 영상을 복원하기가 거의 불가능하다. 일단 특정 물체를 배경에서 분리하는 것부터 만만치 않다. 우리는 물체의 색상과 질감, 외곽선 등 경험을 통해 누적된 지식을 총동원하여 이 작업을 수행하고 있다. 배경과 물체를 성공적으로 분리했다 해도 이 결과를 기하학적으로 해석하기란 보통 어려운 일이 아니다. 그러나 다행히도 자연이 우리에게 '시각피질(visual cortex)'이라는 탁월한 정보 처리 장치를 부여한 덕분에 우리는 친구들과 정신없이 대화를 나누는 와중에도 이 복잡한 연산을 아무렇지 않게 수행할 수 있다.

인간에게 시각이 없었다면 우주를 탐구하는 천문학도 탄생하지 못했을 것이다. 우리의 선조들은 규칙적인 별의 운동과 다소 불규칙적인 행성의 운동을 관찰하다가 '법칙에 따라 운영되는 우주'를 떠올렸고, 수학적 기준에 따라 우주를 관측하고 서술하는 방법을 개발했다. 수학적 우주는 잘 쓰인 교과서처럼 다양한 난이도의 연습문제를 포함하고 있었다.

현대물리학의 시대로 넘어오면서 물리학자들은 빛이 물질과 같은 형태임을 깨달았고, 물질에 대한 이해가 깊어지면서 물질도 빛과 유사한 성질을 갖고 있다는 놀라운 사실이 밝혀졌다. 빛에 대한 관심과 경험이 또 하나의 긍정적 결과를 낳은 것이다.

주로 냄새를 통해 주변 환경을 인식하는 동물들은 지능이 제아무리 높다 해도 우리처럼 물리학을 습득하기가 쉽지 않다. 여기서 한가지 재미있는 상상을 해보자. 개들이 특별한 유전자를 발달시켜서 고도의 지능으로 사회를 구축하고 언어까지 사용하면서 지금보다 훨씬 흥미로운 삶을 살게 되었다. 그러나 시각 능력은 예전과 비슷하여 물리적 세계를 인간만큼 깊이 이해하지는 못했다. 이들은 거대한 화학 실험 장비와 다양한 요리법을 개발하고 최음제와 프루스트 풍의 문학작품을 즐길 수도 있으며 기억력도 매우 뛰어날 것이다. 그러나 이들은 지능에 비해 시각 능력이 매우 떨어지기 때문에 사영기하학을 인간만큼 깊이 이해할 수 없다. 냄새는 화학적 감각이므로 분자 단계에서 일어나는 사건을 이해하는 데 어느 정도 도움은 되겠지만 냄새로부터 분자가 따르는 법칙을 유추하고 더 나아가 물리학을 구축하는 것은 거의 불가능에 가깝다.

반면에 새들은 우리처럼 시각에 의존하는 동물이다. 게다가 새들은 물리학을 구축하는 데 인간보다 유리한 조건을 갖추고 있다. 새는 하늘을 날 수 있으므로 3차원 공간에 존재하는 근본적 대칭을 인간보다 쉽게 인지할 수 있다. 게다가 이들은 마찰이 거의 없는 공간에서 움직이기 때문에 운동의 규칙(특히 질량의 역할)을 일상생활 속에서 온몸으로 느끼며 살아간다. 직접 확인할 수는 없지만 하늘을 나는 조류는 고전역학과 갈릴레이의 상대성운동이론, 그리고 유클리드 기하학을 직관적으로 이해하고 있을지도 모른다. 만일 새들이 고도의 지능을 갖고 있다면 인간보다 훨씬 빠르게 물리학을 구축할 수 있을 것이다. 반면에 인간은 마찰이 모든 것을 지배하는 땅 위에서 살아왔기 때문에 경험에 기초한 아리스토텔레스의 역학을 수정하기까지 거의 2000년 동안 사투를 벌여야 했다!

음파로 주변 환경을 파악하는 돌고래와 박쥐도 흥미로운 비교 대상이지만 갈 길이 먼 관계로 자세한 이야기는 생략한다. 이들이 고도의 지능을 갖추면 어떤 세상을 만들게 될지 각자 생각해보기 바란다.

여기서 알 수 있는 사실은 이 세계를 해석하는 방법이 유일하지 않다는 것이다. 특히 생명체가 느끼는 세계는 그들이 주로 사용하는 감각기관에 따라서 얼마든지 달라질 수 있다. 이런 점에서 볼 때 우리의 우주는 태초부터 '다중우주(multiverse)'에 가까웠다.

2. 우리가 자연에서 수집한 정보는 극히 부분적인데다 필요 없는 정보가 다량으로 섞여 있기 때문에 자연을 정확하게 이해하려면 정교한 추론을 펼쳐야 한다. 또한 외부세계와 상호작용을 교환하고, 결과를 예측하고, 그 결과를 실체와 비교함으로써 올바르게 '보는' 방법도 터득해야 한다. 우리의 예측이 옳은 것으로 판명되면 기쁨

과 만족감이 보상으로 주어진다. 바로 이 보상 때문에 무언가를 배우려는 의지가 싹트고 미적 감각이 자극되는 것이다.

이런 사실을 종합하면 우리가 물리학에서 흥미로운 현상을 발견하려고 애쓰는 이유를 설명할 수 있다. 무엇보다도 인간은 '놀라운 경험'에 높은 가치를 부여하는 경향이 있다(단, 놀라운 정도가 도를 넘으면 안 된다). 일상적이고 표면적인 현상은 성취동기를 자극하지 않을뿐더러, 그 원인을 알아낸다 해도 주어지는 보상이 별로 없다. 그리고 아예 이해가 불가능한 패턴은 우리의 도전 정신을 자극하지 않는다. 이런 것은 그냥 잡음일 뿐이다.

자연이 대칭성과 경제성에 기초하여 작동한다는 것은 우리에게 커다란 행운이다. 빛의 경우에 그랬던 것처럼 이 원리를 따라가면 특정 결과를 예측할 수 있고 많은 것을 새로 배울 수 있다. 대칭성을 가진 물체는 일부만 봐도 전체 형태를 (정확하게) 유추할 수 있으며, 물체의 거동 방식을 잠시만 들여다봐도 향후 운동을 (꽤 정확하게) 예측할 수 있다. 그러므로 자연의 대칭과 경제성은 우리가 찾는 아름다움의 원천인 셈이다.

새로운 개념의 해석

독자들은 앞으로 '오래된 개념'과 '조금 덜 오래된 개념'을 거쳐 완전히 새로운 개념을 접하게 될 텐데, 그중 가장 중요한 부분을 미리 짚고 넘어가는 게 좋을 것 같다.

앞으로 언급될 코어이론의 수학적 측면과 향후 전망은 나의 개인적 연구에 기초한 것이다. 물론 다른 물리학자들의 연구도 많은 도움이 되었다. 특히 여분차원(extra dimensions)과 관련된 색장이론(color field theory, 色場理論)과 국소대칭에 관한 이야기는 (내가 아는 한) 완전히 새로운 개념이다.

학습 동기를 촉진하는 데 주안점을 둔 나의 이론은 독자들의 미적 감각을 발전시키는 데 기여할 뿐만 아니라 음악적 화성에 적용하면 피타고라스의 음계를 논리적으로 설명할 수 있다. 나는 이 이론을 꽤 오랜 세월 동안 연구해왔는데, 일반 대중에게 공개하는 것은 이번이 처음이다. 그러므로 독자들은 이 책을 '매수자 위험 부담 원칙(caveat emptor, 구매한 물품의 하자 유무를 확인하는 책임은 구매자에게 있다는 원칙 - 옮긴이)'에 입각하여 읽어야 한다.

색상인지에 관한 나의 이론은 지금 한창 연구되고 있는 분야로서 이를 적용한 상품이 조만간 출시될 예정이며 관련 특허는 이미 출원해놓은 상태이다.

보어(Niels Bohr)가 지금까지 살아 있다면 상보성(complementarity, 相補性)에 관한 나의 대략적인 해석을 평가해달라고 부탁하고 싶은데, 그가 나의 부탁을 들어줄지는 살짝 의심스럽다.

2장

피타고라스: 사고와 객체

그림자 피타고라스

기원전 570~495년에 걸쳐 피타고라스라는 인물이 살았다고 한다. 그러나 그에 대해 알려진 내용은 거의 없다. 독자들이 그의 이름에 친숙한 것은 한참 후에 발간된 전기 덕분인데 모순된 글이 곳곳에서 발견되는 것으로 보아, 아마도 상당 부분이 사실과 다를 것으로 추측된다. 그의 전기는 숭고함과 어리석음, 그리고 믿기 어려운 초자연적 이야기를 적절히 섞어놓은 소설을 떠올리게 한다.

피타고라스의 생애는 시작부터 황당하다. 그는 아폴론 신의 아들로 태어나 넓적다리가 금빛으로 빛났다고 한다. 그가 정말로 채식주의자였는지도 확실치 않다. 피타고라스가 제자들에게 내린 금지령 중에 가장 이해하기 어려운 것은 '콩에 영혼이 깃들어 있으니 먹지 말라'는 것이었는데, 그보다 먼저 출간된 전기에서는 '절대로 그런 적이 없다'며 강하게 부인하고 있다. 다만 피타고라스가 영혼의 윤회를 굳게 믿고 제자들에게 주입시켰다는 것은 동일한 내용을 구체적으로 명시한 전기가 몇 권 있으므로 어느 정도 믿을 만하다(물론 하나같이 의심스럽긴 하지만…). 2세기 고대 로마의 수필가였던 아울루스 겔리우스(Aulus Gellius)에 의하면 피타고라스는 네 번의 전생을 기억했으며, 그중 한 생은 알코(Alco)라는 이름의 아름다운 매춘부로 살았다고 한다. 또 크세노파네스(Xenophanes, 기원전 6세기경 그리스의 철학적 서사시인 - 옮긴이)에 따르면 피타고라스는 주인에게 얻어맞고 비명을 지르는 개에게 다가가 '개에게서 오래전에 죽은 친구의 목소리를 들었다'며 때리는 주인을 뜯어말린 적도 있고 가끔은 동물들을 상대로 설교를 늘어놓기도 했다.

'스탠퍼드 철학백과사전'(인터넷에서 무료로 조회할 수 있음)에는 피타고라스에 대하여 다음과 같이 적혀 있다.

피타고라스는 오늘날 일반 대중들 사이에 '수학과 과학의 대가'로 알려져 있으나, 살아 있을 때는 물론이고 사후 150년경(플라톤과 아리스토텔레스가 활동했던 시기)까지 그를 수학자나 과학자로 칭하는 사람은 없었다. 그 무렵 피타고라스는 다음과 같은 사람으로 알려져 있었다.

1. 사후 세계 전문가: 그는 영혼 불멸과 윤회를 굳게 믿었다.
2. 종교 의식 전문가
3. 금빛 넓적다리를 가진 기적 수행자: 그는 두 장소에 동시에 존재할 수 있었다.

　　　　　　　　　　　　　　　　　　　　　　뷰티풀 퀘스천

4. 엄격한 식이요법과 종교의식, 자기 수행법 등을 개발한 규율가

피타고라스를 연구하다 보면 책마다 내용이 조금씩 달라서 몹시 혼란스럽다. 분명한 사실은 그가 그리스의 사모스 섬에서 태어나 많은 곳을 여행했고, 유별난 종교 단체를 설립했다는 것이다. 그가 창안한 종교의식은 한때 이탈리아 남부의 크로토네에서 널리 성행했고 여러 곳에 수도원이 건립되었으나 그가 죽은 후 정책적으로 금지되었다. 피타고라스의 추종자들은 비밀 단체를 결성하고 지적 신비주의와 불가사의를 깊이 파고들면서 동시대 사람들을 불편하게 만들었다(이들은 남녀를 차별하지 않았다). 흔히 '피타고라스학파(Pythagorean Brotherhood)'로 알려진 이 단체는 수와 화성을 숭배하고 그 안에서 자연의 심오한 구조를 찾기 위해 노력했는데, 잠시 후 언급되겠지만 실제로 이들은 세상 사람들이 모르는 중요한 사실을 알고 있었다.

진짜 피타고라스

'스탠퍼드 철학백과사전'을 계속 읽어보자.

문헌에 의하면 피타고라스는 엄밀한 증명을 추구하는 수학자가 아니었으며, 실험을 통해 자연의 특성을 탐구하는 과학자도 아니었다. 사실 그는 인간과 자연의 일반적인 순환 속에서 수학적 관계를 찾아내는 신비주의자에 가까웠다.

영국의 철학자 버트런드 러셀(Bertrand Russell)의 평가는 좀 더 명쾌하다.

그는 아인슈타인과 메리 베이커 에디(Mary Baker Eddy, 크리스천사이언스의 설립자로 과학과 기독교를 조합하여 영적 치유과학을 개발한 인물 – 옮긴이)의 중간쯤 되는 인물이었다.

피타고라스의 추종자들은 자신이 발견한 것을 대부분 피타고라스의 공적으로 돌렸다. 스승의 이름을 빌리면 권위가 더 서고, 스승의 평판이 높아질수록 단체의 입지도 더욱 확고해지기 때문이다. 그래서 피타고라스는 수학과 물리학, 음악, 신비학, 철학, 도덕 등 다양한 분야에서 마치 신 같은 존재로 알려지게 되었다. 이 대단한 인물이 우리가 알고 있는 '진짜 피타고라스'이다.

앞에서 말한 '그림자 피타고라스(문헌에 기록된 피타고라스)'를 방금 언급한 진짜 피타고라스와 동일시해도 크게 틀리지는 않을 것이다. 진짜 피타고라스가 수학과 과학에 남긴 위대한 업적은 그림자 피타고라스가 권장했던 삶의 방식과 그가 설립한 단체에 그대로 투영되어 있기 때문이다.

피타고라스의 외모는 16세기 르네상스 화가 라파엘의 작품에 남아 있다(〈그림 B〉). 이 그림에는 추종자들에게 에워싸인 채 위대한 책을 저술하는 피타고라스가 생생하게 표현되어 있는데, 그가 죽고 거의 1000년이 지난 후에 그린 그림이므로 그다지 믿을 만한 자료는 아니다.

모든 것은 수(數)이다

라파엘의 그림에서 피타고라스가 무슨 글을 쓰고 있는지 확인할 길은 없지만 아마도 그가 남긴 가장 유명한 말을 기록하는 모습이 아닐까 상상해본다.

> 모든 것은 수이다(All Things Are Number).

2500년 전에 피타고라스가 했던 말을 이제 와서 해독하기란 결코 쉬운 일이 아니다. 사람들은 흔히 이 말을 '자연의 가장 중요한 요소는 수이다'라는 뜻으로 해석하고 있지만 그의 명성과 업적으로 미루어볼 때 그 이상의 뜻이 담겨 있을 가능성이 높다. 지금부터 우리의 상상력을 총동원하여 그가 남긴 말의 뜻을 추적해보자.

피타고라스의 정리

뭐니 뭐니 해도 피타고라스가 남긴 업적 중 가장 유명한 것은 단연 '피타고라스의 정리'일 것이다. 그는 이 정리를 발견하고 너무 기쁜 나머지 채식주의 교리를 잠시 잊고 소 100마리를 잡아서 예술과 학문의 여신 뮤즈에게 바쳤다.

콩조차 먹지 않던 그가 소를 대량 학살할 정도로 흥분한 것이다. 대체 왜 그랬을까?

피타고라스의 정리는 직각삼각형의 특성에 관한 정리이다. 즉 직

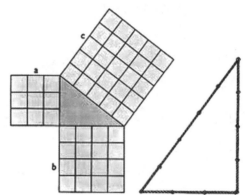

그림 1 세 변의 길이가 각각 3, 4, 5인
정사각형은 피타고라스의 정리를 만족한다.

각삼각형의 각 변을 한 변으로 갖는 정사각형 세 개를 그렸을 때 작은 정사각형 두 개의 면적을 더한 값은 제일 큰 정사각형의 면적과 같다. 〈그림 1〉은 세 변의 길이가 각각 3, 4, 5인 직각삼각형에 피타고라스의 정리를 적용한 사례이다.

작은 두 정사각형의 면적은 각각 $3^2 = 9$, $4^2 = 16$이고 제일 큰 정사각형의 면적은 $5^2 = 25$인데, $9 + 16 = 25$이므로 피타고라스의 정리가 사실임을 알 수 있다.

요즘 이 정리를 모르는 사람은 없다. 학창 시절 수학 시간 내내 졸았다 해도 '피타고라스의 정리'라는 이름만은 기억할 것이다. 그러나 당신이 피타고라스와 같은 시대에 살면서 이 정리를 전해 들었다면 한동안 벌어진 입을 다물지 못했을 것이다. 물체의 **기하학적** 형태가 **숫자**를 통해 연결되어 있다니, 이 얼마나 신비로운 결과인가! 이것은 숫자가 세상의 전부는 아니더라도 최소한 물리적 실체(물체의 크기와 형태 등)를 서술하고 있다는 확실한 증거였다.

앞으로 이보다 훨씬 복잡하고 미묘한 개념을 다룰 때에는 주로 비유적 표현이나 유사한 사례와의 비교를 통해 의미를 설명할 것이다. 수학자들은 수학적 논리를 펼치다가 명확하게 정의된 개념이 톱니바퀴처럼 맞아 들어갈 때 특별한 희열을 느낀다. 지금부터 우리도 피타고라스의 정리에 대한 다양한 버전의 증명을 훑어보면서 이와 비슷한 즐거움을 만끽해보자. 피타고라스의 정리가 갖고 있는 위력 중 하나는 약간의 기초 지식만으로도 증명이 가능하다는 것이다. 최상의 증명과 마주했을 때 느끼는 희열감은 평생 잊을 수 없을 정도로 강렬하다. 피타고라스는 말할 것도 없고 올더스 헉슬리(Aldous Huxley, 영국의 소설가 및 비평가 – 옮긴이)와 아인슈타인이 평생을 한 분야에 헌신할 수 있었던 것도 바로 이 희열감 때문이었다! 독자들도 이 느낌을 공유할 수 있기를 바란다.

귀도의 증명

"이건 너무 쉽잖아!"

올더스 헉슬리의 단편소설 〈어린 아르키메데스(Young Archimedes)〉에 등장하는 어린 영웅 귀도(Guido)가 피타고라스의 정리를 증명한 후 무심결에 내뱉은 말이다.

도형에 기초한 그의 증명은 〈그림 C〉에 나와 있다.

귀도의 장난감

귀도의 증명을 분석해보자.

〈그림 C〉의 왼쪽 정사각형은 네 가지 색의 동일한 직각삼각형과 두 개의 정사각형으로 이루어져 있고, 오른쪽 정사각형은 왼쪽 그림과 똑같은 직각삼각형 네 개와 한 개의 커다란 정사각형으로 이루어져 있다(두 정사각형은 크기가 같다). 그림에 등장하는 모든 길이들 중 제일 짧은 것을 a, 중간 길이를 b, 제일 긴 것(직각삼각형의 빗변)을 c라고 하자. 그러면 왼쪽과 오른쪽 정사각형의 한 변의 길이는 둘 다 $a+b$로 같기 때문에 면적이 같으며, 네 개의 삼각형을 제외한 면적도 같다.

두 개의 정사각형에서 직각삼각형 네 개를 제거하면 무엇이 남을까? 왼쪽 정사각형에서는 한 변의 길이가 a인 정사각형(푸른색)과 한 변의 길이가 b인 정사각형(붉은색)이 남는데, 이들의 면적은 각각 a^2과 b^2이므로 면적의 합은 a^2+b^2이다. 그리고 오른쪽 정사각형에서 직각삼각형 네 개를 제거하면 한 변의 길이가 c인 정사각형(회색)이 남는다. 물론 이 정사각형의 면적은 c^2이다. 그런데 방금 전에 '두 정사각형에서 네 개의 직각삼각형을 제거한 면적은 같다'고 했으므로 다음과 같은 결론이 내려진다.

$$a^2 + b^2 = c^2$$

이것으로 피타고라스의 정리가 증명되었다.

아인슈타인의 증명(?)
아인슈타인은 자서전에 다음과 같이 적어놓았다.

어린 시절, 기하학 책을 처음 손에 넣던 날 삼촌이 나에게 피타고라스의 정리에 관한 이야기를 들려주었다. 그 후 나는 혼자서 이리저리 머리를 굴리다가 마침내 '삼각형의 닮음'을 이용하여 이 정리를 증명하는 데 성공했다. 그리고 직각삼각형에서 직각을 제외한 예각 하나가 결정

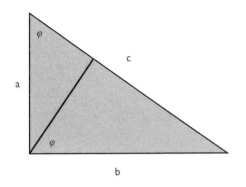

그림 2 아인슈타인의 자서전을 기초로 재구성한 피타고라스 정리의 증명.

되면 세 변 사이의 관계가 결정된다는 사실도 알게 되었다.

아인슈타인의 글에는 자세한 증명 과정이 나와 있지 않지만 아마도 그의 논리는 〈그림 2〉로 표현할 수 있을 것이다. 이것은 내가 아는 한 가장 단순하면서 아름다운 증명이다. 특히 이 논리는 증명 과정에 길이의 제곱이 등장할 수밖에 없는 이유를 명쾌하게 설명해주고 있다.

잘 연마된 보석

〈그림 2〉에서 한 예각이 φ인 두 개의 직각삼각형은 서로 닮은꼴이다. 이것은 전체 직각삼각형의 크기와 상관없이 항상 성립하는 사실이다. 또한 이 그림에서 각 직각삼각형의 모든 변을 n배로 늘이거나 줄이면 면적은 n^2배로 커지거나 작아진다.

이제 세 개의 직각삼각형(작은 직각삼각형 두 개와 제일 큰 직각삼각형)을 눈여겨보자. 이들은 φ라는 예각을 공통으로 갖고 있으므로 모두 닮은꼴이다. 즉 이들의 면적은 각각 a^2, b^2, c^2에 비례한다. 그런데 작은 직

각삼각형 두 개의 면적을 더하면 제일 큰 직각삼각형의 면적과 같으므로,

$$a^2 + b^2 = c^2$$

이라는 결과가 얻어진다!

아름다운 아이러니

피타고라스의 정리가 '모든 것은 수이다'라는 그의 교리를 위협했다는 것은 참으로 아이러니가 아닐 수 없다.

그 원인을 제공한 사람은 피타고라스가 아니라 그의 제자인 히파수스(Hippasus)였다. 그는 이 위험한 사실을 발견한 후 바다에 빠져 익사했다. 그의 죽음이 신의 분노 때문이었는지, 아니면 피타고라스의 분노 때문이었는지는 아직도 미지로 남아 있다.

히파수스의 논리는 명쾌하면서 그리 복잡하지도 않다. 여기서 잠시 그의 논리를 따라가 보자.

문제는 직각을 끼고 있는 두 변의 길이가 같은 삼각형(직각이등변삼각형)에서 시작된다. 두 변의 길이를 a, 빗변의 길이를 c라 하고 피타고라스의 정리를 적용한 결과는 다음과 같다.

$$2 \times a^2 = c^2$$

이제 a와 c가 정수라고 가정해보자. 피타고라스의 주장대로 모든 것이 수라면 직각삼각형의 변도 수로 나타낼 수 있어야 한다. 그러나

이제 곧 알게 되겠지만 밑변의 길이가 정수로 표현되는 직각이등변삼각형의 빗변은 수(정수)로 나타낼 수 없다!

일단 a와 c가 모두 짝수라고 가정해보자. 그러면 각 변의 길이가 원래의 절반인 직각이등변삼각형을 만들 수 있다. 여기서 크기를 또 반으로 줄이고, 또 반으로 줄이고… 이 과정은 a와 c 중 적어도 하나가 홀수가 될 때까지 반복될 수 있다. 그러나 이처럼 반으로 줄이는 과정을 반복하다 보면 곧바로 모순에 도달한다.

c가 홀수인 경우부터 살펴보자. c가 홀수면 c^2도 홀수이다. 그러나 $2 \times a^2$은 앞에 2가 곱해져 있으므로 무조건 짝수이다. 하늘이 무너져도 짝수와 홀수는 절대 같을 수 없으므로, $2 \times a^2 = c^2$이라는 피타고라스의 정리는 당장 모순에 직면하게 된다!

이번에는 c가 짝수라고 가정해보자. 그러면 $c = 2 \times p$로 쓸 수 있고 $c^2 = 4 \times p^2$이므로 피타고라스의 정리에서 양변을 2로 나누면 $a^2 = 2 \times p^2$이 된다. 즉 a^2은 짝수이므로 a도 짝수여야 한다. 또다시 모순에 직면했다! 왜냐고? 앞에서 우리는 삼각형을 계속 반으로 줄여서 a와 c 중 적어도 하나를 홀수로 만들어놓았는데, 'c가 짝수면 a도 짝수여야 한다'는 결과가 얻어졌기 때문이다.

그러므로 모든 것이 정수일 수는 없다. 이 세상에 존재하는 모든 길이가 '특정 원자의 길이의 정수 배'로 표현되는, 그런 원자(atom)는 존재할 수 없다는 뜻이다(여기서 말하는 '원자' 역시 전자와 원자핵으로 이루어진 원자가 아니라 임의의 '최소 단위'를 의미한다 – 옮긴이).

피타고라스학파의 어느 누구도 '모든 것은 수이다'라는 교리를 구제할 만한 대안을 제시하지 못했다. 사실 우리가 살고 있는 공간이 수많은 원자로 이루어져 있다는 생각은 누구나 떠올릴 수 있다. 실제로 나의 친구인 에드 프레드킨(Ed Fredkin)과 스티븐 울프람(Stephen Wolfram)은 이 세계가 세포 오토마타(cellular automata)로 구성되어 있다고 믿고 있다. 당신이 바라보는 컴퓨터 모니터나 스마트폰 화면도 픽셀(pixel)이라는 작은 점들로 이루어져 있지만 겉으로는 연속적인 실체처럼 보인다! 만일 이 세계가 최소 단위의 작은 점들로 이루어져 있다면 완벽한 직각이등변삼각형은 존재하지 않는다. 앞에서 증명한 바와 같이 정수 개의 원자들로는 이런 도형을 만들 수 없기 때문이다. 직각에 해당하는 각도가 90°에서 조금 벗어나 있거나, 직각을 끼고 있는 두 변의 길이가 조금 다르거나, (컴퓨터 화면에서 그렇듯이) 빗변이 직선에서 조금 벗어나 있을 것이다.

그러나 고대 그리스의 수학자들은 이런 불연속적 세계관을 받아들이지 않았다. 그들은 정확한 직각이 존재하고 두 변의 길이가 완벽하게 같을 수 있는 연속적 기하학을 선호했으며(훗날 물리학자들도 연속적인 세계관을 수용하여 커다란 성공을 거두었다. 이 내용은 뉴턴을 다룰 때 자세히 언급될 것이다), 이 관점을 고수하기 위해 기하학을 대수학보다 중요하게 취급했다. 앞에서 증명한 바와 같이 정수만으로는 가장 단순한 도형조차 설명할 수 없기 때문이다. 그리하여 이들은 '모든 것은 수이다'라는 교리를 마음속으로만 간직하고 다른 대안을 찾기 시작했다.

사고와 객체

피타고라스학파가 추구했던 교리의 핵심은 이 세계가 정수로 이루어져 있다는 것이 아니라 '아름다운 개념들이 이 세계를 통해 구현되어 있다'는 것이었다.

그 아름다운 개념은 추상적 객체가 아닌 자연에서 찾아야 한다-이 것은 히파수스가 남긴 중요한 교훈이었다. 사실 기하학은 대수학보다 덜 아름답다. 그러나 시각에 의존하는 우리의 두뇌는 대수학보다 기 하학을 선호하는 경향이 있다. 또한 기하학은 대수학 못지않게 개념 적이며, 현실이 아닌 마음속에 존재한다(완벽한 정사각형이나 완벽한 원 은 현실 세계에 존재하지 않는다). 유클리드의 기하학을 신봉했던 고대 그 리스 수학자들은 기하학이 하나의 논리 체계임을 입증하기 위해 많은 노력을 기울였다.

이 책을 계속 읽어나가다 보면 자연의 창의성을 곳곳에서 발견하게 될 것이다. 자연은 우리의 상상력을 새로운 숫자와 새로운 기하학, 그 리고 (양자 세계의) 새로운 논리로 인도하고 있다.

3장

피타고라스: 수와 화음

고대 음유시인들이 들고 다녔던 하프는 물론이고 현대식 기타와 첼로, 피아노 등 줄로 소리를 내는 모든 악기들은 동일한 원리로 작동한다. '진동하는 끈은 소리를 만들어낸다'는 원리가 바로 그것이다. 물론 악기에서 나는 소리는 연주자에 따라 천차만별이다. 소리의 품질은 끈의 재질과 악기의 표면 상태, 줄을 퉁기거나 켜는 방식(또는 건반을 누르는 방식)에 따라 달라진다. 그러나 연주자가 초보이건 전문가이건 간에 모든 악기는 고유의 기본음 높이(피치)를 갖고 있으며, 이것을 조금씩 변형시키면 다양한 음이 생성된다. 피타고라스는 음의 높이를 좌우하는 두 개의 놀라운 규칙을 발견했는데, 이 규칙은 숫자와 물리적 세계, 그리고 화성을 느끼는 우리의 감각(자연에 내재된 아름다움의 한 단면)과 밀접하게 관련되어 있었다.

그림 3
중세 유럽에서 제작된 동판화.
현악기의 화성을 연구하는 피타고라스의 모습이다.
그림에서 보는 바와 같이 피타고라스는 두 가지 방법으로 음높이를 조절했다.
(1) 받침대를 움직여서 진동하는 끈의 길이를 늘이거나 줄이면 음높이가 달라지고,
(2) 끈에 매달린 추의 무게를 조절하여 장력을 변화시켜도 음높이가 달라진다.

〈그림 3〉은 실험을 통해 현악기의 화성을 찾고 있는 피타고라스의
모습을 표현한 것이다(물론 라파엘의 작품은 아니다).

조화와 수, 그리고 길이: 놀라운 상호관계

피타고라스가 발견한 첫 번째 규칙은 '진동하는 줄의 길이와 그로부
터 들려오는 음의 높이 사이에 특별한 관계가 존재한다'는 것이었다.

재질이 같은 두 개의 줄을 동일한 장력으로 팽팽하게 당겨놓고 퉁기는 실험을 해보면 두 줄의 길이가 간단한 정수 비율로 세팅되었을 때 듣기 좋은 화음이 생성된다는 것을 알 수 있다. 예를 들어 두 줄의 길이 비율이 1:2면 한 옥타브 차이의 음(기본 C음과 한 옥타브 위의 C음)이 생성되고 2:3이면 완전 5도(C와 G), 3:4면 4도 화음(C와 F)이 생성된다. 이 화음이 듣기 좋다는 데에는 이견의 여지가 없다. 고전음악과 민요, 팝, 로큰롤 등 모든 음악은 장르를 막론하고 이 규칙을 따라 만들어진다.

피타고라스의 규칙에서 말하는 줄의 길이란 줄 전체의 길이가 아니라 '실제로 진동하는 부위의 길이'를 의미한다. 그러므로 줄을 고정시키는 부위를 이리저리 움직이면 진동 부위의 길이가 달라지면서 다양한 높이의 음을 만들어낼 수 있다. 기타리스트와 바이올리니스트, 그리고 첼리스트가 왼손가락을 열심히 움직이는 것도 진동 부위의 길이를 조절하는 행동이다. 즉 이들은 연주를 하는 동안 자신도 모르는 사이에 피타고라스를 소환하고 있는 것이다. 〈그림 3〉에서 피타고라스가 오른손에 들고 있는 막대는 줄을 퉁기는 도구이고, 왼손에 들고 있는 막대는 줄의 고정점을 이동시키는 도구이다(피타고라스가 왼손잡이였다면 그 반대일 것이다).

두 개의 소리가 동시에 생성되었을 때 귀에 거슬리지 않으면 우리는 '화음을 이루었다'고 말한다. 피타고라스는 '소리의 조화'와 '수'라는 완전히 다른 개념 사이에 불가분의 관계가 있음을 발견한 것이다.

화음과 수, 그리고 무게: 더욱 놀라운 상호관계

피타고라스의 두 번째 규칙은 끈의 장력과 관련되어 있다. 그는 줄의 한쪽 끝에 무게가 다양한 추를 매달아서 장력을 수시로 바꿔가며 줄을 퉁기는 실험을 하다가(〈그림 3〉) 이전보다 더욱 놀라운 사실을 발견했다. 줄의 길이를 조절하던 실험에서는 줄의 길이가 간단한 정수 비율일 때 듣기 좋은 화음이 생성된 반면, 줄의 장력을 조절하는 실험에서는 장력의 비율이 작은 정수의 제곱 비율일 때 듣기 좋은 화음이 생성되었던 것이다. 예를 들어 장력의 비율이 1:4면 한 옥타브 차이가 나는 식이다(일반적으로 줄은 장력이 클수록 높은 소리를 낸다). 그러므로 연주자는 줄 끝에 달려 있는 나사를 조이거나 풀 때마다 피타고라스를 소환하고 있는 셈이다.

두 번째 규칙이 첫 번째 규칙보다 인상적인 이유는 자연에 있는 숫자가 그대로 반영되지 않고 가공 단계를 거쳐(줄의 경우에는 '제곱되어') 반영되었기 때문이다. 이는 곧 숫자가 자연 속에 더욱 교묘한 형태로 숨을 수도 있다는 뜻이다. 또한 무게는 길이보다 더욱 근본적인 물질의 속성이므로, 물질세계(무게)와 정신(화성을 느끼는 감각)이 서로 밀접하게 연결되어 있음을 보여주는 증거이기도 했다.

발견과 세계관

지금까지 우리는 피타고라스가 이룩했던 세 가시 위대한 발견(직각삼각형에 관한 피타고라스의 정리와 음의 조화에 관한 두 가지 규칙)을 되돌아보았다. 이들의 공통점은 사물의 형태와 크기, 무게, 조화 등이 숫자와 밀접하게 관련되어 있다는 것이다.

이 세 가지 발견은 피타고라스학파의 세계관을 완전히 바꿔놓았다. 소리의 원천은 진동하는 끈인데, 원래 진동이란 주기적인 운동을 의미한다. 즉 동일한 운동이 일정한 시간 간격으로 반복될 때 소리가 생성된다. 태양을 비롯한 행성들도 하늘을 가로지르며 주기운동을 하고 있으므로, 이들도 어떤 소리를 만들어내고 있다. 이것이 바로 우주를 가득 메우고 있는 '천체의 음악'이다.

피타고라스는 음악을 좋아했다. 어떤 문헌에는 그가 우주의 소리를 들을 수 있었다고 적혀 있는데, 역사학자들 중에는 이것을 두고 그가 이명증을 앓았다고 주장하는 사람도 있다. 그러나 '진짜 피타고라스' 는 결코 이명증 환자가 아니었다.

어쨌거나 중요한 것은 모든 것이 수이고, 수는 조화(화성)를 만들어 낸다는 사실이다. 피타고라스는 조화로 가득 찬 세상에서 수학에 흠뻑 취한 채 평범한 사람들은 결코 느낄 수 없는 희열을 만끽했을 것이다.

진동수에 담긴 메시지

피타고라스가 발견한 음악의 규칙은 아마도 인류 역사상 최초로 발견된 자연의 법칙일 것이다. (물론 천체의 규칙적인 운동과 밤낮의 주기적 변화는 훨씬 전부터 알려져 있었다. 달력 계산법과 태양, 달, 행성의 위치 산출법은 피타고라스가 태어나기 훨씬 전부터 매우 중요한 기술로 인식되어왔다. 그러나 경험과 관측을 통해 알아낸 지식은 자연의 법칙과 근본적으로 다르다.)

그런데 왜 현악기는 줄의 길이(또는 장력)가 간단한 정수비(또는 정수제곱비)를 이룰 때 듣기 좋은 화음이 생성되는 것일까? 그 이유는 2500년이 지난 지금까지도 확실하게 밝혀지지 않았다. 소리를 만들고 전달하고 수신하는 기술은 과거와 비교가 안 될 정도로 장족의 발전을 이루었지만 화음과 숫자의 관계는 여전히 미지로 남아 있다. 나는 이 책에서 몇 가지 아이디어를 제시하고자 한다. 이 아이디어는 우리의 주제인 '미적 감각의 기원'과 밀접하게 관련되어 있다.

화성에 관한 피타고라스의 규칙은 세 가지 단계로 나누어 생각할 수 있다. 첫 번째는 진동하는 끈에서 고막으로 이어지는 단계이고, 두 번째는 고막에서 수신된 정보가 청각 신경으로 전달되는 단계이며, 세 번째는 소리 정보가 청각 신경을 타고 뇌에 전달되어 화성을 느끼는 단계이다.

끈의 진동이 나에게 전달되어 어떤 감정을 떠올리려면 몇 가지 중간 단계를 거쳐야 한다. 일반적으로 진동하는 물체는 주변 공기를 특정 방향으로 교란시키는데, 고립된 끈이 내는 소리는 유리창이 깨지는 소리나 자동차의 엔진 소리보다 훨씬 작다. 그래서 대부분의 악기에는 끈과 함께 진동하는 공명판이 달려 있다. 이 공명판이 공기를 더욱 강하게 교란시켜서 귀에 들릴 만한 소리를 만들어내는 것이다.

끈 근처에서 발생한 '공기의 교란'은 가압(加壓)과 감압(減壓)이 주기적으로 반복되면서 공기를 매질 삼아 모든 방향으로 퍼져나간다. 이것이 바로 소리의 파동, 즉 음파(sound wave, 音波)이다. 공간의 특정 영역에서 발생한 진동이 이웃한 영역에 압력을 가하여 마치 도미노처럼 전달되는 것이다. 그러다가 사람의 귀를 만나면 깔때기처럼 생긴

귓구멍을 통과하여 고막에 도달하게 된다. 고막은 공기의 진동을 역학적 운동으로 바꾸는 장치이다.

고막이 진동할 때 나타나는 신체 반응은 잠시 후에 논하기로 하고 지금은 기본적이면서 단순한 사실에 집중해보자. 우리는 온갖 다양한 잡음이 섞여 있는 소리에서 필요한 정보만 추출하여 듣고 있다. 모차르트의 교향곡을 조용한 방에서 듣건, 달리는 기차 안에서 듣건, 우리에게는 똑같은 곡으로 들린다. 어떻게 그럴 수 있을까? 소리 정보는 음원에서 두뇌로 전달될 때까지 여러 단계를 거쳐 가공되는데, 그 와중에도 변하지 않는 양이 있다. 음원이 단위 시간당 진동하는 횟수, 즉 '진동수(frequency)'가 바로 그것이다. 기타 줄과 기타 몸체, 주변 공기, 고막, 귓속뼈(ossicle), 림프액, 기저막(basilar membrane, 달팽이관 안에 있는 막-옮긴이), 그리고 유모세포 등은 일제히 같은 진동수로 진동한다. 각 단계를 거치면서 정보의 형태는 달라지지만 각 매질에 가압과 감압이 가해지는 주기(또는 진동수)는 똑같다. 그러므로 초기에 발생한 진동이 두뇌에 전달되어 특정 감성을 자극하는 과정을 이해하려면 진동수에 집중할 필요가 있다.

화성에 관한 피타고라스의 규칙을 이해하는 첫 번째 단계는 모든 소리를 진동수로 변환하는 것이다. 피타고라스는 일일이 줄을 퉁겨가며 진동수를 확인했지만 오늘날 우리는 일련의 역학 방정식을 통해 줄의 길이에 따라 진동수가 변하는 양상을 정확하게 계산할 수 있다. 이 방정식에 의하면 진동수는 줄의 길이에 반비례하고 장력의 제곱에 비례한다. 그러므로 앞에서 서술한 피타고라스의 규칙은 '진동수'라는 용어를 사용하여 다시 쓸 수 있다. 즉 '두 줄이 내는 소리는 진동수 사이에 간단한 정수비가 성립할 때 듣기 좋은 화음을 만들어낸다.'

화성이론

다시 귀로 돌아가서 생각해보자. 고막은 귓속뼈라는 세 개의 작은 뼈에 연결되어 있고, 귓속뼈는 달팽이관의 입구에 있는 난원창(oval window, 외부의 진동을 달팽이관에 전달하는 막 – 옮긴이)에 연결되어 있다. 달팽이관은 청각기관의 핵심 부위로, 비유하자면 시각기관의 눈과 비슷하다. 난원창이 진동하면 달팽이관을 채우고 있는 림프액이 같은 진동수로 진동하고, 림프액 안에 잠겨 있는 길고 가느다란 기저막이 이 진동을 코르티기관(organ of corti)에 전달한다. 코르티기관은 진동하는 끈에서 시작된 소리 정보가 비로소 '신경 펄스신호'로 변환되는 곳이다. 이 모든 과정은 엄청나게 복잡하여 생물학자들에게 좋은 연구거리를 제공해주지만 전체적인 그림은 의외로 단순하다─끈에서 시작된 진동은 여러 중간 단계를 거치다가 결국은 '원래의 끈과 같은 진동수로 활성-비활성을 반복하는 뉴런 신호'로 변환된다.

이렇게 소리 정보가 가공되는 과정에서 특별히 관심을 끄는 부분이 있다. 헝가리의 생리학자 게오르그 폰 베케시(Georg von Békésy)는 이 부분의 작동원리를 규명하여 1961년에 노벨 생리의학상을 받았다. 기저막은 테이퍼형(한쪽 끝은 두껍고, 반대쪽 끝으로 갈수록 점점 얇아지는 형태)으로 되어 있어서 두꺼운 부분은 낮은 진동수로 천천히 진동하고 얇은 부분은 높은 진동수로 빠르게 진동하려는 경향이 있다. (남자와 여자의 목소리 높이가 다른 것도 결국은 진동수 때문이다. 남자아이가 사춘기에 접어들면 성대가 눈에 띄게 두꺼워져서 진동수가 낮아지기 때문에 목소리가 굵어진다.) 외부에서 발생한 진동이 온갖 우여곡절을 겪은 후 기저막에 도달하면 진동수에 따라 기저막의 각기 다른 부위를 진동시킨다. 즉 낮은 소리는 기저막의 두꺼운 부위를 진동시키고 높은 소리는 기저막의 얇은 부위를 진동시켜서 진동수에 관한 정보가 위치 정보로 변환된다!

달팽이관이 청각의 '눈'이라면 코르티기관은 청각의 '망막'에 해당한다. 기저막과 가까운 거리에서 나란한 방향으로 뻗어 있는 코르티기관은 기본적으로 유모세포와 뉴런으로 이루어져 있으며, 뉴런 하나당 유모세포 한 개가 할당되어 있다. 유모세포가 움직이면 해당 뉴런에 전기신호가 발생하는데, 이 전기신호의 진동수는 음원(기타 줄 등)의 진동수와 일치한다(전기신호에는 다량의 잡음이 섞여 있지만 음원의 진동수에 대응되는 신호가 제일 강하다).

코르티기관은 기저막에 가까이 붙어 있어서 위치에 따라 달라지는 진동수 정보가 뉴런에 고스란히 전달된다. 여러 개의 소리가 동시에 들어왔을 때 하나로 섞이지 않는 것은 바로 이런 구조 덕분이다. 소리의 톤(음색)에 따라 각기 다른 뉴런이 활성화되기 때문에 미세한 차이를 구별하여 들을 수 있는 것이다.

다시 말해서 우리의 속귀(inner ear, 內耳)는 뉴턴의 충고에 따라 외부에서 들어온 소리를 순수한 음색으로 분할하고 있다. [나중에 보게 되겠지만 외부에서 들어온 빛의 진동수를 분할하는 시각 능력(빛을 단색광으로 분할하는 능력)은 소리를 분석하는 능력보다 한참 떨어진다.]

여기서 우리의 논리는 세 번째 단계로 접어든다. 코르티기관에 있는 주 감각뉴런(primary sensory neuron)이 정보를 결합하여 두뇌에 있는 후속 뉴런층으로 전달하는데, 여기부터는 알려진 사실이 별로 없다. 그리고 바로 이 단계에서 우리의 질문이 중요한 화두로 떠오른다.

두 개의 진동수는 왜 간단한 정수 비율을 이룰 때 듣기 좋은 화음을 생성하는가?[1]

진동수가 다른 두 개의 음이 동시에 도달했을 때 두뇌가 어떤 식으로 반응하는지 생각해보자. 여기 두 개의 주 감각뉴런이 있다. 이들은 외부에서 각기 다른 주파수가 도달했을 때 활성화되어 더 '높은' 단계의 뉴런에 신호를 전달하고, 바로 이곳에서 소리 정보가 하나로 종합된다.

높은 단계에 있는 일부 뉴런은 여러 개의 주 감각뉴런이 보낸 신호를 한꺼번에 받기도 한다. 이런 경우 주 감각뉴런에서 보내온 여러 개의 진동수가 간단한 정수 비율을 이루면 동기화(synchronization)가 쉽게 이루어진다(논리의 단순화를 위해 외부에서 들어온 신호는 정확한 주기를 갖고 있다고 가정하자). 예를 들어 두 개의 신호가 정확하게 한 옥타브만큼 다르면 뉴런 하나가 두 번 활성화되는 동안 다른 뉴런은 한 번 활성화된다. 즉 느린 뉴런과 빠른 뉴런 사이에 예측 가능한 관계가 성립하는 것이다. 그러므로 두 신호에 모두 예민한 후속 뉴런에 이 정보가 동시에 전달되면 분석이 비교적 쉽게 이루어진다. 후속 뉴런(또는 1차 뉴런의 거동을 해석하는 2차 뉴런)은 과거의 경험이나 본능에 의거하여 새로 수신된 신호를 '이해'하고, 동일한 신호가 반복되면 앞으로 들어올 신호를 쉽게 예측할 수 있다.

우리의 귀는 초당 수십~수천 회의 진동수를 감지할 수 있다. 즉 청각기관에서는 아주 짧은 시간에도 수많은 진동이 반복된다는 뜻이다. 아주 낮은 진동수에서는 화음을 인지하는 기능이 둔해지는데, 이것도 우리의 논지에서 크게 벗어나지 않는다.

고단계 뉴런으로 가면 한 번 통합 단계를 거친 정보를 또다시 통합해야 하므로, 작업이 원활하게 이루어지려면 입력 정보들이 긴밀하게 연결되어 있어야 한다. 그러므로 통합된 정보가 예상했던 것과 조화롭게 일치하면 고단계 뉴런은 긍정적인 피드백을 주거나 고요한 상태에 놓이게 된다. 그러나 이와는 반대로 통합된 정보가 예상에서 벗어나면 고단계 뉴런에 오류 신호가 전달되면서 불쾌한 느낌을 갖게 된다(당장 소리를 멈추거나 그 자리를 피하고 싶어진다).

그렇다면 어떤 경우에 예상에서 벗어나는가? 아마도 주 신호가 완전히 동떨어진 경우보다 완벽한 조화에서 조금 벗어난 경우에 훨씬 큰 불쾌감을 느낄 것이다. 이런 경우에는 몇 번의 주기가 반복되는 동안 진동이 잠시 보강되기 때문에 고단계 뉴런이 '조화로운 후속 신호'를 예상하지만 시간이 조금만 지나면 예상에서 벗어나게 된다. 예를 들면 피아노의 C와 $C^\sharp$ 건반을 동시에 눌렀을 때 나타나는 현상이다. 아마도 C와 $C^\sharp$(또는 반음 차이가 나는 모든 건반들)은 듣는 사람을 불쾌하게 만드는 최악의 조합일 것이다.

우리의 논리가 옳다면 화성의 기초는 인식 초기 단계부터 예측 가능하다(이 과정은 우리가 의식하지 않아도 자연스럽게 진행된다). 우리는 예측이 맞아떨어질 때 즐거움과 아름다움을 느끼고 예측에서 벗어나면 불쾌감을 느낀다. 그리고 반복 학습을 통해 이 경험을 확장하면 과거에 들을 수 없었던 화음을 인지하고 불쾌감의 근원을 제거할 수 있다.

서양음악에는 수용 가능한 화음들이 다양한 형태로 섞여 있다. 이런 음악에 익숙한 사람들은 정형화된 화음을 선호하고, 소위 말하는 불협화음을 싫어한다. 서양음악의 전통적인 패턴에 따라 뒤에 이어질 화음을 예측하는 데 익숙해져 있기 때문이다. 그러나 경험과 학습을 통해 다른 패턴에도 익숙해질 수 있다면 너무 뻔한 진행으로는 최상의 즐거움을 느낄 수 없을 것이다. 우리에게 최상의 즐거움을 안겨주는 음악은 아직 개발되지 않았을지도 모른다.

4장

플라톤:
대칭 구조-플라톤의 입체도형

플라톤의 입체도형에는 마술적 요소가 깃들어 있다. 이들은 옛날부터 주술적 용도로 사용되어왔으며, 던전 앤 드래곤(Dungeon & Dragons)이라는 게임에서는 행운과 불운을 가르는 주사위로 사용된다. 또한 수학자와 과학자들 중에는 이 도형으로부터 영감 어린 아이디어를 떠올려서 위대한 업적을 남긴 사람도 많다. 이 정도면 한번쯤 생각해볼 만하다―플라톤의 입체도형에는 어떤 아름다움이 내재되어 있을까?

15~16세기 독일의 화가 알브레히트 뒤러(Albrecht Dürer)는 〈우울 I(Melancholia I)〉이라는 제목으로 발표한 판화에서 정다각형의 매력을 암시적으로 표현했는데, 사실 여기 등장하는 도형은 플라톤의 도형이 아니다. (정확하게 말하면 정팔면체를 특정 방향으로 길게 잡아 늘여서 귀퉁이를

그림 4 알브레히트 뒤러의 판화 〈우울 I〉. 귀퉁이가 잘려나간 플라톤의 입체도형을 비롯하여 신비한 기호들이 곳곳에 배치되어 있다. 나 역시 순수한 사고로 자연의 실체에 접근하다가 막다른 길에 도달하면 그림 속의 철학자처럼 우울해지곤 한다. 다행히도 항상 그런 것은 아니다.

잘라낸 편사각면체이다.) 아마도 그림 속의 철학자(천사?)는 불길함의 대명사인 박쥐가 플라톤의 입체도 아닌 이상한 도형을 떨궈놓고 날아가는 바람에 심각한 고민에 빠진 것 같다.

정다각형

플라톤의 입체도형을 다루기 전에 이들의 2차원 버전인 정다각형부터 생각해보자. 정다각형이란 모든 변의 길이와 모든 내각이 같은 평면도형을 의미한다. 가장 간단한 사례는 세 변의 길이가 같은 정삼각형이고, 그다음으로는 네 변의 길이가 같은 정사각형을 들 수 있다. 물론 그 위로 정오각형(피타고라스학파의 상징이자 미국 국방성의 상징)과 정육각형(벌집과 그래핀의 기본 도형), 정칠각형(여러 가지 동전), 정팔각형(도로 위의 '멈춤' 표지판), 정구각형 등 3 이상의 정수에는 그에 대응되는 정다각형이 존재한다. 이들은 변의 수와 내각(또는 꼭짓점)의 수가 항상 일치하며, 변의 수가 많아질수록 점차 원에 가까워지다가 무한대에 도달하면 드디어 완벽한 원이 된다.

정다각형은 '평면원자'의 이상적인 규칙성을 담고 있다. 즉 우리는 이 개념적인 원자를 이용하여 더욱 복잡하면서 미묘한 대칭을 갖는 다양한 도형을 만들어낼 수 있다.

플라톤 정다면체

2차원 평면도형을 3차원 입체도형으로 확장하여 이전과 비슷한 규칙성을 찾다 보면 자연스럽게 플라톤의 입체도형으로 귀결된다. 정다

뷰티풀 퀘스천

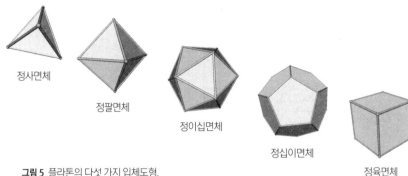

그림 5 플라톤의 다섯 가지 입체도형.

각형의 3차원 버전은 모든 면이 동일한 정다각형으로 되어 있고 모든 꼭짓점과 모서리에서 동일한 각도로 만나는 정다면체이다. 그런데 정 다각형은 무한히 많았던 반면, 기하학적으로 가능한 정다면체는 겨우 다섯 개뿐이다!

이들의 목록은 다음과 같다.

- **정사면체**: 네 개의 면(정삼각형)과 네 개의 꼭짓점으로 이루어져 있으며, 각 꼭짓점에서 세 개의 면이 만난다.
- **정팔면체**: 여덟 개의 면(정삼각형)과 여섯 개의 꼭짓점으로 이루 어져 있으며, 각 꼭짓점에서 네 개의 면이 만난다.
- **정이십면체**: 20개의 면(정삼각형)과 12개의 꼭짓점으로 이루어져 있으며, 각 꼭짓점에서 다섯 개의 면이 만난다.
- **정십이면체**: 12개의 면(정오각형)과 20개의 꼭짓점으로 이루어져 있으며, 각 꼭짓점에서 세 개의 면이 만난다.
- **정육면체**: 여섯 개의 면(정사각형)과 여덟 개의 꼭짓점으로 이루 어져 있으며, 각 꼭짓점에서 세 개의 면이 만난다.

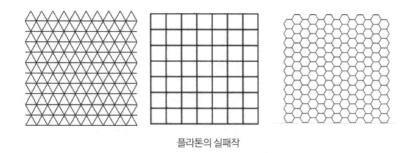

플라톤의 실패작

그림 6 플라톤의 무한평면. 이들은 플라톤이 발견한 정다면체의 사촌 격으로, 완벽한 평면 위에 놓여 있기 때문에 입체도형이 될 수 없다.

이 사실을 모르고 있다 해도 정다면체의 정의에 입각하여 이리저리 찾다 보면 앞에 열거한 다섯 개의 도형을 어렵지 않게 떠올릴 수 있다. 그런데 정다면체는 왜 다섯 개밖에 존재하지 않는 것일까?(혹시 더 있지는 않을까?)

정사면체와 정팔면체, 그리고 정이십면체는 각각 세 개, 네 개, 다섯 개의 정삼각형이 하나의 꼭짓점에서 만난다. 그렇다면 꼭짓점에서 여섯 개의 정삼각형이 만날 수는 없을까? 안 된다. 여섯 개의 정삼각형이 한 점에서 만나도록 배열하면 입체가 아닌 **평면도형**이 되기 때문이다(정삼각형의 한 내각은 $60°$이므로 여섯 개를 이어 붙이면 $60° \times 6 = 360°$, 즉 평면 위의 한 바퀴에 해당한다 – 옮긴이). 이런 배열은 아무리 길게 늘여도 휘어지지 않기 때문에 닫힌 입체도형을 만들 수 없다. 정삼각형 여섯 개 또는 정사각형 네 개 또는 정육각형 세 개가 한 꼭짓점에서 만나면 〈그림 6〉과 같이 입체도형이 아닌 무한평면도형이 만들어진다.

정사각형 네 개 또는 정육각형 세 개가 한 꼭짓점에서 만나도록 배열해도 평면이 된다. 이 세 가지 평면 연속무늬는 전통적인 플라톤 정

뷰티풀 퀘스천

다면체의 사촌 격으로, 완벽한 평면 위에 놓여 있기 때문에 입체도형이 될 수 없다.

하나의 꼭짓점에서 만날 수 있는 정삼각형의 수는 여섯 개가 최대이고, 여섯 개가 만나면 평면도형이 되므로 정삼각형으로 만들 수 있는 정다면체는 정사면체와 정팔면체, 그리고 정이십면체뿐이다. 정사각형과 정오각형에도 이와 비슷한 논리를 적용하면 가능한 정다면체는 앞서 열거한 다섯 가지가 전부임을 알 수 있다.[2]

그런데 놀랍게도 이 다섯 가지 입체도형은 기하학적 규칙과 대칭으로부터 유도될 수 있다. 규칙성과 대칭성은 매우 자연스러운 개념으로 기하학의 아름다움을 내포하고 있지만 이들을 특정 숫자와 연결시키는 방법은 아직 개발되지 않았다. 앞으로 보게 되겠지만 플라톤은 이들 사이의 심오한 관계를 매우 독창적으로 해석했다.

선사시대

이미 유명해진 사람이 다른 사람의 업적을 자기 것으로 취하는 경우가 종종 있다(대부분의 경우는 본인의 의사와 상관없이 이런 결과가 초래되곤 한다-옮긴이). 미국의 사회학자 로버트 머튼(Robert Merton)은 이 현상을 가리켜 '마태효과(Matthew Effect)'라 불렀다. 신약성서의 〈마태복음〉에 다음과 같은 구절이 있기 때문이다.

　무릇 있는 자는 받아 풍족하게 되고, 없는 자는 그 있는 것까지 빼앗기리라.

- 〈마태복음〉 25장 29절

그림 7 구석기시대(기원전 2000년경)에 돌을 깎아서 만든 플라톤 정다면체. 게임용 주사위로 추정된다.

플라톤의 입체도형도 이와 비슷한 과정을 거쳤다.

옥스퍼드 대학교의 애슈몰린 박물관(Ashmolean Museum)에는 돌을 깎아서 만든 플라톤 정다면체 다섯 개가 전시되어 있다(학계에서는 플라톤과 무관한 물건이라고 주장하는 학자도 있다).[3] 기원전 2000년경에 스코틀랜드 지방에서 만들어진 이 유물은 생긴 모습으로 보아 일종의 주사위였을 가능성이 높다(〈그림 7〉). 동굴 속에 모닥불을 피워놓고 원시인 수백 명이 둘러앉아 구석기시대 버전의 '던전 앤 드래곤' 게임에 몰입하는 장면을 상상해보라. 무려 4000년의 세월을 뛰어넘어 참으로 정겹게 느껴지지 않는가? 그러나 정다면체가 오직 다섯 개뿐이라는 사실을 수학적 논리를 통해 처음으로 증명한 사람은 플라톤과 동시대에 살았던 테아이테토스(Theaitetos, BC 417~369)였다. 그가 플라톤의 영향을 받았는지, 그 반대였는지, 아니면 다섯 개의 정다면체가 이들

뷰티풀 퀘스천

이 활동하기 전부터 알려져 있었는지는 확실치 않다. 아무튼 '플라톤 정다면체'로 불리게 된 것은 플라톤이 이 개념을 활용하여 이 세계를 서술하는 창조적 이론을 구축했기 때문이다.

인간이 지구에 출현하기 훨씬 전에도 바이러스나 규조류(diatom, 硅藻類, 플라톤식 외골격을 갖춘 해조류의 일종)와 같은 일부 단순한 생명체들은 플라톤 정다면체를 '발견'했을 뿐만 아니라 자기 몸을 통해 그 형태를 구현했다. B형 간염을 일으키는 헤르페스바이러스(herpesvirus)와 AIDS의 원인인 HIV바이러스 등 여러 병원균들은 정이십면체와 비슷한 형태를 띠고 있다.

이들의 유전물질(DNA 또는 RNA)은 단백질 외골격으로 에워싸여 있으며, 외골격의 형태는 단백질의 구조에 따라 달라진다. 또한 외골격의 각 부위는 기본 구성단위에 따라 다른 색을 띠고 있다. 〈그림 D〉에 제시된 바이러스의 외골격에는 오각형 세 개가 한 점에서 만나는 정십이면체의 특성이 확연하게 드러나 있다. 이 그림에서 푸른색 영역의 중심부를 직선으로 이으면 정십이각형이 된다.

독일의 생물학자 에른스트 헤켈(Ernst Haeckel)은 그의 저서 《자연의 예술적 형상(Art Forms in Nature)》에서 방산충(radiolaria, 放散蟲, 화석으로 남아 있는 가장 오래된 생명체)과 같은 복잡한 미생물을 멋진 그림으로 표현했다(〈그림 8〉).

이 단세포생물들의 표피는 실리카(silica, 이산화규소)로 이루어진 외골격으로 싸여 있는데, 전체 또는 일부에서 플라톤 정다면체를 모방한 흔적이 역력하다. 이들의 생존 전략은 멋지게 성공하여 수십억 년이 지난 지금까지도 지구 곳곳에서 번성 중이다.

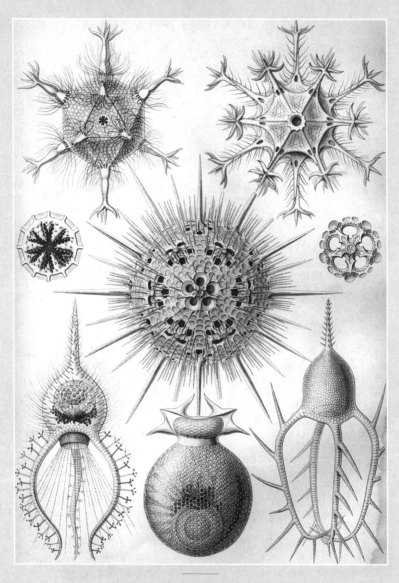

그림 8 방산충의 외골격에는 플라톤 정다면체가 구현되어 있다.

유클리드의 영감(靈感)

유클리드의 저서 《원론(Elements)》은 인류가 남긴 가장 위대한 저서 중 하나로 꼽힌다(페이지의 여백이 넓은 책으로도 유명하다). 이 책에는 기하학의 체계가 분석과 종합에 입각하여 엄밀한 논리로 집대성되어 있다.

분석과 종합은 뉴턴의 '환원주의(reductionism)'와 그 맥락을 같이 한다. 여기서 잠시 뉴턴의 말을 들어보자.

우리는 이와 같은 분석을 통하여 화합물에서 최소 단위 원소로 또는 물체의 운동에서 그것을 야기하는 힘으로 관찰 대상을 옮겨갈 수 있다. 일반적으로 말하면 결과로부터 원인을 규명하는 식이다. 또는 특별한 원인으로부터 일반적인 원인을 유추할 수도 있다. 이것이 바로 분석법이다. 그리고 종합은 발견된 원인으로부터 원리를 유추하고, 이 원리를 이용하여 눈에 보이는 현상을 설명하는 식으로 진행된다.

유클리드는 단순하고 직관적인 **공리**(axiom, 公理)에서 출발하여 다양한 결과를 이끌어냈으니 그의 기하학도 분석과 종합의 결과물인 셈이다. 현대 수학과 물리학의 기초가 되었던 뉴턴의 명저 《프린키피아(Principia)》도 유클리드의 스타일을 따라 공리에서 순차적으로 논리를 전개하여 중요한 결과를 이끌어냈다.

공리(또는 물리법칙) 자체는 그다음에 할 일을 우리에게 말해주지 않는다. 뚜렷한 목적 없이 공리를 이리저리 엮다 보면 별 의미 없이 쉽게 잊힐 만한 사실을 무더기로 알아낼 수 있다. 이것은 악기를 아무 생각 없이 연주할 때 들려오는 무의미한 선율과 비슷하다. 컴퓨터로 사람을 흉내 내는 인공지능(artificial intelligence)도 기술 자체를 개발하는 것보다 적절한 **용도**를 찾는 것이 훨씬 어렵다. 일단 목표가 정해지면 방법은 천천히 찾아도 된다. 어느 날, 한 식당에서 포춘쿠키(fortune cookie, 그날의 운수가 들어 있는 과자 – 옮긴이)를 뜯었더니 다음과 같은 문구가 나왔는데, 나는 지금까지도 이 격언을 수시로 떠올리곤 한다.

일단 일을 시작하라. 방법은 일이 알려줄 것이다.

물론 독자들은 영감 어린 목표가 처음부터 눈에 보이기를 원할 것이다. 자명한 공리만 알아도 '앞으로 논리를 순차적으로 밟아나가면 공리와는 수준이 다른 엄청난 결론에 도달하게 된다'는 것을 미리 알 수 있다면 얼마나 좋을까? 그러나 현실은 그리 녹록지 않다. 목표가 없으면 도중에 길을 잃기 십상인데, 미리 보기도 쉽지 않다.

그렇다면 유클리드는 어떤 목적으로 《원론》을 집필했을까? 이 방대한 시리즈의 마지막을 장식한 제13권에는 플라톤 정다면체가 오직 다섯 개밖에 존재하지 않는다는 사실이 증명되어 있다. 유클리드는 마음속에서 이런 결론을 내린 후 증명에 착수했을까? 확실한 증거는 없지만 그랬을 가능성이 높다. 어쨌거나 그가 내린 결론은 매우 적절하고 의미심장했다.

플라톤 정다면체와 원자

고대 그리스인들은 물질세계가 불, 물, 흙, 그리고 공기라는 네 종류의 원소로 이루어져 있다고 믿었다. 플라톤 정다면체가 다섯 개이니, 개수가 비슷하다. 물론 플라톤도 이 사실을 잘 알고 있었다! 신비한 영감과 불가사의로 가득 찬 그의 저서 《티마이오스(Timaeus)》에는 입체도형에 기초한 원소이론이 제시되어 있는데, 대략적인 내용을 요즘 말로 풀어쓰면 다음과 같다.

모든 원소는 물성에 따라 각기 다른 원자로 이루어져 있으며, 원자는 플라톤 정다면체와 같은 형태를 띠고 있다. 불의 원자는 정사면체이고 물의 원자는 정이십면체, 흙의 원자는 정육면체, 공기의 원자는 정팔면체이다.

원자와 입체도형을 이런 식으로 대응시킨 데에는 그럴 만한 이유가 있다. 불 원자는 모든 정다면체들 중에서 끝이 제일 뾰족하기 때문에 피부에 닿으면 통증을 유발하고, 물 원자는 가장 두루뭉술하기 때문에 한 곳에서 다른 곳으로 매끄럽게 이동할 수 있다. 또한 흙 원자는 빈틈없이 쌓을 수 있으므로 땅속에 빈 공간이 없으며, 공기 원자는 뾰족한 정도가 불과 물의 중간이어서 뜨거울 수도, 차가울 수도 있다.

네 개와 다섯 개는 비슷하긴 하지만 그리 가깝지도 않다. 이 정도로는 원자와 정다면체가 불가분의 관계라고 주장하기 어렵다. 웬만한 사람 같으면 여기에 막혀서 포기했을 텐데, 천재 플라톤은 오히려 이것을 기회이자 도전 과제로 받아들였다. 원소 목록에서 누락된 정십이면체는 창조주의 뜻을 따라 지구의 구조에 관여하지 않고 더 큰 임무를 수행하고 있었다. 그것은 바로 우주 전체의 형상이었던 것이다!

플라톤보다 한 수 위였던 아리스토텔레스는 좀 더 보수적이고 지적인 논리로 플라톤의 이론을 업그레이드했다. 두 위대한 철학자가 떠올린 아이디어는 다음과 같다―달과 행성, 그리고 별 등 천상의 세계에 존재하는 물체들은 지구의 물체와 다른 재료로 만들어졌다. 자연은 태생적으로 텅 빈 것을 싫어하기 때문에 천상의 공간은 비어 있지 않다. 즉 우주 공간은 불, 물, 흙, 공기가 아닌 제5원소로 가득 차 있다. 이것이 바로 에테르(ether)이며, 에테르의 원자는 정십이면체의 형상을 띠고 있을 것이다.

물론 지금의 관점에서 보면 말도 안 되는 이야기이다. 고작 네다섯 개의 원소로 우주의 삼라만상을 설명할 수 있다니, 어림도 없는 소리다. 게다가 원자는 플라톤 정다면체와 아무런 관계도 없다.

대칭 구조

플라톤의 이론은 과학적으로 실패했지만 '선견지명'과 '지적 예술'이라는 면에서는 커다란 성공을 거두었다. 이 점을 이해하려면 한 걸음 뒤로 물러나 좀 더 큰 그림을 바라볼 필요가 있다. 플라톤이 주장했던 이론의 핵심은 물리적 세계의 가장 근본적인 단계에 아름다움이 반영되어 있다는 것이다. 이 아름다움은 '수학적 규칙'과 '완벽한 대칭'이라는 두 항목으로 요약된다. 피타고라스가 그랬던 것처럼 플라톤에게 가장 중요한 가이드라인은 신념과 동경, 그리고 직관이었다. 두 사람의 목적은 물질이 마음의 가장 순수한 산물임을 입증함으로써 마음과 물질의 조화로운 관계를 눈앞에 드러내는 것이었다.

플라톤이 물질의 본성을 파고들었다는 것은 그의 사상이 철학을 뛰어넘었음을 의미한다. 물론 그의 이론은 틀린 것으로 판명되었으나, '틀렸다고 말할 수조차 없을 정도로' 허무맹랑한 이론은 아니었다. 앞서 말한 대로 플라톤은 자신의 이론을 현실 세계와 비교하는 등 타당성을 입증하기 위해 '약간의' 노력을 기울였다. 손을 불에 가까이 가져갔을 때 통증이 느껴지는 이유는 불 원자가 뾰족하게 생겼기 때문이고 물이 매끄럽게 흐르는 것은 물 원자가 가장 두루뭉술하게 생겼기 때문이다. 플라톤의 대화편 중 《티마이오스》에는 지금까지 언급된 내용 외에 오늘날 '화학 반응'이라 불리는 여러 가지 현상과 화합물의 특성이 기하학에 기초하여 서술되어 있지만 이 모든 내용은 실험으로 검증할 필요조차 느끼지 못할 정도로 사실과 동떨어져 있다.

그러나 자연을 바라보는 플라톤의 관점은 몇 가지 면에서 현대의 과학적 사고방식에 지대한 영향을 미쳤다.

물질의 기본단위는 플라톤의 생각과 완전히 딴판이지만 "만물은 몇 가지 기본단위로 이루어져 있다"는 주장은 지금도 과학의 기초를 떠받치고 있다.

또한 "대칭으로부터 자연의 **구조**를 추적한다"는 플라톤의 아이디어는 지난 2000여 년 동안 과학(특히 물리학)을 견인해왔다. 현대물리학자들은 순수한 수학적 논리(특히 대칭 논리)를 통해 몇 개의 특별한 구조에 도달했고, 바로 여기서 자연의 기본 요소를 찾고 있다. 플라톤이 생각했던 대칭은 지금 물리학에서 사용되는 대칭과 다소 거리가 있지만, 자연의 가장 깊은 곳에 대칭이 존재한다는 아이디어는 물리적 실체를 이해하는 데 핵심적인 역할을 하고 있다. 대칭성이 높은 도형이 그렇지 않은 도형보다 미학적으로 우월한 건 사실이지만 **자연의 구조에 대칭이 반영되어 있다**는 것은 매우 과감한 발상이다. 물리학자들은 자연에 수학적 완벽함을 요구함으로써 복잡다단한 현상을 단 몇 개로 줄이는 데 성공했고, 이 목록에 기초하여 자연을 서술하는 모형을 만들었다. 또한 이 목록은 미지의 영역에서 우리를 인도하는 이정표 역할을 해왔다. 조물주의 작업 방식을 파헤쳐서 창조의 비결을 알아낸다는 것은 종교적 관점에서 볼 때 매우 불경스러운 행동이다. 그러나 우리가 자연을 지금처럼 정확하게 이해할 수 있었던 것은 불경하기 짝이 없는 현대 과학 덕분이었다.

플라톤은 물리적 세계의 창조주를 '데미우르고스'라 불렀다. 표준 번역에 따르면 이 단어는 '장인(artisan, 匠人)'을 의미한다. 여기에는 '물리적 세계는 궁극적 실체가 아니다'라는 플라톤의 믿음이 깊이 배어 있다. 그는 천상의 어딘가에 모든 면에서 완벽하고 영원한 이데아가 존재하며, 우리가 보고 느끼는 물리적 세계는 이데아가 어설프게 투영된 불완전한 세계라고 믿었다. 창조주(장인)가 이데아를 원형으로 삼아 그와 비슷한 피조물을 만들어냈다는 것이다.

플라톤의 《티마이오스》는 내용이 몹시 난해하여, 억지로 해석하다 보면 오류를 범하기 쉽다. 이 책에서 플라톤은 정다면체와 원자의 대응관계를 제시하는 데서 그치지 않고 동일한 원자들이 모여서 물리적 실체를 만들어내는 과정까지 서술해놓았다. 물론 구체적인 내용은 '틀렸다고 말할 수조차 없을 정도로' 사실과 다르지만 그의 논지는 정확하게 핵심을 찔렀다. 게다가 원자에 세부 구조가 존재한다는 사실까지 예견했으니, 2000여 년을 뛰어넘은 선견지명에 감탄사가 절로 나온다. 또한 플라톤은 이 세부 구조가 한데 모여서 복잡한 물체를 구성할 수 있을 뿐, 독립적으로 존재할 수 없다고 주장했는데, 이 대목은 원자핵 속에 영원히 갇혀 있는 쿼크(quark)와 글루온(gluon)을 연상케 한다.

그러나 플라톤의 사상에서 우리의 관심을 끄는 것은 "이 세계의 가장 깊은 곳에 아름다움이 내재되어 있다"는 부분이다. 그는 이 세계의 가장 작은 기본단위(원자)가 "인간의 마음을 통해 발견되고 서술될 수 있는 순수한 개념이 현실 세계에 구현된 것"이라고 했다.

경제적인 방법

다시 〈그림 8〉의 바이러스로 돌아가서 생각해보자―그들은 기하학을 어디서 습득했을까?

이것은 단순한 목표에서 복잡한 결과가 초래되었거나 (좀 더 정확하게 말하면) 단순한 규칙이 복잡한 구조물을 낳은 경우에 해당한다. 여기서 중요한 것은 생존 전략을 지시하는 바이러스의 DNA가 매우 작은 영역에 갇혀 있다는 점이다. 구조 설명서의 분량을 최소화하려면 구조가 가능한 단순해야 하고, 구조를 단순화하려면 동일한 부품이 많을수록 유리하다. 단순한 부품 여러 개를 동일한 방식으로 조립하기, 이것은 플라톤이 추구했던 정다면체의 정의와 정확하게 일치한다! 부분이 모이면 자연스럽게 전체가 되므로, 바이러스는 굳이 정십이면체나 정이십면체를 알 필요가 없다. 그저 삼각형을 이어 붙이는 규칙만 알고 있으면 나머지는 기하학이 알아서 해결해준다. 조립 설명서가 바이러스보다 훨씬 복잡한 생명체(인간 등)의 몸은 기하학적 도형보다 다양하고 불규칙해, 아무렇게나 되는 대로 만들었다는 느낌을 준다. 정보와 자원이 제한된 경우에는 기본 구조에 대칭을 도입하는 것이 훨씬 경제적이다.

젊은 케플러와 구(球)의 음악

플라톤 시대가 저물고 거의 2000년이 지난 후 독일의 젊은 천문학자 요하네스 케플러는 플라톤의 이상적 도형에서 신의 목소리를 들었다. 신기한 것은 그의 길을 안내한 최상의 가이드 역시 '5'라는 숫자였다는 점이다. 케플러는 태양이 우주의 중심이라는 코페르니쿠스적 우주관에 입각하여 태양계의 구조를 파고들었다. 당시 알려져 있던 행성은 모두 여섯 개(수성, 금성, 지구, 화성, 목성, 토성)였는데, 6은 5와 가장 가까운 수이다. 과연 이것이 우연일까? 케플러는 그렇게 생각하지 않았다. 그는 "완벽한 기하학적 도형을 피조물에 구현하는 것"이 조물주의 가장 중요한 업무라고 생각했다.

프톨레마이오스가 그랬던 것처럼 케플러의 우주 모형도 원운동에 기초하고 있다. 원은 모든 도형 중에서 가장 완벽한 형태이므로 창조할 만한 가치가 있으며, 행성들은 천구(celestial sphere, 天球)에서 원운동을 하고 있다. 코페르니쿠스와 프톨레마이오스는 우주의 중심에 각기 다른 천체를 가져다 놓았지만(태양과 지구) 두 사람 모두 '우주의 중심에 무언가가 존재한다'는 가정을 당연하게 받아들였으며, 젊은 케플러도 여기에 동의했다. 즉 케플러는 중심에 태양이 있고 크기가 다른 여섯 개의 천구가 그 주변을 에워싸고 있는 우주를 상상했던 것이다. 그러나 그에게는 여전히 풀리지 않는 의문이 있었다―왜 하필 여섯 개인가? 그리고 이 천구들은 왜 지금과 같은 크기를 갖게 되었는가?

어느 날, 케플러는 학생들에게 천문학 강의를 하다가 문득 새로운 아이디어를 떠올렸다. 구에 외접하는 플라톤 정다면체를 그리고, 이 정다면체에 외접하는 더 큰 원을 그리고, 다시 여기에 외접하는 플라톤의 (또 다른) 정다면체를 그리고, 또다시 여기에 외접하는 원을 그리고…. 이런 식으로 그려나가다 보면 다섯 개의 정다면체와 여섯 개의 구가 얻어진다! 구와 구 사이에는 플라톤 정다면체가 있고, 이들은 모두 외접하거나 내접하는 관계에 있다. 또한 첫 번째 구(제일 작은 구)의 크기가 정해지면 나머지 구의 크기가 자동적으로 결정된다. 케플러는 이 모형에 의거하여 각 행성과 태양 사이의 거리를 계산한 후, 신의 창조 계획을 알아냈다는 흥분에 사로잡혀 《우주의 신비(Mysterium

Cosmographicum)》라는 책을 집필했다. 여기 수록된 그의 독백을 몇 개만 읽어보자.

나는 천상의 조화가 구현된 성스러운 장관에 말로 형용할 수 없는 황홀경으로 빠져들었다.

이런 문장도 있다.

가만히 있기에는 너무나 친절했던 우리의 신은 자신의 형상을 이 세계에 구현하는 '흔적 남기기 게임'을 시작했다. 그래서 나는 자연의 모든 만물과 아름다운 하늘이 예술적 기하학을 통해 기호화되어 있다는 결론에 도달했다.

다소 감상적이긴 하지만 그가 플라톤 정다면체로 이루어진 천구 모형을 생각해내고 얼마나 흡족해했는지 상상이 가고도 남는다. 400년이나 된 구식 이론이라며 가볍게 여기는 요즘 사람들도 케플러의 천구 모형을 직접 보면 기하학과 우주를 절묘하게 결합한 그의 심미안에 감탄하곤 한다(〈그림 9〉).

아름다움은 우주의 본성인가? 끝없이 자문하던 케플러는 자신의 우주 모형을 떠올린 후 답을 찾았다고 굳게 믿었다. 역시 우주는 플라톤이 예견했던 방식대로 아름다움을 간직하고 있었다. 회전하는 구에서 들려오는 음악을 감지하고, 그것을 악보로 기록한 것이다!

사실 케플러는 지나친 열정 때문에 연구와 사생활에서 많은 고초를 겪었다. 그는 중세 유럽의 종교개혁 후 찾아온 정치적 혼란기에 신

그림 9 케플러는 플라톤 정다면체에서 영감을 얻어 태양계의 형태와 크기를 설명하는 모형을 제안했다. 당시 알려진 여섯 개의 행성들은 구면 위에서 원운동을 하고 있으며, 그 사이에는 작은 구에 외접하고 큰 구에 내접하는 플라톤 정다면체가 순차적으로 배열되어 있다.

교도의 아들로 태어났다. 아버지는 용병이었고 어머니는 마녀로 몰려 종교재판까지 받았으며 본인은 한때 점성술에 몰두했으니, 사람들이 그의 집안을 어떤 눈으로 바라보았을지 짐작이 가고도 남는다. 그러나 케플러는 이 와중에도 스승인 티코 브라헤(Tycho Brahe)로부터 물려받은 관측 데이터를 끈질기게 분석한 끝에 행성의 궤도가 원이 아닌 타원임을 알아냈다(케플러의 제1법칙). 그가 젊은 시절에 생각했던 것과 달리 행성의 궤도는 완벽한 원이 아니라 일그러진 타원이었으며, 태양은 그 타원의 중심에서 약간 벗어난 곳(타원의 초점)에 자리 잡고 있었다. 케플러의 수정된 모형에서 더욱 심오한 아름다움이 드러난 것이다. 그러나 케플러는 이 사실이 관측으로 확인되기 전에 세상을 떠났다.

심오한 진리

덴마크의 물리학자이자 양자이론과 상보성원리(complementarity principle, 나중에 언급될 것임)의 창시자인 닐스 보어(1885~1962)는 평소 "심오한 진리(deep truth)"라는 말을 즐겨 사용했다. 영국의 철학자 루트비히 비트겐슈타인(Ludwig Wittgenstein)은 "모든 철학은 농담으로 바꿀 수 있으며, 그런 형태로 전달되는 게 바람직하다"고 했는데, 보어의 말이 그 대표적 사례였다.

일반적으로 어떤 서술이 참이면 그 반대의 서술은 거짓이다. 그러나 심오한 진리가 담긴 서술은 진정한 의미가 겉으로 드러나지 않기 때문에 그 반대도 참인 경우가 종종 있다. 다음 문장을 예로 들어보자.

아! 그러나 안타깝게도 이 세계는 플라톤이 추측했던 수학원리에 따라 만들어지지 않았다.

심오한 진리가 담긴 말이다. 그런데,

이 세계는 플라톤이 추측했던 수학원리에 따라 만들어졌다.

이 문장에도 심오한 진리가 담겨 있다. 그렇지 않은가?

달리의 〈최후의 성찬식〉

세간을 들썩이게 만들었던 현대미술 작품 하나를 언급하면서 이 장을 마무리하고자 한다.

〈그림 E〉는 스페인의 초현실주의 화가 살바도르 달리(Salvador Dali)의 〈최후의 성찬식(The Sacrament of the Last Supper)〉이다. 이 그림에는 다양한 기하학적 주제가 숨어 있는데, 가장 눈에 띄는 것은 배경에 그려진 오각형 모양의 창문이다. 오각형으로 이루어진 정십이면체는 만찬에 참여한 사람들뿐만 아니라 그림을 감상하는 관객들까지 하나로 아우르고 있다. 이 그림을 보면서 우주를 정다면체로 해석한 플라톤의 사상을 떠올리는 것이 과연 지나친 해석일까?

5장

플라톤: 동굴 밖으로 나온 인간

아름다움의 원천에 대한 질문의 답은 물리적 실체와 그것을 인지하는 지각력 사이의 관계에 의해 (부분적으로) 좌우된다. 인간의 지각력 중 청각은 앞에서 이미 다루었고, 시각에 대해서는 나중에 다룰 예정이다.

그러나 우리의 질문은 '물리적 실체와 궁극적 실체의 관계'와도 밀접하게 관련되어 있다. 궁극적 실체라는 단어가 불편하게 느껴진다면 (얼마든지 그럴 수 있다!) 한 걸음 뒤로 물러나 좀 더 큰 그림을 바라보면서 질문을 다시 던져보자. 물리적 실체의 깊은 속성과 우리의 희망(또는 꿈)을 어떻게 연결할 수 있을까? 이것은 단순한 지각 단계를 넘어 이 세계의 아름다움을 인지하는 데 매우 중요한 요소이다.

플라톤은 오래전에 이 질문의 답을 제시한 바 있다. 비록 과학 대신 신비한 직관과 다소 불분명한 논리로 이끌어낸 결론이었지만 그의 답은 과학과 철학, 예술, 종교 등 다양한 분야에 지대한 영향을 미쳤다. 앞으로 우리는 이야기를 풀어나가면서 플라톤이 제시한 답을 수시로 돌아보게 될 것이다. 영국의 철학자 앨프리드 노스 화이트헤드(Alfred North Whitehead)는 이런 말을 한 적이 있다.

유럽 철학의 일반적인 특징을 가장 정확하게 표현하면 다음과 같다. '유럽의 철학은 플라톤의 주석을 모아놓은 주석서이다.'

이 정도면 우리도 플라톤에게 집중할 만하다. 지금부터 플라톤의 동굴 속으로 들어가서 그의 세계관을 자세히 살펴보자.

동굴의 비유

플라톤의 유명한 '동굴의 비유'는 철학의 정수로 알려진 《국가론(Republic)》에 수록되어 있다. 특히 이 부분은 플라톤의 스승이었던 소크라테스와 그의 또 다른 제자이자 플라톤의 형인 글라우콘(Glaucon)이 나누는 대화 형식으로 적혀 있는데, 동굴 인간에 관한 내용은 다음과 같이 시작된다.

소크라테스 이제 인간의 본성이 어디까지 깨달을 수 있는지, 그리고 어디까지 무지할 수 있는지 생각해보자. 여기, 지하 동굴 속에 한 무리의 사람들이 동굴 입구를 등진 채 벽을 바라보고 있다. 이들은 어릴 때부터 다리와 목에 사슬을 감은 채 살아왔기에 몸을 움직일 수 없고, 고개를 돌려 다른 곳을 바라볼 수도 없다. 이들의 등 뒤쪽에서는 먼 거리를 두고 불이 타오르고 있으며, 불과 사람들 사이에 나 있는 오르막길에는 마치 인형극 무대의 스크린처럼 낮은 벽이 설치되어 있다. 이런 상황에서 동굴 인간들이 볼 수 있는 것은 벽에 드리워진 그림자뿐이다.

글라우콘 그렇겠지요.

소크라테스 이런 곳에서 어떤 사람이 다양하게 생긴 그릇과 나무(또는 돌)로 만든 여러 동물상과 온갖 잡동사니를 들고 벽을 따라 걸어간다면 벽에는 어떤 모습으로 비치겠는가? 개중에는 그림자로 형상화되는 것도 있고, 아예 드러나지 않는 것도 있을 것이다.

글라우콘 참으로 이상한 상황이네요. 동굴에 사는 사람들도 이상하고요.

소크라테스 우리가 바로 그들과 같다.

요점은 간단하다. 동굴에 갇힌 인간들은 실체를 있는 그대로 본 적이 단 한 번도 없다. 이들은 벽에 드리워진 그림자만 보면서 살아왔기에 그림자를 실체로 여기고 있다. 이것이 바로 동굴 인간들이 사는 세상이다. 그러나 우리는 그들을 동정할 처지가 아니다. 우리가 처한 상황이 그들과 별로 다르지 않기 때문이다. "우리가 바로 그들과 같다"는 소크라테스의 한마디가 동굴 인간에 대한 우리의 우월감을 한 방에 날려버렸다.

물론 앞의 대화만으로는 우리가 동굴 인간임을 인정하기는 어렵지만 플라톤은 우리에게 인지되는 것보다 더욱 실체에 가까운 원형이 어딘가에 존재할 수도 있음을 강하게 시사하고 있다. 우리 눈에 보이는 것이 실체의 그림자에 불과하다면, 그리고 실체에 좀 더 가까이 갈 생각이 있다면 우리는 주어진 한계를 용인하지 말고 사물을 다른 시각으로 바라보아야 한다. 자신의 지각을 믿지 말고 권위에 굴복해서도 안 된다.

〈그림 F〉는 플라톤이 말하는 '이 세계의 겉모습을 초월한 실체'를 우주적 버전으로 표현한 그림이다. 지구라는 동굴에 갇혀 사는 인간이 동굴 밖으로 나가면 어떤 실체와 마주하게 될까?

정치적인 면에서 플라톤은 반동적 성향이 다분한 이상주의자였다. 그는 동굴 인간론을 공개적으로 주장하지 않았으며, 자신의 자유로운 사고방식을 널리 전파하려고 애쓰지도 않았다. 아마도 그는 자신을 따르는 소수의 독자들을 위해 책을 남겼을 것이다!

영원을 바라보는 관점: 균형의 역설

'외형 뒤에 숨어 있는 실체'라는 플라톤의 관점은 두 개의 사조를 하나로 통합했다. 이들 중 하나가 '모든 것은 수'라는 피타고라스학파의 사조인데, 이들의 주장은 아름답고 극적인 몇 가지 발견을 통해 더욱 강한 설득력을 얻게 되었다. 그리고 앞 장에서 논했던 플라톤의 원자론은 (현실적인 증거는 없지만) 이와 같은 의도에 착안한 또 하나의 시도였다.

두 번째 사조는 현대의 관점에서 볼 때 좀 더 철학적인 '형이상학 (metaphysics, 形而上學)'이다. 이 용어는 매우 흥미로운 어원을 갖고 있다. 과거에 역사가들이 아리스토텔레스의 저서를 하나로 모을 때《물리학(Physics)》다음에 이어지는 책을 '후 물리학(after physics)'이라고 불렀는데, 별다른 뜻은 없고 그냥 '물리학 다음 책'이라는 뜻이었다.

이 책의 주제는 시간과 공간, 지식, 정체성 등 사물의 제1원리로서 모든 이야기를 실험이나 관측이 아닌 수학적 논리로 풀어나갔다. 그런데 후대의 학자들이 '후(after)'라는 단어에 지나친 의미를 부여하는 바람에 같은 뜻의 라틴어인 'meta-'로 바뀌어 'metaphysics'가 된 것이다(그 후 일본의 학자들이 이 단어를 '형이상학'으로 번역하여 한국에 전해졌으니, 와전된 제목이 어느 정도 제자리를 찾은 셈이다 – 옮긴이).

20세기를 대표하는 철학자이자 수학자 버트런드 러셀은 형이상학의 대표주자로 고대 그리스의 철학자 파르메니데스(Parmenides)를 꼽았다. 그는 이 세상 어떤 것도 변할 수 없다는 것을 다음과 같은 논리로 입증했다.

우리는 생각할 때 '무언가를' 생각한다. 우리가 사용하는 모든 이름은 그 '무언가' 중 하나이다. 그러므로 사고와 언어는 외부에 있는 대상을 필요로 한다. 또한 우리는 임의의 대상을 언제든지 생각하거나 입에 담을 수 있으므로, 그들은 항상 존재해야 한다. 따라서 이 세상에 변화란 존재하지 않는다. 변화는 새로운 탄생이나 존재의 소멸을 의미하기 때문이다.

논리는 명확하지만 아무것도 변치 않는다는 주장은 선뜻 받아들이기 어렵다. 차라리 '변화는 환상에 불과하다'는 주장이 더 그럴듯하게 들린다.

무엇보다도 우리 주변의 물체들은 제자리에 가만히 있지 않고 수시로 움직이는 것처럼 보인다. 이 환상을 극복하는 첫 단계는 사물의 외형에 대한 피상적 믿음에서 벗어나는 것이다. 파르메니데스의 제자이자 전복(顚覆)의 대가였던 제논(Zenon ho Elea)은 사물의 움직임에 대한 어설픈 사고가 혼란을 야기한다는 것을 보여주기 위해 네 가지 역설을 개발했다.

그중 가장 유명한 것이 '아킬레우스와 거북'의 역설이다. 호메로스(Homeros)의 서사시 《일리아드(Iliad)》에 등장하는 아킬레우스는 빠른 발과 강한 힘을 보유한 최고의 전사였다. 이제 그가 느려터진 거북과 50m 경주를 한다고 가정해보자. 물론 상대가 안 될 것이 뻔하기 때문에 거북이 10m 앞에서 출발하기로 합의했다. 그래도 대부분의 사람들은 아킬레우스가 이긴다고 생각할 것이다. 그러나 제논은 단호하게 '아니다!'라고 외치고 있다. 왜일까? 아킬레우스가 경주에서 이기려면 거북을 따라잡아야 하는데, 이것이 너무 어렵기 때문이다. 거북이 출발한 지점을 A라 하면, 일단 아킬레우스는 A까지 뛰어야 한다. 그런데 이 시간 동안 거북은 A를 떠나 A′까지 진행했다. 따라서 아킬레우스의 그다음 목표는 A′에 도달하는 것인데, 그사이에 거북은 A′을 떠나 A″까지 진행한다. 이런 식으로 아무리 반복해도 아킬레우스는 거북의 뒤만 쫓아갈 뿐, 절대로 거북을 앞지를 수 없다.

과연 그럴까? 파르메니데스의 주장대로 움직임을 부정하기란 쉬운 일이 아니다. 그러나 제논은 "움직임을 받아들이면 상황은 더욱 악화된다"고 주장하고 있다.

버트런드 러셀은 제논을 다음과 같이 평가했다.

제논은 미묘하고 심오한 네 개의 역설을 창조했음에도 불구하고 당대의 철학자들은 그를 독창적인 사기꾼이자 궤변의 달인으로 치부했다. 그러나 지난 2000년 동안 사람들은 제논의 궤변을 끊임없이 반박하면서 생명력을 불어넣었고, 결국 그의 논리는 수학 부흥의 기초가 되었다.

아킬레우스와 거북의 역설에 대한 물리적 답은 뉴턴이 개발한 수학과 역학에서 찾을 수 있는데, 이 내용은 잠시 후에 다루기로 한다.

오늘날 양자역학적 관점에서 볼 때 파르메니데스의 주장은 얼마든지 수용 가능하다. 변화란 사물의 외형에 불과할 수도 있다. 나는 이 책의 말미에서 이 문제와 관련하여 다소 파격적인 주장을 펼칠 예정이니, 마음의 준비를 해두기 바란다.

이제 다시 우리의 본론인 플라톤의 관점으로 되돌아가 보자.

이상형

조화와 완벽함에 대한 피타고라스의 직관과 파르메니데스의 변하지 않는 실체는 플라톤의 이상형이론(Ideal theory)을 통해 하나로 통합된다. 플라톤의 이론은 흔히 '이데아론(theory of Idea)'으로 알려져 있으나, 내가 보기에는 '이상형이론'이라는 용어가 더 적절한 것 같다. 그래서 앞으로는 이 용어를 사용할 것이다.

이상형이란 현실 세계에 존재하는 불완전한 물체의 완벽한 원형을 의미한다. 고양이를 예로 들어보자. 이상형 고양이는 영원히 죽지 않고 변하지도 않는다. 현실 세계의 고양이는 이상형 고양이와 어느 정도 공통점을 갖고 있지만 변화를 극복하지 못하고 언젠가는 죽는다. 이 이론에는 파르메니데스의 형이상학이 반영되어 있다. 즉 실체의 가장 깊은 곳에 영원불변의 이상형 세계가 존재하여 우리가 이름을 짓거나 말로 표현할 수 있는 만물의 근원을 제공하고 있다. 또한 여기 존재하는 완벽한 이상형들은 우리가 플라톤 정다면체나 숫자와 같은 수학적 개념을 다룰 때 그 모습을 드러낸다.

고대 그리스에서 발원한 오르페우스교(orphism)도 피타고라스, 파르메니데스에 이어 이상형이론에 부합되는 세 번째 사조라 할 수 있다. 오르페우스교는 고대 그리스 신화의 진지한 면을 보여주는 밀교단체로서 의식을 공개적으로 치르지 않았기 때문에 알려진 내용이 거의 없다(비밀스러운 단체들은 대부분 이런 식으로 역사에서 사라졌다!). 위키피디아에는 오르페우스교의 교리가 다음과 같이 적혀 있다.

인간의 영혼은 신성하고 영원하지만 윤회를 통해 여러 육체를 옮겨다니면서 비통한 삶을 살아간다.

이 사상은 이상형이론에 우아하게 부합된다. 우리의 육체는 태어나고 죽기를 반복하고 있지만 불멸의 영혼은 태어나지도, 죽지도 않으면서 이상형의 세계에 관여하고 있다. 이번 생에 지구에서 태어난 우리는 사물의 외관에 현혹된 채 살고 있으며, 우리의 영혼은 이상형을 인지하지 못한 채 깊은 잠에 빠져 있다. 그러나 철학과 수학, 그리고 약간의 신비적 처방(오르페우스교의 비밀스러운 종교의식)을 가하면 잠든 영혼을 깨울 수 있다. 즉 동굴에서 탈출할 방법이 있다는 뜻이다.

해방

플라톤은 해방의 과정을 다음과 같이 묘사했다.

소크라테스 이제 동굴에 갇힌 죄수가 풀려났다고 상상해보라. 그는 눈이 부셔서 앞을 제대로 볼 수 없을 것이다. 그동안 그림자로만 보아왔던 실체가 눈앞에 펼쳐져 있는데도 현실을 깨닫지 못한다. 오히려 그는 동굴 속에서 줄곧 봐왔던 그림자가 실체에 더 가깝다고 생각하지 않겠는가?

글라우콘 네, 그렇겠지요.

(중략)

소크라테스 그는 바깥 세상을 바라보는 데 익숙해져야 한다. 처음에는 그림자만 찾아다니다가 조금 익숙해지면 수면에 비친 사람과 사물을 볼 수 있게 되고, 그다음에는 밤하늘에 떠 있는 달과 별을 보게 될 것이다. 그러면 그는 낮에 햇빛을 보는 것보다 밤하늘을 바라보는 것이 더 편하다고 생각하지 않겠는가?

글라우콘 물론 그렇겠지요.

플라톤은 (소크라테스의 입을 빌려) 해방이 '배움과 투쟁의 과정'임을 강조했다. 이것은 바깥 세상에 대한 관용과 금욕으로부터 구원을 얻을 수 있다는 대중적 관념과 많이 다르다(내가 보기에는 플라톤의 수준이 더 높은 것 같다).

해방이라는 것이 숨은 실체와의 투쟁을 통해 얻어지는 것이라면 우리는 어떻게 해야 무지로부터 해방될 수 있는가? 여기에는 내면을 통한 길과 바깥 세계를 통한 길, 두 가지가 있다.

내면의 길은 자신이 알고 있는 개념을 비판적 관점에서 재조명하고, 표면에 덮인 찌꺼기를 털어냄으로써 이상형에 도달하는 방법이다. 철학과 형이상학이 여기에 속한다.

바깥 세계를 통한 길은 사물의 복잡한 외형을 벗겨내 그 안에 숨어 있는 정수(精髓)에 도달하는 방법으로, 과학과 물리학이 여기에 속한다. 앞으로 논의되겠지만, 우리를 해방시킬 수 있는 것은 두 번째 길이다.

역추적: 그림자에서 실체로

플라톤의 직관은 결국 옳은 것으로 판명되었다. 아니, 옳은 정도가 아니라 본인이 생각했던 것보다 훨씬 정확하게 들어맞았다. 우리 눈에 보이는 것은 정말로 실체의 그림자에 불과했다.

우리의 감각은 이 세계가 제공하는 정보의 극히 일부밖에 수용할 수 없다. 우리는 현미경을 통해 미생물과 세포의 존재를 알게 되었으며, 입자가속기를 통해 극미의 영역에서는 우리의 직관과 완전히 다른 양자역학이 모든 것을 지배한다는 사실도 알게 되었다. 또한 우리는 천체망원경 덕분에 우주에 수천억 개의 별과 은하가 존재하고 그 안에서 지구가 얼마나 미미한 존재인지를 깨달았으며, 라디오파 수신기 덕분에 눈에 보이지 않는 복사파가 우주 공간을 가득 채우고 있다는 것도 알게 되었다. 도구를 사용하지 않고 감각에만 의존해왔다면 결코 알 수 없는 사실들이다.

감각뿐만 아니라 우리의 마음도 그다지 예민한 편이 아니어서 훈련과 도움 없이는 새로운 발견을 할 수 없고, 이미 알고 있는 대상이라해도 실체의 다양성을 제대로 판별할 수 없다. 우리는 학교에 가고, 책을 읽고, 인터넷을 뒤지고, 컴퓨터 등 다양한 도구를 이용하여 복잡한 아이디어를 정리하고, 우주를 지배하는 방정식을 풀어 그 결과를 가시화하고 있다.

우리가 동굴 밖으로 나올 수 있었던 것은 상상력과 감각기관의 성능을 높여주는 각종 도구들 덕분이었다. 도구가 없었다면 인간은 지

뷰티풀 퀘스천

금도 동굴 속에 갇힌 채 그림자를 실체로 여기며 살아가고 있을 것이다.

순수함으로의 전환

그러나 앞날을 예측하지 못했던 플라톤은 내면을 통해 실체에 다가갈 것을 권장했다.

소크라테스 그러므로 다이달로스와 같은 예술가의 정교한 그림에서 영감을 얻는 것처럼 우리는 온갖 별들로 수놓아진 하늘에서 이론의 타당성을 찾아야 한다. 하늘의 설계도를 마주한 기하학자는 창조주의 탁월한 솜씨와 정교한 마무리에 감탄하겠지만 모든 각도와 길이가 이론에서 예측된 값과 일치하기를 기대하면서 일일이 파고들지는 않을 것이다.

글라우콘 네, 그건 바보짓이죠.

소크라테스 진정한 천문학자는 이와 같은 태도로 행성의 운동을 탐구한다. 그는 하늘에 존재하는 모든 것들이 창조주처럼 완벽한 형태로 만들어졌음을 알게 될 것이다. 그는 눈에 보이는 물질적 변화가 조금의 불규칙도 없이 영원히 계속된다고 생각하지 않을 것이며, 그 안에서 완벽함을 찾느라 시간을 허비하지도 않을 것이다.

글라우콘 그렇게 말씀하시니 이해가 갑니다.

소크라테스 그러므로 영혼에 내재되어 있는 지성을 적절히 활용하여 천문학을 공부하고자 한다면 하늘을 쳐다보면서 시간을 낭비하지 말고, 기하학을 연구할 때 그랬던 것처럼 수학에 전념해야 한다.

플라톤은 현실이 이상형에 부응하지 못한다는 것을 강조하고 있다. 즉 앞에서의 일방적인 대화는 다음과 같이 간단한 부등식으로 요약된다.

$$\text{현실(실체)} < \text{이상형}$$

이상형의 세계로부터 물리적 세계를 창조한 조물주는 선의(善意)의 예술가였다. 그러나 그는 모방 작가에 불과했기에 현실 세계는 불완전하고 너저분하다. 그는 뭉툭한 붓으로 그림을 그렸고, 뭉툭한 칼로 피조물을 다듬었다. 그래서 물리적 세계는 결점으로 가득 차 있다. 우리는 이 세계의 원형인 이상형을 찾아야 한다.

플라톤은 세속을 초월한 절대적 가치를 추구했다. 이론이 아름다운데 관측 결과와 맞지 않는다면 관측이 잘못되었을 가능성이 높다.

두 종류의 천문학

궁극의 진리를 추구했던 플라톤은 왜 물리적 세계를 외면하고 내면의 길을 택했을까? 정확한 사연은 알 수 없지만 부분적으로는 플라톤이 자신의 이론을 지나치게 사랑했기 때문이고(여기에는 의심의 여지가 없다), 물리적 세계와 씨름을 벌여서 이길 자신이 없었기 때문일 것이다. 이런 '인간적인' 태도는 오늘날 정치와 사회과학, 심지어는 물리학에도 남아 있다.

그러나 천문학에 관한 한, 내면의 길은 별로 도움이 되지 않는다.

고대사회에서 정확한 달력 제작은 체제를 유지하는 데 반드시 필요한 기술이었다. 대부분의 경제활동이 농업과 관개시설에 의존했기 때문이다. 또한 대부분의 종교의식도 파종기와 수확기에 신의 가호를 비는 뜻에서 거행되었으므로, 달력은 종교적으로도 중요한 역할을 했다. 물론 정확한 달력을 만들려면 천문학을 알아야 한다. 천체의 움직임으로부터 앞날을 예견하는 점성술도 마찬가지이다. 고대 바빌로니아인들은 일몰 지점의 변화와 춘분, 하지, 추분, 동지, 그리고 일식과 월식 등 각종 천문 사건을 예측하는 데 매우 뛰어난 기술을 보유하고 있었다. 여기서 주목할 것은 바빌로니아인의 기술이 이론과 거의 무관하다는 점이다. 그들은 수백 년 동안 천체의 움직임을 관측하면서 규칙과 주기성을 발견했고 이 자료를 이용하여 미래에 일어날 천체 사건을 정확하게 예측할 수 있었다. 다시 말해서 그들은 과거의 데이터에 기초하여 천체의 움직임이 동일한 주기로 반복된다고 믿은 것이다. 요즘은 '빅 데이터'가 상식처럼 통용되고 있지만 그 기본 개념은 고대 바빌로니아에서 시작되었다.

플라톤은 천문학에도 조예가 깊었던 것으로 알려져 있지만 바빌로니아의 천문학에 대해서는 잘 몰랐던 것 같다. 사실 관측 데이터에 의존하는 바빌로니아의 '상향식(bottom-top)' 천문학은 플라톤의 목적과 방법론에 정면으로 상치된다.

플라톤에게 중요한 것은 지혜를 향해 나아가는 인간의 순수한 영혼과 모든 것의 원형인 이상형이었다. 그래서 행성의 운동을 설명할 때에도 정확한 이론보다 아름다운 이론을 추구했다. 조물주가 이 세계를 만들 때 사용한 '거친 재료'는 플라톤에게 부차적인 문제였으며, 눈에 보이는 현상보다 조물주에게 영감을 부여한 이상형을 규명하는 것이 훨씬 중요한 과제였다.

천문 현상의 주기적 변화 가운데 가장 눈에 잘 띄는 것은 낮과 밤의 변화와 계절의 변화이다. 이것은 밤하늘을 가로지르는 별의 겉보기운동(apparent motion, 지구에서 바라본 천체의 운동. 지구의 자전 및 공전에 의한 효과가 더해져서 실제 운동보다 훨씬 복잡하게 나타난다 – 옮긴이) 및 태양의 주기와 관련되어 있다. 지금 우리는 낮과 밤이 반복되는 것이 지구의 자전 때문이며, 계절이 바뀌는 것은 지구의 공전 때문임을 잘 알고 있다. 그런데 자전과 공전은 거의 등속원운동에 가깝기 때문에 다음과 같이 아름다운 이론으로 설명 가능하다.

기하학적으로 가장 완벽한 도형은 원(圓)이다. 원은 어떤 방향에서 바라봐도 똑같이 생겼다. 그 외의 도형은 각 부분마다 특성이 다르기 때문에 한 부분이 전체를 대변할 수 없다. 그러므로 운동 중에 가장 완벽한 운동은 일정한 속도로 원주를 따라 돌아가는 등속원운동으로, 원인이 제거되지 않는 한, 항상 동일한 형태로 반복된다. 이와 같은 '하향식(top-down)' 접근법을 이용하면 '운동의 이상형은 등속원운동이다'라는 결론에 도달하게 된다. 그리고 두 종류의 완벽한 운동(자전과 공전)을 결합하면 태양과 별의 움직임을 꽤 정확하게 예측할 수 있다.

언뜻 보기에 하향식 천문학은 대단한 성공을 거둔 것처럼 보인다. 여기에는 물리적 세계에서 수와 기하학의 조화를 발견했던 피타고라스의 정신이 깊이 배어 있으면서 그의 발견을 훨씬 능가하는 진리가 담겨 있다. 인간 창조주(피타고라스)는 기껏해야 악기를 만들었을 뿐이지만 태양과 달은 조물주의 작품이기 때문이다.

그러나 초기의 성공에 고무되어 더 많은 것을 알아내려고 하면 모든 것이 너저분해지기 시작한다. 행성과 달의 겉보기운동은 실제 운동보다 훨씬 복잡하다. 하향식 접근법에 의하면 모든 천체는 이상적인 궤적(완벽한 원)을 그려야 한다. 과거의 천문학자들은 이 조건을 만족시키기 위해 행성의 (가상의) 원형 궤적을 원궤도에 끼워 넣었으나 겉보기운동과 일치하지 않았다. 그래서 또 다른 원궤도를 끼워 넣고, 또다시 원궤도를 끼워 넣기를 반복했다. 이 과정을 반복하다가 드디어 겉보기운동과 거의 일치하는 모형을 만들어냈다. 그러나 인공적인 수정이 가해지면서 모형은 지나치게 복잡해졌고 처음에 기대했던 순수함과 아름다움은 온데간데없이 사라졌다. 아름다움과 진실 중 하나만 가질 수 있을 뿐, 둘 다 가질 수는 없었던 것이다.

아름다움을 추구했던 플라톤은 정확성과 타협을 보았다(사실은 포기했다는 말이 더 어울린다). 그는 자존심을 지키기 위해 진실을 외면했고, 결국 자신의 이론에 확신이 없음을 스스로 인정한 꼴이 되었다. 게다가 플라톤의 제자들은 스승의 비현실적인 세계관을 한계까지 밀어붙였다. 당시 전쟁과 가난, 질병에 시달리면서 고대 그리스 문명이 와해되고 있었으므로 현실도피적인 사조가 널리 퍼진 것도 무리는 아니었을 것이다.

플라톤의 제자이자 경쟁자인 아리스토텔레스는 몇 가지 면에서 좀더 현실에 가까운 철학자였다. 그는 제자들과 함께 다양한 생물 표본을 수집하여 주도면밀하게 관측했고 그 결과를 매우 자세하고 정직하게 기록해놓았다. 그러나 이들은 처음부터 복잡한 대상을 파고들었기 때문에 기하학과 천문학에 숨어 있는 단순한 아름다움을 놓치고 말았다. 아리스토텔레스는 투박한 현실에서 굳이 수학적 이상형을 찾지 않았으며, 찾을 가능성도 없었다. 그는 스승과 달리 이상형을 추구하지 않았기에 아름다움과 완벽함에 연연하지 않았고, 물리학과 천문학을 연구할 때도 이와 같은 관점을 고수했다. 그리고 후대의 과학자들은 정확한 방정식을 찾을 때도 플라톤의 두루뭉술한 설명을 그대로 받아들였다.

객관적인 주관성: 사영기하학

중세 유럽의 르네상스기에 새로운 문화사조가 발현하면서 플라톤의 사상에 대대적인 수정이 가해졌다. 이상형을 추구했던 그의 자세를 수용하되, 비현실적인 관념을 포기한 것이다.

당시 이 변화를 주도했던 사람은 주로 예술가와 장인들이었는데, 이들에게는 매우 현실적이면서 구체적인 문제가 주어져 있었다―'3차원 공간에 존재하는 사물을 어떻게 2차원 화폭에 표현할 것인가?' 예나 지금이나 부자들은 자신의 외관과 재산을 어떻게든 기록으로 남기려는 경향이 있다. 당시에는 사진기가 없었으므로 막대한 재산을 축적한 신흥 부자들은 앞 다투어 화가를 고용했고 화가들은 고객의 얼굴과 재산을 가능한 한, 사실에 가깝게 그려야 했다.

언뜻 생각하면 당시의 화가들은 외관에 가려진 실체를 추구했던 플라톤의 사상과 정반대의 길을 간 것처럼 보인다. 이 무렵에 개발된 원근법도 결국은 사물의 내면이 아닌 외형을 실제와 가깝게 표현하기 위한 수단이었다.

그러나 사물의 외형을 정확하게 그리는 것은 정수에 다가가기 위한 사전 단계일 수도 있다. 바라보는 각도에 따라 사물이 어떻게 달라지

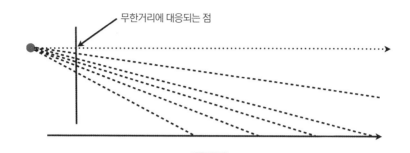

무한거리에 대응되는 점

그림 10 수평선(바닥)을 따라 나 있는 점들은 캔버스에 수직선으로 투영된다. 화가로부터 무한히 멀리 떨어져 있는 점은 현실적으로 시야에 들어오지 않지만 캔버스에는 '무한거리에 대응되는' 하나의 점으로 표현될 수 있다.

는지를 이해하면 쉽게 변하는 요소를 제거함으로써 '변하지 않는 정수'에 대한 이해가 더욱 깊어진다. 사물의 주관성을 객관적 관점으로 다룸으로써 이해를 도모하는 것이다.

중세의 예술가들은 이 과제를 수행하면서 놀라운 사실을 알아냈다. 간단한 예를 들어보자. 여기 한 화가가 눈앞에 펼쳐진 풍경을 캔버스에 그리고 있다. 이 상황을 수직으로 자른 단면도는 〈그림 10〉과 같다. 왼쪽 끝의 점은 화가의 눈이고 수직선은 캔버스의 단면, 아래의 수평선은 지면의 단면을 나타낸다.

상황을 단순화하기 위해 화가의 눈앞에는 광활한 평지밖에 없다고 가정하자. 그렇다면 수평면은 캔버스에 수직면으로 투영될 것이고 우리의 단면도에서는 수직선으로 나타날 것이다. 그리고 땅 위의 각 점들은 〈그림 10〉의 점선을 따라 캔버스 위에 투영된다. 따라서 화가는 자신의 눈과 지면 위의 점을 연결한 점선이 수직선(캔버스)과 만나는 곳에 붓을 찍으면 된다(물론 캔버스가 시야를 가릴 것이므로, 캔버스가 투명한 아크릴이라고 가정하자 - 옮긴이).

그림에서 보다시피 멀리 있는 점일수록 캔버스의 위쪽에 투영된다. 그러나 거리가 멀다고 해서 계속 위로 올라가는 것이 아니라 〈그림 10〉의 '무한거리에 대응되는 점'으로 점차 수렴한다. 즉 수평 방향으로 무한히 먼 거리에 있는 점이 작은 캔버스 영역을 벗어나지 않는 것이다.

자, 우리가 보는 앞에서 기적이 실현되었다. 조그만 캔버스에 무한대를 담지 않았는가! 눈앞에 펼쳐진 풍경에는 지평선이 존재한다. 물론 지평선은 물리적 실체가 아니라 대상을 단순화시켜서 얻은 상상의 선일 뿐이지만 화폭에 그려 넣으면 매우 현실적인 느낌을 준다. 지평선은 무한히 먼 거리에 있는 점들을 모아놓은 특별한 선(우리의 단면도에서는 점)이다.

〈그림 10〉에서 직선으로 표현했던 캔버스와 평원을 2차원으로 복구하면 또 하나의 놀라운 사실이 드러난다.

문제의 단순화를 위해 캔버스가 지면에 수직한 방향으로 세워져 있다고 가정하자.

이제 눈앞에 펼쳐진 평원에 기차 레일이나 도로의 차선 등 여러 개의 직선이 지평선을 향해 뻗어 있다고 상상해보자. 이들을 캔버스에 투영시키면 앞에서 언급했던 '무한거리에 대응되는 점'으로 모여들 것이다. 그런데 실제 풍경에서도 이 직선들은 〈그림 11〉처럼 지평선 위의 한 점으로 모여든다.

평행선이 모이는 점을 **소실점**(vanishing point, 消失點)이라 한다. 다시 말해서 같은 방향으로 나 있는 평행선들은 '무한거리에 대응되는 점'에서 만나게 되어 있다.

특정 방향으로 나 있는 평행선들은 특정한 소실점으로 수렴하고 이

그림 11 평행하게 나 있는 선들은 지평선 위의 소실점으로 모여든다. 주변을 둘러보면 곳곳에서 소실점을 찾을 수 있다.

런 소실점들이 모여서 지평선을 형성한다. 이것을 캔버스에 투영하면 '무한거리에 대응되는 점'들로 이루어진 지평선이 된다. 다시 말해서 개념상으로만 존재하는 지평선이 캔버스 위에 뚜렷한 선으로 나타나는 것이다.

르네상스 시대의 예술가이자 과학과 공학에도 능통했던 필리포 브루넬레스키는 이와 같은 원리를 화법(畵法)에 적용하여 그림의 현실성을 크게 향상시켰다. 그는 사영기하학을 이용하여 당시 피렌체에 한창 건설 중이던 산 조반니 세례당의 조감도를 제작했는데, 이때 사용된 실험 도구는 〈그림 12〉와 같다. 브루넬레스키는 두 개의 기울에 비친 영상과 실제 싱낭의 모습을 여러 각도에서 비교하여 정면에서 바

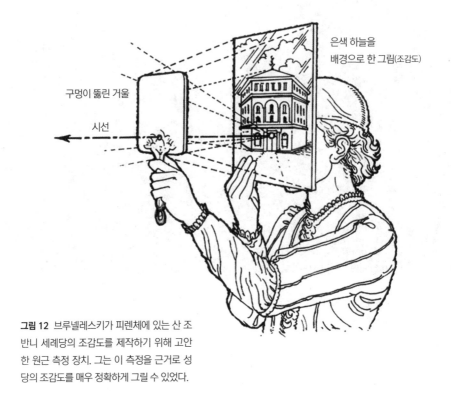

은색 하늘을
배경으로 한 그림(조감도)

구멍이 뚫린 거울

시선

그림 12 브루넬레스키가 피렌체에 있는 산 조 반니 세례당의 조감도를 제작하기 위해 고안 한 원근 측정 장치. 그는 이 측정을 근거로 성 당의 조감도를 매우 정확하게 그릴 수 있었다.

라본 성당의 모습을 2차원 캔버스에 매우 정확하게 옮길 수 있었다(실 제 성당의 모습은 거울에 뚫린 구멍을 통해 볼 수 있다).

브루넬레스키의 원근법은 르네상스 예술에 일대 혁명을 불러일으 키며 화가들 사이에서 빠르게 퍼져나갔고, 얼마 후 원근법을 최대로 활용한 페루지노(Perugino)의 걸작 〈성 베드로에게 열쇠를 주는 그리 스도(Giving of the Keys to Saint Peter)〉를 탄생시켰다(〈그림 G〉). 이 그 림에서 원근법은 조화와 질서, 그리고 가톨릭교회의 권위를 나타내 는 데 핵심적인 역할을 한다(로마의 시스티나 성당에 가면 이 작품을 볼 수

뷰티풀 퀘스천

있다).

　예술가들은 원근법을 개발하고 작품에 구현하면서 최상의 기쁨을 만끽했을 것이다. 물론 우리도 이런 기쁨을 누릴 수 있다. 원근법에 기초하여 그림을 직접 그려보면 된다. 〈그림 H〉는 바둑판 모양의 타일이 깔린 바닥을 약간 위에서 바라본 투시도이다. 이런 그림은 종이와 연필, 직선자, 그리고 지우개만 있으면 누구나 그릴 수 있다. (직선자란 눈금이 없는 자를 말한다. 물론 눈금이 있는 자를 써도 상관없다. 그냥 눈금을 무시하면 된다!)

　이 투시도는 그림의 위쪽부터 그려나가는 것이 순서이다. 제일 먼저 수평선(검은 실선)을 그린 후 아래쪽에 사각형 타일(푸른색) 하나를 그린다. 물론 우리는 위에서 비스듬히 내려다보고 있으므로 타일은 정사각형이 아니다. 어쨌거나 이 타일의 테두리선을 길게 연장하면 수평선과 만나면서 소실점이 형성된다(푸른색 선). 이것으로 타일 하나와 수평선이 완성되었다. 이제 다른 타일을 계속 추가해나가면서 이전과 같은 소실점으로 수렴하도록 방향을 잡으면 된다.

　이 그림에서 중요한 점은 (일그러진) 사각형의 대각선을 연결한 선들도 서로 평행하다는 것이다. 이 평행선들도 수평선(검은 실선) 위에 있는 하나의 소실점으로 수렴한다(그림에는 붉은 실선으로 표현되어 있다). 그리고 이 소실점에서 출발하는 다른 직선들(주황색 선)은 주변에 있는 다른 사각형의 대각선과 일치한다! 이런 식으로 대각선을 몇 개 그려 넣으면 주황색 선과 푸른색 선이 이웃한 사각형의 모서리를 지난다는 것을 알 수 있다. 이제 처음에 그려 넣은 검은 수평선의 양끝과 이 모서리를 이으면 이웃한 사각형 타일이 완성된다. 이와 같은 과정을 반복하면 (노란색 선과 주황색 선의 교집이 새로운 타일의 모서리에 해당함) 사각형 타일로 장식된 바닥의 투시도를 원하는 크기로 그릴 수 있다. 더 먼 거리에서 바라본 투시도를 그리고 싶다면 선을 더 촘촘하게 그리면 된다.

다 되었는가? 이제 대각선(붉은색과 주황색)을 지우개로 지우고, 남은 선을 푸른색으로 통일하면 〈그림 H〉의 아래 그림과 같이 멋진 투시도가 얻어진다. 그림에서 보다시피 투시도에서는 똑같은 사각형도 거리에 따라 크기와 모양이 제각각이다. 〈그림 H〉를 다른 각도에서 바라보면 사각형의 모양이 또 달라지겠지만 대각선이 교차하는 패턴은 변하지 않는다.

나는 이 투시도를 열 번도 넘게 그려보았는데, 매번 완성된 그림을 볼 때마다 온몸에 전율이 느껴진다. 독자들은 대수롭지 않게 여길 수도 있지만 나는 투시도야말로 진정한 창조행위라고 생각한다.

우주를 창조했건 조그만 작품을 창조했건 간에 모든 창조주들은 이와 비슷한 기쁨을 누릴 것이다.

나는 투시도법의 기본원리를 공부하면서 새로운 사실을 깨달았다. 좀 더 정확하게 말하면 나의 눈을 통해 생성된 정보가 나의 의식과 좀 더 긴밀하게 연결된 것이다. 건물과 도로가 많은 도심으로 나가면 곳곳에서 평행선들이 각기 다른 소실점으로 수렴하는 것을 볼 수 있다. 과거에는 무심코 지나쳤는데, 이 사실을 알고 난 후부터는 더욱 많은 것을 느끼고 인식할 수 있게 되었다. 독자들도 도심에 나가면 한 번 시도해보기 바란다. 플라톤이 말한 대로 우리는 훈련과 상상을 통해 동굴을 탈출할 수 있다.

상대성, 대칭성, 불변성, 상보성
대부분의 일반 대중들은 현대물리학을 어렵게 여기는 경향이 있다.

이론의 근간을 이루는 핵심 개념들이 하나같이 추상적이고 낯설면서 상식에서 크게 벗어나 있기 때문이다. 예나 지금이나 분야를 불문하고 난해한 개념을 일반 대중에게 설명할 때는 친숙한 대상을 골라 비유를 드는 것이 최선이다. 그러나 원래의 의미와 아름다움이 충분히 반영되어 있으면서 이해하기 쉬운 비유를 들기란 결코 쉬운 일이 아니다. 나 역시 이 문제 때문에 오랜 세월 동안 많은 고민을 해오다가 몇 가지 만족스러운 해답을 찾았는데, 그중 일부를 여기 소개한다.

르네상스 예술에 혁명적 변화를 불러일으킨 **사영기하학**은 자연에 내재된 아름다움의 멋진 비유일 뿐만 아니라 그 자체로 놀랍고도 오묘한 개념이다.

- **상대성**(relativity)은 동일한 객체를 정보의 손실 없이 여러 방법으로 서술할 수 있음을 보여주는 대표적 사례이다. 이런 점에서 볼 때 상대성에는 사영기하학의 정수가 담겨 있다고 할 수 있다. 하나의 물체는 바라보는 각도에 따라 캔버스에 각기 다른 모습으로 그려지지만, 모든 그림은 정보를 담는 방식이 다를 뿐, 동일한 정보를 전달하고 있다.
- **대칭성**(symmetry)은 상대성과 비슷하지만 관측자보다 관측 대상에 중점을 둔 개념이다. 예를 들어 꽃병을 눕혀놓고 정물화를 그리면 똑바로 선 꽃병 그림과 외형은 다르지만 사영을 통해 얻을 수 있는 정보의 양은 동일하다(누워 있는 꽃병을 그린 후 캔버스를 90° 돌리면 서 있는 꽃병과 같아진다). 간단히 말해서 물체의 회전에는 사영적 서술(projective description)의 **대칭**이 반영되어 있다. 나중에 다시 언급되겠지만 대칭의 정수는 '변화 없는 변화(change without

change)'로 요약된다.

- **불변성**(invariance)은 상대성과 대조되는 개념이다. 물체를 특정 각
  도만큼 회전시키거나 관측자의 시야각을 바꾸면 물체의 외형이 달
  라지지만 일부 특성은 변하지 않은 채로 남아 있다. 예를 들어 직
  선은 어떤 방향에서 바라봐도 직선이며(물론 캔버스상에서 직선의 위
  치와 방향은 달라진다), 세 개의 직선이 한 점에서 만난다면 어떤 방향
  에서 바라봐도 한 점에서 만날 것이다(물론 만나는 위치는 바라보는 방
  향에 따라 달라진다). 나중에 다시 언급되겠지만 불변량은 물체의 대
  칭성과 밀접하게 관련되어 있다.

- **상보성**(complementarity)은 상대성의 한층 더 강력한 버전으로, 양
  자역학의 근간을 이루는 원리이다. 그러나 이 원리에는 물리학보
  다 훨씬 심오한 메시지가 담겨 있다(내가 보기에 상보성은 순수 형이상
  학에서도 매우 희귀한 개념이다).

상보성을 간단히 설명하면 다음과 같다. 사물을 올바르게 서술하
는 방법은 여러 가지가 있으나, 사물을 관측하려면(또는 그림을 그리
거나 언어로 서술하려면) 그중 하나만 선택해야 한다.

양자역학에서 하나의 객체는 두 가지 양자적 특성(파동성과 입자성 –
옮긴이)을 가지며, 이들을 동시에 관측하는 것은 원리적으로 **불가
능**하다. 양자적 스케일에서 관측 행위(또는 관측 도구)와 관측 대상
은 상호작용을 주고받으며 서로에게 영향을 미치고 있다.

전자(electron)를 예로 들어보자. 전자의 위치를 확인하려면 빛(또는
X선)을 비춰야 한다. 그런데 빛은 전자에 에너지와 운동량을 전달
하여 전자의 위치를 바꿔놓기 때문에 원래의 위치를 정확하게 알
수 없다!

이 사실을 사전에 알고 전자의 위치 외에 다른 특성을 관측한다면 정확한 값을 얻을 수 있다. 그러나 이런 경우에는 관측 행위 때문에 위치에 관한 정보가 완전히 파괴되는 것을 감수해야 한다. 그 외에 다른 특성을 관측하는 경우에도 정확성을 기하다 보면 측정량과 상보적 관계에 있는 다른 물리량은 관측할 수 없게 된다. 어떤 경우에도 관측자는 측정하고자 하는 물리량 하나를 선택할 수밖에 없다. 전자를 그리는 화가 A는 모든 가능한 관점들 중 하나를 선택해야 한다. 그런데 그 옆에서 다른 화가 B가 똑같은 전자를 자기 방식대로 그리고 있다면 그는 A의 관점을 방해하여 그림을 망쳐놓을 것이다(물론 B도 A 때문에 정확한 그림을 그릴 수 없다).

상보성의 진정한 의미는 상대성을 초월해 있다. 우리는 하나의 대상을 여러 가지 관점으로 서술할 수 있지만, 모든 서술은 서로 배타적이다. 양자 세계에서 우리는 한 번에 단 하나의 관점만 인지할 수 있다. 양자적 큐비즘(cubism)은 존재하지 않는다.

현대물리학의 핵심은 앞에 서술한 네 가지 개념(상대성, 대칭성, 불변성, 상보성)으로 요약된다(아직은 그렇지 않지만 현대 철학과 종교에서도 중요하게 취급되어야 한다고 생각한다). 이 개념들은 대체로 낯설고 추상적이어서 과학자들을 당혹스럽게 만들지만 사영기하학에서는 명확하고 아름다운 형태로 출현하여 보는 사람으로 하여금 감탄을 자아내게 한다.

6장

뉴턴: 방법론과 광기

고전 과학의 혁명은 단발성 사건이 아니라 1550~1700년에 걸쳐 다양한 분야가 집약적으로 발전한 하나의 '부흥기'였다. 특히 물리학과 수학, 천문학은 이 기간 동안 장족의 발전을 이룩하여 현대 과학의 밑거름이 되었다. 사람들은 흔히 르네상스를 대표하는 인물로 필리포 브루넬레스키나 레오나르도 다빈치(Leonardo da Vinci)를 떠올리지만 이 시대에 출간된 최고의 서적으로는 단연 니콜라우스 코페르니쿠스의 《천체의 회전에 관하여(De Revolutionibus Orbium Coelestium)》를 꼽을 수 있다. 그는 천문 관측 자료를 수학적으로 분석한 끝에 "지구는 우주의 중심이 아니라 태양 주변을 공전하는 하나의 행성에 불과하다"는 결론에 도달했다. 당시 교회는 물론이고 일반 대중들도 플라톤과 아리스토텔레스의 우주관을 진리로 여겼기에 코페르니쿠스의 지동설은 상당히 불경스러운 이론으로 여겨졌다. 그러나 예나 지금이나 수학은 절대 거짓말을 하지 않는다. 당시 급진적인 사상가들은 해묵은 믿음보다 사실에 입각하여 지동설을 수용했고, 이들의 관점은 갈릴레이와 케플러, 르네 데카르트(René Descartes)를 거쳐 아이작 뉴턴에 이르러 찬란한 꽃을 피우게 된다.

분석과 종합

과학혁명은 수많은 발견을 통해 인류의 삶을 크게 바꿔놓았지만 본질적으로는 과학에 대한 **취향**과 추구하는 목표의 혁명이었다. 새로 등장한 사상가들은 높은 곳에서 내려다본 아리스토텔레스식 '실체조감도'에 만족하지 않고 직접 그 안으로 파고 들어가 온몸으로 체험하기를 원했으며, 새로 알아낸 사실을 굳이 플라톤의 세계관에 끼워 넣으려고 애쓰지도 않았다. 그들에게 중요한 것은 관측과 측정, 기하학과 방정식을 통한 정확한 서술, 그리고 이 모든 것을 종합하는 수학 체계였다.

뉴턴은 과학계에 등장한 새로운 관점을 다음과 같이 서술했다.

> 수학과 마찬가지로 자연철학은 분석적 방법(method of analysis)을 통해 어려운 대상을 연구하는 학문이다. 이 방법은 작은 조각을 끼워 맞춰 큰 그림을 완성하는 조합적 방법보다 확실히 효율적이다. (…) 분석적 방법을 이용하면 혼합물로부터 구성 요소를 알아낼 수 있고, 물체의 운동으로부터 힘을 알아낼 수 있다. 일반적으로 말하면 결과로부터 원인

을 추적하는 방법이다. (…) 반면에 종합적 방법(method of synthesis)은 관측을 통해 원인을 가정하고, 이로부터 원리를 구축하여 자연현상을 설명하는 방법이다.

지금부터 뉴턴이 말한 두 가지 방법에 대하여 좀 더 자세히 알아보자.

엄밀한 정확성

땅 위를 기어 다니는 개미는 국소적인 지형에 민감하게 반응하는 반면, 하늘을 나는 새는 국소적 정보보다 전체적인 조망을 통해 갈 길을 판단한다. 하늘을 보면서 기어가는 개미는 구덩이에 빠지고, 땅 위의 세세한 지형에 신경 쓰면서 날아가는 새는 절벽에 부딪힐 것이다. '정확성'과 '목표'도 이와 비슷한 대립관계에 있다. 정확성을 추구하면 오직 진실만 말해야 하고, 과학의 궁극적 목표를 추구한다면 할 말이 매우 많아진다.

플라톤은 과학의 목표를 설명하는 데 중점을 두었기에 정확한 서술을 포기했다. 앞서 말한 대로 그의 목표는 지적, 영적인 훈련을 통해 현실 세계의 원형인 이상형을 발견하는 것이었다. 또한 피타고라스는 줄을 퉁기다가 경이로우면서 주관적인(즉 다소 부정확한) 화성법칙을 발견했다. 천체는 일정한 법칙에 따라 움직이고 있지만 과거에 예상했던 것처럼 완벽한 법칙은 아니었다. 플라톤적 관점에서 볼 때 정확하고 완벽하게 작동하는 것은 수학법칙(이상형을 향해 나 있는 창)뿐이다.

뉴턴보다 71년 먼저 태어난 요하네스 케플러는 현실과 이상형의 대립을 더욱 고조시켰다. 앞에서도 말했지만 케플러는 젊은 시절에 플라톤 정다면체에 기초한 태양계 모형에 깊이 빠져들면서 플라톤의 《티마이오스》보다 심오한 결론에 도달한 적이 있다(물론 둘 다 완전히 틀린 이론으로 판명되었다). 그는 플라톤과 달리 정확성과 아름다움을 모두 추구한 끝에 수성의 공전원이 정팔면체에 내접하고, 금성의 공전원이 그 정팔면체에 외접한다는 결론에 도달했다. 그 외에 금성과 지구 사이에는 정이십면체가 끼어 있고 지구와 화성 사이에는 정십이면체, 화성과 목성 사이에는 정사면체, 목성과 토성 사이에는 정육면체가 샌드위치처럼 끼어 있다. 이런 식으로 구와 정다면체가 내접-외접관계로 이어져 있으면 각 공전궤도의 크기가 유일하게 결정되는데, 관측 자료와 비교해보니 거의 비슷하게 맞아 들어갔다. 자신이 올바른 길로 가고 있음을 확신한 케플러는 음악과 구(球)의 관계를 규명하기 위해 모형을 좀 더 정밀하게 다듬어서 최신 관측 자료와 비교했다.

케플러의 태양계 모형은 훗날 발견하게 될 행성운동법칙의 초석이 되었다. 그는 스승이었던 티코 브라헤로부터 방대한 관측 자료를 물려받아 수십 년 동안 계산을 거듭한 끝에 행성의 궤도에서 몇 가지 뚜렷한 규칙성을 발견했다. 이것이 바로 그 유명한 '케플러의 법칙'으로, 훗날 뉴턴의 천체역학에서 핵심적인 역할을 하게 된다(이 내용은 8장에서 다룰 예정이다).

케플러는 자신이 발견한 법칙을 매우 자랑스럽게 여겼다. 그러나 이 법칙 때문에 젊었을 때 만들었던 아름다운 태양계 모형이 심각한 위기에 직면했다. 브라헤의 정교한 관측 데이터를 따라가다 보니, 화성의 공전궤도가 원이 아닌 타원이라는 결론에 도달한 것이다. 공전궤도뿐만 아니라 천구(celestial sphere, 天球) 자체도 타원이었다!

케플러의 법칙은 젊은 시절에 떠올렸던 태양계 모형의 기본 개념을 와해시켰다. 구와 정다면체의 내접-외접관계로 구축된 모형이 관측 데이터와 비슷하게 맞아떨어진다는 믿음도 정교한 계산을 통해 틀린 것으로 판명되었다. 그러나 케플러는 자신이 옛날부터 생각해왔던 이상적인 모형을 포기하지 않고 1621년에 《우주의 신비》라는 책을 출간하기에 이른다. 이 책에서 그는 행성의 운동을 주관하는 정확한 법칙을 각주에 적어놓았는데, 마치 법정에서 거짓 증언을 반박하는 반대신문처럼 본문의 내용을 위협하고 있다. 기호인가, 모형인가? 목표인가, 정확성인가? 케플러는 양자택일을 거부하고 이상형을 현실보다 중요하게 취급했던 플라톤의 사상으로 되돌아갔다.

뉴턴은 케플러보다 훨씬 단호했다. 그에게 현실을 올바르게 서술하지 못하는 이론은 이치를 벗어난 가설에 불과했다.

실제 현상으로부터 유추될 수 없는 것은 모두 가설에 불과하다. 물리학이건 형이상학이건 또는 초자연적이거나 역학적 양이건 간에 실험적 철학에는 어떤 가설도 수용될 수 없다.

이론이 추구해야 할 최고의 덕목은 정확성이다. 과학사와 과학철학의 권위자였던 알렉상드르 코이레(Alexandre Koyré)는 뉴턴이 이룩한 최고의 업적으로 '과학 수준의 향상'을 꼽았다.

'대충'이라는 수식어가 따라다니는 질(質)과 감각의 세계, 그리고 우리가 매일같이 겪고 있는 일상적인 세계는 (아르키메데스의) 정확한 측정

뷰티풀 퀘스천

과 엄밀한 정의(definition, 定義)의 세계로 대치되어야 한다.

물론 수준 높은 현실성과 정확성을 동시에 구현하기란 결코 쉬운
일이 아니다! 플라톤은 앞의 두 가지 항목이 서로 배타적임을 역설했
고 케플러도 둘 중 하나를 구현하는 것으로 만족했다. 그러나 뉴턴은
빛과 역학을 연구하면서 이들이 동시에 충족될 수 있음을 증명했으
며, 이를 기반으로 후대에 길이 남을 이론을 구축했다. 또한 그는 이
조건을 만족하기 위해 섣부른 목표를 세우지 말 것을 강조했다.

모든 자연현상을 설명하는 것은 한 개인은 물론이고 한 세대 안에서
도 이루기 어려운 대업이다. … 뚜렷한 확신 없이 추측을 남발하면서 모
든 현상을 설명하려 애쓰는 것보다는 확실한 부분만 설명하고 나머지
는 후대를 위해 남겨두는 것이 바람직하다.

목표를 양육하다

그러나 이렇게 말한 뉴턴 자신도 원대한 목표를 세워놓고 있었다.
그는 실로 다양한 분야에 관심을 갖고 있었으며, 그가 남긴 방대한 연
구 노트에는 눈에 띄는 대담한 가설들이 곳곳에 있다. 뉴턴의 글을 읽
는 것은 더할 나위 없이 신나는 일이지만 조금 읽다 보면 창의적인 개
념들이 무더기로 등장하여 읽는 사람을 지치게 만든다. 그는 발효 과
정과 근육이 수축되는 과정을 비롯하여 고대의 점성술과 현대 과학에
이르기까지 물질이 변하는 원리에 대하여 방대한 관측을 실행했다.

뉴턴은 이상적인 목표와 고도의 정밀성을 절충하기 위해 '시적인
연구'와 '기술적 표현'이라는 두 가지 기술을 사용했다.

나는 이것이 난처한 선택을 무마하기 위한 **방편**이었다고 생각한다 (찰스 다윈의 추종자들도 쏟아지는 개념의 세계에서 살아남기 위해 이 방법을 사용했다). 뉴턴은 자신의 추측이 옳다는 것을 입증하기 위해 항상 실험 결과와 비교했는데, 개중에는 검증을 통과하여 살아남은 것도 있지만 대부분은 틀린 것으로 판명되었다.

실제로 뉴턴의 연구 노트에 수록된 내용 중 상당 부분은 끝내 출판되지 않았다. 뉴턴은 자연을 탐구하는 자신의 처지를 다음과 같이 서술했다.

내가 세상 사람들에게 어떤 모습으로 비칠지는 나도 잘 모르겠다. 내가 보기에는 해변에서 신기하고 예쁜 조개껍데기를 주우며 이리저리 돌아다니는 어린아이와 비슷하다. 그 천진난만한 소년 앞에는 거대한 진실의 바다가 누군가에게 발견되기를 기다리며 끝없이 펼쳐져 있다.

이 글 덕분에 뉴턴은 겸손한 과학자로 알려졌다. 그러나 나는 그렇게 생각하지 않는다. 뉴턴은 겸손한 과학자가 아니라 솔직한 과학자였다. 그는 '내가 모르는 것이 얼마나 많은지', 어떤 과학자보다 정확하게 알고 있었다.

뉴턴이 떠올렸던 추측들 중 대부분은 얼마 가지 않아 폐기되었고, 살아남은 것 중에서도 자신의 기준에 부합되는 것은 얼마 되지 않았다. 그래서 그는 연구 결과를 발표할 때 약간의 트릭을 발휘했다.

뉴턴의 트릭은 매력적이면서 거의 눈에 띄지 않는다. 간단히 말하면 문장의 끝에 물음표(?)를 붙이는 식이다. 물음표로 끝나는 문장은 무언가를 주장하는 것도 아니고 가정도 아니면서 '약간의 의혹이 남는다'는 뉘앙스를 풍긴다. 뉴턴은 마지막 저서인 《광학(Optiks)》의 개정판을 내면서 이런 식의 문장을 31개나 추가해놓았다.

앞부분의 의문문은 주로 부정적인 의미를 담고 있는데, 예를 들면 다음과 같은 식이다.

물체는 먼 거리에서 빛에 영향을 주지 않지만 이들의 움직임은 빛의 경로를 휘어지게 만든다. 이 영향은 거리가 가까울수록 더 강해질 것인가?

다른 질문과 마찬가지로 이 질문에는 당대의 과학자들에게 새로운 연구를 촉구하는 의도가 담겨 있으며, 실제로 상당한 효과를 보았다. 보는 관점에 따라서는 후대의 과학자들이 은하와 태양에 의해 빛이 휘어지는 현상을 발견할 것이라고 미리 예견한 것처럼 보이기도 한다 (실제로 이 현상은 20세기 초에 아인슈타인의 일반상대성이론을 통해 예견되었고, 얼마 후 실제로 관측되었다).

뉴턴은 이 질문을 깊이 파고들지 않았지만 빛을 작은 알갱이의 집합으로 간주했다(실제로 뉴턴은 빛이 입자라고 생각했다). 그가 발견한 중력법칙을 적용하여 빛의 경로를 계산하면 행성의 궤적과 비슷한 결과가 얻어진다―중력은 질량에 비례하고, 일반적으로 힘은 질량에 가속도를 곱한 값과 같다. 그래서 중력에 의한 가속도를 계산하다 보면 질량이 상쇄되어 질량과 무관하게 나타난다.

또한 뉴턴은 덴마크의 천문학자 올레 뢰머(Ole Rømer)가 측정한 빛의 속도와 자신이 구축한 광학이론을 이용하여 태양에서 방출된 빛이 지구에 도달하는 데 7~8분이 걸린다는 사실까지 알아냈다. 그러므로 뉴턴이 이 분야를 조금 더 파고들었다면 태양의 중력에 의해 빛의 경로가 휘어지는 현상도 예측할 수 있었을 것이다(물론 휘어지는 정도가 극히 미미하여 뉴턴 시대의 관측 장비로는 확인할 수 없었다). 1915년에 아인슈타인은 일반상대성이론을 이용하여 태양의 중력에 의해 빛이 휘어지는 각도를 계산했는데, 뉴턴의 중력으로 계산된 값보다 2배쯤 큰 값이 얻어졌다. 그 후 1919년에 국제 관측팀이 일식 때 태양 주변에 있는 별의 위치를 관측하여 아인슈타인의 계산이 옳았음을 입증했다. 당시 유럽은 1차 대전의 후유증으로 거의 모든 분야에서 침체기를 겪고 있었는데, 이 관측 여행 덕분에 과학계는 새로운 활력을 얻었고 아인슈타인은 일약 세계적인 명사로 떠올랐다.

은하에서 방출된 빛이 지구를 향해 날아오는 동안 다른 은하 근처를 지나면 중력에 의한 효과가 훨씬 크게 나타난다. 이것이 바로 아인슈타인이 예견한 '중력렌즈효과(gravitational lens effect)'이다. 물 컵에 꽂아놓은 빨대의 형태가 물속에서 왜곡되는 것처럼 멀리 있는 은하에서 방출된 빛이 다른 은하의 영향을 받은 후 지구의 망원경에 도달하면 원래의 형태가 왜곡될 수 있다. 그 결과는 〈그림 13〉처럼 나타난다. 그림 속의 은하들은 눈에 보이는 것보다 5~10배가량 넓게 분포되어 있지만 중력렌즈효과 때문에 실제보다 좁은 영역에 집중된 것처럼 보인다.

뉴턴이 이 소식을 들었다면 결국 자신의 추측이 옳았다며 매우 기뻐했을 것이다!

모든 곳을 바라보다

뉴턴의 《광학》에 수록된 질문들은 뒤로 갈수록 점점 더 범위가 넓

Gravitational Lens in Abell 2218   HST · WFPC2

그림 13 천체의 중력장은 빛의 경로를 휘어지게 만들고, 그 결과는 중력렌즈효과로 나타난다. 사진에서 짧고 가느다란 곡선들은 중력렌즈효과에 의해 왜곡된 은하의 모습이다.

어지다가 마지막 질문에서 빛과 자연에 대해 가장 심오한 가설을 제기한다.

　　우리는 자연철학을 통해 모든 결과의 첫 번째 원인을 알 수 있고 신이 가진 힘과 그로부터 우리가 얻는 혜택을 알 수 있으며, 신에 대한 의무와 사람들 사이의 의무를 알 수 있다. 이 모든 것들은 빛과 자연을 통해 모습을 드러낸다. 이교도들이 가짜 신에 현혹되지 않는다면 그들의 도덕과 윤리의식은 기독교의 4대 덕목(용기, 정의, 절제, 분별 – 옮긴이)을 훨씬 능가할 것이며, 윤회를 주장하거나 태양과 달 또는 죽은 영웅들을 섬기는 대신 우리에게 진정한 권위자와 수호자를 섬기라고 가르칠 것이다. 왜냐하면 그들의 선조들도 스스로 타락하기 전에는 노아와 그 후손들의 가르침을 받았기 때문이다.

과학혁명을 선도했던 최고의 영웅이 종교와 윤리의식에 이토록 집착했다니, 우리가 알고 있던 뉴턴과는 사뭇 다른 모습이다. 그러나 뉴턴은 이 세상을 보통 사람보다 훨씬 넓은 시각으로 바라보았다.

박학다식하기로 유명한 영국의 경제학자 존 메이너드 케인스(John Maynard Keynes)는 학계에 발표되지 않은 뉴턴의 방대한 논문을 심층 분석하여 《인간 뉴턴(Newton, the Man)》이라는 한 권의 수필집에 요약해놓았다(매우 훌륭한 글이다. 이 책의 뒤에 수록된 추천도서목록을 참고하기 바란다). 케인스에 의하면,

뉴턴은 우주를 '전능한 존재가 새겨놓은 암호'라고 생각했다.

뉴턴은 자연을 '존재의 수수께끼를 풀어줄 유일한 원천'으로 생각하지 않은 것이다.

사색적이면서 활동적인 철학은 자연뿐만 아니라 성서의 〈창세기〉와 〈욥기〉, 〈시편〉, 〈이사야서〉 등에서도 찾을 수 있다. 그 옛날 솔로몬은 신의 철학을 알았기에 가장 위대한 철학자가 될 수 있었다.

뉴턴은 고대의 선조들이 방대한 지식을 보유하고 있었으며, 그것을 성서의 〈에스겔서〉와 〈요한계시록〉, 그리고 솔로몬 성전과 연금술에 비밀스러운 문장과 기호로 남겨놓았다고 굳게 믿었다. 그는 이런 내용을 주제로 수많은 글을 남겼는데, 책으로 출판된 것은 《고대왕국 연대기 수정본(The Chronology of Ancient Kingdoms Amended)》뿐이다. 약 8만 개의 단어로 구성된 이 책은 천재의 통찰력이 매우 난해한

문장으로 표현되어 있어서 20세기 초에 출간된 제임스 조이스(James Joyce)의 소설《피네간의 경야(Finnegans Wake)》의 모태가 된 듯한 느낌을 준다. 또한 뉴턴은 케임브리지에 특별한 연구소를 지어놓고 여러 해 동안 연금술을 집중적으로 연구하기도 했다.

뉴턴이 성서와 연금술을 신비적 관점에서 깊이 파고든 것은 사실이지만, 그래도 그는 여전히 과학혁명의 영웅인 아이작 뉴턴임을 기억하기 바란다. 케인스는《인간 뉴턴》에 다음과 같이 적어놓았다.

신비적 종교와 연금술 분야에서 세간에 발표되지 않은 뉴턴의 업적은 '신중한 학습'과 '정확한 방법', 그리고 '극단적인 합리성'으로 요약된다. (…) 25년에 걸쳐 습득한 뉴턴의 수학적 지식이 여기에 고스란히 담겨 있다.

여기에 나의 질문을 하나만 추가하고 싶다―"이 세계에 대하여 우리가 이해하고 있는 내용을 서로 절충될 수 없는 작은 부분으로 나누는 것이 과연 자연스러운 행동인가?"
이 질문의 답을 찾는 것이 이 책의 목적이다.

뉴턴의 간략한 일대기

아이작 뉴턴의 일대기는 우생학자와 유아교육학자들 사이에서 매우 흥미로운 사례로 통한다. 뉴턴의 부친(그의 이름도 아이작이었다)은 교육을 받지 못한 문맹이었지만 부유한 자작농으로 성격이 거칠고 낭비벽

이 심했으며, 어머니 해나 애시코프(Hannah Ayscough)는 귀족층과 거리가 먼 사람이었다. 불행히도 부친은 뉴턴이 태어나기 전에 세상을 떠났고, 뉴턴은 1642년 크리스마스에 조산아로 태어났다. 갓 태어난 뉴턴은 그의 어머니가 "작은 단지에 넣고 키워도 되겠다"고 했을 정도로 몸집이 작았다고 한다. 그녀는 뉴턴이 세 살 때 재혼하면서 (새 남편의 권유에 따라) 뉴턴을 외할머니에게 맡겼으나 1659년에 또다시 과부가 된 후로 뉴턴과 같이 살았다. 간단히 말해서 뉴턴의 어린 시절은 빈곤과 정서적 불안의 연속이었다.

그러나 뉴턴은 신의 은총을 받았는지 어린 시절부터 호기심과 창의력이 남달랐고, 지적 성취 동기도 유난히 높았던 것으로 전해진다.

그는 소년 시절에 태양의 그림자를 추적하여 매우 정확한 해시계를 만들었고 계절에 따른 일출-일몰 지점의 변화를 관측 노트에 꼼꼼하게 기록할 정도로 자연현상에 남다른 관심을 갖고 있었다. 그리고 시간에 대한 그의 유별난 관심이 사람들에게 알려지면서 그는 어린 나이에 지역 사람들에게 시간을 알려주는 시간 관리자로 임명되었다(뉴턴이 살던 마을에는 시계가 없었다). 또한 그는 정교한 연을 손수 만들어서 날리기를 좋아했는데, 어느 날 밤 연에 등불을 여러 개 달아서 날리는 바람에 마을에 한바탕 난리가 벌어지기도 했다(UFO, 17세기 영국 시골 마을에 출현하다!).

주변 사람들은 뉴턴이 농부가 될 것이라고 생각했지만 뉴턴은 농사일을 별로 좋아하지 않았고 잘하지도 못했다. 반면에 그가 다녔던 문법학교에서는 성적이 탁월했기 때문에 교사였던 헨리 스토크스(Henry Stokes)는 "뉴턴은 반드시 케임브리지 대학교에 가야 한다"며 어머니 해나와 대학 관계자를 설득했고, 결국 뉴턴은 그 학교의 준장학생으로 입학했다. 준장학생이란 학비를 지원받는 조건으로 부유한 대학원생의 하인 노릇을 하는 학생을 말한다.

그 후 1665~1666년 영국에 흑사병이 퍼지면서 케임브리지 대학교는 임시휴교에 들어갔고, 22세의 뉴턴은 가족 농장이 있는 울스소프(Woolsthorpe)로 피신했다. 이 기간 동안 뉴턴은 수학(무한수열과 미적분학)과 역학(만유인력법칙), 그리고 광학(색이론) 분야에서 장족의 발전을 이룩하게 된다. 훗날 그는 이 시기를 다음과 같이 회상했다.

나는 이 모든 아이디어를 흑사병이 돌았던 1665~1666년에 떠올렸다. 당시는 나의 창조력과 수학적 사고력, 그리고 철학에 대한 이해가 최고조에 달했던 시기였다.

이 무렵에 뉴턴은 외부 세계와 시각의 관계를 규명하기 위해 보통 과학자들은 상상조차 하기 어려운 과감한 실험을 수행했다. 더욱 놀라운 것은 실험 대상으로 자신의 눈을 사용했다는 점이다. 여기서 잠시 그가 직접 작성한 실험 일지를 읽어보자(〈그림 14〉).

나는 바늘을 집어 들고 나의 안구와 뼈 사이로 가능한 한, 깊이 찔러 넣고 (눈의 bcdef 부위가 휘어지도록) 안구를 살짝 눌러보았다. 그랬더니 몇 개의 작은 원들이 흑백이나 컬러 영상으로 r, s, t, c 부위에 나타났다. 이 상태에서 안구를 계속 문지르면 희미한 원들이 계속 나타나지만 눈에서 손을 떼면 안구와 바늘이 접촉한 상태인데도 작은 원들이 점점 희미해지다가 사라졌다.

56 The powders of Pellucid bodys is white soe is a cluster
of small bubles of aire, yͤ scrapings of glass or christall
Roome, &c: [because of yͤ multitude of reflecting surfaces
soe are bodys wch are full of flaws, or those whose
parts lye not very close together (as metalls, Marble, &
Oculus Mundi stone &c) [whose pores betwixt their parts admit
a grosser Æther into yͤ ym yͤ pores in their parts], hence

57 Most Bodys (viz: those into which water will soake as
paper woods Marble, yͤ Oculus Mundi stone, &c) become
more darke & transparent by being soaked in water
[for yͤ water fills up yͤ reflecting pores]

58 I tooke a bodkine gh
& put it betwixt my
eye & yͤ bone as
neare to yͤ
backside of my eye
as I could: & pressing
my eye wth yͤ end of
it (soe as to make yͤ
curvature a, bcdef in my
eye) there appeared severall
white darke & coloured circles
r, s, t, &c. Which circles were
plainest when I continued to rub my eye wth yͤ
point of yͤ bodkine, but if I held my eye & yͤ
bodkin still, though I continued to presse my eye
wth it yet yͤ circles would grow faint
& often disappeare untill I renewed ym by moving
my eye or yͤ bodkin.

59 If yͤ experiment were done in a light roome so
yͭ though my eyes were shut some light would
get through their lids There appeared a
reddish spot in yͤ midst at srs, greate broad
blewish darke circle outmost (as ts), & wthin that
another light spot srs whose colour was much
like yͭ in yͤ rest of yͤ eye as at R. Within
wᶜh spot appeared still another blew spot r

그림 14 뉴턴은 사람의 눈이 빛을 인지하는 과정을 역학적으로 이해하기 위해 커다
란 바늘을 자신의 안구 옆으로 찔러 넣는 과감한 실험을 수행한 후, 모든 과정을 연구
노트에 꼼꼼하게 기록해놓았다.

그림 15 젊은 시절의 아이작 뉴턴.

뉴턴은 거의 25년 동안 정신질환에 시달리며 1693년 중반까지 초
인적인 집중력을 발휘하여 연구에 몰입했다. 그가 앓았던 병은 현대
식 용어로 조울증이나 정신병 증세(psychotic episode)였을 것으로 추
정된다. 당시 그는 잠을 거의 자지 못했고, 친구들이 자신을 모함한다
는 강박증에 시달렸으며(그래서 친구들에게 비난의 편지를 써 보내곤 했다),
오한과 건망증에 약간의 착란 증세까지 보였다. 그가 남긴 일기에는
"사람들이 일으킨 분란에 휘말려 지난 1년 동안 거의 먹지도, 자지도
못했고, 일관성 있는 사고를 전혀 할 수 없었다"고 적혀 있다. 이 증세
는 몇 달 동안 계속되다가 서서히 누그러진 것으로 보인다. 확실하진
않지만 그가 연금술을 연구하면서 수은 증기를 자주 마시는 바람에
수은 중독에 걸렸을 가능성도 있다.

뉴턴은 1694년에 케임브리지 대학교에서 영국 조폐국으로 자리를 옮겼다. 그를 걱정하던 주변 사람들이 '뉴턴에게 한직을 맡기면 상태가 조금이라도 나아질 것'이라고 생각했기 때문이다. 실제로 뉴턴은 조폐국 일에 전념하면서 정상적인 모습을 되찾았고 향후 25년 동안 매우 유능한 공무원으로 맡은 소임을 다했다. 그러나 그의 연구 인생은 그것으로 막을 내리게 된다.

〈그림 15〉는 현재 남아 있는 뉴턴의 유일한 초상화인데, 부리부리한 눈과 꽉 다문 입술이 그의 불같은 열정과 빼어난 능력을 대변하고 있는 듯하다. 한 가지 눈에 띄는 것은 20대의 젊은 나이에도 불구하고 머리카락이 회색이라는 점이다.

7장

뉴턴: 색(色)

색에는 자연의 미소가 담겨 있다.

• 리 헌트(Leigh Hunt)

지금까지 언급한 내용으로 미루어볼 때, 태양에서 날아온 백색광은 몇 종류의 단색광으로 이루어져 있음이 분명하다. 백색광이 굴절되면 여러 종류의 단색광으로 분리되어 스크린에 다양한 색상이 나타난다. 이 색상들은… 어떤 환경에서도 달라지지 않으며, 다시 하나로 합치면 백색광으로 되돌아간다.

• 아이작 뉴턴

첫 번째 인용문은 별도의 설명이 없어도 누구나 공감할 것이다. 인간은 선천적으로 색을 좋아하고 미소를 좋아한다. 두 번째 인용문은 이 장의 주제로서 빛에 관한 뉴턴의 깊은 통찰이 담겨 있다. 태양빛이 여러 개의 단색광으로 이루어져 있다는 사실은 이 책에서 우리가 찾고 있는 답에 중요한 실마리를 제공한다.

> 색을 좋아하는 것은 가장 순수하면서도 사려 깊은 마음의 발로다.
>
> • 존 러스킨(John Ruskin), 《베니스의 돌(The Stones of Venice)》

바로 우리의 이야기이다. 지금부터 그 안으로 들어가 보자.

빛 정제하기

흰색은 오랫동안 순수함의 상징으로 여겨져왔다. 고대 이집트에서 이시스(Isis, 풍요의 여신 – 옮긴이)를 모시는 남녀 사제들은 하얀 리넨 천으로 만든 옷을 입었으며, 미라를 만들 때에도 사후 세계를 준비하기 위해 흰 천으로 전신을 감싸곤 했다. 현대에도 결혼식을 올리는 신부들은 순수함의 상징으로 흰 드레스를 입고 기독교의 성화(聖畵)에서도 하느님과 예수의 권위를 표현할 때 주로 흰색을 사용한다(〈그림 I〉).

흰색을 순수함에 결부시키는 것은 그다지 무리한 발상이 아니다. 흰색은 천연 조명의 근원인 태양의 색이자 태양빛을 가장 많이 반사시키는 눈(snow)의 색이기 때문이다.

그러나 색을 과학적으로 분석해보면 사뭇 다른 결과가 얻어진다.

태양빛이 프리즘을 통과하면 여러 개의 단색광으로 나누어진다[이것을 전문 용어로 스펙트럼(spectrum)이라 한다]. 비가 내린 후에 뜨는 무지개도 이와 동일한 현상이다. 공기 중에 떠 있는 작은 물방울들이 프리즘 역할을 하여 허공에 무지개 모양을 만들어내는 것이다.

뉴턴 이전의 과학자들은 빛이 프리즘이나 물방울을 통과하면서 '순수함을 잃었기 때문에' 여러 가지 색으로 나타난다고 믿었으며, 흑(어둠)과 백의 다양한 조합에 따라 여러 가지 색이 만들어진다고 생각했다. 빛이 프리즘 속을 오랫동안 통과하면 그만큼 순수성을 많이 잃어버리기 때문에 색 분할이 더욱 또렷하게 나타난다는 것이다. 사실 이것은 '자연의 단순함'에 기초한 생각이다. 빛의 기본 성분은 한 개나 두 개로 충분한데, 굳이 여러 개의 구성 성분을 도입할 이유가 어디 있겠는가?

그러나 뉴턴은 태양광을 비롯한 모든 백색광이 여러 종류의 기본단위로 이루어져 있다고 생각했다. 또한 그는 빛이 프리즘을 통과할 때 순수함을 잃어버리는 것이 아니라 여러 개의 기본단위로 분리되는 것뿐이라고 믿었다. 뉴턴은 이 사실을 증명하기 위해 백색광을 단색광으로 분리했다가 다시 백색광으로 모으는 실험을 수행했는데[그는 이것을 '결정적 실험(experimentum crucis)'이라 불렀다], 대략적인 개요는 〈그림 J〉와 같다. 백색광이 프리즘을 통과하면 여러 개의 단색광으로 갈라지지만 이들이 다시 프리즘을 역으로 통과하면 하나로 뭉치면서 백색광으로 돌아온다. 또는 한 번 갈라진 스펙트럼의 일부만 취하여 두 번째 프리즘을 통과시키면 '부분적으로 섞인 혼합광'이 만들어지고 스펙트럼의 가장자리에 있는 가느다란 적색 빛 한 줄기만 취하여 두 번째 프리즘을 통과시키면 아무런 변화도 일어나지 않는다.

여기서 중요한 것은 한 번 갈라진 빛이 두 번째 프리즘을 통과하면 다시 합쳐지면서 백색광으로 되돌아온다는 점이다. 이렇게 만들어진 백색광은 처음 입사된 백색광과 완전히 동일하다. 또한 〈그림 J〉의 두 번째 그림처럼, 스펙트럼의 일부만 골라서 두 번째 프리즘을 통과시키면 백색광이 아닌 '부분 혼합광'이 얻어진다. 즉 프리즘의 역할은 입사된 백색광을 여러 개의 단색광으로 분해하거나 분해된 단색광들을 하나의 백색광으로 모으는 것이다.

빛이 광자(photon, 光子)로 이루어져 있다고 가정하면 이 실험 결과를 쉽게 설명할 수 있다(광자라는 용어는 수백 년 후에 등장하지만 혼동을 방지하기 위해 시종일관 이 용어를 사용하기로 한다).

프리즘을 통과한 빛이 여러 갈래로 갈라지는 이유는 유리 속으로 진입할 때 각 색깔마다 휘어지는 정도가 다르기 때문이다. 그러므로 빛이 광자로 이루어져 있다면 광자는 여러 종류로 존재할 것이다. 예를 들어 각 단색광마다 광자의 모양이나 질량이 다르다면 프리즘을 통과할 때 경로가 변하는 정도도 다를 것이므로 단색광이 분해되는 현상을 설명할 수 있다. 이것은 동전의 종류에 따라 작동 방식이 달라지는 자판기와 비슷하다. 또한 우리의 눈은 도달한 광자의 종류에 따라 각기 다른 색상을 느끼도록 설계되어 있다.

뉴턴은 빛이 입자라고 생각했지만 구체적인 모형을 제시하지는 않았다. 그에게 광자는 하나의 가설이었던 것이다! 그러나 그는 빛의 입자설을 마음속에 간직한 채 후속 실험을 계속 수행해나갔다.

빛의 입자설을 계속 밀고 나가면 어떤 결론에 도달하게 될까? 첫 번째 프리즘을 통과하면서 여러 갈래로 갈라진 단색광 스펙트럼을 아주 작은 구멍으로 통과시키면 하나의 단색광이 얻어진다. 이 단색광이 또다시 프리즘을 통과하게 하면 일정한 각도로 굴절이 된다. 그렇다면 단색광은 빛을 구성하는 최소 단위일까? 아니면 이 단색광을 또

뷰티풀 퀘스천

다시 걸러서 더욱 순수한 최소 단위를 얻을 수 있을까?

뉴턴은 하나로 걸러진 단색광을 다양한 재질의 표면에 입사시키거나 투명도가 각기 다른 여러 프리즘에 통과시키는 등 여러 가지 방식으로 변화를 줘보았으나 한 번 걸러진 단색광의 성질은 더 이상 변하지 않았다.

노란색 스펙트럼은 프리즘을 통과해도 여전히 노란색이고, 푸른색은 여전히 푸른색으로 남는다. 물체가 고유의 색상을 띠는 이유는 표면에서 빛을 선택적으로 반사하기 때문이다. 예를 들어 푸른색 물체는 모든 단색광(스펙트럼)을 흡수하고 푸른색(또는 푸른색에 가까운) 단색광만 반사하기 때문에 우리 눈에 푸른색으로 보인다.

빛이 매질의 경계를 통과하면서 굴절될 때도 이와 비슷한 규칙이 적용된다. 단색광은 굴절된 후에도 자신의 특성을 그대로 간직한다. 물론 단색광의 종류에 따라 굴절되는 각도는 다르지만(그래서 프리즘을 통과할 때 빛이 갈라진다), '빨주노초파남보'라는 순서는 어떤 경우에도 변하지 않는다.

이와 같은 일련의 실험을 통해 뉴턴은 "스펙트럼으로 분리된 단색광은 순수한 물질이며, 변하지 않으면서 재생 가능한 특성을 갖고 있다"는 결론에 도달했다. 백색광은 여러 종류의 단색광이 섞인 혼합광이기 때문에 프리즘을 통과한 후에는 나타나지 않는다. 그전까지만 해도 흰색은 순수함의 상징이었는데, 알고 보니 '가장 순수하지 않은' 빛이었던 것이다.

여기서 한 가지 짚고 넘어갈 것이 있다. 엄밀히 말해서 하나의 단색광은 '**편광**(polarization of light)'이라는 특성에 따라 두 가지로 세분될 수 있다. 자세한 내용은 맥스웰의 업적을 논할 때 함께 다룰 예정이다.

그러나 단색광을 두 개의 편광 성분으로 분해하는 것은 결코 만만한 작업이 아니기 때문에 당분간은 편광에 의한 효과를 무시하기로 한다. 이것은 화학에서 동위원소(isotope)를 굳이 구별하지 않고 하나의 이름으로 부르는 것과 비슷하다.

독자들에게는 생소한 용어겠지만, 뉴턴이 《광학》에서 시도했던 연구 방식을 '빛의 화학(chemistry of light)'이라 부르기로 하자. 화학의 첫 번째 단계가 '분석' 또는 '정화(淨化)'이기 때문이다.

빛의 화학

일단 빛을 단색광으로 분해하면 빛의 화학을 연구할 준비는 끝난 셈이다.

지금까지 얻은 분석 결과는 빛이 광자로 이루어져 있다는 기본 가정에 부합된다. 즉 각 단색광은 유리를 통과할 때 굴절되는 정도가 다르기 때문에 백색광이 프리즘을 통과하면 여러 개의 단색광으로 분리된다. 또한 각 단색광은 '정제된' 빛으로, 오직 한 종류의 광자만 포함하고 있다. 이로써 우리는 빛의 기본단위인 광자에 도달했다.

지금부터 빛의 화학을 우리에게 친숙한 '진짜 화학'과 비교해보자. 화학의 목적은 주기율표에서 출발하여 복잡한 화합물의 특성을 규명하는 것이므로, 빛에 대해서도 이와 비슷한 주기율표를 만들 수 있을 것 같다.

- 빛의 주기율표는 '무지개색 스펙트럼'이라는 단 하나의 세로줄로 이루어져 있고, 각 칸에는 하나의 단색광이 대응된다. 이와는 달리 원소의 주기율표는 여러 개의 가로줄과 세로줄로 이루어져 있으

며, 같은 세로줄에 놓인 원소들은 화학적 성질이 비슷하다. 또 주기율표의 아래쪽에 두 개의 가로줄을 따라 길게 늘어서 있는 란탄족(lanthanides, 희토류)과 악티늄족(actinides) 원소들은 화학 변화에 별로 민감하지 않다.

- 화학원소와 달리 빛의 주기율표는 눈에 보이는 형태로 구현할 수 있다. 태양빛이나 임의의 발광체에서 방출된 빛을 프리즘에 통과시키면 맞은편 스크린에 무지개 무늬가 맺힌다. 그러나 화학원소의 주기율표는 실험이 아닌 사고(思考)의 산물이다.

- 빛의 주기율표는 연속적이지만 화학원소의 주기율표는 불연속적이다.

- 빛의 구성 입자들끼리는 상호작용의 세기가 매우 약하다. 실제로 두 줄기의 빛을 교차시키면 아무런 방해도 받지 않고 그냥 지나간다(불꽃이 일어나지 않고 부산물이 남지도 않는다). 그러므로 빛의 구성 성분은 화학 주기율표의 '불활성기체'와 비슷하다.

넓은 관점에서 볼 때, 빛의 화학과 물질의 화학은 '빛의 원자와 물질 원자의 구성 성분 및 상호작용'이라는 하나의 테마로 간주하는 것이 자연스럽다. 좀 더 큰 틀에서 보면 빛의 원자(광자)는 더 이상 불활성 원소가 아니다. 광자는 자기들끼리 결합하지 않지만 물질 속의 원자와는 뚜렷한 법칙에 따라 쉽게 결합한다. 이 내용은 12장에서 자세히 다룰 예정이다.

연금술이 추구하는 궁극의 목표는 임의의 원자를 다른 종류로 바꾸는 '철학자의 돌(Philosopher's Stone)'을 찾는 것이다(그중에서도 납을 금으로 바꾸는 기술이 단연 최고이다). 그런데 빛의 화학에는 철학자의 돌이 이미 존재한다. 관측자와 광원 사이의 '상대운동'이 바로 그것이다! 관측자가 단색광 빔을 향해 다가가면 빛의 색상이 붉은색에서 푸른색 쪽으로 이동하는데, 이런 현상을 '청색편이(blue shift)'라 한다. 이와는 반대로 관측자가 단색광으로부터 멀어지면 푸른색에서 붉은색 쪽으로 이동하는 '적색편이(red shift, 스펙트럼이 붉은색 쪽으로 편향되는 현상－옮긴이)'가 나타난다. 이때 색이 이동하는 정도는 광원과 관측자 사이의 상대속도에 비례하며, 속도가 광속에 견줄 정도로 빠르지 않으면 편이가 거의 관측되지 않는다. 뉴턴이 이 효과를 관측하지 못한 것은 상대속도가 너무 느렸기 때문이다. 일상에서는 적색편이나 청색편이를 고려하지 않아도 별 문제가 없지만 천문학자들은 멀리 있는 은하의 적색편이를 관측하여 은하가 멀어져가는 속도를 계산하고 있다. 지금까지 알려진 우주의 지도는 각 천체의 적색편이에 기초하여 작성된 것이다.

빛의 입자설은 파란만장한 역사를 갖고 있다. 뉴턴은 빛의 파동설보다 입자설을 선호했지만 깊이 파고들지는 않았다. 그러나 빛의 파동설이 대세로 굳어진 20세기 초에 입자설이 다시 수면 위로 떠오른 것은 뉴턴의 명성 덕분이었다. 19세기에 제임스 클러크 맥스웰이 전자기학으로 빛의 근원을 설명한 후로, 빛의 파동이론은 거의 정설로 굳어졌다. 그러나 20세기 초에 양자역학이 등장하면서 빛의 입자설은 '광자'라는 이름으로 화려하게 재기했고 결국 '빛은 파동성과 입자성을 동시에 갖고 있다'는 상보적 결론에 도달했다. 18세기에 탄생한 뉴턴의 입자설이 20세기 상보성원리의 밑거름이 된 것이다.

분석의 장점

뉴턴은 색의 원리를 좀 더 깊이 이해하기 위해 새로운 망원경을 개발했다. 그전까지만 해도 망원경은 원통의 양끝에 렌즈 두 개를 장착하여 멀리 있는 물체에서 날아온 빛을 좁은 영역에 모으는 식이었는데, 각 단색광마다 굴절되는 정도가 달라서 한 지점에 모이지 않았기 때문에 또렷한 상을 볼 수 없었다. 이런 현상을 **색수차**(chromatic aberration, 色收差)라 한다. 뉴턴은 렌즈 대신 오목한 반사거울로 빛을 반사시켜서 한 지점에 모은다는 아이디어를 떠올렸다. 이것이 바로 반사망원경이다. 뉴턴의 반사망원경은 색수차가 적을 뿐만 아니라 만들기도 쉽기 때문에 지금도 대부분의 천체망원경에 적용되고 있다.

지난 100여 년 동안 과학자들은 빛을 분석하면서 수많은 발견을 이루어냈는데, 그중에서 가장 중요한 발견으로는 '태양빛의 스펙트럼선'을 꼽을 수 있다(그 외의 발견은 나중에 따로 다룰 예정이다).

태양빛을 받아 스펙트럼으로 펼치면 다양한 색상이 연속적으로 분포된 아름다운 그림이 얻어진다. 그런데 고성능 프리즘을 이용하여 빛을 고해상도로 분해하면 스펙트럼 안에서 세부 구조를 발견할 수 있다. 1800년대 초에 이 분야를 선도했던 독일의 물리학자 요제프 폰 프라운호퍼(Joseph von Fraunhofer)는 연속적으로 분포된 태양빛 스펙트럼에서 무려 574개의 검은 세로줄을 발견했다. 당시에는 원인을 몰라 별로 주목받지 못했으나 1850년대에 로베르트 분젠(Robert Bunsen)과 구스타프 키르히호프(Gustav Kirchhoff)가 지구에서 그와 비슷한 스펙트럼선을 발견하면서 새로운 관심사로 떠오르게 된다. 차가운 기체가 담긴 상자를 뜨거운 빛 앞에 방치해두면 기체가 빛을 흡수하는데, 이들은 편식이 매우 심하여 특정한 단색광만 골라서 흡수한다. 이 빛을 받아서 스펙트럼으로 펼치면 기체에 흡수된 단색광이 누락되어 있으므로 그 부분이 검은 세로줄로 나타나는 것이다.

흡수된 단색광은 기체의 종류(화학성분)에 따라 다르다. 그러므로 미지의 기체를 상자에 넣고 빛을 쪼여서 스펙트럼을 분석하면 기체의 성분을 알 수 있다! 프라운호퍼가 발견하고 분젠과 키르히호프가 분석한 검은 선에는 주어진 원자가 '특별한 성분의 빛(단색광)만 흡수하고 다른 빛은 무시한다'는 메시지가 담겨 있다. 이와는 반대로 뜨겁게 달궈진 기체는 자발적으로 빛을 방출하는데, 이때도 기체는 특별한 단색광만 방출하여 스펙트럼에 밝은 줄을 남긴다. 그러므로 스펙트럼의 검은 줄과 밝은 줄은 원소의 정체를 밝혀주는 '지문'과 같다.

멀리 있는 별의 빛 스펙트럼에서 검은 선과 밝은 선의 위치를 분석하여 연구실에서 얻은 데이터와 비교하면 별의 구성 성분을 알 수 있다(별의 대기 상태 등 부수적인 정보도 얻을 수 있다). 요즘 천체물리학자들은 대부분의 정보를 분광학에서 얻고 있다. 그 많은 별들이 지구에서도 찾을 수 있는 물질로 이루어져 있으며 지구와 비슷한 물리법칙을 따른다는 것도 스펙트럼을 분석해서 알아낸 사실이다.

1868년에 노먼 로키어(Norman Lockyer)와 피에르 장센(Pierre Janssen)은 태양의 일식을 관측하던 중 지구에 존재하는 어떤 원소와도 일치하지 않는 새로운 스펙트럼선을 발견하고 '코로니움(corunium)'으로 명명했다. 그러나 1895년에 스웨덴의 화학자 페르 클레베(Per Cleve)와 닐스 랑글레(Nils Langlet), 그리고 이들과 독립적으로 연구를 수행한 윌리엄 램지(William Ramsay)는 우라늄광에서 방출된 기체에서 동일한 스펙트럼선을 발견하고, 원소의 이름을 코로니움에서 이집트의 태양신 헬리오스(Helios)의 이름을 딴 '헬륨(helium)'으로 개명했다. 스펙트럼 덕분에 지구와 우주의 가족관계가 다시 한 번 확인된 셈이다.

8장

뉴턴: 역학적 아름다움

뉴턴이 구축한 고전물리학은 역학법칙(dynamical law)으로 이루어져 있다. 즉 뉴턴의 물리학은 '변하는 물체'를 서술하는 이론이다. 역학법칙은 기하학의 법칙과 근본적으로 다르며, 물체의 특성과 물체들 사이의 관계를 서술하는 피타고라스와 플라톤의 법칙과도 다르다.

역학법칙은 우리를 아름다움의 세계로 인도한다. 뉴턴역학의 진수를 이해하려면 지금 당장 눈에 보이는 사건뿐만 아니라 앞으로 일어날 사건까지 고려해야 한다. 간단히 말해서 뉴턴의 역학은 '가능성의 세계'이다.

역학이론은 '뉴턴의 산(Newton's Mountain, 〈그림 17〉)'에서 그 절정을 맞이하게 된다. 이제 우리도 이 산을 오르게 될 텐데, 그전에 미리 준비해둘 것이 있다.

지구 대 우주

뉴턴이 태어나기 직전에 자연철학의 중요한 연구 과제를 남겨놓고 떠난 과학자가 있었다.

그의 이름은 갈릴레오 갈릴레이. 지동설을 주장했다가 종교재판을 받았던 바로 그 사람이다. 갈릴레이는 손수 제작한 20배율짜리 천체망원경으로 달을 관측한 후 그 형상을 펜으로 정밀하게 그려서《별의 전령(Sidereus Nuncius)》이라는 책에 수록해놓았다. 이 그림에는 달의 어두운 면과 밝은 면, 그리고 굴곡진 표면이 매우 정확하게 묘사되어 있다(〈그림 16〉).

코페르니쿠스는 지구를 '태양 주변을 공전하는 여러 행성들 중 하나'로 간주했고, 케플러는 행성의 궤적이 만족하는 일련의 수학법칙을 발견했다. 이 책에서 자세한 내용을 언급할 필요는 없지만 케플러의 법칙 세 가지는 한 번쯤 짚고 넘어갈 만하다.

1. 행성의 궤도는 원이 아닌 타원이며, 두 개의 초점 중 하나에 태양이 자리 잡고 있다.
2. 태양과 행성을 연결한 직선이 일정 시간 동안 쓸고 지나간 면적은 항상 동일하다.
3. 행성의 주기[행성의 '연(year)']를 제곱한 값은 타원의 장축 길이의 세제곱에 비례한다.

여기서 우리가 눈여겨볼 것은 두 가지이다. 첫째, 이 법칙들은 '변화'가 아닌 '상호관계'를 서술하고 있으므로 역학법칙이 아니다. 둘째,

그림 16 갈릴레이가 천체망원경으로 달을 바라보면서 직접 그린 펜화들. 표면의 굴곡이 매우 시실적으로 묘사되어 있다.

이 법칙은 행성에만 적용될 뿐, 지구에서 움직이는 물체와는 완전히 무관하다. 물론 지구도 행성이므로 케플러의 법칙을 따르고 있지만 지표면에 살고 있는 우리에게는 먼 나라 이야기일 뿐이다.

지구는 우주의 일부이므로 우주에 적용되는 법칙은 지구에서도 적용되어야 할 것 같다. 그러나 케플러의 법칙에서는 둘 사이의 공통점이 쉽게 드러나지 않는다. 지구와 우주에 공통으로 적용되는 법칙은 과연 무엇일까? 바로 이것이 갈릴레이가 남겨놓은 연구 과제였다.

뉴턴의 산

뉴턴의 《프린키피아》에는 기하학적 다이어그램과 숫자로 이루어진 표가 여러 개 실려 있는데, 그중에서 손으로 그린 삽화가 유난히 눈에 띈다(책을 통틀어 삽화는 이것 하나밖에 없다). 나는 이것이 모든 과학 서적을 통틀어 가장 아름다운 그림이라고 생각한다.

그림의 예술적 가치를 말하는 것이 아니다. 이 그림이 아름답게 보이는 이유는 뉴턴의 심오한 아이디어가 매우 적절하게 표현되어 있기 때문이다. 흔히 '뉴턴의 산'으로 알려진 이 그림은 일종의 사고실험(thought experiment, 현실적으로 실행이 불가능하여 상상 속에서 진행되는 실험 – 옮긴이)으로, 지구에서 아래로 떨어지는 물체와 궤도운동을 하는 천체가 중력이라는 하나의 법칙으로 통일된다는 놀라운 사실을 보여주고 있다.

당신이 산꼭대기에 서서 수평 방향으로(즉 지면에 평행한 방향으로) 돌멩이를 던진다고 상상해보자. 돌의 속도가 느리면 얼마 가지 못하고

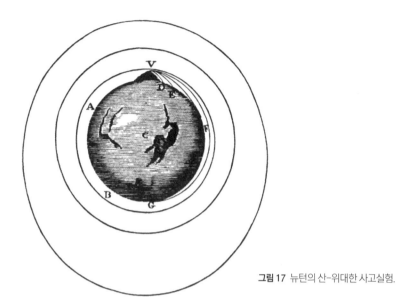

그림 17 뉴턴의 산-위대한 사고실험.

떨어질 것이다. 이런 경우에는 산등성이에 떨어질 가능성이 높다. 그러나 돌을 세게 던지면 좀 더 멀리 날아가서 산기슭에 떨어질 수도 있다. 물론 〈그림 17〉에 표현된 일이 가능할 정도로 멀리 던질 수 있는 사람은 없겠지만 걱정할 것 없다. 우리의 실험은 상상 속에서 진행되는 사고실험이기 때문이다! 자, 조금 더 힘을 내보자. 돌을 세게 던질수록 지면에 도달하는 지점이 출발점에 점점 더 가까워지다가 어떤 특정 속도에 도달하면 돌멩이가 지구를 한 바퀴 돈 후 당신의 뒷머리를 때린다! 이 사실을 미리 알고 돌을 세게 던진 후 머리를 숙였다면 돌멩이는 처음 던진 높이에서 마치 위성처럼 지구 주변을 공전할 것이다. (공기 저항은 어떻게 극복하냐고? 사고실험이라고 말하지 않았던가! 사소한 문제는 잊어주기 바란다.) 이제 마음속에 뉴턴의 산보다 훨씬 높은 상상의 산을 그리고, 그 위에서 동일한 실험을 반복해보자. 이곳에서 세게 던진 돌멩이는 이전보다 훨씬 높은 고도에서 지구 주변을 공전할 것이다. 고도가 얼마이건 상관없다. 속도만 적절하다면(그리고 공기나 건물 등 운동을 방해하는 요인이 없다면) 돌멩이는 임의의 고도에서 중력의 영향을 받으며 지구 주변을 영원히 돌 수 있다.

이제 지구의 직경보다 훨씬 큰 초대형 산을 상상해보자. 그 산꼭대기에서 엄청나게 큰 바윗덩이를 적절한 속도로 던져서 지구 주변을 공전하게 만들었다. 이 바윗덩이를 '달'이라 하자.

나는 〈그림 17〉에 나와 있는 구형 천체를 '지구'라고 단정 지었지만 사실 이 그림은 지구를 염두에 두고 그린 것이 아니다. 중요한 것은 방금 전에 언급한 '돌멩이 위성' 사고실험을 다른 천체에서 실행해도 똑같은 결론에 도달한다는 점이다. 물론 여기에는 태양도 포함된다. 즉 태양 주변을 돌고 있는 행성들은 산꼭대기에서 적절한 속도로 던진 돌멩이와 같다. 태양계 최대 행성인 목성도 중력의 도움을 받아 거의 70개에 가까운 위성 시스템을 운영하고 있다.

중력은 질량을 가진 모든 물체에 예외 없이 적용되는 힘이다. 앞에서의 사고실험에 중력을 도입하면 지표면으로 떨어지는 돌멩이에서 공전하는 달에 이르기까지 우리 주변에서 일어나는 거의 모든 사건을 하나의 논리로 설명할 수 있다. 물론 사고실험만으로는 아무것도 증명할 수 없지만 신중한 연구와 실험이 동반되면 유용한 결과를 얻을 수 있다. 사고실험의 결과가 논리적이면 좋은 일이고, 아름다우면 더욱 좋다. 그리고 입력보다 출력이 많으면 더할 나위 없이 좋다. 뉴턴의 산에는 이 모든 것이 담겨 있다.

세간에는 뉴턴이 흑사병을 피해 고향인 울스소프에 머물고 있을 때

집 앞의 사과나무에서 떨어지는 사과를 보고 만유인력(중력) 법칙을 떠올렸다는 일화가 전설처럼 전해지고 있다. 그러나 중력과 관련하여 뉴턴이 남긴 글에는 사과가 등장하지 않는다.

나는 중력이론을 달의 궤도에 적용하여 구형 천체가 원형궤도를 유지하는 데 필요한 힘을 계산했다. 그리고 행성의 공전주기에 대한 케플러의 법칙을 적용하여 (…) 행성의 궤도를 유지하는 힘이 공전 중심에 있는 천체와 행성 간 거리의 제곱에 반비례한다는 사실을 유추할 수 있었다. 그 후 달을 공전궤도에 묶어두는 데 필요한 힘과 지구와 달 사이에 작용하는 중력의 크기를 계산하여 서로 비교해보니 꽤 비슷한 값이 얻어졌다.

중력법칙 같은 심오한 원리를 과연 떨어지는 사과를 보고 떠올렸을까? 내 생각은 다소 부정적이다. 사과보다는 좀 더 시각적이고, 사례별 비교가 가능한 '뉴턴의 산'이 훨씬 중요한 역할을 했을 것 같다.

또는 사과에서 시작된 일련의 영감 어린 사고가 뉴턴의 산으로 꽃피었을 수도 있다. 어쨌거나 뉴턴의 아이디어는 매우 단순하고도 아름다워서 달이 공전하는 이유를 '지구가 달에 미치는 중력 때문'이라고 간주하면 외관상 전혀 다른 두 가지 운동이 하나로 연결된다. 지구에서 관측되는 중력은 주로 사과와 같은 일상적 물체가 지구의 중심을 향해 떨어지는 '낙하운동'으로 나타나는 반면, 우주 공간의 중력은 달과 같은 천체의 '궤도운동'으로 나타난다. 낙하운동과 궤도운동이 동일한 원인에서 발생한다는 것을 어느 누가 상상이나 할 수 있었을까? 그러나 '뉴턴의 산' 사고실험은 돌멩이의 궤도운동이 사실은 중력에 의해 끊임없이 낙하하는 운동임을 암시하고 있다! 〈그림 17〉에서 보다시피 원궤도의 모든 지점에서 돌멩이의 속도는 지면과 나란하지만(즉 국소적으로 수평 방향이지만) 매 순간마다 끊임없이 지면을 향해 휘어지고 있다. 그러므로 뉴턴의 산에서 볼 때 궤도운동을 하는 물체는 자유낙하하는 물체와 원리적으로 동일한 운동을 하고 있는 셈이다. 뉴턴은 이와 같은 논리를 통해 달의 운동과 사과의 운동을 하나로 통일할 수 있었다.

또 하나의 차원: 시간

사고실험만으로는 아무것도 증명할 수 없다. 제아무리 아름다운 결론에 도달했다 해도 사고실험은 어디까지나 상상일 뿐이다. 낙하운동과 궤도운동이 동일한 원인에서 나타난 결과임을 증명하려면 뉴턴의 산을 내려와 정확한 수학의 세계로 여행을 떠나야 한다. 이 여행길에서 가장 중요한 것은 '시간'이라는 새로운 차원이다.

뉴턴의 산에 등장하는 곡선들은 산에서 던진 돌멩이의 궤적으로, 곡선상의 각 점들은 특정 시간에 돌멩이의 위치를 나타낸다. 물론 이 점들은 공간에 존재하지 않고 물리적 실체도 아니지만 점이 모여서 만든 기하학적 궤적은 운동역학을 구축하는 데 핵심적 역할을 한다. 이 부분을 이해하기 위해 움직이는 물체를 좀 더 자세히 들여다보자.

하나의 궤적에는 한 물체의 운동에 관한 정보가 담겨 있다. 그러나 궤적만으로는 물체가 특정 지점을 '언제' 지나갔는지 알 수 없다. 곡선상의 모든 점마다 시간을 할당하면 누락된 정보를 복원할 수 있지만 여러 개의 궤적을 한꺼번에 고려할 때 이런 방법을 사용하면 해독이 불가능할 정도로 복잡해진다. 이런 경우에 가장 좋은 방법은 시간

뷰티풀 퀘스천

을 또 하나의 차원으로 간주하는 것이다. 즉 가로축에 시간, 세로축에 위치(또는 이동 거리)를 할당한 '시공간(space-time)'을 도입하면 임의의 순간에 물체의 위치와 운동의 양상을 일목요연하게 알 수 있다.

시공간에 표현된 운동궤적이 얼마나 유용한지 실감하기 위해 뉴턴의 산보다 좀 더 간단한 사례를 들어보자. 앞에서 언급했던 제논의 역설, 즉 아킬레우스와 거북의 경주가 좋을 것 같다. 이들이 공간에 그리는 궤적은 완전하게 포개진 두 개의 직선으로 나타나는데(아킬레우스와 거북이 육상 트랙의 같은 레인에서 달린다고 가정하자 – 옮긴이), 이것만으로는 얻을 수 있는 정보가 거의 없다. 그러나 둘의 궤적을 시공간에 그리면 시간에 따라 경주가 어떤 양상으로 진행되는지 한눈에 알 수 있다.

임의의 시간에 아킬레우스와 거북의 위치를 비교하려면 두 물체의 시간을 '동기화'해야 한다. 이를 위해서는 시간을 또 하나의 차원으로 간주하는 것이 최선이다. 즉 임의의 시간에 물체의 위치를 시공간의 한 점으로 나타내는 것이다. 이런 식으로 모든 시간에 대하여 물체의 위치를 점으로 이으면 〈그림 18〉과 같은 두 개의 직선이 얻어진다.

이 그림을 이용하면 제논의 논리 구조가 낱낱이 밝혀지고 역설도 자연스럽게 해결된다. 2차원 시공간에서 경사가 다른 두 개의 직선은 어디선가 만날 수밖에 없다! 〈그림 18〉에 약간의 보조선을 추가하면 제논의 역설을 기하학적으로 재현할 수 있다. 아킬레우스가 거북의 출발점(d_1)에 도달할 때까지 걸리는 시간을 t_1이라 하고, 그사이에 거북이 이동한 거리를 d_2라 하자. 그 후 아킬레우스가 d_2에 도달할 때까지 걸리는 시간을 t_2라 하고, 그사이에 거북이 이동한 거리를 d_3라 하자. 이런 식으로 구간을 세분화하면 아킬레우스가 거북과 동일선상에 놓일 때까지 걸리는 시간은 $t_1 + t_2 + t_3 + \cdots$가 된다. 즉 제논의 역설은

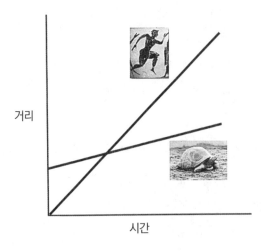

거리

시간

그림 18 시공간에서 아킬레우스와 거북의 위치는 시간이 흐를수록 오른쪽 위를 향해 이동한다. 아킬레우스 궤적의 경사가 거북보다 큰 이유는 같은 시간 동안 더 먼 거리를 이동하기 때문이다. 이 그림에서 시간은 거리(공간)와 동등한 '또 하나의 차원' 역할을 한다.

'아킬레우스는 거북과 동일선상에 놓이기 전까지는 거북을 따라잡을 수 없다'는 지극히 당연한 서술로 귀결된다.

〈그림 18〉에서 두 직선을 공간축(거리축)에 **투영하면** 하나로 겹쳐지면서 시간에 관한 모든 정보가 사라진다. 이것이 바로 '공간에 그린 물체의 궤적'이다. 이런 그림으로 물체의 운동을 분석하는 것이 얼마나 어려운 일인지 짐작이 갈 것이다.

'뉴턴의 산'에 등장하는 궤적은 이미 2차원 궤적이었다. 그러므로 여기에 시간을 추가하면 3차원 시공간이 되고, 돌멩이의 궤적은 시간축을 따라 원을 그리며 나아가는 나선궤적이 된다.

수학적 상상력을 동원하면 다른 방식으로 접근할 수도 있다. 예를 들어 2차원이나 3차원 공간을 떠올린 후 이것을 시공간이라고 가정하면, 거기 그려진 일상적인 곡선은 일종의 '역학적 궤적'으로 해석할 수

뷰티풀 퀘스천

있다. 또는 이것을 '공간에서 진행되는 점의 **운동**'으로 해석해도 상관없다. 뉴턴은 이 개념을 수학적으로 구현하기 위해 특별한 계산법을 개발했는데, 이것이 바로 그 유명한 미적분학(calculus)이다[뉴턴은 '유율법(method of fluxions)'이라 불렀다]. 미적분학에서 곡선을 비롯한 기하학적 대상들은 완벽한 객체가 아니라 시간이 흐름에 따라 무한소(無限小)의 매끄러운 변화 과정을 거쳐 서서히 완성되어가는 객체로 간주된다.

운동의 분석

〈그림 19〉는 《프린키피아》에 수록된 핵심 다이어그램으로, 운동궤적 분석법을 도식적으로 표현한 것이다. 케플러도 행성의 운동을 서술하는 수학법칙을 유도했지만 그것은 관측 데이터를 재현하기 위한 방편이었을 뿐, 어떤 원리에 입각하여 얻은 결과는 아니었다. 그러나 뉴턴은 운동궤적을 작은 부분으로 쪼개는 특유의 분석법을 이용하여 케플러의 법칙에 담겨 있는 의미를 밝혀냈다.

뉴턴식 분석법의 첫 단계는 물체의 궤적을 아주 짧은 시간 간격으로 쪼개는 것이다. 궤적을 세분하는 것은 물리적 과정이라 할 수 없지만, 수학적 상상력을 펼치면 무한히 작은 간격으로 쪼갤 수 있다. 이런 식으로 물체의 궤적을 작은 간격으로 세분하면 각 구간에서 궤적을 직선으로 간주할 수 있고, 그 구간에서 물체의 속도는 일정하다고 가정해도 사실과 크게 달라지지 않는다. 뉴턴의 운동법칙 중 하나는 "물체에 힘을 가하지 않으면 운동 상태가 변하지 않는다. 즉 힘이 작용하지 않는 물체는 직선을 따라 동일한 속도로 나아간다"는 것이다. 〈그림 19〉에서 궤도의 각 구간에 그려 넣은 점선(B-c, C-d, D-e, E-f 등)은

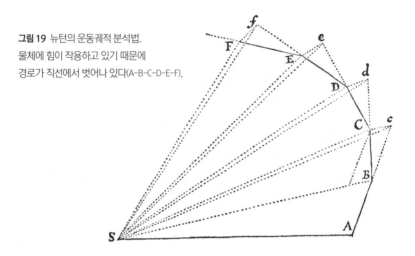

그림 19 뉴턴의 운동궤적 분석법.
물체에 힘이 작용하고 있기 때문에
경로가 직선에서 벗어나 있다(A-B-C-D-E-F).

힘이 갑자기 사라졌을 때 물체가 진행하게 될 경로다. 그러나 실제로
는 물체에 힘이 작용하고 있기 때문에 점선과 약간의 차이를 보인다
(A-B, B-C, C-D, D-E 등).

물체의 궤적을 수학적으로 분석하면 그와 같은 궤적을 그리는 데
필요한 힘을 알아낼 수 있다. 뉴턴은 케플러가 알아낸 행성의 운동법
칙(앞에서 언급한 세 가지 법칙)에 이 방법을 적용하여 태양과 행성 사이
에 작용하는 힘이 거리의 제곱에 반비례한다는 사실을 알아냈다.

여기서 한 가지 눈여겨볼 것은 이 분석법이 '뉴턴의 산'이라는 사고
실험의 기본 개념을 수학적으로 구현한 결과라는 점이다.

뉴턴의 알파벳놀이

뉴턴역학의 핵심은 '자연스러운 움직임(등속운동)'에서 벗어난 운동

을 무한히 작은 구간으로 쪼개서 분석하는 것이다. 뉴턴은 자신이 알아낸 자연의 비밀을 친절하게 공개하지 않았지만, 만일의 경우 우선권을 주장하기 위해 다음과 같은 암호로 기록해놓았다.

6a   cc   d   æ   13e   ff   7i   3l

9n   4o   4q   rr   4s   8t   12u   x

이 수수께끼의 해답은 라틴어로 적혀 있다(원문에는 암호 끝부분에 't'가 추가되어 있다. 뉴턴은 자신의 암호가 쉽게 풀리는 것을 바라지 않은 모양이다).

Data æquatione quotcunque fluentes quantitates involvente, fluxiones invenire; et vice versa

20세기의 저명한 수학자이자 뉴턴 전문가인 블라드미르 아르놀트(Vladmir Arnold)는 이 라틴어 문장을 다음과 같이 번역했다.

미분방정식을 풀면 유용한 결과를 얻을 수 있다.
(원래 라틴어를 직역하면 다음과 같다. "주어진 흐름 방정식에 임의의 양을 대입하면 흐름의 양상을 알 수 있으며, 그 반대도 마찬가지이다" - 옮긴이)

좀 더 포괄적이고 친절한 번역은 다음과 같다.

가장 작은 부분에 기초하여 운동을 분석하는 것은 매우 바람직한 방법이다. 이 방법을 사용하면 물체의 궤적으로부터 힘을 결정할 수 있다. 또는 그 반대로 물체에 가해진 힘으로부터 궤적을 구할 수도 있다.

우주의 체계

뉴턴은 케플러의 법칙으로부터 만유인력(중력)법칙을 이끌어냈고, 이 법칙을 이용해 다양한 결과를 예측했다. 이 과정은 분석된 결과를 한데 모아 결론을 내리는 '종합 단계'에 속하는데, 뉴턴이 나열한 목록 중 일부를 소개하면 다음과 같다.

- 우리가 지구에서 느끼는 중력의 일반적 성질. 지구와 달 사이에 작용하는 중력의 세기. 지구의 위치에 따라 변하는 달의 중력.
- 목성과 토성의 위성들 및 달의 운동.
- 혜성의 운동.
- 태양과 달의 중력에 의해 발생하는 조력(tidal force, 潮力)의 특성.
- 지구의 기하학적 형태. 약간 일그러진 타원형임.
- 72년마다 1°씩 나타나는 지구자전축의 동요. '춘분점의 세차운동'으로 알려진 이 현상은 고대 그리스의 천문학자들도 알고 있었지만 원인을 설명하지는 못했다.

뉴턴은 《프린키피아》의 세 번째 책인 〈우주의 체계(The System of the World)〉에서 이와 같은 종합을 시도했다. 그전에도 자연과 우주를 설명하는 책은 많이 있었지만, 분석과 종합이라는 체계적 방법으로 접근한 책은 《프린키피아》가 처음이었다. 뉴턴은 우주의 가장 근본적인 문제를 수학적으로 해결함으로써 전례 없이 정확한 역학 체계를 확립했다.

　그것은 현실성과 이상형을 동시에 만족하는 이론이었다.

역학적 아름다움

뉴턴의 역학법칙은 물리적 세계의 아름다움을 드러냈지만 피타고라스와 플라톤이 예상했던 아름다움과는 다소 거리가 있었다. 역학적 아름다움은 겉으로 드러나지 않기 때문에 제대로 감상하려면 상상력을 동원해야 한다. 그것은 물체의 외형이나 인간의 감각과 무관한 '법칙 자체의 아름다움'이다.

　플라톤 정다면체에 기초한 케플러의 태양계 모형과 뉴턴의 역학 체계를 비교해보자. 케플러의 모형에서 태양계는 다섯 개의 이상적인 정다면체 사이에 구가 삽입된 형태로, 아름답고 완벽한 대칭을 보유하고 있다. 반면에 뉴턴의 태양계에서 행성의 궤도는 창조주가 부여한 초기조건에 의해 결정되었으며, 그 후로 너무 긴 시간이 흘렀기 때문에 초기조건을 알아내는 것은 불가능하다(자세한 내용은 잠시 후에 다룰 예정이다). 아마도 신의 마음속에는 수학적 신비주의 외에 다른 의도가 숨어 있어서 궤도의 아름다움이 겉으로 드러나는 것을 원치 않았던 것 같다. 뉴턴의 역학이 아름다운 것은 행성의 궤도가 완벽해서가 아니라 그 저변에 숨어 있는 원리가 아름답기 때문이다. 그리고 이 모든 것을 수학적으로 구현하는 데 결정적 역할을 했던 '뉴턴의 산'이야말로 아름다움의 최고봉이라 할 수 있다.

팽창하는 환원주의

뉴턴의 분석-종합은 '환원주의'라는 이름으로 불리기도 한다. 복잡한 물체나 어려운 문제가 단순한 부분으로 분할 가능하고 각 부분의 거동으로부터 전체적인 거동을 유추할 수 있을 때 사람들은 그 물체나 문제가 "환원되었다(reduced)"고 말한다.

사실 환원주의는 그다지 좋은 명칭이 아니다. 환원주의라는 단어 자체의 어감도 별로 좋지 않지만 이것 때문만은 아니다. 환원적 접근법이란 '분석-종합을 통해 주어진 문제를 단순화시켜서 이해하는 방법'을 의미한다. 그러므로 무언가를 환원주의적 관점에서 이해한다는 것은 '관찰 대상은 작은 부분의 집합에 불과하다'는 것을 인정한다는 뜻이다. 생명이 없는 물건이라면 그럴 수도 있지만 인간의 마음과 심성, 심지어 영혼까지 분자의 화학작용으로 설명된다고 하면 기분이 좋을 리 없다.

뉴턴의 환원주의적 과학이 대대적인 성공을 거둔 후로 낭만주의를 대표하는 시인과 예술가들은 환원주의에 반하는 사상을 작품에 담아 암묵적 시위를 벌였다. 여기서 잠시 존 키츠(John Keats)의 시를 감상해보자.

철학의 차가운 손길이 스치기만 해도
모든 아름다움은 날아가 버리는가?
그 옛날, 하늘에는 경이로운 무지개가 있었으나
인간은 그 재질과 속성을 알아낸 후
모든 사물을 어설픈 목록에 욱여넣었다.
철학은 천사의 날개를 꺾고

모든 신비를 정복했다.

그 후로 대기는 공허해지고 대지의 요정은 사라졌으며

무지개는 낱낱이 분해되었다….

　영국의 시인이자 화가였던 윌리엄 블레이크(William Blake)는 환원주의적 시각을 비판한 작가로 유명하다. 특히 그는 〈연구하는 뉴턴(Isaac Newton at work)〉이라는 그림을 통해 환원주의에 대한 반감을 적나라하게 드러냈다(〈그림 K〉). 이 그림에는 오색찬란한 풍경을 등진 채 한 남자가 바위에 걸터앉아 컴퍼스로 무언가를 열심히 측정하고 있다. 알몸의 남자는 뉴턴을 상징하고 풍경을 등진 자세는 인간의 영적 가치를 도외시하고 오직 이성에만 의지하려는 환원주의를 상징한다. 그러나 블레이크는 키츠와 마찬가지로 우리의 우주가 수학법칙에 따라 운영된다는 사실을 인정했다. 블레이크의 또 다른 작품 〈유리즌(Urizen)〉에는 생명을 창조하고 한계를 부여한 창조주의 형상이 표현되어 있는데(〈그림 L〉), 알몸에 컴퍼스를 들고 있는 모습이 〈연구하는 뉴턴〉과 매우 흡사하다. 뉴턴은 유리즌의 의도를 해석한 사람인가? 아니면 유리즌의 환생인가?

　환원주의 반대론자들을 회유할 때는 백 마디 말보다 한 장의 그림이 훨씬 효과적이다. '백문이 불여일견'이란 바로 이런 경우를 두고 하는 말이다. 일단 〈그림 M〉이 있는 페이지로 가서 설명을 읽지 말고 한 편의 추상화를 대하는 느낌으로 그림을 감상해보라.

　충분히 감상했는가? 좋다. 이제 그림 설명을 읽어보라. 이 그림이 엄밀한 수학 규칙에 따라 만들어졌고 해서 아름답다는 느낌이 사라져버리는가? 아니다. 오히려 나는 수학으로 만들어졌다는 사실에 더욱 깊고 순수한 아름다움을 느낀다(아마 독자들도 나와 비슷할 것이다). 그림의 속사정을 모를 때는 그저 아름다운 무늬에 불과했지만 수학이 개입되었음을 알고 나면 그림을 새로운 관점에서 새로운 개념으로 바라보게 되는 것이다. 이것이 바로 '현실적이면서 이상적인' 그림의 전형적 사례이다.

이와는 반대로 아름다운 그림이 수학을 한층 더 아름답게 만들 수도 있다. 〈그림 M〉을 생성하는 컴퓨터 프로그램을 아무런 사전 지식 없이 읽는 것도 그런 대로 재미있겠지만 결과물을 눈으로 확인한 후 프로그램에 대해 다시 읽으면 모든 연산이 아름답게 보인다. 이것은 영적인 탐구를 통해 고상함에 도달하는 과정과 크게 다르지 않다.

〈그림 M〉과 같은 프랙털 영상(fractal image)을 수학적으로 이해해도 현실 감각이 둔해지지는 않는다. 오히려 수학적 이해가 동반되면 이전과 다른 시각으로 그림을 바라볼 수 있다. 직관과 수학이 상보적 관계로 엮이면서 그림의 모든 면을 감상할 수 있게 되는 것이다(동시는 아니더라도 순차적 감상은 가능하다).

존 키츠는 무지개가 생기는 과학원리를 이해하지 못한 것 같다. 그 원리를 이해했다면 무지개가 망가졌다고 한탄하는 대신 무지개의 아름다움을 더욱 열렬히 찬양했을 것이다! 그가 남긴 시 중에는 이런 것도 있다.

늙음이 이 세대를 황폐하게 만들 때
그대는 또 다른 고뇌의 한복판에서
인간의 친구로 남아 말할 것이다.
"아름다움은 진리요, 진리는 곧 아름다움"이라고.

뷰티풀 퀘스천

이것이 당신이 아는 전부이며, 그 외에는 알 필요도 없다.

시작하기

역학적 관점은 또 다른 측면을 갖고 있다. 이 측면은 뉴턴을 신에게 인도했으며, 우리가 아직 다루지 않은 새로운 문제의 원인이기도 하다.

역학법칙이란 간단히 말해서 '운동법칙'을 의미한다. 이 법칙은 특정 시간 물리계의 상태를 다른 시간의 상태와 연결시켜준다. 즉 임의의 순간에 계의 상태를 알고 있으면 계의 모든 과거와 미래를 알 수 있다. 특히 뉴턴역학에서 임의의 순간에 모든 입자의 위치와 속도, 질량, 그리고 입자들 사이에 작용하는 힘을 알고 있으면 모든 미래의 위치와 속도를 오직 계산만으로 알아낼 수 있다. 뉴턴역학에서 이 세계의 상태를 좌우하는 요인은 구성 입자의 위치와 속도, 질량, 그리고 상호작용이 전부이므로 이 값들이 결정되면 세상의 모든 미래가 결정된다.

물론 이런 정보를 모든 입자에 대해 알아내기란 보통 어려운 일이 아니다. 얼마나 어려운지는 날씨를 연구하는 기상학자들이 가장 잘 알고 있다. 날씨를 좌우하는 요인은 대기를 구성하는 입자들인데, 그 많은 입자들의 위치와 속도를 일일이 알아내는 것은 현실적으로 불가능하다. 어찌어찌해서 위치와 속도를 모두 알아냈다 해도 입자들 사이의 상호작용을 고려하여 며칠 후의 날씨를 예측하려면 엄청난 양의 계산을 수행해야 한다. 물론 이런 계산을 단기간에 수행할 수 있는 컴퓨터는 이 세상에 존재하지 않는다. 게다가 카오스 이론(chaos theory, 혼돈이론)에 의하면 초기조건이나 힘에서 아주 작은 오차가 발생해도 시간이 흐르면 완전히 다른 결과를 초래할 수 있다('베이징의 나비가 날갯짓을 하면 텍사스에 토네이도가 발생한다'는 나비효과를 두고 하는 말이다 - 옮긴이).

기술적인 문제는 차치하더라도 근본적인 문제가 남아 있다. 방정식의 완벽한 해를 구하려면 시작점의 상태를 알아야 한다! 역학 방정식을 풀면 결정할 수 없는 상수가 등장하는데(뉴턴 방정식의 경우에는 두 개가 등장한다), 이 값을 결정하려면 입자의 초기 상태에 관한 정보가 필요하다. 이것이 바로 '초기조건'이다. 역학 방정식을 이용해 이 세계의 거동을 계산하려면 임의의 한순간에 계의 상태(모든 입자의 위치와 속도)를 알고 있어야 한다. (물론 이 세계의 한 부분만 알고 싶다면 그 부분계를 외부와 고립시켜서 필요한 정보의 양을 줄일 수 있다. 이 책에서는 편의상 특별한 경우를 제외하고 연구 대상을 '이 세계'로 간주할 것이다.)

그러므로 이 세계를 올바르게 서술하기 위해 필요한 정보는 다음 두 가지로 요약된다.

- 동역학방정식(dynamical equations)
- 초기조건(initial conditions)

태양계의 모든 행성들은 거의 동일한 평면에서 일제히 같은 방향으로 거의 원에 가까운 궤도를 돌고 있다. 이 사실을 간파한 뉴턴은《프린키피아》의 끝부분에 추가된 일반주해(general scholium)에서 태양계의 초기조건이 매우 정교하게 주어졌음을 강조했다.

태양과 행성, 그리고 혜성으로 이루어진 태양계는 너무도 우아하고 정교하여 지적이면서 강력한 힘을 가진 어떤 존재가 신중하게 설계했다고 생각할 수밖에 없다.

지금은 과거보다 훨씬 물리적이고 현실적인 태양계 형성이론이 제시되어 있지만 근본적인 문제는 아직 해결되지 않았다. 그사이에 뉴턴의 역학은 상대성이론과 양자역학으로 대치되었으나, 기본적인 논리 구조는 여전히 유효하다. 지금도 우리는 물체의 궤적을 구할 때 역학 방정식을 풀어야 하고 완전한 해를 구하려면 초기조건을 알고 있어야 한다. 이 세계의 거동을 서술하기 위해 여전히 '역학'과 '초기조건'이 요구되는 것이다. 그런데 역학은 이론적으로 거의 완벽하게 구축된 반면, 초기조건은 경험적 관측과 불완전한 사고의 영역에 머물러 있다.

우주를 공간이 아닌 시공간에서 바라보면 '모든 것은 변하지 않는다'는 파르메니데스의 관점은 현대식 버전으로 자연스럽게 업그레이드된다. 20세기의 위대한 수학자이자 물리학자였던 헤르만 바일(Hermann Weyl)은 이것을 더없이 아름답고 심오한 글로 표현했다.[4]

이 세계는 목적이라는 것이 없다. 다만, 육체에 주어진 생명선(lifeline, 시공간에 부여된 '나'의 궤적 – 옮긴이)을 따라가는 나의 의식이 시간을 따라 흘러가는 시공간의 단면을 바라보면서 이 세계가 끊임없이 변하고 있다는 느낌을 갖는 것뿐이다.

파르메니데스와 바일이 옳다면, 그리고 공간이 아닌 시공간이 근본적인 실체라면 우리는 공간 속에서 시간을 따라 움직이는 물체에 연연하지 말고 시공간에 대한 근본적 서술법을 찾아야 한다. 이런 서술에서 초기조건은 별다른 역할을 하지 못할 것이다.

9장

맥스웰: 신의 미적 감각

현대물리학은 1864년에 맥스웰이 〈전기역학적 장에 대한 동역학이론 (A Dynamical Theory of the Electromagnetic Field)〉이라는 논문을 발표 하면서 시작되었다고 해도 과언이 아니다. 고전 전자기학의 '맥스웰 방정식'이 최초로 수록된 바로 그 논문이다. 이 방정식은 지금도 코어 이론(표준모형)에서 중요한 역할을 하고 있다.

맥스웰 방정식은 물질을 담는 그릇에 불과했던 공간을 '우주를 가 득 채우고 있는 매질(medium, 媒質)'로 바꿔놓았다. 순수한 공간은 텅 비어 있는 것이 아니라 이 세계를 운영하는 유동체로 가득 차 있었던 것이다.

또한 맥스웰 방정식은 빛에 대한 기존의 개념을 완전히 바꿔놓았으 며, 빛의 새로운 형태인 복사(radiation, 輻射)의 존재를 예견하여 라디오를 비롯한 새로운 통신기술의 모태가 되었다.

이뿐만이 아니다. 맥스웰 방정식은 이 책에서 우리가 제기한 질문의 답을 찾는 데 중요한 실마리를 제공해준다. 자연에 내재된 아름다움이 그의 방정식을 통해 모습을 드러내고 있기 때문이다. 게다가 이 아름다움은 근원도 다양하다. 발견된 과정도 아름답고, 생긴 모양도 아름다우며, 다른 아이디어를 양산하는 위력도 아름답다.

- 아름다운 도구: 맥스웰의 가장 막강한 도구는 수학에 대한 미적 감각이었다. 또한 그는 이 도구가 훌륭하게 작동한다는 사실을 입증했다!
- 아름다운 경험: '흐름'의 개념을 이용하여 맥스웰 방정식을 가시적 형태로 표현하면 전기장과 자기장의 흐름은 아름다운 춤을 연상케 한다. 나는 이 방정식을 접할 때마다 시간과 공간이 어우러져 춤을 추는 듯한 느낌을 받는다. 맥스웰 방정식을 처음 보는 사람도 아름다움과 균형을 한눈에 느낄 수 있다(물론 방정식의 수학기호를 이해하는 사람에 한한다 - 옮긴이). 모든 예술 작품이 그렇듯이, 어떤 대상의 아름다움은 설명하는 것보다 느끼는 것이 훨씬 쉽다. 역설적으로 들리겠지만 맥스웰 방정식에는 말로 형언할 수 없는 아름다움도 존재한다. 이런 아름다움을 느꼈는데 방정식이 틀린 것으로 판명된다면 큰 실망감에 빠질 것이다. 언젠가 아인슈타인은 "당신의 일반상대성이론이 틀린 것으로 판명된다면 어떤 느낌이 들 것 같은가?"라는 질문을 받고 "그런 일이 벌어진다면 신에게 크게 실망할 것"이라고 했다.
- 아름다움과 대칭: 맥스웰 방정식이 발표된 후 수십 년 동안 방정식

뷰티풀 퀘스천

에 대한 이해가 점점 더 깊어지면서 과학자들은 방정식에 담긴 아름다움을 더욱 깊이 실감하게 되었다. 가장 눈에 띄는 것은 방정식이 전기장과 자기장에 대하여 '대칭적'이라는 점이다. 우리는 맥스웰 방정식을 통하여 '방정식은 대칭을 수반할 수 있으며, 자연은 이런 형태의 방정식을 선호한다'는 사실을 깨달았다. 그리고 이 교훈은 지금도 코어이론의 앞길을 인도하고 있다.

원자와 진공?

뉴턴은 공간을 '아무것도 존재하지 않는 무(無)의 상태'로 내버려두었으나 뒷맛이 개운치 않았다. 그의 중력이론에 의하면 두 물체 사이에 작용하는 힘은 거리가 아무리 멀어도 '즉각적으로' 전달되며, 힘의 세기는 거리의 제곱에 반비례한다. 그런데 물체가 없는 공간이 완전한 무의 상태라면 중력은 어떻게 전달되는 것일까? 우주 공간에 놓인 두 물체 사이에는 텅 빈 공간밖에 없는데, 힘이 어떻게 '빈 공간을 타고' 전달되는 것일까? 그리고 힘의 세기가 어떻게 '두 물체 사이에 존재하는 무의 양(거리의 제곱)'에 따라 달라진다는 말인가?

뉴턴도 이런 의문을 떠올렸지만 그럴듯한 답을 제시하지는 못했다. 물론 노력이 부족해서가 아니다. 그는 이 문제의 다양한 해결책을 연구 노트에 빼곡하게 적어놓았는데, 그중 어느 것도 중력이론에 부합되지 않았다.

내가 보기에 하나의 물체가 아무런 매질 없이 진공을 가로질러 다른 물체에 힘을 행사한다는 것은 바보 같은 생각이다. 철학적 소양을 갖춘 사람이라면 이런 주장에 결코 설득되지 않을 것이다.

뉴턴은 빛을 연구할 때도 '진공(void)'이라는 용어를 거의 사용하지 않았다. 그는 빛이 입자로 이루어져 있으면서(그는 이것을 미립자라 불렀다-옮긴이) 항상 직선 경로를 따라간다고 생각했는데, 어떤 면에서 보면 고대의 원자론을 계승한 이론이라고도 볼 수 있다. 고대 로마의 철학자이자 시인이었던 루크레티우스(Lucretius)는 "우리는 일상생활 속에서 단맛과 쓴맛을 느끼고 다양한 색을 볼 수 있지만 실제로 존재하는 것은 원자와 진공뿐"이라고 했다.

그런데《프린키피아》의 끝부분에는 별로 뉴턴답지 않은 글이 등장한다.

거시적 물체 속에 미묘한 영적 존재가 숨어 있어서 구성입자들이 이들의 영향을 받아 가까운 거리(또는 맞닿은 상태)에서 인력이나 척력을 행사한다고 생각할 수도 있다. 전기를 띤 물체의 경우에는 미묘한 존재의 영향력이 커서 인력이나 척력이 훨씬 먼 거리까지 전달된다. 그 후 물체에서 방출된 빛은 반사되고, 굴절되고, 휘어지고, 다른 물체를 뜨겁게 달구면서 생명체의 감각을 들뜨게 만든다. 이 느낌은 생명체의 의지(미묘한 영적 존재의 진동)에 따라 외부의 신체기관에서 신경을 타고 두뇌로 전달되거나 두뇌에서 근육으로 전달된다. 그러나 이 과정은 몇 개의 단어로 설명될 수 없으며, 영적 존재가 작용하는 방식을 실험으로 검증할 수도 없다.

진공에 기초한 물리학은 그 후 수십 년 사이에 대대적인 성공을 거두었다. 달과 혜성의 운동 및 조수 현상을 관측한 결과들이 뉴턴의 법칙에서 계산된 값과 정확하게 일치했던 것이다. 더욱 놀라운 것은 전기력(하전입자들 사이에 작용하는 힘)과 자기력(자극 사이에 작용하는 힘)도 진공을 통해 전달되고 거리의 제곱에 반비례하는 등 중력과 비슷하게 작용했다는 점이다(거리가 2배로 멀어지면 힘은 1/4로 약해지고, 거리가 3배로 벌어지면 힘은 1/9로 약해지는 식이다).

뉴턴의 추종자들은 얼마 가지 않아 '영적 존재' 운운하는 뉴턴의 모호한 관점을 포기하고 '뉴턴보다 더욱 뉴턴다운' 길을 택했다. 그들은 진공에 대한 혐오감을 철학이나 신학적 편견으로 치부하면서 모든 물리적(또는 화학적) 힘들이 뉴턴의 중력처럼 먼 거리에서 작용한다고 믿었다(이 힘들은 거리가 멀수록 약해진다). 또한 수리물리학자들은 이 법칙으로부터 올바른 결과를 유도하기 위해 다양한 수학 도구를 개발했으며, 힘과 관련된 몇 개의 법칙만 추가하면 완벽한 이론이 완성될 것이라고 믿었다.

진공이여, 안녕…

마이클 패러데이는 영국의 가난한 기독교 집안에서(정통 기독교의 한 분파였는데, 당시에는 이단 취급을 받았다) 셋째 아들로 태어났다. 그의 아버지는 대장간 일을 하면서 가족을 부양했으나, 워낙 가난했기 때문에 패러데이는 정규교육을 거의 받지 못하고 17세 때부터 런던의 제본소에 취직해 가족의 생계를 도왔다. 그 와중에도 평소 과학에 관심이 많았던 패러데이는 자신의 손을 거쳐 가는 책들 중 자기계발과 과학에 관한 책을 빠짐없이 읽었다고 한다. 그러던 어느 날, 패러데이는 당대 최고의 화학자였던 험프리 데이비(Humphrey Davy)의 공개 강연을 들은 후 강의 내용을 요약한 노트를 직접 만들어서 데이비에게 보냈고, 여기에 깊은 감명을 받은 데이비는 거의 무학(無學)에 가까운 패러데이를 실험 조교로 임명했다. 그 후 패러데이는 평소 상상만 해왔던 실험을 직접 수행하면서 수많은 발견을 이루어냈으며, 33세의 젊은 나이에 영국 왕립학회의 회원으로 선출되었다.

패러데이는 수학과 친하지 않았다. 그가 아는 수학이라곤 약간의 대수학과 삼각함수가 전부였다. 그러나 당시에 전기 및 자기 현상을 설명하는 이론은 복잡한 수학 언어로 쓰여 있었기에 패러데이는 상상력을 발휘할 수밖에 없었다. 수학적 얼개를 모르면 그림으로 형상화하는 것이 최선이기 때문이다. 여기서 잠시 맥스웰의 증언을 들어보자.

수학자들이 '힘의 중심'이라 부르는 곳에서 패러데이는 모든 공간으로 뻗어나가는 역선을 보았다. 수학자들이 '무'라고 생각한 공간을 일종의 매질로 이해한 것이다. 그리고 이 매질을 통해 전달되는 작용을 실제 현상과 결부시켜 '원격작용(action at a distance)'을 가시적으로 이해할 수 있었다.

여기서 가장 중요한 단어는 **역선**(line of force, 力線)이다. 역선을 설명할 때는 백 번 떠드는 것보다 한 장의 그림을 보여주는 게 훨씬 효율적이다. 막대자석 주변에 형성된 자기력선은 〈그림 20〉과 같다.

막대자석을 얇은 종이로 덮고 그 위에 쇳가루를 뿌리면 쇳가루가 자석의 힘을 받아 재배열되면서 역선의 형태가 적나라하게 드러난

뷰티풀 퀘스천

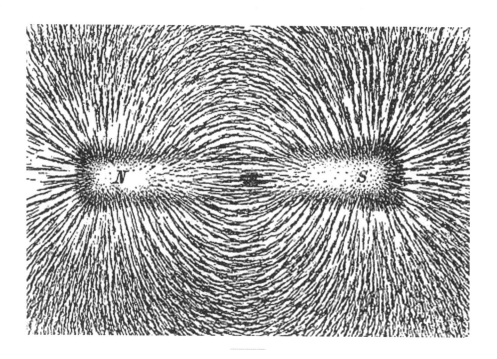

그림 20 시각적으로 드러난 패러데이의 역선.

다. 이것이 바로 패러데이의 자기력선(lines of magnetic force, 磁氣力線)이다.

이 현상은 진공에 기초한 '원거리-힘' 이론으로 설명할 수 있다. 개개의 쇳조각에는 자석의 한쪽 극에서 다른 쪽 극으로 향하는 힘이 (진공을 매질 삼아) 작용하여 그 방향으로 나열된다. 이렇게 보면 역선은 더 깊은 원리에서 파생된 부수적 산물인 것 같다.

그러나 패러데이는 자석 주변에 뿌려진 쇳가루를 완전히 다른 각도에서 바라보았다. 그의 해석에 의하면 쇳가루는 공간을 가득 채우고 있는 매질의 상태를 보어주고 있을 뿐이나. 이 매질은 쇳가루나 자석이 있건 없건, 항상 그곳에 존재하고 있다. 공간의 특정 위치에 자석을 갖다 놓으면 그 근처에서 매질[패러데이와 맥스웰은 이것을 '유동체(fluid)'라 불렀다]이 들뜬 상태가 되고 쇳가루들은 인력이나 척력을 통해 들뜬 상태를 인지하여 〈그림 20〉과 같이 배열된다는 것이다.

지구의 대기와 같이 우리에게 친숙한 유체에도 이와 비슷한 논리를 적용할 수 있다. 다들 알다시피 대기는 지표면 근처의 공간을 가득 채우고 있다. 대기가 움직이는 현상을 흔히 '바람'이라고 하는데, 바람 자체는 눈에 보이지 않지만 풍향계나 구름 또는 바람에 날리는 낙엽 등을 통해 그 존재를 드러낸다. 바람이 부는 곳에 화살표 모양의 풍향계를 촘촘하게 설치해놓으면 각 풍향계마다 특정한 방향을 가리킬 텐데, 이들의 전체적인 배열이 바로 '바람의 역선'에 해당하며 각 풍향계의 방향은 그 위치에서 바람이 진행하는 방향을 나타낸다.

여기서 한 걸음 더 나아가 풍향계에 풍속 감지 장치(풍속계)를 달아놓으면 각 위치에서 바람의 세기와 방향을 알 수 있다(물론 풍향계가 가리키는 방향과 바람의 세기는 위치와 시간에 따라 다르다). 이처럼 시간과 공간의 모든 지점에 속도가 할당된 것을 **속도장**(field of velocity)이라 한다.

속도장은 유동체(지금의 경우에는 공기)의 들뜬 상태에 대한 모든 정보를 담고 있다.

패러데이는 이 개념을 전기와 자기에 똑같이 적용하여 '전기장(electric field)'과 '자기장(magnetic field)'이라는 개념을 창안했다. 이 개념에 의하면 전기전하를 띤 물체는 전기적 풍향계와 풍속계를 모두 갖고 있어서 자신이 놓인 위치에서 전기적 흐름의 '양'과 '방향'을 모두 느낄 수 있다. 이런 하전입자를 '시험전하(test charge)'라 한다. 시험전하는 특정 시간, 특정 위치에서 전기적 흐름의 들뜬 상태로부터 야기된 힘(비유하자면 '전기적 바람'과 비슷하다)을 느낀다. 이때 시험전하가 느끼는 힘을 시험전하의 전하량으로 나누면 시험전하와 무관하게 그 지점에 작용하는 전기적 양을 얻을 수 있다. 이 값이 바로 그 지점에서의 전기장이다.

여기서 잠시 논지를 벗어나 앞으로 발생할지도 모를 혼돈을 미리 방지하기 위해 분명히 짚고 넘어갈 것이 있다. 사실 '전기장'이라는 용어는 두 가지 의미로 사용되고 있는데, 이것 때문에 지난 수십 년 동안 물리학자들은 학생들을 가르칠 때나 교양 과학 서적을 집필할 때 종종 어려움을 겪어왔다. 첫 번째 의미는 힘을 시험전하로 나눈 '값'으로, 바람에 비유하면 풍속과 비슷한 개념이다(방금 전에 설명한 장의 개념은 바로 이 경우에 해당한다). 그러나 전기장이라는 용어가 전기적 매질(전기적 흐름) 자체를 의미할 때도 있다. 이것은 '바람'과 '공기'를 같은 용어로 표현하는 것과 비슷하다. 앞으로 이 책에서 둘을 구별할 필요가 있을 때는 후자의 경우 전기장을 '전기유동체(electric fluid)'로, 자기장을 '자기유동체(magnetic fluid)'로 표기할 것이다[뒤로 가면 '글루온유동체(gluon fluid)'라는 용어도 등장한다]. 물리학을 어느 정도 아는 독자들은 '양자유동체이론'보다 '양자장이론'이라는 용어에 더 익숙하겠지만 혼동을 피하기 위해 구별하려는 것이니 널리 이해해주기 바란다.

다시 본론으로 돌아가자. 패러데이는 이런 식으로 전기장과 자기장을 가시화하여 물리학사에 길이 남을 다양한 발견을 이루어냈다(그중 제일 유명한 업적은 잠시 후에 소개될 것이다). 그러나 패러데이와 동시대에 살았던 물리학자들은 그의 **접근 방식**을 별로 달갑게 여기지 않았다. 뉴턴의 천체역학이 등장하기 전에 이 분야의 세계적 권위자였던 르네 데카르트는 행성이 지금처럼 움직이는 이유가 우주를 가득 채우고 있는 소용돌이 때문이라고 생각했다. 그 후 뉴턴은 이 모호한 개념을 중력법칙으로 업그레이드하여 행성의 운동을 정확하게 예측할 수 있었다. 그런데 전기력과 자기력은 중력과 마찬가지로 접촉을 하지 않아도 작용하고 힘의 세기는 거리의 제곱에 반비례하기 때문에 물리학자들은 전기 및 자기 현상을 중력과 같은 맥락에서 이해하고 있었다. 계산법이 주어져 있고 관측 결과와도 잘 들어맞는데, 굳이 '장'이라는 새로운 개념을 도입할 필요가 없었던 것이다. 게다가 그 개념을 도입한 사람이 정규교육조차 제대로 받지 못한 아마추어였으니, 보수적인 학자들이 어떤 반응을 보였을지 짐작이 가고도 남는다.

그러나 맥스웰은 패러데이의 아이디어를 완전히 다른 각도에서 바라보았다. 맥스웰의 개인적 성향은 다음 장의 끝부분에서 자세히 소개할 예정이다(그는 내가 제일 좋아하는 물리학자이다). 그는 새로운 문제에 직면할 때마다 마치 장난감을 갖고 노는 마음으로 해결책을 모색하곤 했는데, 특히 패러데이의 유동체는 맥스웰에게 더없이 흥미로운 장난감이었다.

맥스웰 방정식으로 가는 길

전기와 자기 현상에 관한 맥스웰의 첫 논문은 1856년에 〈패러데이의 역선에 관하여(On Faraday's Lines of Force)〉라는 제목으로 발표되었다(그의 대표작인 〈동역학이론〉은 그로부터 10년 후에 발표되었다). 그는 논문의 서두에 다음과 같이 적어놓았다.

이 논문의 목적은 패러데이의 아이디어와 방법을 엄밀하게 적용하여 그가 발견한 여러 현상들이 수학과 어떻게 연결되는지 알아보는 것이다.

맥스웰은 무려 75페이지에 걸쳐 패러데이의 상상을 기하학적으로 표현하고, 이로부터 일련의 방정식을 유도했다.

1861년에 출판된 두 번째 논문 〈물리적 역선에 관하여(On Physical Lines of Force)〉에서 맥스웰은 이전 논문과 패러데이의 아이디어, 그리고 전자기적 현상들을 '공간을 가득 채우고 있는 매개체(전자기적 유동체)에 관한 법칙'으로 해석하여 유동체 자체에 대한 역학적 모형을 만들었는데, 도식적으로 표현하면 〈그림 21〉과 같다.

맥스웰의 모형은 자기적 소용돌이를 만들어내는 원자(육각형)와 그 사이에 끼어서 전기를 전달하는 도체구(conducting sphere, 導體球)로 이루어져 있다. 여기서 자기장은 자기적 소용돌이의 회전 방향과 속도를 서술하고, 전기장은 장의 속도 또는 도체구의 흐름에서 야기된 '바람'을 나타낸다. 물론 이것은 어디까지나 가상의 모형이지만 이미 알려진 전기 및 자기법칙을 매우 그럴듯하게 설명해주고 있다.

맥스웰의 모형을 이리저리 갖고 놀다 보면 매우 흥미로운 결과를 도출할 수 있는데, 중간 과정이 꽤 복잡하기 때문에 안타깝지만 생략하기로 한다. 어쨌거나 이 모형은 맥스웰이 스스로 만족할 정도로 전자기적 현상을 잘 설명해주었다.

일반적으로 자연현상을 설명하는 모형을 설계할 때는 '명확성'과 '타당성'이라는 두 마리 토끼를 모두 잡아야 한다. 여기에는 방정식을 세우거나 컴퓨터 프로그램을 제작하는 것도 포함된다. 간단히 말해

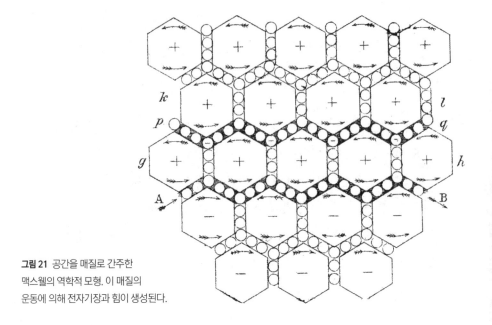

그림 21 공간을 매질로 간주한
맥스웰의 역학적 모형. 이 매질의
운동에 의해 전자기장과 힘이 생성된다.

의욕과 정확함이 적절하게 균형을 이뤄야 한다는 뜻이다.

맥스웰의 모형에서 자기 소용돌이 원자가 회전하면 양극은 평평해지고 적도 부근이 뚱뚱해지면서 자전하는 지구와 비슷한 형태가 된다. 이 과정에서 도체구를 떠미는 힘이 작용한다! 이와는 반대로 도체구의 흐름이 소용돌이 원자에 힘을 가하여 원자를 회전시킬 수도 있다. 자기 소용돌이 원자이건 도체구이건 간에, 둘 중 하나가 들뜬 상태가 되면 다른 쪽도 들뜬 상태가 된다. 즉 자기장이 전기장을 유도하고 전기장이 자기장을 유도한다는 이야기이다. 맥스웰은 이미 알려진 전자기적 현상에 이와 같은 논리를 추가하여 새로운 사실을 예측할 수 있었다.

맥스웰의 모형이 등장하기 전에 패러데이는 오직 실험과 관측을 통

뷰티풀 퀘스천

해 "자기장이 변하면 전기장이 유도된다"는 사실을 알아냈다. 이것이 바로 그 유명한 '패러데이의 유도법칙(Faraday's law of induction)'이다. 이 법칙은 전기모터와 발전기 등 전자기 현상을 이용한 현대 기술의 모태가 되었으며, 장이라는 것이 편의상 도입한 개념이 아니라 물리적 실체임을 입증하는 계기가 되었다. 장의 도움 없이 설명이 거의 불가능한 물리법칙이 존재하기 때문이다! 패러데이의 유도법칙을 설명하는 과정에서 탄생한 맥스웰의 모형은 전기장과 자기장의 역할을 바꿔도 동일한 논리가 적용되는 이중 효과를 낳았다. 이 법칙(향후 '맥스웰의 법칙'이라 부르기로 한다)에 의하면 변하는 전기장은 자기장을 생성한다.

맥스웰은 앞에서 열거한 두 가지 효과를 조합하여 새롭고도 극적인 가능성을 제안했다. 패러데이의 법칙에 의하면 시간에 따라 변하는 자기장은 전기장을 생성하는데, 이 전기장도 시간에 따라 변한다. 그리고 맥스웰의 법칙에 의하면 시간에 따라 변하는 전기장은 자기장을 생성하고, 이 자기장 역시 시간에 따라 변한다. 즉 이 변화는 다음과 같이 꼬리에 꼬리를 물고 계속된다.

… → 패러데이 → 맥스웰 → 패러데이 → 맥스웰 → …

그러므로 들뜬 전기장과 자기장은 그 자체로 생명력을 가진 채 상대방을 파트너 삼아 전자기적 춤을 추고 있다.

맥스웰은 자신의 모형에 근거하여 이 '들뜬 상태'가 전달되는 속도를 이론적으로 계산했는데, 놀랍게도 그 결과는 이미 알려진 빛의 속도와 정확하게 일치했다. 바로 이것이 맥스웰이 남긴 가장 위대한 업적이다.

우리가 상정한 가상의 매질 안에서 횡단 파동이 전달되는 속도는 …
빛의 속도와 정확하게 같다. … 그러므로 빛은 전기 및 자기적 현상의
원인인 동일한 매질 안에서 진행하는 횡단 파동일 가능성이 높다.

맥스웰은 전기장과 자기장이 어우러져 생성된 파동의 속도가 빛의
속도와 같다는 사실을 결코 우연의 일치로 넘기지 않았다. 그는 전자
기적 교란이 곧 빛이며, 빛이 곧 전기와 자기의 교란이라고 생각했다.
나는 맥스웰의 논문에서 앞의 문장을 읽을 때마다 그가 이 엄청난
사실을 발견하고 과연 어떤 느낌을 받았을지 혼자 상상해보곤 한다.
나 역시 한 문제에 몰입하다가 어느 순간 갑자기 답이 떠올랐을 때 들
뜬 마음을 진정시킨 후 존 키츠의 시를 혼자 읊는 버릇이 있다.

새로운 행성이 시야에 들어왔을 때
나는 하늘을 관찰하는 관측자가 된 듯한 기분이었다.
또는 독수리의 눈으로 태평양을 응시하는
강건한 코르테스가 된 것 같았다.
그를 따르는 사람들은 온갖 추측을 떠올리며 서로를 바라보았다.
데리언의 봉우리 위에서, 아무런 말도 없이.

언제 읽어도 멋진 구절이다!
맥스웰의 추론은 전자기학과 광학이 아름답게 통일될 수 있음을 시
사하고 있다. 더욱 놀라운 것은 빛을 새로운 관점으로 바라보게 되었

뷰티풀 퀘스천

다는 점이다. 그의 모형은 모든 빛을 전자기학의 한 부분으로 축소시켰다. 과학 역사상 이렇게 대담한 축소는 찾아보기 어려울 것이다!

그러나 맥스웰의 과감한 추론은 그의 비현실적인 모형과 뒤죽박죽 섞여서 당대의 물리학자들에게 "부분적으로는 아름답지만 전체적으로 너저분한 이론"이라는 평가를 받았다.

지금부터 맥스웰의 이론에서 너저분한 부분을 제거해보자.

스파이더맨

맥스웰의 방정식을 언급하기 전에 내가 이 장(章)을 준비하면서 떠올렸던 상상의 세계를 독자들과 나누고 싶다.

거미의 지능이 갑자기 높아져서 그들만의 물리학을 구축했다고 상상해보자. 거미의 물리학은 과연 어떤 모습일까?

인간은 눈에 보이는 대로 '이 세계는 공간 안에서 자유롭게 움직이는 독립적 물체들로 이루어져 있다'는 가정 하에 물리학을 구축해왔다. 그러나 거미는 시력이 매우 나쁘기 때문에(거미의 눈은 무려 여덟 개나 되지만 지독한 근시여서 앞을 거의 보지 못한다) 주로 감각에 의존하여 주변 세상을 판단한다. 특히 거미는 진동을 감지하는 능력이 매우 뛰어나다. 거미줄에 먹이나 이물질이 걸리면 관련 정보가 진동을 통해 전달되기 때문이다. 그러므로 거미에게 지능이 있다면 별다른 고민 없이 역선을 기반으로 물리학을 구축할 것이다. 이들은 주변 공간을 가득 채우고 있으면서 힘을 전달하는 거미줄을 통해 삶을 이어가고 있다. 간단히 말해서 거미의 세계는 '연결'과 '진동'의 세계이다.

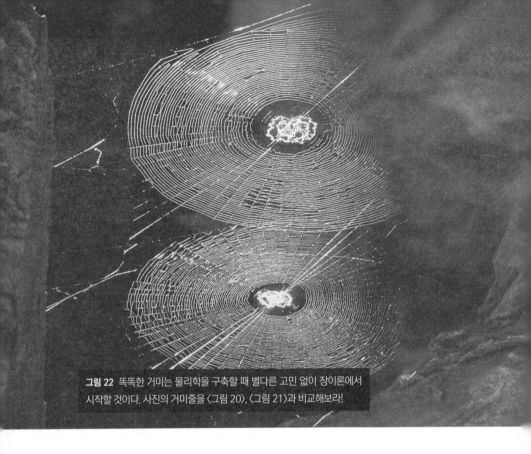

그림 22 똑똑한 거미는 물리학을 구축할 때 별다른 고민 없이 장이론에서 시작할 것이다. 사진의 거미줄을 〈그림 20〉, 〈그림 21〉과 비교해보라!

맥스웰 방정식

맥스웰은 그의 대표 논문인 〈전기역학적 장에 대한 동역학이론〉을 통해 모든 것을 처음부터 새로 시작했다. 그의 전작인 〈물리적 역선에 관하여〉는 가설을 검증하는 대단한 시도였고, 〈동역학이론〉은 뉴턴의 《프린키피아》처럼 관측된 사실로부터 기본 방정식을 유도하는 식으로 진행된다.

뉴턴이 케플러가 발견한 '행성의 운동법칙'에서 영감을 얻은 반면,

맥스웰은 가우스의 법칙(Gauss's law)과 앙페르의 법칙(Ampere's law), 그리고 패러데이의 유도법칙을 종합하여 고전 전자기학의 기초를 확립했다(이 법칙들은 잠시 후에 설명할 것이다. 더 자세한 내용은 책의 뒷부분에 수록된 '용어해설'을 참고하기 바란다). 그는 이전에 발표한 논문에서 이 법칙들을 수학적으로 표현했으나, 이 논문에서는 전자기유동체(전자기장)에 입각한 패러데이식 언어로 설명해놓았다.

또한 맥스웰은 패러데이의 법칙에 자신의 법칙을 추가했는데, 실험적 증거에 기초한 법칙은 아니었다. 앞서 말한 대로 맥스웰은 자신의 모형에서 얻은 결과를 설명하기 위해 새로운 법칙을 가정했다. 기존의 법칙이 성립하려면 새로운 법칙이 반드시 필요했기 때문이다!

맥스웰 방정식을 그림으로 표현하면 〈그림 N〉과 같다. 그림으로 표현 가능하다는 것은 방정식이 그만큼 아름답다는 뜻이다! 이미 알려져 있던 방정식에 새로운 방정식을 추가하여 만들어진 네 개의 방정식 세트를 '맥스웰 방정식'이라 한다(이들 중 하나의 방정식에는 두 종류의 물리적 효과가 함축되어 있다. 그러므로 맥스웰 방정식은 네 개지만 방정식에 담긴 물리법칙은 모두 다섯 개다). 이 방정식은 지금도 전자기학과 빛의 특성을 서술하는 기본 방정식으로 통용되고 있다.

여기서 나는 맥스웰 방정식에 담긴 의미를 좀 더 자세히 서술하고자 한다. 이 과정을 거치고 나면 독자들은 궁금증이 더욱 커질 것이다!

그동안 나는 강의실이나 강연석상에서 맥스웰 방정식을 가능한 한, 정확하고 간략하면서 이해하기 쉽게 설명하기 위해 온갖 방법을 동원해보았으나 세 가지 조건을 모두 충족하는 설명법을 아직 찾지 못했다. 분량을 줄이면 내용이 부정확해지고 정확성을 기하면 설명이 장황해지는 것이 마치 양자역학의 불확정성원리를 닮았다. 앞으로 이어지는 내용은 낯선 예술 작품을 감상하는 기분으로 부담 없이 읽으면 된다. 아마도 대부분의 독자들은 처음에 가벼운 마음으로 읽고 전체적인 그림을 떠올린 후 본격적으로 다시 한 번 읽을지 그냥 넘어갈지를 결정할 것이다. 물론 좋은 방법이다. 맥스웰 방정식은 위대한 예술 작품과 비슷한 속성을 갖고 있기 때문이다. 이 책의 뒷부분에서 맥스웰 방정식을 다시 언급하는 일은 없을 테니, 느긋한 마음으로 읽어주기 바란다. 더 자세한 내용은 책 뒷부분에 수록된 '용어해설'이나(여기에는 맥스웰 방정식이 조금 다른 관점에서 서술되어 있다) 미주에 소개된 웹사이트를 참고하기 바란다.[5]

일단은 네 개의 맥스웰 방정식에 담긴 다섯 개의 법칙을 일상적인 언어로 서술한 후 좀 더 정확한 서술로 넘어갈 것이다. 독자들은 나의 설명을 읽으면서 〈그림 N〉을 수시로 확인해주기 바란다. 지금부터 언급될 내용은 〈그림 N〉을 따라 순차적으로 진행되기 때문이다.

우선 〈그림 N〉에 등장하는 기호의 뜻부터 짚고 넘어가자. $\vec{E}$와 $\vec{B}$는 각각 전기장과 자기장을 나타내고 $\dot{\vec{E}}$와 $\dot{\vec{B}}$는 시간에 대한 전기장(후자는 자기장)의 변화율을 나타낸다. 또한 Q는 전기전하, $\vec{I}$는 전류를 의미한다(문자 위의 작은 화살표는 해당 물리량이 크기와 방향을 모두 갖고 있음을 나타내는 기호이다).

맥스웰 방정식의 의미는 다음과 같다.

- **전기에 관한 가우스의 법칙**: 임의의 부피를 빠져 나오는 전기선속 (electric flux, 電氣線束)의 양은 그 부피 안에 들어 있는 전하의 양과 같다. 다시 말해 전기력선의 근원이 전기전하라는 뜻이다(전기전하

는 부호에 따라 전기력선을 감소시킬 수도 있다). 모든 전기력선은 전하가 있는 곳에서 출발하여 전하가 있는 곳에서 끝난다.

유체의 흐름과 비교하면 선속의 개념을 쉽게 이해할 수 있다. 앞서 말한 대로 전기장은 모든 지점에서 특정한 크기와 방향을 갖고 있는데, 이 점에 관해서는 흐르는 유체도 마찬가지이다. 특정 부피와 유체가 흐르는 속도장이 주어지면 유체가 이 부피를 얼마나 빠른 속도로 빠져나가는지 계산할 수 있다. 이것이 바로 특정 부피를 빠져나가는 유체의 선속이다. 전기장에 대하여 동일한 계산을 수행하면 (정의에 의해) 전기장의 선속을 얻을 수 있다.

• **자기에 관한 가우스의 법칙**: 임의의 부피를 빠져나가는 자기장의 선속은 항상 0이다. 자기에 관한 가우스의 법칙은 전기에 관한 가우스의 법칙과 매우 비슷하다. 그러나 선속의 합이 항상 0이라는 것은 전기력과 달리 자기력을 발생시키는 '자하(magnetic charge, 磁荷)'가 존재하지 않는다는 뜻이다! 즉 자기장은 '씨앗' 없이 형성된다. 또한 자기력선은 측정 지점에서 시작되거나 끝나지 않고, 닫힌 폐곡선을 그리면서 끝없이 이어진다.

• **패러데이의 법칙**: 이 법칙이 특히 흥미로운 이유는 시간에 대한 자기장의 **변화율**과 전기장을 연결시켜주기 때문이다. 즉 자기장이 시간에 따라 변하면 그 주변에 소용돌이처럼 휘돌아가는 전기장이 유도된다.

패러데이의 법칙을 정확하게 표현하려면 임의의 표면 경계선에 해당하는 곡선을 고려해야 한다. 이 곡선을 따라 계산된 전기장의 회전(circulation)은 바로 그 곡선을 테두리로 갖는 곡면을 통과하는 전기장의 시간에 대한 변화율(의 마이너스)과 같다. 유체의 흐름으로부터 선속의 개념을 이해했던 것처럼 각 지점마다 속도가 할당되어 있는 유체의 속도장을 떠올리면 회전의 개념을 쉽게 이해할 수 있다. 가느다란 파이프가 포함되도록 곡선을 확장한 후 단위시간당 파이프를 따라 이동하는 유량을 계산하면 유체의 흐름에 따른 회전이 얻어진다. 이 계산을 전기장에 대해 수행한 것이 바로 전기장의 회전이다.

이제 남은 일은 방향을 결정하는 것이다. 회전을 계산할 때 곡선을 어느 방향으로 따라가야 하는가? 그리고 선속을 계산할 때는 표면을 어느 방향으로 쓸고 지나가야 하는가? 물리학의 표준은 오른손 법칙을 따른다. 즉 오른손 네 손가락(엄지손가락을 제외한 나머지 손가락)으로 곡선을 휘어 감았을 때 선속이 엄지손가락 방향과 일치하면 부호가 '+'이고, 그 반대면 '-'이다.

- 앙페르의 법칙: 자기장과 전류의 상호관계에 관한 법칙으로, 전류가 흐르는 곳에는 그 주변을 휘돌아가는 자기장이 형성된다는 사실을 말해주고 있다.

앙페르의 법칙을 좀 더 정확하게 서술하려면 유한한 표면의 경계선(곡선)을 고려해야 한다. 이 법칙에 의하면 곡선을 따라 계산된 자기장의 회전은 바로 그 곡선으로 둘러싸인 표면을 통과하는 전기선속과 같다.

앞에 열거한 법칙에 '선속'과 '회전'이라는 용어가 자주 등장하는데, 이들은 장(場)의 속성을 이해하는 데 매우 유용한 개념이다. 선속은 역선의 탄생을, 회전은 휘돌아가는 역선의 성질을 나타낸다. 물리법칙에 이들이 등장하면 물질현상을 머릿속에 가시화시킬 수 있다.

뷰티풀 퀘스천

그런데 맥스웰은 네 개의 방정식을 하나의 이론으로 통합하던 중 심각한 모순을 발견했다!(〈그림 O〉 참조, 다행히도 이 모순은 맥스웰이 도입한 다섯 번째 법칙을 통해 해결되었다.)

이 모순은 전류의 흐름이 갑자기 끊긴 곳에 앙페르의 법칙을 적용했을 때 나타난다. 〈그림 O〉는 전류가 들어오고 나가는 한 쌍의 금속판을 나타낸 것이다(전문가라면 이 그림이 '축전기'임을 금방 알아차릴 것이다). 앙페르의 법칙에 의하면 파란색 원의 테두리를 따라 계산된 자기장의 회전은 원을 통과하는 전기선속과 같아야 한다. 그런데 테두리는 같으면서 면의 형태가 다른 두 개의 곡면에 대하여 선속을 계산하면 각기 다른 결과가 얻어진다! 예를 들어 두 개의 금속판 중 하나를 포함하는 곡면(노란색 곡면)에 대하여 선속을 계산하면 도선을 흐르는 전류와 같고 파란색 면에 대하여 선속을 계산하면 0이다. 대체 뭐가 잘못된 것일까?

이 모순을 해결하려면 무언가 새로운 요소가 필요하다. 다행히도 맥스웰은 이전 모형에서 해결책을 이미 찾아놓은 상태였다.

- **맥스웰의 법칙**은 패러데이의 법칙에서 전기장과 자기장의 역할을 뒤바꾼 것이다. 즉 전기장이 시간에 따라 변하면 그 주변을 휘돌아가는 자기장이 생성된다.

〈그림 O〉에서 파란색 원판을 통과하는 선속은 없지만 이 면에서 전기장이 변하고 있다. 파란색 면은 앙페르의 법칙에 따른 자기회전을 예측하고 노란색 면은 맥스웰의 법칙에 따른 자기회전을 예측하고 있는데, 두 값은 당연히 같아야 한다! 이것으로 모순이 해결되었다. 맥스웰의 법칙을 추가하면 완전한 형태의 맥스웰 방정식이 비로소 모습을 드러낸다.

이로써 맥스웰의 법칙은 육각형 소용돌이 원자나 도체구와 같은 역학 모형을 벗어나 맥스웰 방정식의 일원으로 확고한 입지를 굳히게 되었다. 맥스웰의 법칙은 실험으로 확인된 다른 법칙의 부족한 부분을 보완하는 마지막 퍼즐 조각이었던 것이다.

맥스웰의 환희

독실한 기독교인이었던 맥스웰은 유동체에 기반을 둔 전자기이론을 구축하면서 최상의 성취감에 빠져들었다.

창조주는 우주에 다양한 질서를 자신만의 기호로 심어놓았다. 그렇다면 광활하게 펼쳐진 텅 빈 공간은 창조주에게 외면당한 공간일까? 아니다. 우리가 텅 비었다고 생각했던 공간도 놀라운 매질로 가득 차 있다. 너무나 완벽하게 차 있어서 인간의 능력으로는 그것을 걷어낼 수 없으며, 아주 작은 흠집조차 낼 수 없다.

"자연은 인간보다 현명하다!"

제임스 클러크 맥스웰은 1879년에 48세의 젊은 나이로 세상을 떠났다. 전자기장에 대한 그의 이론은 학계의 관심을 끌긴 했지만 그다지 설득력 있는 이론은 아니었다. 전기장과 자기장이 생명력을 발휘하면서 텅 빈 공간을 스스로 헤쳐 나간다는 맥스웰의 이론은 아직 실험으로 검증되지 않은 상태였고, 당시 대부분의 물리학자들은 맥스웰 이론의 라이벌 격이었던 원거리 상호작용이론에 더 많은 관심을 갖고

뷰티풀 퀘스천

있었다.

독일의 물리학자 하인리히 헤르츠(Heinrich Hertz)는 1886년부터 맥스웰의 아이디어를 검증하는 실험에 착수했다. '1세대 라디오 송수신 기술 개발자'로 알려진 바로 그 사람이다.

라디오를 통해 지구 반대편에 있는 사람과 통신을 주고받을 수 있게 되면서 사람들은 텅 빈 공간이 실제로 비어 있지 않으며, 유동체를 비롯한 온갖 가능성들로 가득 차 있다는 사실을 실감하게 되었다.

헤르츠는 1894년에 36세의 나이로 요절했다. 그러나 그는 세상을 떠나기 전에 맥스웰 방정식에 관하여 다음과 같이 아름다운 글을 남겼다.

맥스웰이 구축한 전자기학의 수학 체계를 바라보고 있노라면 그들이 어떤 지성을 간직한 채 독자적으로 존재한다는 생각을 떨치기 어렵다. 이 방정식들은 우리보다 현명하고 발견자보다 현명하여, 입력보다 많은 출력을 얻을 수 있게 해준다.

정말로 그렇다. 맥스웰 방정식에 담긴 현명함에는 감탄을 금할 길이 없다. 이 방정식에는 맥스웰이 예상했던 것보다 훨씬 많은 콘텐츠가 담겨 있다. 헤르츠는 바로 이 점을 강조한 것이다. 맥스웰의 예상을 뛰어넘는 콘텐츠는 다음 세 가지로 요약될 수 있다.

- 파워
- 자생적인 아름나움
- 방정식의 대칭성

파워

맥스웰은 자신이 정리한 방정식 세트를 분석하던 끝에 '빛 = 전자기파'라는 결론에 도달했다. 그러나 맥스웰 시대의 물리학자들은 눈에 보이는 가시광선(visible light, 可視光線)이 빛의 일부에 불과하다는 사실을 전혀 모르고 있었다. 태양빛과 같은 혼합광을 단색광으로 분리하면(이 과정은 다음 장에서 다룰 예정이다) 〈그림 P〉와 같은 스펙트럼이 얻어지는데, 과거에 뉴턴이 분리했던 무지개 색(가시광선)은 이중 극히 일부에 불과하다. 실제로 맥스웰 방정식은 빛의 영역이 가시광선보다 훨씬 넓다는 것을 예견하고 있었다. 방정식의 해(解) 중에는 전기장과 자기장이 각기 다른 파장(wavelength)에서 진동하는 경우도 포함되어 있었기 때문이다. 즉 가시광선은 진동수 영역에서 무한히 넓게 퍼져 있는 전자기파 연속체의 일부였던 것이다.

앞서 말한 대로 헤르츠는 라디오 통신기술의 새로운 지평을 열었다. 라디오파는 가시광선보다 파장이 길고 진동수는 작지만 여전히 '빛'의 일부이다. 즉 라디오파는 전기장과 자기장 사이에서 가시광선보다 느리게 진동하는 파동에 해당한다. 라디오파보다 파장이 짧은 영역으로 가면 마이크로파, 적외선, 가시광선, 자외선, X선, 감마선 등이 순차적으로 나타난다. 이 모든 '빛'들이 순수한 이론을 통해 예측된 후 현대 통신기술의 초석이 되었다는 것은 많은 내용을 시사하고 있다. 이 모든 것이 맥스웰 방정식에서 비롯되었으니, 그 파워는 가히 상상을 초월한다!

자생적인 아름다움

맥스웰 방정식을 직접 풀어보면 아름다운 구조에 다시 한 번 감탄

뷰티풀 퀘스천

하게 된다.

〈그림 Q〉는 날카로운 면도날에 정제된 빛을 쪼인 후 배경에 드리운 그림자를 촬영한 사진이다. 그림자를 크게 확대하면 그림과 같이 아름다운 무늬가 나타난다.

'빛은 직진한다'는 기하학적 논리에 입각해서 생각해보면 배경에 드리워진 그림자는 경계선이 또렷해야 할 것 같다. 그러나 실제로는 전기장과 자기장의 파동적 성질 때문에 그림자의 경계 근처에 다양한 무늬가 나타난다. 말하자면, 빛이 그림자 영역(기하학적으로 생각했을 때 그림자가 생기는 영역)의 일부를 침범하고, 그림자가 밝은 영역의 일부를 침범한 형태이다. 정확한 패턴은 맥스웰 방정식으로부터 계산할 수 있고, 단색광 레이저를 사용하면 이론과 실험을 비교할 수 있다. 물론 두 결과는 정확하게 일치한다. 〈그림 Q〉를 다시 한 번 바라보라. 정말 아름답지 않은가?

방정식의 대칭성

물리학자들은 맥스웰 방정식을 연구하면서 물체뿐만 아니라 방정식에도 대칭이 존재할 수 있음을 깨달았다. 과거에는 이런 사례가 별로 없었는데, 맥스웰 방정식을 통해 "자연의 기본 법칙을 서술하는 방정식에는 다양한 대칭이 존재한다"는 사실을 알게 된 것이다. 그러나 맥스웰은 세상을 떠날 때까지 이 사실을 인지하지 못했다. 이것만 봐도 그의 방정식은 입력보다 출력이 많은 콘텐츠임이 분명하다!

그런데 "방정식에 대칭이 존재한다"는 말은 대체 무슨 뜻일까? 대칭의 개념은 일상생활 속에서 극히 한정적인 의미로 통용되고 있다. 독자들도 대칭이라는 말을 들으면 흔히 좌-우나 위-아래가 같은 단순한 도형을 떠올릴 것이다. 그러나 수학과 물리학에서 말하는 대칭은 명확한 의미를 갖고 있다. 간단히 말해 대칭이란 '변환을 가해도 변하지 않는 속성'을 의미한다. 다소 역설적으로 들리겠지만 내막을 알고 나면 고개가 절로 끄덕여질 것이다.

일반적으로 A라는 물체에 변환을 가했는데(좌우 반전, 위치 이동, 각도 변환, 시간 변환 등 어떤 변환이건 상관없다) A의 속성 중 변하지 않는 것이 있다면 "A는 그 변환에 대하여 대칭적이다" 또는 "대칭을 갖고 있다"고 말한다. 예를 들어 원은 가운데를 중심으로 어떤 각도로 돌려도 전체적인 외관이 변하지 않는다. 이런 도형은 대칭성이 매우 높다. 반면에 불규칙한 도형은 아무리 돌려도 외형이 같아지지 않으므로 대칭성이 없다. 정육각형은 $60°$ 돌아갈 때마다 모양이 같아지므로 원보다 대칭성이 낮고 정삼각형은 $120°$ 돌아갈 때마다 모양이 같아지므로 정육각형보다 대칭성이 낮다. 일반적으로 불규칙한 도형(바람 빠진 공이나 찢어진 타이어 등)에는 대칭성이 아예 존재하지 않는다.

이와는 정반대의 논리로 대칭에 접근할 수도 있다. 예를 들면 "임의의 각도로 회전시켜도 모양이 변하지 않는 곡선은 무엇인가?"라는 질문을 던진 후 조건에 맞는 곡선을 찾아가는 식이다.

대칭의 개념은 방정식에도 적용된다. 예를 들어, 'X = Y'라는 방정식에는 X와 Y 사이의 동치관계가 간단명료하게 표현되어 있는데, 등호 ' = '의 정의에 의하면 좌변과 우변을 맞바꿔도 여전히 성립한다. 즉 위의 방정식은 'Y = X'로 써도 의미가 변하지 않는다. '변환을 가해도 변하지 않는 속성'이 방정식에도 존재하는 것이다.

그러나 'X = Y + 2'와 같은 방정식에서 X와 Y를 맞바꾼 'Y = X + 2'는 원래 방정식과 다른 뜻을 내포하고 있으므로, 'X와 Y의 교환에 대하여 대칭적이지 않다.' 이와 같이 방정식(또는 방정식 세트) 중에는 대칭적인 것도 있고, 대칭성이 없는 것도 있다.

맥스웰 방정식에는 실로 다양한 대칭이 존재한다. 다시 말해 방정식을 변형시켜도 내용이 변하지 않는 변환이 여러 개 존재한다는 뜻이다. 맥스웰 방정식의 대칭은 도형의 대칭보다 훨씬 복잡하지만 원리는 똑같다.

도형과 방정식의 대칭도 앞에서 말한 것처럼 반대 방향으로 접근할 수 있다. 즉 '방정식 → 대칭'의 순서로 방정식에서 대칭을 찾을 수도 있고, '대칭 → 방정식'의 순서로 특정 대칭을 만족하는 방정식을 찾을 수도 있다. 놀라운 것은 후자의 방식으로 접근해도 맥스웰 방정식에 도달한다는 점이다! 이는 곧 맥스웰 방정식과 같은 대칭을 보유한 방정식이 오직 맥스웰 방정식밖에 없음을 의미한다. 완벽한 회전대칭 (rotational symmetry)을 보유한 도형이 원밖에 없는 것처럼 맥스웰 방정식은 '방정식 ↔ 대칭'의 완벽한 대응관계를 만족하는 유일한 방정식이다. 또한 이것은 우리가 찾고 있는 궁극의 대응관계 '현실(실체) ↔ 이상형'이 구현된 전형적 사례라 할 수 있다.

물리학은 맥스웰 방정식의 대칭으로부터 소중한 교훈을 얻었다. 실험을 통해 방정식을 이끌어낸 후 그 안에서 대칭을 찾는 대신 다양한 대칭을 보유한 방정식을 먼저 상정한 후 '자연이 정말 그런 방정식으로 운영되고 있는지' 확인하는 연구 방식이 새로 도입된 것이다. 물론 이 방식은 엄청난 성공을 거두었다.

이 장에서 다룬 '연결'과 '대칭', 그리고 '빛'은 밀교의 상징적 형식을 그림으로 표현한 **만다라**(曼荼羅)를 통해 하나로 융합된다. 만다라는 우주의 섭리를 담은 그림으로, 예부터 최면이나 명상의 수단으로 사용되어왔으며, 대부분이 〈그림 R〉처럼 복잡한 부분이 오묘하게 연결된 대칭형을 이루고 있다.

10장

맥스웰: 인식의 문

인식의 문을 맑게 닦아놓으면 모든 것이 우리 눈앞에 무한하게 펼쳐
진다.

왜냐하면 인간은 동굴의 좁은 틈새로 스며들어오는 빛을 보기 전까
지는 스스로를 가둬놓고 있기 때문이다.

• 윌리엄 블레이크,

《천국과 지옥의 결혼(The Marriage of Heaven and Hell)》중에서

이 장에서는 앞서 우리가 제기한 질문의 다양한 특성 중 한 가지에 집
중해보자. '아름다운 아이디어'는 경험적 세계에 대한 이해의 폭을 넓
혀줌으로써 우리가 경험할 수 있는 영역을 더 크게 확장시켜준다.

18~19세기 영국의 시인이자 화가였던 윌리엄 블레이크는 저서

《천국과 지옥의 결혼》을 통해 종교에서 선(善)과 악(惡)이라 부르는 것들을 하나로 통합하는 과감한 시도를 감행했다(〈그림 S〉). 그는 이 책에서 "선은 이성에 순종하는 소극적 존재지만 악은 에너지가 넘치는 적극적 존재이다. 선은 천국이며, 악은 지옥이다"라고 했다. 우리의 목적은 이상과 현실을 조화롭게 일치시키고 모든 사물을 전체적으로 조망하는 것이므로, 본질적으로 블레이크의 시도와 비슷하다.

블레이크가 《천국과 지옥의 결혼》에서 언급한 동굴은 여러 면에서 플라톤의 동굴을 연상시킨다. 플라톤의 동굴 인간은 자연의 휘황찬란한 색을 보지 못하고 이 세상을 오직 흑백으로 바라본다. 우리는 그 정도까지는 아니지만 무한히 퍼져 있는 빛 스펙트럼의 극히 일부만 볼 수 있다.

앞으로 우리는 시각의 매개체인 빛의 실체와 그 빛을 통해 현실 세계에 투영된 사물의 실체를 비교할 것이다. 맥스웰도 이 문제를 깊이 파고들어 많은 사실을 규명해놓았다.

이런 맥락에서 다음에 제시된 두 질문의 답을 추적하여, 블레이크의 통찰 어린 직관이 얼마나 타당한지 확인해보자.

- 우리가 볼 수 없는 '바깥세상'은 무한히 넓은가? 그렇다. 물리적 색상의 세계는 이중으로 뻗어 있는 무한 차원에 걸쳐 존재한다. 우리는 그중 3차원에 투영된 것만 인식할 수 있다.
- 그렇다면 눈에 보이지 않는 바깥세상의 정체를 밝힐 수 있는가? 그렇다. 우리에게 중요한 것은 '밝힐 수 있는가?'가 아니라 '어떻게 밝힐 것인가?'이다.

'색상인식'의 근원을 추적하다 보면 자연에 숨어 있는 놀라운 디자인과 마주치게 되는데, 이 내용은 다음 장에서 다룰 예정이다.

두 종류의 노란색

노란색은 무지개를 구성하는 색 중 하나이며, 백색광을 프리즘에 통과시켰을 때 나타나는 색이기도 하다. 뉴턴은 노란색을 붉은색, 초록색, 푸른색과 함께 순수한 색상으로 간주했다. 그러나 붉은색 단색광과 초록색 단색광을 더한 혼합광도 노란색을 띤다(〈그림 T〉). 이렇게 만들어진 노란색은 노란 단색광과 육안으로 구별되지 않지만 물리적 관점에서 보면 완전히 다른 색이다.

백색광의 경우도 마찬가지이다. 햇빛과 같은 백색광을 만들기 위해 스펙트럼에 나타난 모든 단색광을 섞을 필요는 없다. 〈그림 T〉에서 보다시피 붉은빛과 초록빛 그리고 푸른빛을 섞으면 하얀빛이 된다. 이렇게 만들어진 백색광을 프리즘에 쪼이면 무지개 색으로 분리되지 않고 적, 녹, 청의 세 가지 단색광으로 분리된다. 태양에서 방출된 백색광과 적-녹-청을 섞어서 만든 백색광은 육안으로 구별되지 않지만 물리적 성분은 크게 다르다.

여기서 한 가지 주의할 것이 있다. 〈그림 T〉에 제시된 단색광의 혼합 규칙(예: 적+녹=노랑, 청+적=분홍 등)은 그림물감이나 크레용의 혼합에 적용되지 않는다. 빛을 섞을 때는 같은 지점에 빛을 쪼이면 되지만 물감을 섞어서 새로운 색을 만드는 것은 완전히 다른 과정이다. 물감으로 그린 그림은 스스로 빛을 발하지 않기 때문에 빛을 쪼여야 볼 수 있다. 즉 우리가 그림을 보면서 색감을 느낄 수 있는 이유는 햇빛이나 조명이 그림(캔버스 등)에 반사되기 때문이다. 이런 경우 우리 눈에 보이는 것은 물감에 흡수되지 않은(반사된) 단색광들의 혼합색이다. 그림을 그릴 때 두 종류의 물감을 섞으면 두 색상의 '반사 기능'이 더해져서 더 많은 단색광을 반사하게 된다. 그러므로 빛을 섞는 것과 물감을 섞는 것은 완전히 다른 공정이다. 예를 들어 여러 종류의 물감을 마구잡이로 섞으면 검은색이 되지만 단색광은 아무리 많이 섞어도 검은색이 될 수 없다. 검은색이란 '빛의 부재'를 의미하기 때문이다. 이런 이유로 단색광과 물감은 완전히 다른 혼합 규칙을 따른다. 일반적으로 빛의 혼합은 물감의 혼합보다 개념적으로 단순하며, 한층 더 근본적인 물리법칙이 적용된다. 지금부터 그 저변에 깔린 물리학적 원리를 좀 더 자세히 알아보기로 하자.

색팽이와 색상자

앞서 말한 대로 노란색은 스펙트럼에서 순수한 단색광으로 존재할 수도 있고, 두 종류의 단색광(녹색광과 적색광)을 섞어서 만들 수도 있다. 그렇다면 다음과 같은 질문이 자연스럽게 떠오른다. "어떤 혼합이 같은 색으로 나타나는가? 그리고 색이 존재하는 공간은 어떤 공간인가?"

맥스웰은 빛의 전자기적 특성을 연구하기 전부터 이 질문을 깊이 파고들었고, 〈전기역학적 장에 대한 동역학이론〉을 발표한 후에도 연구를 계속해서 몇 가지 중요한 사실을 알아냈다. 색의 혼합은 물리학에서 그다지 관심을 끄는 분야가 아니었지만 맥스웰이 얻은 결과는 새로운 과학기술의 초석이 되었을 뿐만 아니라 자연의 아름다움을 밝

그림 23 색팽이를 들고 있는 젊은 시절의 맥스웰.

히는 데 어떤 분야 못지않게 중요한 역할을 했다.

〈그림 23〉은 젊은 시절 맥스웰의 모습이다. 이 사진에서 그가 들고 있는 원판형 물체는 색의 인식 작용을 연구하기 위해 특별히 고안된 색팽이(color top)인데, 당시는 컬러사진이 발명되기 전이어서 흑백으로밖에 볼 수 없는 것이 안타깝다. 이 사진을 찍고 얼마 후 맥스웰은 세계 최초로 컬러사진을 발명했다!(맥스웰 이전에 프랑스의 알렉상드르 에드몽 베크렐이 컬러사진을 찍는 데 성공했으나 영구 보존에는 실패했다 – 옮긴이)

언뜻 보면 맥스웰이 손에 장난감을 든 채 사진을 찍은 것 같다. 그가 고안한 색팽이는 색상인식의 비밀을 밝혀준 막강한 도구였다. 물론 맥스웰의 천재적인 아이디어가 없었다면 평범한 장난감으로 남았을 것이다.

우리는 주변에서 일어나는 모든 사건을 시간의 끊어짐 없이 연속적으로 보고 있다고 생각하지만 사실은 그렇지 않다. 우리가 보고 있는 것은 매끄러운 동영상이 아니라 1/25초마다 새로 업그레이드되는 스틸컷(정지사진)이다. 그런데 두뇌가 복잡한 연산을 통해 스틸컷 사이의 공백을 메워주기 때문에 매끄러운 동영상처럼 보이는 것이다. 이 현상을 이용한 것이 바로 영화필름이다. 1/25초보다 촘촘한 간격으로 스틸컷을 찍어서 하나로 이으면 관람객의 눈에는 매끄럽게 이어진 동영상처럼 보인다. 맥스웰의 색팽이는 이와 같은 '시각의 연속성'을 활용한 장치였다.

색팽이의 윗면은 〈그림 U〉와 같은 두 개의 고리형 종이로 덮여 있다. 이것을 빠른 속도로 회전시키면 시각의 연속성 덕분에 각 고리에 칠해진 색상이 섞인 것처럼 보인다. 단, 이 경우에 나타나는 색은 물감이 아닌 단색광의 혼합 규칙을 따른다(예를 들어 팽이의 윗면에 적, 녹, 청 삼색을 같은 면적으로 칠해놓고 빠르게 회전시키면 흰색으로 보인다-옮긴이). 바로 이것이 색팽이의 핵심이다. 팽이가 빠르게 회전하면 한 지점에서 색이 변하는 주기가 우리 눈의 인식주기(1/25초)보다 짧기 때문에 단색광이 혼합된 것처럼 보이는 것이다. 맥스웰의 색팽이를 이용하면 '어떤 단색광의 조합이 동일한 색상을 낳는지' 체계적으로 분석할 수 있다.

물론 같은 색을 섞어도 보는 사람에 따라 다른 색으로 보이기도 한다. 시각세포의 감도가 사람마다 다르고, 유전적으로 특정 색을 구별하지 못하는 사람도 있으며(색맹), 극히 일부이긴 하지만 색을 구별하는 능력이 아주 뛰어난 사람도 있다(이 내용은 뒤에서 따로 다룰 예정이다). 이런 특별한 경우를 제외하면 사람들은 색상에 대하여 대체로 의견 일치를 보인다. 그런데 색상인식을 연구하다 보면 누구나 떠올리는 의문이 있다. 하나의 색을 여러 사람에게 보여주었을 때 그들은 모두 객관적으로 동일한 색감을 느낄 것인가? 예를 들어 정상적인 시각 능력을 보유한 한 무리의 사람들에게 붉은색을 보여준다면 그들에게는 모두 '동일한' 색으로 보일 것인가? 철학자와 심리학자들은 이 문제를 놓고 오랜 세월 논쟁을 벌여왔지만 아직 결론을 내리지 못하고 있다. 한 가지 분명한 것은 나의 눈과 두뇌가 물리적 빛을 처리하여 최종적으로 느끼는 색이 당신이 느끼는 색과 거의 동일하다는 사실이다. 나의 눈에 노란색으로 보이는 것은 당신의 눈에도 노란색으로 보인다. 그렇지 않다면 색상인식이론은 엄청나게 복잡하거나 아예 탄생하지도 못했을 것이다!

색팽이 실험에서 얻은 가장 중요한 결과는 "팽이의 윗면에 세 가지 색을 다양한 면적 비율로 칠해놓으면 **모든** 색을 얻을 수 있다"는 것이다. 예를 들어 팽이를 적·녹·청색으로 칠해놓고 팽이를 돌리면 이들의 면적 비율에 따라 주황색, 담자색, 황록색, 암갈색, 감청색, 밤색, 연홍색 등 눈으로 구별 가능한 오만 가지 색이 나타난다. 게다가 세 가지 기본색이 반드시 적, 녹, 청일 필요는 없다. 서로 독립적인 색이기만 하면 임의의 삼색(혼합색 포함)으로 모든 색을 만들 수 있다(삼색 중 두 개의 색을 섞어서 나머지 색이 만들어지면 이들은 독립적인 색이 아니다). 단, 어떤 색을 고르건 반드시 세 개여야 한다. 두 개의 색으로는 한정된 색밖에 만들 수 없다.

다시 말해 임의의 색은 적·녹·청색 빛의 혼합 비율로 정의할 수 있다. 이것은 3차원 공간상의 한 점을 세 가지 방향의 좌표(동-서 방향, 남-북 방향, 위-아래 방향)로 나타내는 것과 비슷하다. 우리가 살고 있는 공간이 3차원 연속체인 것처럼 색의 공간도 3차원인 셈이다.

이와 같이 서로 독립적인 세 가지 단색광을 다양한 강도로 섞으면 모든 색을 만들어낼 수 있다. 〈그림 T〉에서 적·녹·청색 빛이 겹친 곳은 흰색을 띠지만 이것은 삼색 빛의 광도가 동일한 경우이고 광도를 다르게 조절하면 다양한 색이 나타난다.

그 후 맥스웰은 빛의 합성원리를 연구하기 위해 색상자(color box)를 직접 개발했다. 색상자는 프리즘으로 빛을 분리한 후 거울을 이용하여 원하는 비율로 섞는 장치인데, 당시의 낙후된 분광 기술에도 불구하고 탁월한 성능을 발휘했다(19세기 중반만 해도 실험에 쓸 수 있는 광원은 햇빛뿐이었고 가장 예민한 감지기는 사람의 눈이었다). 거울과 프리즘, 그리고 렌즈가 장착된 색상자는 길이가 1.8m나 되어 다루기가 몹시 불편했지만 색팽이 실험으로 알 수 없었던 많은 사실을 알아내는 데 결정적인 역할을 했다.

맥스웰은 색을 분리하고, 광도를 조절하고, 다시 합성하는 식으로 색상인식이론의 기초를 다져놓았다. 지금 생각해보면 별일 아닌 것 같지만 빛을 직접 다루는 것은 시대를 한참 앞선 아이디어였다. 지금 우리는 현대과학기술 덕분에 색을 더욱 정교하게 다룰 수 있게 되었는데, 자세한 내용은 이제부터 다룰 것이다.

응용하기

앞서 말한 대로 세 가지 기본색을 섞으면 모든 색을 만들 수 있다. 컬러사진과 TV, 컴퓨터 그래픽 등은 이 원리를 응용한 장치다. 컬러 사진은 세 가지 염료를 섞어서 색상을 재현하고, 컴퓨터 모니터는 3종의 색광원을 이용하여 컬러 영상을 만들어낸다. 모니터의 옵션에 있는 '수백만 컬러'란 색광원의 광도를 조합하는 방법이 수백만 가지라는 뜻이다. 즉 임의의 한 픽셀에는 **수백만** 가지의 색상 중 하나가 할당되며, 모든 색상은 **3차원 색공간**에서 적, 녹, 청의 광도에 따라 하나의 값으로 결정된다.

하나의 색을 표현하는 방법은 여러 가지가 있다. 예술가들은 이 사실을 십분 활용하여 색의 표현법을 다양하게 개발해왔는데, 예를 들면 원래 배경색을 그대로 둔 채 국소적으로 색을 추가하는 식이다(팔레트에서 물감을 섞지 않고 한 번 칠한 배경 위에 다른 색을 점 형태로 추가해도 혼합 효과를 낼 수 있다-옮긴이). 색팽이의 색은 시간에 따라 섞이는 반면, 캔버스 위의 색은 공간에 따라 섞인다. 따라서 후자는 일종의 '공간적 색팽이'라 할 수 있다. 공간적으로 평균화된 색은 시간적으로 평균화된 색보다 선명하고 다양한 색감을 표현할 수 있었기에 19세기 후반 인상파 화가들의 주요 기법으로 자리 잡게 된다. 대표작으로는 프랑스의 인상파 화가 클로드 모네(Claude Monet)의 연작 시리즈인 〈건초더미(Grainstack at Sunset)〉를 들 수 있다(〈그림 V〉).

인상파 화가들이 물감을 **직접** 섞지 않고 화폭의 다른 부분에 따로 칠한 것은 맥스웰의 색팽이를 시간이 아닌 공간에 적용한 사례로 볼 수 있다. 공간이건 시간이건, 우리는 화폭에서 반사된 빛을 통해 그림을 보고 있으므로, 화폭의 색은 단색광의 혼합 규칙에 따라 섞이게 된다.

잃어버린 무한대

맥스웰은 역사상 최초로 빛의 본질과 빛의 인식 과정을 규명했다. 그런데 알고 보니 이 두 가지는 완전히 다른 세상이었다! 블레이크가 예언한 대로 '빛'과 '빛의 인식'의 차이는 거의 무한대에 가까웠다.

바깥에 존재하는 세상과 그것을 바라보며 느끼는 것을 비교하면 우리가 얼마나 많은 정보를 놓치고 있는지 알 수 있다. 또한 여기에 정교한 논리를 적용하면 누락된 정보를 일부나마 회복할 수 있다.

원료: 전자기파

맥스웰 방정식에서 빛이 유도된다는 사실은 8장에서 이미 밝힌 바 있다. 지금부터 그 속으로 좀 더 깊이 들어가 보자. 전자기학에 익숙하지 않은 독자들은 머리가 좀 아프겠지만 다 읽고 나면 '잃어버린 무한대'를 회복할 수 있을 것이다.

맥스웰은 빛의 특성을 다음과 같이 서술했다.

전자기이론에서 말하는 빛이란 무엇인가? 빛은 빠르게 진동하는 자기적 요동과 전기적 변위가 얽혀서 특정 방향으로 진행하는 현상이다. 전기적 변위와 자기적 요동은 서로 수직 방향으로 진동하고 있으며, 이들이 진동하는 두 방향은 빛의 진행 방향과 모두 수직을 이룬다.

이 상황은 〈그림 W〉에 도식적으로 표현되어 있다.

전기장과 자기장은 크기와 방향을 갖고 있다. 그러므로 임의의 지점에서 전기장과 자기장은 그 점에서 시작되는 색 화살표로 표현할 수 있다. 그런데 공간의 모든 점에서 이 작업을 수행하면 화살표가 너무 많이 겹쳐서 알아볼 수 없기 때문에 〈그림 W〉에는 특정 방향으로 진행하는 파동만 그려놓았다.

이 모든 패턴이 〈그림 W〉의 검은 화살표 방향으로 진행한다고 했을 때 전기장(붉은 화살표)과 자기장(푸른 화살표)은 모든 점에서 변하고 있다. 그런데 8장에서 말한 바와 같이 변하는 전기장은 자기장을 낳고, 변하는 자기장은 전기장을 낳는다. 그러므로 이 '이동하는 교란'은 스스로 생명력을 유지하면서 영원히 계속될 수 있다. 즉 전기장이 변하여 자기장을 낳으면 기존의 자기장이 변하고, 변한 자기장이 전기장을 낳으면 기존의 전기장이 변하면서 모든 것이 자동으로 진행된다. 이 과정을 상상하다 보면 "내 구두끈을 잡아당겨서 나를 들어 올릴 수 있다"고 공언했던 폰 뮌하우젠 남작(Baron von Münchausen)이 떠오른다. 물론 뮌하우젠의 말은 사실이 아니지만 전자기학에서는 이런 마술 같은 일이 실제로 벌어지고 있다.

전기장 화살표는 시간이 흐름에 따라 길어졌다 짧아지기를 반복하면서 마치 물결처럼 진동한다. 이렇듯 자생력을 갖고 진행하는 전자기적 교란이 바로 전자기파이다.

〈그림 W〉는 전자기적 교란이 일정한 주기로 반복되는 간단한 경우로서(수학적으로는 사인함수로 표현된다) 앞으로 이런 파동을 '순파동(pure wave)'이라 부르기로 하자. 순파동의 마루와 마루 사이(또는 골과 골 사이)의 간격을 파장이라 하고, 특정 지점에서 1초 사이에 지나간 파장의 개수를 진동수라 한다.

전자기파의 중요한 특성 중 하나는 여러 개의 전자기파를 곱하거나 더할 수 있다는 것이다. 즉 맥스웰 방정식의 해(解)로 얻어진 전자기파의 전기장과 자기장에 공통인수를 곱해도 여전히 맥스웰 방정식을 만족한다(예를 들어 장의 값에 일제히 2를 곱해도 여전히 맥스웰 방정식을 만족한다). 또한 하나의 해에 다른 해를 더한 결과도 여전히 맥스웰 방정식의 해이다. 이것은 광선 빔의 밝기를 키우거나 줄일 수 있거나(곱하기) 두 개의 빔을 결합(더하기)할 수 있음을 의미한다.

빛의 광도를 바꿀 수 있고 두 개의 광선을 더할 수 있다는 것은 경험을 통해 이미 알고 있는 사실이다. 그러므로 맥스웰 방정식의 해가 이런 성질을 갖고 있지 않았다면 빛과 전자기파를 동일시할 수 없었을 것이다. 다행히도 전자기파는 곱하기와 더하기를 모두 만족한다. 마지막으로 앞에서 인용한 맥스웰의 설명과 〈그림 W〉를 연결시켜 보자. 그림에서 보다시피 전기장과 자기장은 서로 수직하고, 진행 방향은 전기장 및 자기장과 모두 수직을 이룬다. 맥스웰의 인용문은 바로 이 사실을 강조한 것이다. 임의의 지점에서 전기장과 자기장은 진행 방향과 수직한 방향으로 빠르게 진동하고 있다.

순수한 빛

순수한 전자기파는 파장이나 진행 방향에 상관없이 맥스웰 방정식을 만족한다.

우리는 그중에서 파장이 370~740nm인 전자기파만 볼 수 있다. 이것이 소위 말하는 가시광선으로, 뉴턴이 프리즘을 통해 보았던 단색광 스펙트럼이 여기에 속한다. 음악 용어로 표현하면 가시광선은 한 옥타브에 걸쳐 있다. 즉 가시광선의 가장 긴 파장은 가장 짧은 파장의 2배다. 하나의 스펙트럼색은 하나의 파장에 대응되며, 전체적인 분포는 〈그림 P〉와 같다.

전자기파의 대부분은 우리 눈에 보이지 않는다. 우리는 라디오파를 볼 수 없으며, 수신 장치가 없다면 그 존재조차 몰랐을 것이다. 반면에 태양광은 지구의 대기를 통과하면서 대부분 흡수되고 주로 가시광선이 남기 때문에 지구 생명체의 눈은 이 영역의 빛에 민감한 쪽으로 진화했다.

일단은 태양 스펙트럼 중에서 우리에게 가장 친숙한 가시광선에 집중해보자. 우리의 시각 기능은 가시광선에 담긴 정보를 최대한으로 활용하고 있을까? 전혀 그렇지 않다.

우리의 눈을 통해 들어오는 정보는 어떤 식으로 분석되고 있는가? 이 질문에 답하려면 '공간'과 '색'이라는 두 가지 요소를 고려해야 한다. 빛이 날아오는 방향을 판단하는 것은 공간적 분석의 결과이다. 우리는 이 분석 과정을 통해 물체의 형태를 인식하고 있다. 그러나 방향만으로는 충분치 않다. 모든 빛이 한 가지 색으로 보인다면 형태 인식 자체가 불가능하다. 그러므로 주변 상황을 제대로 판단하려면 색을 분석하는 과정이 동반되어야 한다.

시간과 색, 그리고 숨은 차원

전자기파와 그 스펙트럼의 특성을 알았으니, 심오하고도 아름다운 '색의 세계'로 들어갈 준비는 대충 된 셈이다. 물체의 형상에는 '공간에 따른 정보의 변화'가 담겨 있는 반면, 물체의 색상에는 '시간에 따른 정보의 변화'가 담겨 있다. 특히 색은 우리 눈에 들어오는 전자기장이 시간에 따라 얼마나 빠르게 변하는지를 알려준다.

여기서 한 가지 짚고 넘어갈 것이 있다. 색에 담겨 있는 시간 정보는 일상적인 사건들을 시간 순으로 재구성할 때 사용되는 정보와 완전히 다르다. 우리 눈은 1/25초마다 한 장씩 스냅샷을 찍어서 두뇌로 전송하고, 두뇌는 이 스냅샷을 연결하여 매끄럽게 이어지는 동영상을 만들어내고 있다. 우리가 일상적으로 느끼는 시간의 흐름은 바로 이런 과정을 통해 생성된다. 그러나 눈이 한 장의 스냅샷을 찍는 짧은 시간 동안(카메라에 비유하면 렌즈의 노출 시간에 해당한다) 망막의 같은 위치에 도달한 빛들은 단순히 더해지기 때문에 누가 먼저 도달했는지 알 수 없다. 즉 1/25초 사이에는 시간 정보가 완전히 상실되는 것이다.

색에는 평균화 과정에서 살아남은 시간적 미세 구조 정보가 담겨 있다. 색 정보를 이용하면 $10^{-14} \sim 10^{-15}$초에 일어나는 전자기장의 미세한 변화까지 식별 가능하다! 그러나 일상적인 물체들은 이 짧은 시간 동안 거의 움직이지 않고 형태도 거의 변하지 않기 때문에 스냅샷의 변화로부터 알아낼 수 있는 시간 정보와 색에 저장된 시간 정보는 완전히 다르게 취급되어야 한다.

예를 들어 당신이 노란색을 보았다면 이는 곧 1초당 약 520조 회 진동하는 전자기파가 감지되었음을 의미한다. 붉은색 전자기파의 1초당 진동수는 이보다 조금 작은 450조 회다.

앞서 말한 대로 무지개 색의 세 번째 단색광도 노란색이고(우리는 가시광선을 7단계로 구분하는 데 익숙해져 있지만 사실 백색광의 스펙트럼은 연속체이므로 '세 번째'라는 말은 정확한 표현이 아니다 – 옮긴이), 녹색광과 적색광을 섞어도 노란색이 된다. 붉은색도 단색광과 혼합광이 모두 존재한다. 즉 하나의 색을 구현하는 방법은 유일하지 않다! 그러므로 색에 담긴 정보에는 약간의 모호성이 내재되어 있다.

눈으로 입력된 신호를 정확하게 분석하면 뉴턴의 스펙트럼 분석과 동일한 결과가 얻어질 것이다. 진정한 분석이라면 들어온 빛을 순수한 단색광으로 낱낱이 분해하여 각 단색광의 강도를 알아내야 한다. 게다가 빛의 강도는 연속적으로 변할 수 있기 때문에 0에서 무한대까지 무한히 많은 숫자가 필요하다. 즉 색 정보가 차지하는 공간은 무한히 크고 차원도 무한대여야 한다. 그러나 우리의 눈은 색과 관련된 정보를 세 개의 기본색으로 이루어진 3차원 공간에 투영하고 있다.

요약하자면, 색 정보는 무한 차원이지만 우리는 이 정보를 3차원 표면에 투영하여 인식하고 있다.

전자기파(빛)에는 아직 언급하지 않은 또 하나의 정보가 담겨 있다. 〈그림 W〉에서 전자기파의 전기장(붉은 화살표)은 수직 방향으로 진동하고 자기장(푸른 화살표)은 수평 방향으로 진동한다. 그런데 이 그림을 90° 회전시킨 전자기파도 맥스웰 방정식을 만족한다. 즉 빛에는 전기장이 수평 방향으로 진동하고 자기장이 수직 방향으로 진동하는 파동도 섞여 있다는 뜻이다. 이렇게 90° 돌아간 해(解)는 원래의 해와 똑같은 빠르기로 진동하면서 동일한 색을 양산하지만 물리적 성질은 분명히 다르다. 이와 같은 차이를 '편광'이라 한다. 그러므로 망막의 한 지점에 도달하는 전자기파에는 무한대의 2배에 해당하는 정보가 담겨 있는 셈이다. 각 스펙트럼색마다 두 가지 편광이 가능하고 각 편광은 각기 다른 강도를 가질 수 있기 때문이다. 그러나 인간의 눈은 편광을 구별할 수 없기 때문에 이와 관련된 정보를 인식하지 못한다.

색수용체
맥스웰은 색팽이를 비롯한 일련의 실험을 통하여 단색광의 조합과 색의 대응관계를 알아냈지만 특정 전자기파가 특정 색으로 인식되는 이유까지 알 수는 없었다. 1초당 450조 회 진동하는 단색광은 '어떤 과정을 거쳐' 우리 눈에 붉은색으로 보이는가? 그 후 20세기 중반에 생물학자들이 색각을 분자 단위에서 연구하다가 유익하고도 아름다운 답을 찾아냈다(흥미롭게도 이 무렵의 물리학자들은 생물학을, 생물학자들은 물리학을 연구했다).

분자론에 입각한 색각이론에 의하면 빛에서 색상 정보를 추출하는 것은 세 종류의 단백질 분자들이다(이들을 로돕신이라 한다). 빛이 눈에 도달하면 특정한 확률로 분자가 빛(광자)을 흡수한 후 모양이 변하고 이 과정에서 약한 전기 펄스가 발생하여 두뇌로 전송되면 두뇌는 이 신호를 분석하여 컬러 영상을 만들어낸다.

광자의 흡수 여부는 스펙트럼색과 수용체 분자의 특성에 의해 결정된다. 색수용체(color receptor) 중 하나는 붉은 스펙트럼을 흡수할 확률이 가장 높고, 다른 색수용체들은 녹색 또는 푸른색을 흡수할 확률이 가장 높다. 또한 각 색수용체의 흡수 대상은 특정 파장에 국한되지 않고 넓은 영역에 걸쳐 있으며(〈그림 Y〉), 일상적인 조명 아래에서 충분히 많은 광자가 눈에 들어오면 각 색수용체의 흡수 확률로부터 입사광의 광도까지 알 수 있다.

우리 눈은 이런 과정을 거쳐 전체적인 광량과 색의 구성 성분을 판단하고 있다. 입사광이 붉은색이면 붉은색에 민감한 수용체가 가장 크게 활성화되고 푸른색이면 푸른색에 민감한 수용체가 가장 크게 활성화된다.

그런데 〈그림 Y〉에서 보다시피 세 개의 그래프가 겹쳐 있기 때문에 하나의 입사광이 색수용체를 모두 활성화시킬 수도 있다. 이런 빛은

뷰티풀 퀘스천

세 개의 색수용체에서 동일한 색으로 인식된다. 회전하는 색팽이의 혼합색은 바로 이런 과정을 거쳐 생성된 것이다.

다양한 색들

눈에 들어온 빛으로부터 색상을 인지하는 과정을 이해하려면 색수용체의 종류와 흡수율 등 생물학의 세계로 들어가야 한다.

대부분의 포유류는 색을 구별하는 능력이 뛰어나지 않다. 투우사가 소와 결투를 벌일 때 붉은 천을 휘두르는 것은 관중들을 위한 배려일 뿐, 소에게는 별 효과가 없다. 소들은 모든 사물을 흑백으로 보기 때문이다. 개는 소보다 색상인지 능력이 뛰어나지만 색수용체가 두 개밖에 없기 때문에 색을 2차원적으로 인식한다. 〈그림 X〉의 왼쪽 사진은 정상 시력을 가진 사람의 눈에 보이는 모습이고 오른쪽은 개의 눈에 비친 모습이다.

색을 2차원적으로 인식하는 사람도 있다. 색의 일부를 구별하지 못하는 색맹이 바로 그런 경우이다. 색맹은 색수용체 하나가 없거나 단백질이 변이를 일으켜 색의 구별 능력이 떨어지는 경우로, 여자보다 남자에게 흔히 나타난다. 통계에 의하면 북유럽 남자의 1/12이 색맹이라고 한다. 색맹인 사람은 색팽이(〈그림 U〉)의 바깥 고리에 있는 임의의 색을 안쪽 고리에 있는 두 색(예를 들면 붉은색과 푸른색)의 조합으로 인식한다. 그런가 하면 여자들 중에는 4차원으로 색을 인식하는 경우도 있는데, 이런 능력을 보유한 사람을 '사색자(tetrachromats, 四色者)'라 한다. 사색자는 단백질 변이가 일어난 제4의 수용체를 하나 더 갖고 있어서 일반인들이 구별하지 못하는 혼합색을 구별할 수 있다(사색자는 최근에 발견되어 구체적인 원인이 아직 밝혀지지 않은 상태이다).[6]

어두운 조명에서는 누구나 색맹이 된다. 휘황찬란한 색의 세계는 일출과 함께 시작되었다가 일몰 후에 사라진다. 누구나 겪는 일상적인 경험이지만 길고 긴 여름밤에 이 사실을 떠올리면 색을 인지하는 것이 얼마나 오묘하고 신기한 일인지 다시 한 번 실감하게 된다.

반면에 곤충과 새들은 네 개, 심지어는 다섯 개의 색수용체를 갖고 있어서 자외선은 물론이고 편광까지 감지할 수 있다. 대부분의 꽃은 곤충이나 새의 도움이 없으면 번식할 수 없기 때문에 그들에게 특화된 자외선으로 꽃을 한껏 장식하여 수분 매개자를 유혹한다. 사람들은 고작 세 개의 수용체만 갖고 꽃이 아름답다며 감탄하고 있는데 곤충이나 새의 눈으로 바라본다면 수십 배, 수백 배는 더 아름다울 것이다. 색에 관한 한, 곤충과 새들은 우리와 다른 차원에서 살고 있는 셈이다.

그렇다면 지구에 서식하는 생명체들 중 '색상인식 챔피언'은 과연 누구일까? 가장 유력한 후보는 '외로운 사냥꾼' 또는 '기적의 생명체'로 알려진 갯가재(mantis shrimp, '사마귀를 닮은 새우'라는 뜻 - 옮긴이)이다. 현재 바다에는 수백 종의 갯가재가 서식하고 있는데, 신체적 특성과 생존 방식은 거의 비슷하다(성체의 몸길이는 거의 30cm에 달한다). 갯가재는 크게 '찌르기 선수(spearer)'와 '때리기 선수(smasher)'로 구분되며, 두 종류 모두 빠르고 강력한 발놀림을 자랑한다. 앞발의 힘이 어찌나 강한지, 두꺼운 유리를 쉽게 깰 정도이다. 그래서 갯가재를 수족관에 가둬놓으려면 특별히 제작된 초강력 유리가 필요하다.

그러나 갯가재의 가장 뛰어난 신체 기능은 단연 시력이다. 이들은 종에 따라 12~16개의 색수용체를 갖고 있어서 자외선부터 적외선까지 볼 수 있으며, 편광도 구별할 수 있다(〈그림 Y〉).

갯가재는 왜 이토록 뛰어난 색 감각을 갖게 되었을까? 갯가재가 같은 종족끼리 신호를 교환할 때 색 정보를 사용한다는 가설도 있지만 내가 보기에는 짝짓기에서 우월한 파트너를 고르기 위한 방편인 것 같다. 갯가재의 몸은 엄청나게 다양한 색으로 덮여 있는데, 그중 상당 부분이 가시광선의 영역을 벗어나 있다! 즉 파트너의 화려한 외관을 제대로 인식하려면 넓은 영역의 빛을 볼 수 있어야 한다(수컷 공작의 화려한 꼬리와 용도가 비슷하다). 갯가재의 실제 모습은 〈그림 Z〉와 같다. 물론 이것은 사람의 눈에 비친 모습이고, 다른 갯가재의 눈에는 훨씬 화려하게 보일 것이다. 일반적으로 색 감각이 뛰어난 생명체일수록 오색찬란한 몸을 갖고 있다.

그렇다면 여기서 한 가지 의문이 떠오른다. 색을 인지하려면 고도로 발달한 두뇌가 필요한데, 조그만 갑각류가 어떻게 그토록 다양한 색을 인지하는 것일까? 아직은 연구가 진행 중이지만 내가 보기에는 이들이 '벡터양자화(vector quantization)'라는 공학적 기술을 사용하는 것 같다(구체적인 내용은 잠시 후에 다룰 예정이다). 인간은 3차원 색공간에서 색을 인식하고 있는데, 아주 가까운 점들을 구별할 수 있기 때문에 식별 가능한 색의 종류가 수백만 가지나 된다. 갯가재의 색공간은 16차원이므로 상상을 초월할 정도로 많은 색을 구별할 것 같지만 아마도 색공간에서 비교적 넓은 영역을 하나의 색으로 인지하고 있을 것이다. 즉 인간의 색공간은 미세하게 세분된 반면, 갯가재의 색공간은 커다란 덩어리의 집합에 가깝다. 인간은 무한 차원의 전자기파를 눈에 대충 투영한 후(3차원) 세밀하게 분석하는 전략을 택했고, 갯가재는 세밀하게 투영한 후 대충 분석하는 전략을 택한 것이다.

공간감각과 시간감각

색각 기능이 '무엇'을 '어떻게' 처리하는지 알았으니, 이제 '왜?'를 따질 차례이다. 여기에는 두 가지 버전의 질문이 있다.

인간을 비롯한 수많은 생명체들은 왜 전자기장의 초고속 진동을 인지하는 쪽으로 진화했는가?

여기서 초고속 진동이란 빛의 진동수를 의미한다. 이제 이 질문을 조금 바꿔서 "인간을 비롯한 수많은 생명체들은 왜 색을 인지하는 쪽으로 진화했는가?"라고 물으면 오만 가지 답이 떠오르면서 질문 자체가 살짝 어리석어 보인다.

그러나 첫 번째 질문은 똑같은 내용임에도 불구하고 매우 심오한 부분을 지적하고 있다. 전자기장의 초고속 진동은 생명체에게 매우 중요하다. 왜냐하면 여기에는 물질 속의 전자에 대한 정보가 담겨 있기 때문이다. 이 전자들이 전자기파의 진동에 반응하는 방식은 물질에 따라 큰 차이를 보이기 때문에 태양에서 방출되어 물질과 반응한 후 우리 눈에 도달한 빛에는 도중에 거친 물질의 정보가 구체적으로 담겨 있다.

이는 곧 "물체의 색을 알면 구성 성분을 알 수 있다"는 뜻이다. 물론 경험을 통해 잘 알려진 사실이지만 원리를 아는 것과 모르는 것에는 커다란 차이가 있다!

시각과 청각의 차이는 무엇인가? 두 감각은 우리에게 도달한 파동의 진동수에서 정보를 추출한다는 공통점이 있다. 시각의 근원은 전자기파의 진동이고 청각의 근원은 공기의 진동이다. 그러나 빛의 화음과 소리의 화음은 완전히 다른 과정을 거쳐 우리에게 인지된다.

둘 사이의 차이를 좀 더 자세히 들여다보자. 몇 개의 순수한 음파가 우리 귀에 동시에 도달하면 각 음파의 고유진동수를 유지한 채 하나의 화음이 형성된다. 예를 들어 C장조 화음(C-major, I도 화음)이 들려오면 우리는 그 속에서 C(도)와 E(미), 그리고 G(솔) 음을 구별해낼 수 있다. 만일 셋 중 하나가 다른 음보다 소리가 유난히 크거나 아예 누락되었다면, 듣는 사람은 그 차이를 금방 느낄 것이다. 우리는 네 개 이상의 음으로 이루어진 복잡한 화성도 인식할 수 있으며, 한 번에 듣고 식별할 수 있는 음의 개수에는 실질적으로 한계가 없다(음이 너무 많으면 소리가 뭉개지겠지만 구성 성분이 다른 복합음은 쉽게 구별할 수 있다).

그러나 앞서 말한 대로 여러 개의 순수한 단색광(스펙트럼색)이 동시에 눈에 들어오면 원래의 색은 사라지고 하나의 혼합색으로 남는다. 예를 들어 녹색광과 적색광이 동시에 들어오면 우리는 그것을 노란색으로 인식하며, 이 노란색은 스펙트럼에 존재하는 '순수한 노란색 단색광'과 구별할 수 없다. 소리로 치면 C음과 E음이 동시에 울려서 D음이 생성된 것과 마찬가지이다!

이런 점에서 보면 사람의 청각은 시각보다 성능이 좋은 것 같지만 여기에는 그럴만한 이유가 있다.

간단히 말해 청각의 물리학은 공명(sympathetic vibration, 共鳴)의 물리학이다. 그러나 빛은 물리적 얼개가 소리와 완전히 다르기 때문에 처음부터 다른 방식으로 접근해야 한다. 가시광선의 전자기파는 진동 속도가 너무 빨라서 음파의 역학을 그대로 적용할 수 없다. 빛의 진동을 다루려면 음파 감지기보다 훨씬 작고 섬세한 도구가 필요하다.

빛을 수용하는 가장 뛰어난 도구는 바로 전자이다. 그러나 전자는 양자역학이 적용되는 세상에 살고 있기 때문에 게임의 규칙을 완전히 뜯어고쳐야 한다. 일반적으로 빛에 담긴 정보는 에너지의 형태로 전자에 전달된다. 그런데 양자역학에 의하면 에너지 전달은 '전부 또는 전무(말 그대로 모 아니면 도)'의 형태로 일어나는 불연속적 사건이며, 에너지 전달이 일어나는 시간을 예측할 수도 없다. 그래서 빛을 통해 정보가 전달되는 과정은 고전적 파동이론처럼 명확하지 않고 다루기도 어렵다.

색을 느끼는 시각이 화음을 분석하는 청각보다 둔해 보이는 것은 바로 이런 이유 때문이다. 사실 모든 원인은 양자역학에 있다. 우리는 몇 개의 수용체를 이용하여 빛의 시간 정보 중 일부를 취하고 있지만 눈에는 귀의 고막(소리의 진동을 직접 수용하는 기관)에 해당하는 시각기관이 없다.

그러나 공간의 구조를 파악할 때는 청각보다 시각이 훨씬 유용하다. 소리는 파장이 길기 때문에 공간 정보를 전달하는 데 한계가 있다. 소리의 파장은 기타, 피아노, 파이프오르간 등 악기의 크기와 거의 비슷하기 때문에 그보다 작은 (또는 세밀한) 정보를 실어 나를 수 없다. 반면에 가시광선의 파장은 100만 분의 1m도 안 될 정도로 짧다.

기본적으로 시각은 공간감각과 관련되어 있고 청각은 시간감각과 관련되어 있다. 우리는 눈으로 주변 환경과 자신의 위치를 파악하고 있으므로 전자는 의심의 여지가 없지만 후자는 약간 의구심이 들 것이다. 그러나 내가 굳이 청각과 시간감각을 연결 짓는 데는 물리적 이유가 있다.

문을 열다

지금부터 '무엇을', '어떻게', '왜'라는 견고한 기초를 벗어나 상상의 나래를 펴고 '~라면 어떻게 될까?', '어떻게 해야 할까?', '왜 안 되는가?'라는 질문의 세계로 들어가 보자.

인간의 눈은 매우 뛰어난 기관이지만 아직 풀리지 않은 의문이 산적해 있다. 눈의 주요 기능은 빛에 담긴 공간 정보(주로 빛이 날아온 방향)로부터 일련의 영상을 만들어내는 것이다. 그러나 앞서 지적한 바와 같이 우리는 빛에 담긴 '시간 정보' 중 극히 일부만을 활용하고 있으며, 편광된 빛을 구별할 수 없다. 눈에 보이는 영상의 각 픽셀에는 무한대의 2배에 달하는 색상 정보가 담겨 있지만 우리는 그것을 3차원에 투영된 색으로 인식한다.

마음은 오감을 종합하여 최종 결론을 내리는 궁극의 감각기관이다. 빛에 숨은 정보가 존재한다는 사실을 알아낸 것도 인간의 마음이었다. 또한 우리는 무한 차원에 걸쳐 존재하는 색상 정보를 3차원 동굴 벽에 투영하여 극히 제한된 색만 인지하고 있다. 과연 우리는 이 동굴에서 벗어나 나머지 차원을 느낄 수 있을까?

나는 가능하다고 생각한다. 그 이유를 지금부터 밝히려 한다. 갯가재도 할 수 있는데, 우리라고 왜 못하겠는가?

시간과 색맹

우선 간단한 문제부터 해결해보자. 앞서 말한 대로 색맹이란 색수용체 중 하나가 없어서 스펙트럼색 광도를 평균할 때 그 부분에 해당하는 정보가 누락되어 색을 제대로 인지하지 못하는 사람들이다. 그들에게 누락된 정보를 복원시켜줄 수는 없을까?

이를 위해서는 시각 영상에서 색과 관련된 정보를 추출하고 사용 가능한 색수용체를 이용하여 새로운 수용체를 만들어야 한다. 그러면 새로운 정보가 영상의 올바른 지점에 할당될 것이다. 예를 들어 '녹색'을 받아들이는 색수용체가 없다고 가정해보자. 그리고 우리가 인위적으로 만들어서 대체시킨 녹색을 '녹색'이라고 하자. 대체 작업이 원활하게 이루어졌다면 다량의 녹색이 포함된 영상에서 녹색이 원본만큼 빈번하게 등장할 것이다.

이 조건(현존하는 색수용체를 이용해 정보를 국소적으로 추가하기)이 충족되려면 원래의 신호에 색수용체가 인지할 수 있는 새로운 구조를 추가해야 한다. 한 가지 방법은 신호를 '시간'에 따라 다루는 것이다. 예를 들어 **녹색**은 원래 영상에 있는 녹색의 광도를 유지한 채 **시간 변조시킨** 색(temporal modulation, 시간에 따라 변하는 색)으로 표현할 수 있다.

지금까지 한 일을 되돌아보자. 누락된 녹색에는 전자기파의 시간에 대한 정보가 담겨 있다. 우리는 이것을 **녹색**으로 대치하여 시간 정보를 복원했으나 사람의 정보 처리 속도와 보조를 맞추기 위해 속도를 늦췄다. 즉 인식의 문을 열기 위해 시간과 두뇌를 이용한 것이다.

대부분의 사람은 색맹이 아니므로, 우리는 영상을 삼색 판형으로 변환했다가 삼색 투영기를 통해 복원한다. 이 과정에(컴퓨터 모니터, 안경형 모니터, 스마트폰 액정, 디지털 투영기 등) 우리의 색맹 보완책을 소프트웨어로 구현하여 영상을 보정할 수 있다.

이와 동일한 과정을 하드웨어에 구현할 수도 있다. 예를 들어 특정 스펙트럼을 흡수하도록 고안된 전기 변색 장치(electrochromics)에 전압을 가하면 흡수하는 양을 조절할 수 있다. 평범한 유리에 전기 변색 기능을 달고 시간에 따라 변하는 전압을 가하면 새로운 색의 세계로 가는 문이 열릴 것이다.

수단과 방법

앞에서의 아이디어를 일반화하면 〈그림 AA〉와 같이 색각의 새로운 차원으로 진입할 수 있다. 물론 새로운 정보를 얻으려면 먼저 그것을 모아야 한다. 디지털 사진과 컴퓨터 그래픽이 삼색에 기초하여 만들어지는 것은 어떤 물리적 원리 때문이 아니다. 앞서 말한 대로 무한대의 2배에 달하는 색들이 우리에게 인식되기를 기다리고 있다. 색과 관련 기술을 통해 우리가 알아낸 사실은 다음 세 가지로 요약된다.

1. 맥스웰의 이론에 의하면 인식 가능한 모든 색은 세 가지 기본색의 조합으로 만들 수 있다.
2. 두 개의 기본색으로는 이 작업을 완수할 수 없다.
3. 최소한의 숫자를 사용하는 것이 가장 단순하고 저렴하다.

그러나 색공간을 여분 차원으로 확장하는 것은 결코 불가능한 일이 아니다(실제로 몇 개의 연구팀이 시도한 바 있다). 디지털 수신 및 전송에 적절한 4차원 색상 디자인표는 〈그림 BB〉와 같다.

이와 비슷한 방식으로 4종(또는 5종, …)의 컬러 수신 장치를 만들 수 있다. 출력 쪽에서는 미광(shimmering, 微光)을 추가하여 세 개의 컬러 송신 장치가 두 가지 역할을 하도록 만들거나 〈그림 BB〉와 같이 새로운 채널을 위해 특별한 종류의 픽셀을 추가할 수도 있다. 둘 중 어떤 방법을 사용하건 출력에 인위적으로 시간 변조를 주면 여분 채널이 활성화된다. 이때 신호의 위치와 강도는 새로운 수신 장치의 신호를 통해 제어된다.

이런 방법으로 새로운 색을 인지한다면 세상이 다르게 보일 것이다.

"좋은 점이 뭔가?"

나는 맥스웰이 생전에 썼던 글이나 편지를 읽으면서 시대를 뛰어넘은 교감을 느끼다가, 결국 그를 '내가 좋아하는 물리학자' 1순위에 올려놓게 되었다. 맥스웰의 친구이자 전기작가인 루이스 캠벨(Lewis Campbell)은 그에 대하여 다음과 같이 적어놓았다.

> 어린 시절 맥스웰은 "이건 또 뭐야?"라는 말을 입에 달고 살았다. 누군가가 모호한 답을 주면 잔뜩 불만족스러운 표정으로 "그래서 이게 있으면 **특별히** 뭐가 좋은데?"라고 되묻곤 했다.

맥스웰이 가족과 친구들에게 보낸 편지는 말장난이나 만화 같은 그림들로 가득 차 있다. 이런 기질은 모차르트와 비슷하다. 사촌동생 찰스 케이(Charles Cay)에게 보낸 편지에서 맥스웰은 자신의 전자기학 이론을 장황하게 설명하다가 갑자기 새로 키우는 개 이야기로 넘어간다.

　　　　　　　　　　　　뷰티풀 퀘스천

빛의 전자기이론에 관한 내 논문은 입소문을 타고 학계에 퍼지고 있는데, 나 스스로 확신이 설 때까지는 입을 다물고 있기로 했어.

그런데 스파이스는 정말 최고의 개야. 요즘 검안경(눈을 검사할 때 쓰는 광학 기구–옮긴이)으로 그 녀석의 눈을 수시로 들여다보고 있는데, 내가 시키는 대로 눈동자를 잘 돌려서 융단층이나 시신경을 관찰하기가 아주 쉬워.

맥스웰은 시 쓰기를 좋아했다. 특히 〈강체(Rigid Body)〉라는 시를 쓴 후에는 스스로 기타 반주를 곁들여 노래로 부르곤 했는데, 각 구절마다 강체의 운동을 계산하기 어렵다며 불평을 늘어놓으면 강체는 "난 그저 생긴 대로 살아갈 뿐"이라고 항변한다. 이 시는 로버트 번스(Robert Burns)의 대표작인 〈밀밭에서(Comin' Thro' the Rye)〉를 패러디한 것이다.

> 허공을 날던 한 물체가
> 다른 물체와 만났어.
> 한 물체가 다른 물체와 부딪히면,
> 과연 어디로 날아갈까?
> 모든 충격은 크기라는 것이 있는데,
> 그게 얼마인지 도통 모르겠어.
> 사람들은 나를 볼 때마다 뭔가를 측정하지.
> 답을 몰라도 일단 시도는 해보는 거야.
> 자유롭게 움직이던 물체가
> 다른 물체와 만났어.

그 후로 이들이 어떻게 움직일지

항상 알 수 있는 건 아니야.

모든 문제는 해결책이 있대.

분석만 잘하면 된다는군.

그런데 난 도무지 모르겠어.

왜 그러지? 내가 멍청한 건가?

맥스웰의 일생

46번째 생일을 몇 달 앞둔 1877년 봄부터 맥스웰은 소화불량과 복통, 피로에 시달렸다. 그 후 몇 달 동안 증세가 점점 악화되어 결국 병원을 찾았는데, 검사 결과는 불행히도 복강암이었다. 아홉 살 때 그의 어머니도 복강암으로 세상을 떠났기에 맥스웰은 자신의 삶이 얼마 남지 않았음을 직감했다. 맥스웰의 전기를 쓴 캠벨에 의하면 그는 죽음을 덤덤하게 받아들인 것 같다.

지난 몇 주 사이에 증세가 크게 악화되었으나 맥스웰은 아픈 티를 전혀 내지 않았다. 그리고… 그의 마음은 어느 때보다 평온했다. 그가 걱정하는 것은 아내의 앞날뿐이었다.

맥스웰은 1879년에 48세의 젊은 나이로 세상을 떠났다.

그는 23세 때 마치 자신의 앞날을 예견이라도 한 듯 일기장에 다음과 같이 적어놓았다.

행복한 사람이란 오늘 하는 일이 자신의 인생과 연결되어 있음을 깨닫고 영원의 작업을 구현하는 사람이다. 그는 무한대의 일부가 되었기에 신념이 흔들리지 않으며, 현재를 완전히 소유하고 있기에 매사에 최선을 다한다.

그러므로 인간은 자연의 신성한 과정을 가능한 한, 비슷하게 흉내 내면서 유한과 무한을 결합하는 데 힘써야 한다. 단명할 존재라며 자신을 가볍게 여겨도 안 되고, 시간의 신비를 영원히 밝히지 못할 것이라며 눈앞에 보이는 현실을 외면해서도 안 된다.

11장

대칭 입문

그 의미를 확대 해석하건 좁게 해석하건 간에 대칭이란 인류가 질서와 아름다움 그리고 완전함을 이해하고 창조하기 위해 오랜 세월 동안 개발해온 개념이다.

• 헤르만 바일

자연은 대칭을 서술하는 간단한 수학적 표현을 선호하는 것 같다. 아름답고 완벽한 수학 논리와 복잡하고 심오한 물리적 결과를 비교할 때마다 새로운 대칭이 등장하여 문제를 해결해왔다.

• 양전닝(楊振寧)

가장 흥미로운 것은 대칭이 보이지 않는 곳에 숨어서 만물을 지배하고 있다는 사실이다. 자연은 겉으로 드러난 것보다 훨씬 단순하다.

• 스티븐 와인버그(Steven Weinberg)

20세기 초부터 지금까지 대칭은 자연의 기본 법칙을 이해하는 가장 훌륭한 수단으로 종횡무진 활약해왔다. 현대 과학, 특히 현대물리학은 대칭과 함께 발전해왔다고 해도 과언이 아니다. 이 책의 말미에서 우리가 탐구해온 질문의 결론을 내릴 때도 대칭은 핵심적인 역할을 하게 될 것이다.

앞서 말한 대로 대칭이란 '변하지 않는 변화'를 의미한다. 물리학의 핵심 개념치고는 참으로 낯설고 비세속적이지만 바로 이런 성질 덕분에 우리는 상상의 나래를 마음껏 펼칠 수 있다.

물리적 세계에서 근원적 아름다움을 찾는 우리의 여정을 성공적으로 마무리하려면 아름다움뿐만 아니라 기묘함에도 관심을 가질 필요가 있다. 실체에 대한 이해의 폭을 넓히려면 미적 감각을 더 광범위하게 확장해야 한다. 자연의 아름다움은 우리 눈에 이상하게 보일 수도 있기 때문이다.

깊고 심오한 대칭의 세계로 본격적인 여행을 떠나기 전에 이 장에서는 일종의 막간처럼 대칭에 관한 가벼운 이야기를 나누며 잠시 쉬어가기로 한다.

갈릴레이와 떠나는 여행

갈릴레이와 함께 상상의 크루즈 여행을 떠나보자.

당신은 지금 배를 타고 항해 중이다. 친구들은 갑판에서 기념사진을 찍느라 여념이 없고 당신은 갑판 아래에 있는 객실에서 휴식을 취하고 있다. 객실에는 파리와 나비를 비롯한 온갖 날벌레들이 날아다니고, 탁자 위에 놓인 커다란 물그릇에는 작은 물고기가 헤엄치고 있다. 또 천장에 거꾸로 매달아놓은 병에서는 물방울이 하나씩 떨어져 바닥에 받쳐놓은 바가지에 고이고 있다. 당신은 배가 항구에 정박해 있을 때 이미 객실을 주도면밀하게 관찰했는데, 날벌레들은 객실의 모든 벽에 대하여 똑같은 속도로 날아다니고, 물고기는 아무 생각 없이 모든 방향으로 헤엄쳤으며, 물방울은 바닥에 수직한 방향으로 떨어졌다. 그리고 일정한 힘으로 물건을 던지면 방향에 상관없이 항상 똑같은 거리만큼 날아갔다. 이 모든 사실을 확인한 후 당신을 태운 배는 드디어 항구를 떠나 긴 항해를 시작했다. 배는 고성능 엔진 덕분에 당신이 원하는 만큼 빠르게 나아갈 수 있지만 출발할 때와 도착할 때를 제외하고는 등속운동밖에 할 수 없다(일단 출발하면 도착할 때까지 줄곧 같은 속도로 나아간다는 뜻이다). 그런데 항해 중인 배에서 똑같은 관찰을 실행해보니, 항구에 정박해 있을 때와 다른 것이 하나도 없다. 만일 객실의 창문을 닫아놓았다면 배가 항해 중이라는 것도 까맣게 모를 뻔했다. 그 이유는 날벌레와 물그릇, 물고기, 병과 물방울, 공기 등 객실 안에 있는 모든 것들이 배와 같은 속도로 일제히 움직이고 있기 때문이다. 그래서 관찰 장소를 객실로 한정한 것이다. 만일 당신이 갑판 위의 열린 공간에서 모든 관찰을 시도했다면 배가 정지해 있을 때와 움직일 때 무언가 다른 점을 발견했을 것이다.

굳이 갈릴레이를 소환한 이유는 코페르니쿠스의 천문학을 수용하는 데 방해가 되는 심리적 장벽을 허물기 위해서이다. 코페르니쿠스는 지구(그리고 지구에 속한 모든 것)를 '우주의 중심'에서 '빠르게 움직이는 행성'으로 바꿔놓았다. 지구는 팽이처럼 스스로 돌면서(자전) 태양 주변을 선회(공전)하고 있으며, 그 속도는 가히 상상을 초월한다. 자전 속도는 적도에서 시간당 약 1600km(음속의 1.3배)이고 공전 속도는 시간당 무려 10만 8000km(음속의 88배)에 달한다. 그러나 우리는 지구의 움직임을 전혀 느끼지 못하고 있다!

왜 그럴까? 갈릴레이가 제시한 답은 다음과 같다. "직선을 따라 등속운동을 하는 물체의 물리적 징후는 정지해 있는 물체와 완전히 동일하기 때문이다." 그러므로 유람선의 객실이나 지구와 같이 닫힌계에서는 아무리 빠르게 움직여도 운동을 감지할 수 없다(지구의 자전과 공전은 직선운동이 아니지만 회전 반경이 매우 크기 때문에 거의 직선으로 간주해도 무방하다).

갈릴레이의 설명은 일종의 대칭으로 해석할 수 있다. 이 세상(또는 세상의 일부. 가령, 커다란 배의 객실)을 '모든 만물이 똑같은 속도로 움직이는 세상'으로 바꿔도 물체의 거동은 변하지 않기 때문이다.

이와 같은 변환을 **갈릴레이변환**(Galilean transformation)이라 한다. 그리고 이 변환에서 나타나는 대칭을 **갈릴레이대칭** 또는 **갈릴레이불변량**(Galilean invariance)이라 한다.

갈릴레이대칭에 의하면 우주 만물의 현재 속도에 똑같은 속도를 일관적으로 더해도 우주는 여전히 동일한 물리법칙을 따른다. 우주에 갈릴레이변환을 가하면 모든 물체의 속도가 똑같은 양만큼 빨라지거나 느려지는데, 갈릴레이대칭에 의해 물리법칙은 변하지 않기 때문이다.

12장

양자적 아름다움 I: 구(球)의 음악

뉴턴과 맥스웰의 고전물리학은 이 책의 초반부에 언급했던 피타고라스와 플라톤의 직관적 세계관과 상충되는 것처럼 보인다. 그러나 원자를 지배하는 양자 세계로 가면 기적 같은 일이 벌어진다. 중세시대에 주목받지 못했던 고대의 개념들이 새로운 옷을 입고 멋지게 귀환하는 것이다. 이들은 새로운 수준의 진실과 정확성을 탑재했을 뿐만 아니라 놀랍게도 음악성까지 갖췄다.

신(新)과 구(舊)의 조화는 다음과 같은 식으로 이루어진다.

• 물질의 핵심부에 존재하는 음악: 음악을 이해하기 위해 개발된 수학이 원자물리학과 가까울 이유는 없다. 그러나 놀랍게도 음악과 원자물리학은 동일한 수학 개념과 방정식으로 서술된다. 원자는

미시 세계의 악기이며, 이들이 방출하는 빛은 '눈에 보이는 음정'
이다.

- 아름다운 법칙이 낳은 아름다운 물체들: 물리학의 기본 법칙은 원자의 존재를 가정한 적이 없다. 원자는 법칙으로부터 자연스럽게 유도된 결과이며, 그 형태는 실로 아름답기 그지없다. 〈그림 CC〉는 원자를 3차원 공간에서 수학적으로 표현한 것인데, 미적 감각이 뛰어나지 않은 사람도 이 그림을 보면 제일 먼저 '아름답다'는 느낌을 떠올릴 것이다.

- 역학적 영속성: 물리학의 기본 법칙은 사물이 시간에 따라 변해가는 양상을 서술하는 방정식이다. 그런데 이 방정식들은 '시간이 흘러도 변하지 않는 해'를 갖고 있으며, 일상적인 세계와 우리 자신은 이런 해를 통해 서술된다.

- 연속에서 불연속으로: 양자역학의 파동함수(wave function)는 공간에서 전자가 발견될 확률을 보여준다. 이 확률은 구름처럼 연속적으로 퍼져 있다. 그러나 안정한 상태의 확률구름은 불연속적이어서 숫자로 표현할 수 있다.

피타고라스로 돌아가다

양자이론의 초창기에는 교과서라는 것이 없었다. 그래서 이 분야를 연구하는 물리학자들은 새로운 원자이론을 파고들다가 다소 거리가 있어 보이는 레일리 경(Lord Rayleigh)의 음이론(Theory of Sound, 音理論)에 관심을 갖기 시작했다. 음의 원리를 설명하는 이론이 원자의 움직임을 서술하는 데 아주 유용했기 때문이다. 물론 악기의 원리에 대한 이론은 한참 전에 이미 개발되어 있었다! 사용한 기호는 달랐지만 두 분야에는 기본적으로 동일한 방정식이 등장했고, 방정식을 푸는 기술도 거의 비슷했다. 피타고라스가 이 사실을 알았다면 흐뭇한 미소를 지었을 것이다.

악기의 원리

악기의 원리는 **정상파**(standing wave, 定常波)를 이용하여 설명할 수 있다. 정상파란 크기가 유한한 물체나 공간에서 생성되는 파동으로, 악기의 줄과 공명판에서 발생하는 파동은 모두 이 부류에 속한다. 또한 정상파는 **진행파**(traveling wave, 進行波)와 대립되는 개념이다. 예를 들어 음파는 음원에서 생성되어 에너지를 실어 나르는 진행파이다. 반면에 그랜드피아노의 특정 건반을 눌렀을 때 해머에 얻어맞은 줄이 만드는 파동은 정상파에 속한다. 이 줄이 가까이 있는 공기를 진동시키고, 진동에서 발생한 힘이 도미노처럼 주변 공기로 전달되어 우리 귀에 도달하면 특정 주파수의 음을 듣게 된다.

욕조의 물을 세게 내리치거나 공(gong, 징과 비슷하게 생긴 타악기 - 옮긴이) 또는 소리굽쇠를 때렸을 때 생성되는 파동은 정상파이다. 이런 경우 처음에는 다소 시끄러운 소리가 나다가 시간이 조금 지나면 진동이 자리를 잡으면서 시간-공간적으로 규칙적인 소리로 변한다. 소리굽쇠는 악기를 조율할 때 쓰는 보조 장치로서 항상 같은 진동수로 진동하고, 공은 진동 패턴이 매우 복잡하여 흥미로운 소리를 만들어 낸다(이들의 물리적 원리는 잠시 후에 다룰 것이다).

가장 단순한 악기는 피타고라스가 화성의 원리를 연구할 때 사용했던 현악기(끈)일 것이다. 끈을 팽팽하게 당긴 채 양쪽 끝을 고정시키고 손가락으로 퉁기면 특정한 진동 패턴이 나타나는데, 파동의 마루와 골이 좌우로 이동하지 않고 제자리에서 진동하기 때문에 정상파임을 한눈에 알 수 있다.

가장 단순한 네 가지 정상파는 〈그림 24〉와 같다. 실선과 점선은 각기 다른 시간에 따른 끈의 진동 패턴을 나타낸다(독자들의 이해를 위해 진폭을 크게 과장해서 그려놓았다). 끈을 이루는 모든 점들은 실선과 점선 사이를 수직 방향으로 오락가락하고 실선과 점선이 만나는 부분은 진동을 하지 않는 마디(node)에 해당한다.

끈의 형태는 연속적이지만 여기에 간단한 기하학을 적용하면 각 진동 모드에 정수(1, 2, 3…)를 대응시킬 수 있다. 다시 말해 정상파는 임의의 파장이나 진동수를 가질 수 없고 특별한 값만 허용된다. 예를 들어 〈그림 24〉의 기본 진동에서 시작하여 진동 패턴이 복잡해질수록 파장은 1/2배, 1/3배, 1/4배로 짧아지고 진동수는 2배, 3배, 4배로 커진다.

양끝이 고정된 채 진동하는 끈의 파장은 총 길이의 2/1배, 2/2배, 2/3배, 2/4배…가 될 수 있지만 그 사이의 값은 가질 수 없다. 그 결과 정상파의 진동수는 불연속적인 값을 갖게 되는데, 이것을 '양자화되었다(quantized)'고 한다.

'동그란 젖소'에 관한 농담과 달리(한 목장에서 우유 생산량이 떨어지자 목장주가 인근 대학교에 도움을 청했다. 대학 측에서는 곧바로 교수들을 소집하여 연구팀을 꾸렸는데, 팀의 리더는 이론물리학자였다. 그로부터 몇 주 후 연구팀장이 목장주를 찾아와 말했다. "해결책을 찾았습니다. 그런데 제 이론은 진공 중에 서식하는 구형 젖소에 한해서 적용할 수 있어요.") 피타고라스의 악기는 현실

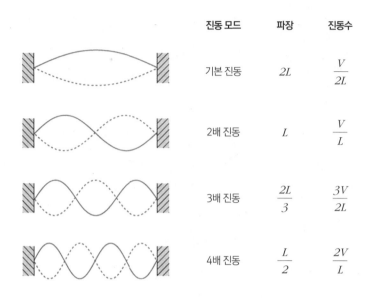

진동 모드	파장	진동수
기본 진동	$2L$	$\dfrac{V}{2L}$
2배 진동	L	$\dfrac{V}{L}$
3배 진동	$\dfrac{2L}{3}$	$\dfrac{3V}{2L}$
4배 진동	$\dfrac{L}{2}$	$\dfrac{2V}{L}$

그림 24 길이가 유한한 끈에 간단한 1차원 기하학을 적용하면 정상파의 자연스러운 진동 모드를 유추할 수 있다. 끈 자체는 연속적이지만 우리가 부여한 기하학적 조건[끈의 양끝은 진동하지 않으며, 파장이 끈 전체 길이의 반정수배(2/1배, 2/2배, 2/3배, 2/4배 …)가 되어야 한다는 조건 – 옮긴이]에 의해 진동 모드는 불연속적으로 나타난다.

과 크게 동떨어져 있지 않다. 게다가 "크기가 유한한 물체에 기하학적 제한 조건을 가하면 불연속적인(양자화된) 진동 패턴이 얻어진다"는 것은 거의 모든 진동체에 적용되는 일반적 사실이다. 앞으로 알게 되겠지만 이것은 양자역학에서 관측 가능한 물리량을 양자화시키는 핵심 논리이다.

자연진동과 공명진동수

정상파는 끈이 아닌 2차원 면에서도 만들 수 있다. 예를 들어 기타의 줄을 퉁기거나 옆면을 때리면 공명판(기타의 몸체)에 〈그림 25〉와 같이 정상파가 형성되는데, 기본적인 원리는 끈의 경우와 비슷하다. 간단히 말해 2차원 정상파란 면이 위아래로 반복해서 움직이는 운동이다. 단, 면이 일제히 움직이는 경우는 단순한 왕복운동이고(여름에 쓰는 부채가 이런 운동을 한다 - 옮긴이) 정상파가 되려면 한 지점의 운동 폭이 다른 지점보다 크거나 작아야 한다. 또한 끈의 경우에는 진동을 하지 않는 부위(마디)가 점으로 존재했지만 면의 경우에는 마디가 곡선을 따라 형성되는데, 이런 곡선을 마디선(nodal curve)이라 한다. 기타의 몸통에 모래를 뿌려놓고 줄을 퉁기면 모래알들이 이리저리 움직이다가 결국은 마디선으로 모여들면서 〈그림 25〉와 같은 무늬가 만들어진다.

2차원 진동을 서술하는 기하학은 1차원 끈보다 복잡하고 진동 자체도 훨씬 복잡하다.

기타에서 순수한 진동(파장이 다른 두 개 이상의 진동이 섞인 복합진동이 아니라 파장이 하나로 정확하게 정의되는 진동 - 옮긴이)이 일어나려면 정확한 주기로 반복되는 힘을 가해야 한다. 어떻게 그럴 수 있을까? 사실 방법은 간단하다. 그냥 기타 줄을 퉁기면 된다. 바로 이것이 기타 줄의 원래 역할이다! 그러면 기타의 몸통에는 줄의 진동수에 따라 순수한 정상파가 형성된다.

개개의 고유진동은 한동안 동일한 형태로 반복된다. 줄과 나무, 금속 등이 자신의 근처에 가한 힘은 재질마다 다르기 때문에 상태 변화도 각기 다른 패턴으로 진행되는데, 각 고유진동 패턴은 자신만의 고유한 진동수를 유지한다.

당신이 기타에 가한 구동력(진동을 유발하는 힘)의 진동수가 어떤 진동 패턴의 고유진동수와 일치하면 진폭이 커지면서 더욱 큰 소리가

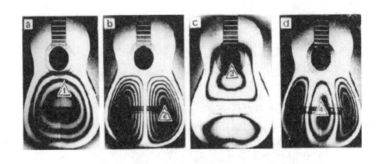

그림 25 줄을 퉁겼을 때 기타의 몸통에 나타나는 정상파들. 각 진동의 기하학적 형태는 나무의 재질 및 형태와 줄의 고유진동수에 따라 다르게 나타난다.

난다. 그래서 고유진동수는 종종 '공명진동수(resonant frequency)'로 불리기도 한다. 외부에서 가해진 구동력의 주기가 내부 구동력의 주기와 일치하여 에너지가 증폭되는 것이다. 아이가 그네를 탈 때 뒤에서 밀어주는 것도 같은 이치이다. 그네 자체의 고유진동수와 외부에서 가해지는 힘의 진동수가 일치하면 공명이 일어나서 그네의 진폭이 점점 커지고 진동수가 어긋나면 진폭이 점점 작아지다가 결국은 멈추게 된다.

뷰티풀 퀘스천

소리굽쇠나 징을 막대로 때리면 충돌 지점에서 발생한 진동이 가장자리로 퍼져나가다가 그곳에서 반사되어 다시 안쪽으로 되돌아오는 것을 볼 수 있다. 밀폐된 방에서 소리를 질렀을 때 메아리가 울리는 것과 비슷한 현상이다. 이 진동은 음파와 열로 변하면서 점차 에너지를 잃다가 결국에는 공명진동수로 진동하는 하나(소리굽쇠) 또는 몇 개(징)의 진동 패턴만 남게 된다. 징을 때렸을 때 처음에 다소 불규칙한 소리가 들리다가 어느 정도 시간이 지난 후 안정된 소리가 나는 것은 바로 이런 이유 때문이다.

기타 몸통의 진동 패턴(또는 정상파)은 나무판의 모양과 줄의 고유 진동수에 따라 다르게 나타난다. 울림판을 사각형 모양으로 만들면 정상파의 패턴이 좀 더 대칭적으로 변하는데, 이것은 수소원자의 외곽을 채우고 있는 전자구름의 패턴과 놀라울 정도로 비슷하다(〈그림 26〉). 물론 이들이 비슷한 이유는 방정식이 비슷하기 때문이다. 앞으로 다시 언급되겠지만 음악과 원자의 유사성은 언제 봐도 신비롭기만 하다.

잃어버린 기회

피타고라스는 진동과 화성의 관계를 수학적으로 규명하여 음계의 기초를 닦아놓았다. 그러나 그의 역할은 여기서 끝이다. 만일 피타고라스와 그의 추종자들이 진동의 대상을 조금 더 확장하여 2차원 진동까지 연구했다면 기하학과 운동, 그리고 음악을 아우르는 법칙을 눈, 귀 등 온몸으로 체험하며 훨씬 즐거운 삶을 살았을 것이다(피타고라스와 추종자들은 온갖 특혜를 받으면서 외부와 교류를 차단한 채 그들만의 은밀한 삶을 누리다가 성난 군중들에 의해 대부분 불에 타 죽었다 – 옮긴이).

피타고라스는 수학의 기본 법칙에 도달하는 쉽고 빠른 지름길을 발견했다. 반면에 천문학자들은 먼 길을 헤매다가 거의 1000년이 지난 후에야 비로소 피타고라스와 동일한 결론에 도달할 수 있었다. 이제 곧 알게 되겠지만 피타고라스가 발견한 길은 양자이론으로 가는 지름길이기도 하다.

구(球)의 음악

아서 클라크(Arthur C. Clarke)가 말한 '예언의 세 번째 법칙'은 다음과 같다.

과학기술이 고도로 발달하면 마법과 구별할 수 없을 정도로 비슷해진다.

나는 여기에 다음과 같은 내용을 추가하고 싶다.

물질세계를 창조한 **자연**의 기술은 태고부터 이미 충분히 발달되어 있었다.

다행히도 자연은 자신의 비밀을 캐내려는 인간을 배척하지 않는다. 그러므로 주의를 기울이기만 하면 누구나 마법사가 될 수 있다.

대담한 가설

원자와 빛을 서술하는 양자이론을 연구하다 보면 자연이 거의 불가능한 과업을 이루어냈다는 경외감에 빠져들곤 한다. 그중에서도 제일 불가능해 보이는 것, 두 가지를 고른다면 빛과 원자에 관한 과업을 들 수 있다.

양자이론은 실로 복잡다단한 탄생 과정을 거쳤다. 초기에는 몇 가지 역설이 중요 과제로 떠올라 많은 물리학자들이 막다른 길에 봉착하곤 했다. 이 책에서는 양자이론의 역사를 간단명료한 버전으로 소개할 것이다. 자연과 달리 인간의 역사에서는 현실과 이상 사이에 커다란 차이가 있다. 문득 나의 현명한 스승 짐 말리(Jim Malley) 신부가 했던 말이 떠오른다—"신의 축복을 원한다면 허락보다 용서를 구하라."

- 빛은 덩어리로 존재한다. 이것은 광전효과(photoelectric effect)를 통해 이미 확인된 사실이다(자세한 내용은 잠시 후에 다룰 것이다). 광전효과의 원인이 처음 알려졌을 때 물리학자들은 커다란 충격에 빠졌다. 맥스웰의 전자기학과 헤르츠의 실험에 의하면 빛은 어느 모로 보나 연속적인 전자기파였기 때문이다!

- 원자는 내부 구조를 갖고 있지만 완벽한 강체이다. 1897년에 톰슨(J. J. Thomson)이 전자를 발견한 후 15년 사이에 원자에 대한 기본적 사실들이 대부분 밝혀졌는데, 특히 주목할 건 중심부에 있는 조그만 원자핵이 모든 양전하와 대부분의 질량을 독차지하고 있다는 점이었다. 그리고 원자핵 주변에 분포되어 있는 전자들이 원자핵의 양전하를 상쇄시켜서 원자는 전체적으로 중성 상태를 유지한

다. 원자는 종류에 따라 크기가 조금씩 다르지만, 평균 지름은 약 10^{-8}cm쯤 된다[이 길이를 1Å(옹스트롬, angstrom)이라 한다]. 그런데 원자핵의 지름은 이보다 10만 배쯤 작다. 다시 말해 원자의 대부분은 텅 비어 있다는 뜻이다. 이토록 엉성한 구조물이 어떻게 안정한 상태를 유지하는 것일까? 원자핵과 전자는 서로 부호가 반대인 전하를 띠고 있으므로, 둘 사이에는 전기적 인력이 작용한다. 그런데 전자는 왜 원자핵으로 빨려 들어가지 않는 것일까?

아인슈타인과 보어는 이 문제를 해결하기 위해 각자 대담한 가설을 제안했고 이들의 가설은 현대 양자이론을 비약적으로 발전시켰다.

광전효과란 금속판에 빛(특히 자외선)을 쪼였을 때 전자가 방출되는 현상을 말한다. 태양빛을 모아 전기를 생산하는 태양전지판은 바로 이 현상을 이용한 장치이다.

빛이 전자에 에너지를 전달하면 전자의 속도가 빨라지고 이런 전자가 충분히 많아지면 그중 몇 개가 운 좋게 금속판을 빠져 나올 수도 있다. 이런 식으로 생각하면 광전효과는 별로 신기한 현상이 아닌 것 같다. 전기장에 빛을 투입하면 얼마든지 일어날 수 있는 사건이다. 그런데 이 과정을 좀 더 자세히 들여다보면 기존의 이론으로는 도저히 설명할 수 없는 부분이 눈에 띈다. 금속판 내부의 전자가 빛에너지를 받아서 튀어나오려면 어느 정도 시간이 걸릴 것 같은데, 실제로는 빛을 쪼이자마자 '즉각적으로' 튀어나온다. 그리고 전자가 탈출하는 데는 빛의 진동수(단색광의 종류)보다 빛의 강도가 더 중요하게 작용할 것 같은데, 실제로 금속판에 붉은 단색광을 쪼이면 전자가 거의 튀어나오지 않는다. 혹시나 하는 마음에 붉은 단색광의 강도를 아무리 높여도 상황은 달라지지 않는다.

아인슈타인은 광자가설을 이용하여 이 문제를 해결했다. 이 가설에 의하면 빛은 연속체가 아니라 더 이상 분해될 수 없는 최소 단위인 광자라는 알갱이로 이루어져 있으며[초기에는 광자 대신 '광양자(light quanta)'라는 이름으로 불렸다], 광자가 실어 나르는 에너지의 양은 진동수에 비례한다. 즉 푸른 단색광의 광자는 붉은 단색광의 광자보다 에너지가 2배쯤 크고 자외선 광자의 에너지는 더 크다.

광자가설을 수용하면 광전효과의 역설적 현상을 완벽하게 설명할수 있다. 광자가 금속판에 도달하면 전자에 에너지를 모두 전달하거나 하나도 전달하지 못하거나 둘 중 하나이므로(광자는 절대로 쪼개지지 않는다!) 전자는 에너지가 축적될 때까지 기다릴 필요가 없다. 또한 붉은 단색광 광자는 금속판에서 전자를 탈출시킬 정도로 충분한 에너지를 갖고 있지 않기 때문에 아무리 많이 쪼여도 광전효과가 일어나지 않는다.

아인슈타인의 광양자가설은 맥스웰 방정식이나 뉴턴의 천체역학과 달리 커다란 이론 체계의 일부가 아니었다. 오히려 여기에는 이미다른 분야에서 커다란 성공을 거둔 맥스웰 방정식에 **모순되는** 내용이담겨 있어서 고전 전자기학의 입지를 위태롭게 만들었다. 1913년에막스 플랑크는 프로이센 과학아카데미에 아인슈타인을 정회원으로추천하면서 다음과 같은 말을 남겼다.

광양자가설에서 알 수 있듯이 그의 논리는 가끔씩 목적을 잃고 헤맬때도 있지만 이런 사례가 그의 명성에 누를 끼치지는 않을 것이다. 과학이 제아무리 정밀하다 해도 새로운 아이디어를 창출할 때는 어느 정도 위험을 감수해야 하기 때문이다.

1913년이면 아인슈타인이 광자(광양자)가설을 제안한 지 무려 8년이 지난 시점이다! 그런데도 플랑크가 과거사를 들춰가며 아인슈타인에게 일침을 가한 것을 보면 광자가설의 충격이 크긴 컸던 모양이다. 그로부터 다시 8년이 지난 후(1921년) 아인슈타인은 광전효과로 노벨상을 수상함으로써 16년 동안 쌓여왔던 오명을 말끔히 씻어냈다.

닐스 보어는 두 번째 역설(견고하고 안정한 원자)을 해결하기 위해 "원자는 정적인 상태에만 존재할 수 있다"는 가설을 제안했다. 원자에 고전역학을 적용하면 전자는 어떤 궤도에도 놓일 수 있다. 그러나 보어는 가장 단순한 수소원자에서 전자가 만족해야 할 명확한 규칙을 제안했고, 이 규칙에 의하면 전자는 몇 개의 한정된 궤도만 점유할 수 있었다(구체적으로 말하면 전자의 운동량에 궤도의 길이를 곱한 값이 플랑크상수의 정수 배가 되어야 한다는 조건이다). 전자가 허용된 궤도 중 하나를 점유하고 있는 상태를 원자의 **정상상태**(stationary state, 定常狀態)라 한다. 또한 허용된 상태들 사이에는 꽤 큰 차이가 있기 때문에 외부에서 별도의 에너지를 투입하지 않는 한, 전자는 현재의 상태를 유지한다.

보어의 정상상태가설도 광전효과와 마찬가지로 커다란 이론 체계의 일부가 아니었으며, 뉴턴의 고전역학에 **위배되는** 것처럼 보였다. 대체 보어가 누구이기에 원자의 상태와 전자의 속도를 제멋대로 결정한단 말인가? 보어의 이론은 몇 가지 현상을 설명하긴 했지만 지난 250년 동안 물리학의 권좌를 지켜왔던 고전역학에는 전혀 부합되지 않았다.

제아무리 아름다운 이론도 실험 결과와 맞지 않으면 폐기되어야 하고, 제아무리 황당한 이론이라도 실험 결과와 일치하면 받아들일 수밖에 없다. 이것은 누구도 거부할 수 없는 과학의 기본 규칙이다. 보어의 원자모형은 당대의 물리학자들을 충격으로 몰아넣었으나 실험 결과와 정확하게 일치했으므로 면밀히 검토해볼 가치가 있었다.

아인슈타인과 보어는 파격적인 가설을 내세우는 와중에도 자신이 해야 할 일(그리고 할 필요가 없는 일)을 잘 알고 있었다. 두 사람은 '만물의 이론'을 추구하지 않았으며, 뉴턴의 천체역학과 맥스웰의 전자기학을 통합하려는 시도도 하지 않았다. 이들은 피타고라스의 과학적 모험 정신과 뉴턴의 빛이론, 그리고 맥스웰의 인식론을 이어받아 더욱 깊은 영역에서 진실의 패턴을 찾으려 했던 것뿐이다.

좋은 과학이 되려면 거대한 통합으로 가는 경우와 지엽적으로 파고드는 것이 유리한 경우를 구별할 수 있어야 한다. 그리고 대부분의 경우 모든 것을 설명하려는 '만물의 이론(theory of everything)'보다 하나라도 제대로 설명하는 '무언가의 이론(theory of something)'이 더 큰 위력을 발휘한다.

"최고의 음악!"

원자는 특정 진동수의 빛을 선호하는 경향이 있다. 원자마다 입맛은 다르지만 자신이 좋아하는 단색광을 다른 단색광보다 훨씬 효율적으로 흡수한다(특성 진동수의 전자기파를 잘 흡수한다는 뜻이다. 흡수되는 전자기파의 진동수는 원자의 종류에 따라 다르다). 원자에 열을 가했을 때 이들이 방출하는 빛의 색도 원자의 종류마다 다르고 동종의 원자는 항상 같은 빛을 방출한다. 그래서 원자가 방출하는 빛을 관측하면 어떤 종류인지 알 수 있다. 이것을 해당 원자의 **스펙트럼**이라 한다. 그러니까 스펙트럼은 원자의 정체를 밝혀주는 지문인 셈이다.

보어의 원자모형에 의하면 전자가 점유할 수 있는 궤도의 반지름은 특정한 값으로 한정되어 있다. 궤도 분포가 '불연속적'이라는 것은 바로 이것을 두고 하는 말이다. 따라서 전자가 가질 수 있는 에너지도 불연속적이다. 보어는 이 가설을 실제 원자에 적용하기 위해 또 하나의 대담한 가설을 제안했다. "전자는 정해진 궤도에서 안정한 상태를 유지하다가 다른 상태로 점프할 수 있다"는 가설이 바로 그것이다. 이것을 **양자 도약**(quantum jump)이라 한다. 이유나 방법 같은 것은 따지지 말자. 전자는 그냥 점프한다. 그리고 점프할 때마다 광자를 흡수하거나 방출한다. 그렇다면 원자의 스펙트럼은 양자 도약의 산물로 이해할 수 있다.

보어의 가설은 고전물리학의 근간을 뿌리째 흔들었다. 그러나 파격의 대명사인 보어에게도 에너지보존법칙만은 신성불가침이었다. 그는 전자가 양자 도약을 일으키는 와중에도 에너지는 보존된다고 믿었다.

아인슈타인의 광양자가설에 의하면 광자의 에너지는 진동수에 비례하고 진동수는 빛의 색을 결정한다. 보어의 가설도 빛의 색과 무관하지 않다—원자스펙트럼의 색은 전자가 두 상태 사이에서 점프를 일으킬 확률을 말해준다. 보어는 수소원자의 에너지준위와 양자 도약에서 방출되는 스펙트럼을 이론적으로 계산했는데, 그 값은 관측 결과와 거의 정확하게 일치했다!

훗날 아인슈타인은 보어의 이론을 회상하며 다음과 같은 글을 남

　　　　　　　　　　　　　　　　　　　뷰티풀 퀘스천

졌다.

　이 불안하고 모순적인 기초에서 보어가 특유의 감각을 발휘하여 원자의 스펙트럼선과 전자궤도의 법칙을 발견했다는 것은 거의 기적에 가까웠다. 지금 다시 생각해봐도 여전히 기적이라고밖에는 설명할 길이 없다. 그것은 논리적 사고를 통해 발휘된 최고의 음악이었다.

　아인슈타인은 보어의 원자모형을 최고의 음악에 비유했으나 진정한 최고의 음악은 그 후에 등장하게 된다.

새로운 양자이론: 악기를 닮은 원자

보어는 이론물리학자들에게 리버스 엔지니어링(reverse engineering, 이미 완성된 시스템을 역으로 추적하여 초기의 설계 기법을 알아내는 기술 – 옮긴이)이라는 과제를 남겨주었다. 그의 원자모형은 원자의 내부에서 벌어지는 일을 설명해주었지만 "그런 일이 어떤 과정을 거쳐 일어나는가?"라는 질문에는 아무런 답도 제시하지 못했다. 가장 중요한 부분을 블랙박스로 남겨놓은 것이다. 보어는 아직 제기되지 않은 질문의 답을 구상하면서 일생일대의 제퍼디게임(Jeopardy game, 미국 NBC TV에서 방영했던 퀴즈쇼 프로그램 – 옮긴이)을 벌였고 물리학자들은 보어의 모형을 해(解)로 갖는 방정식을 찾아야 했다.

　물리학자들은 10년 넘게 사투를 벌이다가 1920년대 중반에 드디어 답을 찾아냈다. 이 답은 거의 100년이 지난 오늘날까지 굳건하게 자리를 지켜왔으며, 뿌리가 워낙 깊기 때문에 앞으로 쓰러질 가능성도 거의 없다.

양자이론이란 무엇인가

원자 이하의 미시 세계를 제대로 서술하려면 이미 알고 있는 사실에 새로운 내용을 추가하는 것 외에도 기존의 지식이 통하지 않는 파격적인 이론을 구축해야 한다. 이것이 바로 1920년대에 등장한 양자이론(또는 양자역학)이다. 그 후로 물리학자들은 양자이론에 적용되는 수학을 비약적으로 발전시켰고 자연에 존재하는 힘을 더욱 깊이 이해하게 되었다(자세한 내용은 다음 장에서 다룰 예정이다).

대부분의 물리학이론은 특별한 하나의 관점으로 물리적 세계를 서술하고 있다. 예를 들어 특수상대성이론(special relativity)은 기본적으로 갈릴레이의 대칭과 광속의 불변성을 하나로 엮은 이론이다.

그러나 양자역학은 이런 식으로 진행되지 않는다. 양자역학은 특별한 가정 없이 다양한 아이디어들이 거미줄처럼 얽혀 있다. 그렇다고 해서 양자역학이 모호한 이론이라는 뜻은 아니다. 가끔은 예외적인 경우도 있지만 양자역학을 연구하는 사람들은 현실적인 문제에 직면했을 때 양자이론으로 상황을 설명하고, 또 대부분이 여기에 동의한다. 양자이론에 익숙해지려면 "연구 대상 자체가 당신이 갈 길을 인도해줄 것"이라는 격언을 마음에 새겨두는 것이 좋다.

준비되었는가? 좋다. 지금부터 양자역학의 세계로 본격적인 여행을 떠나보자.

파동함수와 확률구름, 그리고 상보성

양자역학으로 서술되는 대상은 공간을 차지하는 입자가 아니며, 패러데이와 맥스웰이 다뤘던 유동체도 아니다. 양자역학에서는 모든 대상이 **파동함수**로 서술된다. 따라서 주어진 물리계에 대한 모든 질문의 답은 파동함수에서 찾아야 한다. 그런데 고전물리학과는 달리 질문과 답의 상호관계가 그리 명확하지 않다. 파동함수를 해석하는 방법이 우리의 직관과 크게 동떨어져 있기 때문이다.

이 책에서는 우리의 관심을 수소원자의 파동함수에 한정시키고 그 안에서 음악적 특성을 분석해보고자 한다(양자이론과 파동함수의 일반론에 대해서는 '용어해설'을 참고하기 바란다).

수소원자는 양전하(+)를 띤 양성자 한 개와 음전하(-)를 띤 전자 한 개로 이루어져 있다. 양성자는 수소원자의 핵으로 대부분의 질량을 차지하고 있으며, 전자는 양성자의 전기력에 붙잡혀 수소원자의 다양한 상태를 창출한다.

전자의 파동함수를 논하기 전에 '**확률구름**(probability cloud)'이라는 다소 생소한 용어부터 알아둘 필요가 있다. 이것은 파동함수와 밀접하게 연관된 개념으로, 파동함수만큼 근본적인 양은 아니지만 물리적 의미가 명확하여 이해하기 쉽다(지금 당장은 이해가 안 가겠지만 조금만 읽어보면 금방 알게 될 테니 지레 겁먹을 필요 없다).

고전역학에서 입자는 특정 시간에 특정 공간(아주 작은 공간)을 점유하지만 양자역학에서 입자를 서술하는 방식은 고전역학과 완전 딴판이다. 양자역학의 세계에서 입자는 특정 시간에 특정 공간을 점유하지 않고 전 공간에 걸쳐 확률구름이라는 형태로 골고루 퍼져 있다. 일반적으로 확률구름의 외형은 시간에 따라 변하는데, 어떤 특별한 경우(우리에게 중요한 경우)에는 변하지 않을 수도 있다. 이 내용은 나중에 따로 다룰 것이다.

이름에서 알 수 있듯이, 확률구름은 공간의 모든 지점에서 양의 밀도를 갖는(밀도가 0 이상인) 확률분포다. 특정한 지점에서 확률구름의 밀도는 그 지점에서 입자가 발견될 상대적 확률을 나타낸다. 즉 확률구름의 밀도가 높은 곳에서는 입자가 발견될 확률이 높고 그 반대인 곳에서는 입자가 발견될 확률이 낮다. 그러나 양자역학의 방정식으로는 확률구름을 직접 구할 수 없고 파동함수를 먼저 구한 후 약간의 계산을 거쳐야 한다.

확률구름과 마찬가지로 입자의 파동함수에는 각 지점마다 입자가 존재할 확률 진폭이 할당되어 있다. 다시 말해 모든 지점마다 '숫자'가 할당되어 있는 함수이다. 단, 파동함수의 진폭은 실수가 아닌 복소수이다. (복소수라는 용어가 낯설게 느껴진다면 '용어해설'을 읽어보기 바란다. 복소수 자체도 아름다운 수학 체계지만 갈 길이 바쁜 관계로 자세한 설명은 생략한다.)

파동함수를 대상으로 몇 가지 실험을 해보자. 실험자는 입자의 위치를 측정할 수도 있고, 입자의 운동량을 측정할 수도 있다. 이 실험은 다음과 같은 질문에서 시작된다. "입자의 위치는 어디인가?", "입자는 얼마나 빠르게 움직이고 있는가?"

파동함수는 이 질문에 어떤 답을 줄 것인가? 약간의 과정을 거치면 입자가 특정 위치에 있거나 특정한 운동량을 가질 '확률'을 알 수 있다.

위치의 경우 이 과정은 매우 간단하다. 파동함수의 값 또는 진폭(이 값은 복소수임을 기억하라)을 제곱하면 0 또는 양의 실수가 되는데, 이 값은 앞서 말한 바와 같이 입자가 특정 위치에서 발견될 확률에 해당한다.

운동량을 계산하는 과정은 꽤나 복잡하다. 간단히 말하자면, 파동함수에 가중평균을 취한 후(계산법은 운동량의 값에 따라 달라진다) 제곱하면 입자가 특정 운동량을 가질 확률이 구해지는데, 자세한 내용은 생략하기로 한다.

파동함수를 다루는 앞에서의 두 가지 과정은 서로 양립할 수 없다. 양자역학에 의하면 위치와 운동량을 묻는 두 개의 질문에 동시에 답하는 것은 불가능하다. 두 질문이 완벽하게 타당하면서 명확한 답을 갖고 있다 해도 두 개의 답을 동시에 제시할 수는 없다. 만일 누군가가 두 개의 답을 동시에 알아낼 수 있는 실험 장치를 개발한다면 양자역학은 곧바로 무너질 것이다. 양자역학을 몹시도 싫어했던 아인슈타인은 이런 실험법을 찾기 위해 무진 애를 썼으나 결국은 실패하고 자신의 패배를 인정했다. 양자역학의 특징은 다음 세 가지로 요약된다.

- 명확한 답이 아닌 확률밖에 알 수 없다.
- 파동함수를 직접 관측할 수는 없고 한 차례 수정을 거친 값(제곱한 값)만 알 수 있다.
- 각기 다른 질문에 답하려면 그에 알맞게 파동함수를 조작해야 한다.

이 세 가지 항목은 각기 중요한 문제를 야기한다.

첫 번째는 **결정론**(determinism)에 관한 문제이다. 우리가 할 수 있는 최선이 정말로 확률을 계산하는 것뿐인가?

두 번째 문제는 **다중세계**(many worlds)와 관련되어 있다. 누군가가 들여다보기 전에(즉 관측을 하기 전에) 파동함수가 서술하는 세상은 과연 어떤 세상인가? 실체를 거대하게 확장시킨 세상인가? 아니면 단지 마음이 만들어낸 도구에 불과한가?

세 번째는 **상보성**에 관한 문제이다. 여러 개의 질문에 답하려면 상호 보완적이지 않은 파동함수를 각기 다른 방식으로 가공해야 한다. 그리고 양자역학의 기본원리에 의하면 두 개의 질문에 동시에 옳은 답을 줄 수 없다. 두 질문이 완벽하게 타당하면서 명확한 답을 갖고 있다 해도 두 개의 답을 동시에 제시할 수는 없다. 입자의 위치와 운동량을 동시에 물었을 때 이와 같은 상황이 발생하는데, 이것이 바로 '입자의 위치와 운동량은 동시에 정확하게 측정할 수 없다'는 베르너 하이젠베르크(Werner Heisenberg)의 불확정성원리(uncertainty principle)이다.

이론적 관점에서 볼 때, 불확정성원리는 파동함수를 서술하는 수학의 산물이며, 실험적으로는 무언가를 관측할 때마다 관측 대상이 교란되기 때문에 나타나는 현상이다. 무언가를 입증하려면 관측 대상과 상호작용을 해야 하고, 이 상호작용은 필연적으로 관측 대상을 교란시킨다.

지금까지 언급한 세 개의 문제들 중 세간의 관심을 끈 것은 첫 번째와 두 번째 문제였다. 그러나 나는 세 번째 문제가 가장 의미심장하다고 생각한다. 상보성은 물리적 실체의 특성이자 우리에게 중요한 교훈을 남겨준 원리이다.

고유진동의 정상상태

전자의 파동함수가 시간에 따라 변하는 양상은 슈뢰딩거(Erwin Schrödinger)의 파동방정식을 통해 알 수 있다. 흥미로운 것은 이 방정식이 악기의 원리를 서술하는 방정식과 매우 비슷하다는 점이다.

예를 들어 수소원자를 악기에 비유하면 단단한 재질로 만들어진 3차원 징과 비슷하여, 중간 부분에서 진동이 쉽게 일어난다. 즉 악기의 '진동(이 정보는 파동함수의 크기에 담겨 있다)'이 중앙으로 집중되는 경향이 있다는 뜻이다. 따라서 전자의 확률파동도 3차원 구의 중간 부분에 집중되어 있다. 이 분포는 '양성자는 전자를 끌어당긴다'는 사실을 양자역학 버전으로 해석한 것이다!

이 정도면 파동함수와 슈뢰딩거의 파동방정식에 기초하여 현대 양자역학을 공략할 준비가 대충 된 셈이다. 아인슈타인은 보어의 원자모형을 '최고의 음악'이라며 극찬했지만 파동함수와 파동방정식에는 그 수준을 훨씬 능가하는 음악이 담겨 있다.

물리학적 관점에서 악기의 작동원리를 분석할 때 가장 중요한 것은 악기가 갖고 있는 고유진동으로, 악기를 연주할 때 오래 지속되는 진동 패턴인 '음조'에 해당한다.

원자 내부의 전자를 서술하는 슈뢰딩거 방정식은 악기의 진동을 서술하는 방정식과 매우 비슷하다. 그러므로 전자를 연구할 때는 악기의 고유진동과 비슷한 해(解)를 눈여겨볼 필요가 있다. **파동함수의 고유진동수는 가장 극단적으로 단순한(즉 변하지 않는) 확률구름**을 의미한다!

복소수를 도입하면 좀 더 자세한 설명이 가능하다. 〈그림 24〉에서 실제로 진동하는 것(시간에 따라 변하는 것)은 끈을 구성하는 각 부위의 위치이다. 그러나 파동함수에서는 공간의 각 점에 할당된 복소수가 진동하고 있다. 고유진동의 경우 이 변화는 매우 단순하여 복소수의 크기는 고정된 채 모든 위상(phase)이 일제히 같은 폭으로 진동한다.

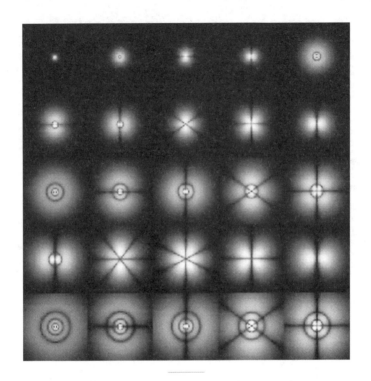

그림 26 수소원자에 속한 전자의 정상상태 확률구름. 모든 그림의 중심에는 양성자 하나가 자리 잡고 있으며, 밝은 곳일수록 전자가 발견될 확률이 높다(궤도의 형태는 탄소 등 다른 원자의 전자에도 똑같이 적용된다).

그러므로 이들을 제곱한 값(확률구름)은 시간이 흘러도 변하지 않는다.

변하지 않는 확률구름에 해당하는 파동함수의 고유진동은 보어가 예견했던 '정상상태'의 특성을 갖고 있다. 이런 패턴에 놓인 전자는 그 상태를 영원히 유지하고 다른 패턴은 오래 지속되지 않는다. 뿐만 아니라 고유진동에 할당된 에너지를 양자이론으로 계산해보면 보어가 예견했던 '허용된 궤도의 에너지'와 정확하게 일치한다.

일부 정상상태의 확률구름은 〈그림 26〉과 같다(지면 위에 3차원 분포를 표현할 수 없어서 2차원으로 투영했다). 모든 그림의 중심부에는 양성자가 자리 잡고 있으며, 확률구름의 값은 밝기로 표현했다. 즉 밝은 곳일수록 전자가 발견될 확률이 높다는 뜻이다. 그리고 좁은 구름은 에너지가 낮은 정상상태에 해당한다.

확률구름은 그 자체로 현실적 의미를 갖고 있지만 파동함수에서 의미 있는 양을 계산하려면 몇 단계를 더 거쳐야 한다. 이 과정은 다소 번거롭지만 해볼 만한 가치가 있다. 〈그림 CC〉는 수소원자의 정상상태를 나타낸 것으로, 각 도형의 표면은 전자가 발견될 확률이 동일한 지점이다(닫힌 영역의 내부를 볼 수 있도록 일부분을 잘라냈다). 또한 각 지점에서 파동함수의 위상은 색으로 구별해놓았는데, 이 색은 나이트클럽의 사이키 조명처럼 주기적으로 변한다!

현대의 양자역학은 과거보다 훨씬 복잡해졌지만 다음과 같은 점에서 보어의 원자모형보다 우월하다.

- 현대 양자역학에 의하면 정상상태 사이의 전이(transition, 轉移, 전자가 하나의 상태에서 다른 상태로 점프하는 현상 – 옮긴이)는 방정식으로부터 유도되는 자연스러운 결과로서 전자와 **전자기적 유동체**의 상호작용에 기인한다. 이 상호작용은 전자를 원자핵 근처에 붙잡아두는 전기력보다 훨씬 약하기 때문에 정상상태에서 출발하여 조금씩 보정을 해나가는 식으로 취급할 수 있다.
- 보어의 궤도법칙은 전자가 하나밖에 없는 수소원자에 한하여 적용된다. 양자역학의 태동기인 1913~1925년에 많은 물리학자들이 복잡한 원자에 적용되는 궤도 법칙을 찾아 헤맸으나 별다른 성과를 거두지 못하다가 1925년에 슈뢰딩거의 파동방정식이 알려지면

서 현대 양자이론은 장족의 발전을 이룩하게 된다. 물리학자들은 이 방정식을 이용하여 복잡한 원자뿐만 아니라 미시 세계에서 일어나는 거의 모든 현상을 설명할 수 있었으며, 자연이 양자역학을 선호한다는 확고한 믿음을 갖게 되었다.

• 현대 양자역학은 고전 양자역학보다 훨씬 더 음악적이다!

고전 양자역학에서 예견된 양자 도약은 현대 양자역학의 탄생과 함께 매우 흥미로운 형태로 재구성되었다. 전자는 아무것도 없는 곳에서 광자의 형태로 전자기적 에너지를 만들어낼 수 있다. 이런 일은 전자가 전자기적 유동체의 자발적 활동에 연루되었을 때 나타나며, 전자는 자신이 갖고 있는 에너지의 일부를 나누어줌으로써 유동체의 활동을 증폭시킨다. 특히 전자가 높은 에너지 상태에서 낮은 에너지 상태로 점프할 때는 가상광자(virtual photon)가 진짜 광자(real photon)로 변신하면서 빛을 방출한다.

냉정함과 진지함, 그리고 화려함

진도를 더 나가기 전에 젊은 시절 나의 영웅이었던 버트런드 러셀의 글을 잠시 읽어보자.

수학은 불변의 진리일 뿐만 아니라 최상의 아름다움을 간직한 학문이다. 수학의 아름다움은 조각상처럼 냉정하고 진지하다. 수학은 인간의 약점을 파고들지 않고 음악이나 미술처럼 화려한 장식에 의존하지도 않으면서 위대한 예술만이 갖고 있는 완벽함과 순수함을 우리에게 보여주고 있다.

이 주장을 딱히 반박하긴 어렵지만 수학이 순수하다는 말에는 다소 오해의 소지가 있다(러셀이 쓴 글은 특히 그렇다). 나는 장식이 가미된 아름다움도 냉정하고 진지한 아름다움 못지않게 가치가 있다고 생각한다. 이 두 가지는 상호 보완적이다. 슈뢰딩거의 파동방정식은 냉정하고 진지하면서 〈그림 CC〉처럼 화려하지 않은가!

예술적인 원자

요즘 원자물리학은 단순한 관측의 수준을 넘어 제어와 창조의 영역으로 진입했다. 예술학교를 졸업한 학생들(원자물리학으로 학위를 받은 사람들 – 옮긴이)이 자신만의 독특한 예술 분야를 개척하고 있는 것이다.

그중 한 분야인 원자공학에서는 원자 하나를 따로 고립시키는 기술을 개발했다. 이런 원자는 양자 세계에서 일어나는 기본적 과정을 적나라하게 보여준다. 예를 들어 원자를 고립시키면 한 상태에 있다가 갑자기 빛을 흡수하면서 다른 상태로 바뀌는 과정을 실시간으로 관측할 수 있다. 원자공학자들은 이런 원자를 전기장이나 자기장 또는 빛에 노출시켜서 제어하는 방법을 연구 중이다. 개개의 원자는 마찰이 없고 장(場)을 이용하여 특성을 조절할 수 있으며, 이론을 통해 움직임을 예측할 수 있기 때문에 공학적으로 아주 유용한 소재이다. 또한 원자는 지구상에 존재하는 가장 정확한 시계이기도 하다. 현재 사용되는 원자시계는 10억 년이 지나도 오차 범위가 1초를 넘지 않는다.

새로운 원자를 만들어내는 분야도 있다. 예를 들어 천연 원자와 같은 원리로 만들어진 양자점(quantum dot)은 전기 및 광학적 성질을 쉽게 제어할 수 있기 때문에 광센서나 발광 장치 등 다양한 분야에 활용되고 있다(사실 이들은 소리 대신 빛으로 작동하는 악기에 가깝다). 기본적으로 양자점은 세밀하게 디자인된 전기장에 몇 개의 전자를 가둬놓은 형태로서 이들을 이용하면 다이오드에 기반을 둔 기존의 디스플레이보다 더 많은 색을 표현할 수 있다.

과거에 원자공학자들은 인공물은커녕 원자를 낱개로 조작한다는 생각조차 하지 못했다. 심지어 초창기에 발표된 논문 중에는 양자공학의 가능성조차 부정하는 내용도 있다. 특히 보어는 "고전적 세계와 양자 세계를 분리할 수는 있지만 양자 세계를 공학적으로 제어하는 것은 불가능하다"고 강조했다. 그러나 아름다움에 대한 추구와 호기심으로 시작된 이들의 연구는 결국 양자점과 같은 새로운 기술을 탄생시켰다.

우리는 이 사례로부터 한 가지 중요한 교훈을 얻었다.

세상을 더욱 살기 좋은 곳으로 만드는 데 기여한 사람에게는 월급이 오르거나 사회적 지위가 높아지는 등 다양한 형태로 보상이 주어진다. 그러나 새로운 과학과 예술에 충분한 가치가 누적되려면 시간이 오래 걸리기 때문에 제안자(또는 창조자)의 공적이 처음부터 눈에 띄는 경우는 거의 없다. 과학적 아이디어가 경제적 이득을 낳을 때까지 몇 년 또는 몇 십 년이 걸리기도 하고 개중에는 정신문화에만 기여하면서 경제적 가치가 전혀 없는 것도 있다. 이런 특별한 분야에 종사하는 사람은 인류의 삶을 증진하기 위해 자신의 인생을 걸고 장기투자를 하고 있는 셈이다. 그렇다면 냉정한 사업가와 소비자는 그들에게 마땅한 보상을 해줄 것인가? 인류의 역사를 돌아보면 공공의 이익을 위해 오랜 세월 동안 노력한 사람들은 거의 예외 없이 보상을 받았다. 현명한 사회일수록 공공의 이익을 위해 기꺼이 헌신하는 사람이 많고, 그런 기회도 자주 찾아온다.

다시 플라톤으로

정다각형에 기초한 플라톤의 원자론은 완전히 틀린 것으로 판명되었지만 진리의 정수가 담긴 아름다운 비유로 지금까지 생명력을 유지하고 있다.

실제로 물질은 몇 종류의 원자로 이루어져 있고 동종의 원자들은 물리적 성질이 완벽하게 같다. 또한 물질의 특성은 구성 원자의 특성에 전적으로 좌우되며, 원자에는 플라톤이 말했던 '이상형'이 구현되어 있다.

플라톤의 원자에는 아름다운 기하학적 대칭이 존재하고, 현대물리학의 원자는 아름다운 방정식의 해(解)이다(한 단계 더 파고 들어가면 결국 대칭으로 귀결된다!). 초대형 슈퍼컴퓨터에 올바른 방정식을 입력하면 원자가 갖고 있는 관측 가능한 모든 성질을 계산할 수 있다. 다른 정보는 필요 없다. 방정식만 알면 된다. 이런 점에서 볼 때 원자는 방정식의 현현(顯現)이라 할 수 있다.

아름다운 제한조건

현대물리학의 가장 기본적인 법칙은 시간에 따라 사물이 변하는 양상을 서술하는 역학법칙이다. 이 법칙에 필요한 정보(임의의 시간에 주어진 조건)를 입력하면 우리가 원하는 정보(다른 시간에서의 조건)를 얻을 수 있다. 그러나 역학법칙은 임의의 입력을 집어넣어도 잘 작동하기 때문에 어떤 특별한 구조를 요구하지는 않는다.

언뜻 생각하면 우리가 알고 있는 원자는 역학 방정식의 산물이 아닌 것처럼 보인다. 임의의 원자(예를 들면 수소원자)는 우주에 수많은 복사본과 함께 존재하고, 진화하거나 파괴되지 않으며, 아무리 시간이 흘러도 물리-화학적 특성이 변하지 않는다. 까마득한 과거에 존재했던 원자와 멀고 먼 은하에 존재하는 원자들은 지금 지구에서 우리가 보고 있는 원자와 완전히 동일하다. 원자에서 방출된 스펙트럼선이 시간과 장소에 상관없이 항상 똑같다는 것은 반복되는 실험을 통해 확실하게 입증되었다.

인공물은 똑같이 만들기가 쉽지 않다. 공장에서 대량생산된 물건 중 하나가 고장 났을 때 다른 물건의 부품을 끼워 넣어도 정상적으로 작동하려면 생산 단계부터 완벽한 규격화가 이루어져야 하는데, 산업계에 종사해본 사람은 알겠지만 결코 쉬운 일이 아니다. 그런데 원자로 이루어진 자연물은 종류를 불문하고 완벽한 부품 대체가 가능하다. 어떻게 그럴 수 있을까? 수십억 년을 한결같이 유지해온 것도 경이롭지만 처음에 대량생산이 이루어졌다는 것은 그만큼 자연의 생산 라인이 정교하고 안정적이었다는 뜻이다.

맥스웰은 이 문제와 관련하여 다음과 같은 글을 남겼다.

지구와 태양계를 포함한 자연과 우주는 폭발과 재구성을 반복하면서 끊임없이 변해왔다. 과거에 존재했던 천체들 중 상당수는 엄청난 혼란을 겪다가 산산이 분해되어 사라졌고, 그 폐허 속에서 새로운 천체가 탄생했다. 그런데 이 난리를 겪으면서도 물질세계의 기본단위인 분자들은 분해되거나 닳아 없어지지 않고 그대로 살아남아서 새로운 천체에 재활용되었다.

이 과정은 지금도 반복되고 있다. 분자의 양과 무게는 변하지 않는다. 불변의 속성은 인간이 추구하는 숭고한 가치이기도 하다. 왜냐하면 이것은 하늘과 지구를 창조한 조물주의 속성이기 때문이다.

뉴턴은 안정한 상태로 유지되는 태양계에 남다른 경외감을 갖고 있었다(그는 태양계가 불안정해질 때마다 조물주가 고장 난 부분을 수리해준다고 믿었다). 그러나 맥스웰을 사로잡은 것은 태양계 자체보다 그것을 구성하는 물질의 안정성과 화학반응의 불변성이었다.

원자와 태양계

조물주 개입이 없었다면 변화를 서술하는 방정식에서 어떻게 안정한 원자가 탄생할 수 있었을까?

이 질문의 중요성을 실감하기 위해 이와 비슷하지만 답은 완전히 다른 케플러의 질문을 떠올려보자.

"우리 태양계의 모양과 크기는 어떻게 결정되었는가?"

현대식 답은 다음과 같다.

"태양계의 모양과 크기를 결정하는 원리 같은 것은 없다. 태양계가 지금과 같은 형태를 갖게 된 것은 순전히 우연이었다."

포커를 칠 때 손에 들어올 수 있는 패의 종류가 다양한 것처럼 별의 주변 물질이 뭉쳐서 행성과 위성이 되는 방법도 매우 다양하기 때문에 어떤 태양계가 될 것인지는 순전히 우연에 달려 있다. 요즘 천문학자들은 태양이 아닌 다른 별을 중심으로 형성된 태양계를 열심히 찾고 있는데, 지금까지 발견된 외계 태양계들은 크기와 형태가 제각각이다. 물론 모든 태양계는 물리학의 법칙에 따라 진화해왔지만 이 법칙은 변화를 관장하는 역학법칙이므로 출발점이 같을 필요는 없다. 따라서 뉴턴의 역학적 세계관은 기하학적 이상형을 추구했던 케플러의 우주관보다 우월하다고 할 수 있다.

그렇다면 어떤 형태의 태양계이건 모두 허용된다는 뜻인가? 그렇지는 않다. 지금까지 수집된 관측 데이터에 의하면 태양계의 모양과 크기 사이에는 모종의 관계가 있는 것처럼 보인다. 개중에는 거대한 먼지구름이 중력으로 뭉치면서 형성된 것도 있다(특히 오리온성운에서 이런 태양계가 여러 개 관측되었다). 거대한 질량이 응축되어 중심부에 태양과 같은 별이 형성되는 것은 논리적으로 자연스러운 결과이다. 충분히 많은 질량이 중력에 의해 뭉치면 중력이 더욱 강해지면서(중력의 세기는 거리의 제곱에 반비례한다) 중심부의 압력이 상승하여 핵융합반응이 시작되고 그 결과로 별이 탄생한다. 뉴턴은 모든 행성들이 거의 동일한 평면 위에서 일제히 같은 방향으로 공전한다는 사실에 주목했다. 이것은 초기에 가스구름이 회전하면서 생겼던 각운동량이 행성으로 진화한 후에도 여전히 보존되고 있음을 의미한다. 그 외에 오랜 세월이 흐르면서 서서히 형성된 특징도 있는데, 달의 한쪽 면만 볼 수 있는 것도 그중 하나이다. 천문학이론에 의하면 지구의 조력이 달의 자연스러운 자전을 방해하여 자전주기와 공전주기가 같아졌는데, 이것이 사실이라면 과거에는 지구에서 달의 모든 면을 볼 수 있었을 것이다. (이와 비슷한 이유로 지구의 자전주기도 점점 길어지고 있다. 지질학적 기록에 의하면 6억 5000만 년 전의 캄브리아기에는 지구의 하루가 약 21시간이었다.)

지구 공전궤도의 크기와 형태도 어느 정도 예측 가능하다. 지구와 태양 사이의 거리가 지금과 달랐다면 지구에는 지적 생명체가 탄생하지 못했거나, 지금과 완전히 다른 형태로 진화했을 것이다! 생명체가 번성하려면 물이 반드시 있어야 하는데, 지구와 태양 사이의 거리가 지금보다 가까웠다면 바닷물은 모두 증발했을 것이고, 더 멀었다면 꽁꽁 얼어붙었을 것이다. 그리고 지구의 공전궤도가 크게 찌그러진 타원이었다면 온도 변화가 너무 커서 생명체가 운 좋게 탄생했다해도 살아가기 어려웠을 것이다.

이처럼 생명체(특히 인간)의 존재에 타당성을 부여하는 논리를 '인류논리(anthropic argument, '인류원리'라고도 한다)'라 한다. 독자들도 짐작하겠지만 가장 일반적인 형태의 인류논리는 수많은 질문을 야기한다.[7] 그중에서도 제일 먼저 떠오르는 질문은 다음과 같다.

"-우리의 존재에서 '우리'란 대체 누구인가?"

프랭크 윌첵(또는 당신)이 존재하기 위해 필요한 모든 재료를 알아내면 우주와 태양계 또는 지구의 속성으로 간주하고 싶지 않은 다양한 환경으로부터 인류원리를 구축할 수 있다. 그러나 이보다 좀 더 느슨한 조건, 즉 '자연을 관측하고 예측할 수 있는 지적 생명체가 출현할 조건'에 기초하여 인류원리를 세우는 것이 훨씬 논리적이다. 물론 이런 경우에도 생물학적 질문("지적 생명체가 출현하려면 어떤 조건이 충족되어야 하는가?")과 철학적 질문("지성이란 무엇인가?" "관측이란 무엇인가?" "예측이란 무엇인가?" 등)은 여전히 난제로 남는다.

지구 궤도의 크기와 모양에 제한조건을 부과하는 것은 인류원리에 입각한 논리의 한 사례이다. 이 책의 후반부로 가면 이보다 더욱 대담하면서 논란의 여지가 다분한 버전의 인류논리를 다루게 될 것이다.

원자와 분자들이 태양계와 같은 원리로 운영되었다면 이 세상은 지금과 크게 달랐을 것이다. 같은 종류의 원자들도 개체마다 다르고, 모든 원자는 시간에 따라 끊임없이 변했을 것이다. 이런 세상에서는 화학반응이 일정한 규칙에 따라 진행될 수 없다.

언뜻 생각하면 원자와 태양계는 다를 이유가 없을 것 같다. 두 경우 모두 중심부에 있는 큰 덩어리가 주변의 작은 물체들을 잡아당기고 있다. 물론 행성을 묶어두는 힘은 중력이고 전자를 묶어두는 힘은 전기력이지만 두 힘 모두 거리의 제곱에 반비례한다는 공통점을 갖고 있다. 그러나 전자는 행성과 달리 모든 개체들이 완벽하게 동일하며, 고전역학이 아닌 양자역학의 법칙을 따른다. 이런 점을 고려할 때, 원자와 태양계의 차이는 다음 세 가지로 요약할 수 있다.

1. 행성과 별들은 질량, 크기, 구성 성분이 제각각이지만 모든 전자는 완벽하게 동일하다(동위원소는 핵에 포함되어 있는 중성자의 수가 다르지만 화학적 성질은 완전히 똑같다).
2. 원자는 양자역학의 법칙을 따른다.
3. 원자는 항상 에너지에 굶주려 있다.

첫 번째 항목을 보면 당연히 이런저런 의문이 떠오를 것이다. 앞에서 나는 동종의 원자들이 똑같은 이유를 설명하기 위해 전자들이 모두 똑같다는 사실을 강조했다. 이 문제는 나중에 따로 다룰 예정이다.

물론 부품이 똑같다고 해서 동일한 결과를 낳는다는 보장은 없다. 별과 행성들이 모두 똑같다 해도 우주에는 여러 종류의 태양계가 존재할 것이고 이들은 여전히 시간에 따라 변할 것이다.

앞에서 우리는 양자역학의 불연속성과 일정한 패턴에 기초하여 역학 방정식을 만족하는 연속체의 특성을 설명한 바 있다. 〈그림 24〉, 〈그림 25〉, 〈그림 26〉과 〈그림 CC〉는 이 논리를 통해 완벽하게 설명된다.

우리의 이야기를 마무리하려면 원자 내부의 전자가 무한히 많은 가능성 중 특별히 한 가지 패턴을 선호하는 이유를 알아야 한다. 이것이 바로 앞에서 제시한 세 번째 항목의 핵심이다. 원자를 관측했을 때 가장 흔히 발견되는 상태는 에너지가 가장 낮은 상태이다. 이것을 바닥상태(ground state)라 한다. 그래서 원자는 항상 에너지에 굶주려 있다.

왜 그런가? 궁극적인 이유는 우주가 크고 차가우면서 끊임없이 팽창하고 있기 때문이다. 원자는 빛을 방출하거나(에너지를 잃거나) 흡수함으로써(에너지를 얻음으로써) 다른 상태로 전이될 수 있다. 흡수와 방출이 균형을 이루면 여러 가지 패턴이 나타나는데, 닫힌계에서 뜨겁게 달궈진 원자들이 바로 이런 경우에 해당한다. 특정 시간에 방출된 빛이 잠시 후에 흡수되면서 균형 잡힌 평형상태가 유지되는 것이다. 그러나 크고 차가우면서 팽창하는 우주에서 한 번 방출된 빛은 에너지를 지닌 채 별들 사이의 텅 빈 공간으로 날아가 두 번 다시 돌아오지 않는다.

이 사실을 감안하여 다른 원리를 절묘하게 결합하면 특별한 구조를 요구하지 않으면서 양자역학과 우주론의 제한조건을 결정하는 역학방정식을 찾을 수 있다. 에너지가 부족한 이유는 우주론으로 설명되고 에너지 부족으로 초래된 구조는 양자역학으로 설명될 것이다.

영상과 영감

나는 〈그림 CC〉야말로 최고의 예술 작품이라고 생각한다. 2차원 영상에 음영과 색채, 그리고 원근법을 적절히 사용하여 아름다운 3차원 영상을 만들어냈고, 그림의 일부를 잘라서 섬세한 내부 구조까지 적나라하게 보여주고 있다(도형의 표면에서는 전자가 발견될 확률이 모두 같다).

가장 간단한 원자는 수소원자로서 한 개의 전자와 한 개의 양성자로 이루어져 있으며, 두 번째로 간단한 헬륨원자는 두 개의 전자를 갖고 있다. 한 개와 두 개는 별 차이가 없는 것 같지만 헬륨의 전자구름은 너무 복잡하여 그림으로 표현하기가 쉽지 않다(헬륨의 전자구름을 표현한 그림은 한 번도 본 적이 없다). 이 작업이 어려운 이유는 첫 번째 전자의 위치가 바뀔 때마다 두 번째 전자의 파동함수가 달라지기 때문이다. 따라서 두 전자의 파동함수를 제대로 표현하려면 '3+3=6' 차원 공간이 필요하다. 과연 이런 그림을 사람이 이해할 수 있도록 그릴 수 있을까? 정확한 방법은 나도 모르겠지만, 앞서 언급했던 색상인지공간 확장법을 적용하면 가능할 수도 있다.

브루넬레스키와 다빈치의 정신을 이어받은 야심 찬 과학-예술가가 있다면, 이런 과제를 하나의 기회로 받아들여서 사람의 정신세계를 확장시키는 아름다운 작품을 만들어줄 것이다. 나는 〈그림 CC〉가 그 전조라고 생각한다.

원자를 표현한 그림은 규칙과 변화가 절묘하게 결합되었다는 점에서 만다라(Mandala, 우주의 진리를 그림으로 표현한 불화 – 옮긴이)와 비슷하다. 이런 그림은 사람의 영감을 일깨우고 경외감을 불러일으킨다. 그리고 그림을 계속 들여다보고 있노라면 나 자신이 바로 그 그림인 듯한 일체감에 빠져든다. 이것은 결코 착각이 아니다. 사실이 그렇기 때문이다.

13장

대칭 I: 아인슈타인의 두 단계

알베르트 아인슈타인(Albert Einstein, 1879~1955)은 두 개의 상대성이론을 통해 자연의 기본원리에 접근하는 새로운 방식을 제안했다. 아인슈타인이 생각했던 자연의 아름다움은 대칭 속에 내재되어 있으면서 인간이 애써 양육하지 않아도 스스로 생명력을 발휘한다. 그 후로 아름다움은 창조원리의 일부가 되었다.

신비에 찬 배경

아인슈타인은 과학에 대한 자신의 접근법을 설명하면서 고대 그리스인들의 사고방식에 높은 가치를 매겼다.

신은 세상을 창조할 때 다른 선택의 여지가 없어서 지금과 같은 형태로 창조했을까? 나는 이 점이 정말 궁금하다.

아인슈타인은 신에게 다른 선택의 여지가 없다고 생각했다. 뉴턴이나 맥스웰이 이 말을 들었다면 크게 분노했겠지만 우주의 조화를 숭배했던 피타고라스나 불변의 이상형을 추구했던 플라톤의 사상과는 매우 잘 맞아떨어진다.

창조주에게 선택의 여지가 없었다면 그 이유는 무엇인가? 어떤 제한조건이 있었기에 지금과 같은 세상을 창조할 수밖에 없었는가?

창조주가 최상의 예술가였다면 그런대로 설명이 가능하다. 예술가가 우주를 창조했다면 가장 큰 제한조건이 바로 '아름다움'이었을 것이기 때문이다. 그래서 나는 아인슈타인의 질문을 "이 세상에는 아름다움이 태생적으로 내재되어 있는가?"라는 우리의 질문과 같은 맥락에서 생각하고 싶다. 여기에 아인슈타인식 사고방식을 접목하면 대답은 당연히 "Yes!"이다.

아름다움은 다분히 추상적인 개념이지만 사실 '힘'과 '에너지'도 처음에는 아름다움 못지않게 추상적이었다. 과학자들이 오랜 세월 동안 수정에 수정을 거듭한 끝에 비로소 지금과 같이 실체의 중요한 속성으로 자리 잡게 된 것이다.

또한 과학자들은 창조주의 예술품을 연구하면서 대칭의 개념을 꾸준히 수정해왔다. 현대물리학에서 대칭은 실체의 특성이 가장 깊이 반영된 개념이자 지난 100년 동안 이론물리학을 견인해온 주인공이었다.

특수상대성이론: 갈릴레이와 맥스웰

아인슈타인이 피타고라스의 환생이라면 그사이에 여러 차례 환생을 겪으면서 많은 내용을 배웠을 것이다. 물론 아인슈타인은 뉴턴과 맥스웰을 비롯한 과학 영웅들의 이론을 폐기하지 않았으며, 선배 과학자들을 진심으로 존경했다. 리처드 파인만(Richard Feynman)은 아인슈타인을 가리켜 "두 발로 땅을 디딘 채 구름 속에 머리를 파묻었던 거인"이라고 했다.

아인슈타인은 **특수상대성이론**을 통해 서로 상충되는 두 개의 개념을 조화롭게 연결시켰다.

- 갈릴레이에 의하면 정지상태에서 세상을 관측하는 사람과 등속운동을 하면서 세상을 관측하는 사람에게는 동일한 물리법칙이 적용된다. 이 개념은 코페르니쿠스 천문학의 기초가 되었으며, 뉴턴역학을 통해 확실하게 구현되었다.
- 맥스웰 방정식에 의하면 빛의 속도는 자연법칙에서 직접 유도되는 양으로, 항상 같은 값을 유지한다. 이것은 맥스웰이 구축하고 헤르츠가 실험으로 확인한 빛의 전자기이론으로부터 자연스럽게 유도된 결과이다.

이 두 가지 항목은 평화로운 공존이 불가능하다. 움직이는 물체를 쫓아가거나 반대쪽으로 도망가면서 물체의 속도를 측정하면 관측자가 정지 상태에서 측정한 값과 다른 값이 얻어진다. 우리의 경험에 의하면 너무나 당연한 이야기이다. 아킬레우스는 거북을 따라잡을 수 있고, 심지어는 앞지를 수도 있다. 그런데 빛이 대체 무엇이기에 쫓아가면서 바라봐도 속도가 달라지지 않는다는 말인가?

아인슈타인은 다른 두 장소에서 시간을 동기화하고 등속운동을 할 때 이 동기화 과정이 어떻게 달라지는지를 규명함으로써 앞에서의 두 항목을 조화롭게 연결할 수 있었다. 그리고 하나의 사건을 두 사람이 따로 관측했을 때 사건이 일어난 시간은 두 사람의 운동 상태에 따라 달라진다는 사실도 알게 되었다. 그전까지만 해도 물리학자들은 관측자의 운동 상태에 상관없이 하나의 사건은 모든 관측자에게 '동시에' 일어난다고 굳게 믿어왔는데[이것을 시간의 동시성(simultaneity)이라 한다], 그 믿음의 기반이 송두리째 무너진 것이다. 한 관측자가 관측한 시간은 다른 관측자에게 시간과 공간의 조합으로 나타나며, 그 반대도 마찬가지이다(단, 이런 현상은 두 사람이 서로 상대방에 대하여 움직이고 있을 때 나타난다 – 옮긴이). 이처럼 시간과 공간이 상대적인 양이라는 것이 특수상대성이론의 핵심이다. 이론의 출발점인 두 가지 가정은 아인슈타인이 무대에 등장하기 전부터 알려져 있었지만 내용이 서로 상충되었기 때문에 하나로 묶을 생각을 누구도 하지 못했다.

맥스웰 방정식은 빛의 속도를 포함하고 있다. 그래서 맥스웰 방정식과 갈릴레이대칭을 동시에 보존하는 이론을 구축하다 보면 특수상대성이론의 두 번째 가정(갈릴레이변환을 가해도 빛의 속도가 달라지지 않는다는 가정)이 자연스럽게 유도된다. 그러나 첫 번째 가정에 비하면 별로 강력한 가정이 아니었다.

사실 아인슈타인의 가장 큰 업적은 "맥스웰 방정식 중 하나에 갈릴레이변환을 가하면 네 개의 방정식이 모두 유도된다"는 사실을 증명한 것이다— 하전입자에 속도를 부가하면 전류가 되고, 전기장에 운동을 부가하면 자기장이 된다. 그러므로 정지 상태의 전하가 전기장을 생성한다는 법칙에 갈릴레이변환을 가하면 일반적인 법칙이 얻어진다. 다시 말해 '법칙'보다 '대칭'이 더욱 근본적인 원리였던 것이다. 주어진 물리계에 적절한 대칭을 요구하면 법칙을 유도할 수 있다.

빛과 관련된 두 편의 시

무지개를 다시 엮다

특수상대성이론에서 유도된 결과들 중 내가 정말로 아름답다고 생각하는 것이 있다. 이 책의 앞부분에서 언급했던 빛과 색의 역사는 이 부분을 마음껏 음미하기 위한 초석이었는데, 이 정도면 때가 충분히 무르익은 것 같다.

한 광원에서 뚜렷한 색을 가진 순수 단색광이 방출되고 있다. 이 광원이 등속도로 움직이면 어떤 변화가 일어날까? 다시 말해 단색광에 갈릴레이변환을 가하면 어떤 특성이 달라질 것인가? 물론 광원이 관측자에 대해 움직이고 있어도 빛은 여전히 보일 것이다. 그리고 특수상대성이론의 첫 번째 가정에 의해(사실 이것은 더 이상 가정이 아니다. 빛의 속도가 광원의 움직임에 상관없이 항상 일정하다는 것은 수많은 실험을 통해 사실로 확인되었다) 빛의 속도도 달라지지 않는다. 정지상태의 광원에서 단색광이 방출되었다면 움직이는 광원에서도 여전히 단색광이 방출된다. 그런데⋯

놀랍게도 단색광의 색이 달라진다! 광원이 관측자로부터 멀어질 때는 스펙트럼이 붉은색 쪽으로 이동하고(원래 붉은색이었다면 적외선으로 변한다) 광원이 관측자에게 다가올 때는 보라색 쪽으로 이동한다(원래 보라색이었다면 자외선으로 변한다). 그리고 이 효과는 광원과 관측자 사이의 상대속도가 빠를수록 크게 나타난다.

이 효과는 현대 천문학을 견인한 일등공신이었다. 천문학자들은 멀리 떨어진 은하에서 지구로 도달한 빛이 예외 없이 적색편이를 일으킨다는 사실에 기초하여 "모든 은하들이 한결같이 우리로부터 멀어지고 있다(또는 우주가 팽창하고 있다)"는 결론에 도달했다.

지금 우리에게 중요한 것은 우주의 팽창이 아니라 단색광 사이의 상대성이다. 즉 하나의 단색광에 운동을 도입하면(또는 갈릴레이변환을 적용하면) 모든 단색광을 만들어낼 수 있다. 그런데 갈릴레이변환에는 자연법칙의 대칭성이 내포되어 있으므로, "모든 단색광들은 완전히 동등하다"고 할 수 있다. 광원에서 특정한 색의 단색광이 방출되고 있을 때 여러 명의 관측자들이 각기 다른 속도(등속도)로 움직이면서 빛을 관측한다면 자신의 속도에 따라 각기 다른 색의 빛을 보게 될 텐데, 이들 중 누가 가장 사실에 가까운 색을 보았는지는 판정할 수 없다. 모든 관측자의 관점이 옳기 때문이다.

〈그림 DD〉는 특정 단색광을 방출하는 광원이 오른쪽을 향해 광속의 70%로 움직일 때 나타나는 파동의 패턴을 그래픽으로 표현한 것이다. 당신이 그림의 오른쪽에 있다면 광원과의 거리가 가까워지고 있으므로 빛이 보라색 쪽으로 편향되고, 왼쪽에 있으면 광원과의 거리가 멀어지고 있으므로 붉은색 쪽으로 편향된다. 이 그림에서 광원은 중심 근처에 있다.

뉴턴은 모든 단색광들이 고유의 색을 갖고 있으며, 한 번 정해진 색은 어떤 조작을 가해도 바꿀 수 없다고 생각했다. 그는 이 생각을 확인하기 위해 반사와 굴절 등 빛의 속성을 바꿀 수 있는 모든 실험을 다 해보았는데, 처음 짐작했던 대로 어떤 경우에도 빛의 색은 변하지 않았다.

그러나 뉴턴은 중요한 사실을 놓치고 있었다. 만일 그가 프리즘을 초속 수만 미터로 움직일 수 있었다면 색이 변하는 광경을 목격했을 것이다. 그 옛날에 이렇게 빠른 속도를 무슨 수로 구현하겠냐고? 물론 그렇다. 방금 한 말은 농담이었다. 과학자가 새로운 것을 발견한 후 "새로 구축한 나의 이론만이 유일한 진리이며, 과거의 이론들은 모두 폐기되어야 한다"고 주장하는 것은 참으로 위험한 발상이다(실제로 학계에는 이런 과학자들이 종종 있다). 내가 강조하고 싶은 것은 뉴턴의 결론이 거의 사실에 가까웠고 지금까지도 여러 분야에 응용되고 있다는 점이다.

그러나 뉴턴이 내렸던 결론의 저변에는 더욱 깊고 풍부한 자연의 진리가 숨어 있었다. 빛의 색은 보는 사람의 운동 상태에 따라 달라지므로, 결국 모든 단색광은 하나였던 것이다. "그 아름답던 무지개가 낱낱이 분해되었다"며 과학의 환원주의를 반대했던 존 키츠가 뒤늦게나마 이 사실을 알았다면 무지개를 다시 하나로 엮은 과학에 화해의 손길을 내밀었을지도 모른다.

되살아난 색

음의 물리적 본질이 그러하듯이, 색의 본질도 '시간에 따라 변하는 신호'이다.

시간에 따른 빛의 변화는 너무 빠르게 일어나기 때문에 인간의 눈으로는 감지할 수 없다. 다시 말해 빛은 진동수가 너무 크다. 그래서 인간의 감각기관은 빛에 담긴 정보의 일부밖에 해독할 수 없다.

그러나 빛에는 미약하게나마 기원의 흔적이 남아 있다! 우리는 색을 판별할 때 '변하는 것'을 인지하는 것이 아니라 '변화의 표상'을 인지하고 있다.

시간 변환을 도입하여 인간의 인지 범위 안에 들어오도록 시간을 확대하면 빛으로부터 더 많은 정보를 얻을 수 있다. 이런 방법으로 빛의 정보를 복원한다면 인식의 문은 한층 더 넓어질 것이다.

일반상대성이론: 국소성과 왜곡, 그리고 계량유동체

아인슈타인은 특수상대성이론을 통하여 갈릴레이대칭(또는 갈릴레이불변량)을 '모든 물리법칙이 따라야 할 최고의 원리'로 격상시켰다. 그런데 맥스웰 방정식은 이 조건을 만족한 반면 뉴턴의 운동방정식은 만족하지 않았기에 아인슈타인은 고전역학에 약간의 수정을 가했다. 물론 물체의 속도가 광속보다 훨씬 느린 경우 수정된 상대론적 역학은 뉴턴이 창안했던 원래의 고전역학으로 되돌아간다.

그러나 뉴턴의 중력이론은 상대론적 버전으로 바꾸기가 훨씬 어려웠다. 고전 중력이론은 질량이라는 개념에 기초하고 있는데, 상대성이론에서는 물체의 운동 상태에 따라 질량이 수시로 변하기 때문이다(상대론적 질량에 익숙하지 않은 독자들은 '용어해설'의 '질량'과 '에너지' 부분을 읽어보기 바란다).

따라서 중력을 뉴턴식 논리에 입각하여 '질량에 대한 반응'으로 해

뷰티풀 퀘스천

석하면 상대성 버전의 중력이론을 구축하기가 거의 불가능해진다. 상
대론적 중력이론을 구축하려면 완전히 새로운 기초에서 시작하는 수
밖에 없다.

이렇게 탄생한 것이 바로 일반상대성이론이다. 아인슈타인은 이 이
론을 통해 대칭의 위상을 한 단계 더 격상시켰다. 광역적으로(global)
존재하는 줄 알았던 갈릴레이대칭이 국소적(local)으로 존재했던 것
이다.

국소대칭(일반상대성이론의 대칭)을 이해하는 최선의 방법은 광역대
칭(특수상대성이론의 대칭)과 비교하는 것이다.

광역 갈릴레이대칭(또는 광역 갈릴레이불변성)에 의하면 우주의 모든
물체에 속도를 일괄적으로 더하거나 빼도 물리법칙은 변하지 않는다.
반면에 우주를 구성하는 각 부분마다(또는 각 시간대마다) 각기 다른 속
도를 더하거나 빼면 물리법칙은 달라진다. 예를 들어 나침반 근처에
서 자석을 움직이면 나침반의 바늘도 자석을 따라 움직인다!

국소 갈릴레이대칭(또는 국소 갈릴레이불변성)은 물리법칙에 변화를
초래하지 않는 변환의 종류가 광역대칭보다 훨씬 많다는 가정에서 출
발한다. 즉 시간과 장소에 따라 각기 다른 속도를 더해도 물리법칙이
변하지 않는다는 가정이다. 언뜻 듣기에는 말도 안 되는 가정 같다. 방
금 전에 이런 식의 변환은 물리법칙에 변화를 초래한다고 이미 못을
박았기 때문이다.

그러나 이론을 확장하면 국소대칭이 존재하도록 만들 수 있다. 나
는 지난 몇 년 동안 국소대칭의 기본 개념을 어떻게 설명해야 할지 고
민해오다가 최근 들어 만족스러운 설명법을 찾았는데, 그 내용을 지
금부터 소개하고자 한다.

지금까지 우리는 대칭의 가치를 주로 예술적 관점에서 판단해왔다. 동일한 장면을 다른 각도에서 바라보거나 다른 방향으로 투영하면 각기 다른 모습으로 보이지만 모든 영상은 하나의 공통된 원형을 갖고 있다. 원형을 유지한 채 관점을 바꾸는 것은 대칭의 대표적 사례이다.

　　우주에 존재하는 모든 물체에 똑같은 속도를 일괄적으로 더하거나 빼는 것도 우주를 바라보는 '다른 관점'에 해당한다. 이것은 관측자가 움직이는 물체(자동차나 우주선)를 타고 바라본 우주와 같다. 속도를 일괄적으로 바꾸면 동쪽으로 기어가는 달팽이가 자동차보다 빠르고 서쪽으로 달리는 자동차가 달팽이처럼 느려지는 등 많은 것이 달라지겠지만 (특수상대성이론에 의해) 여전히 동일한 물리법칙이 적용된다. 그러므로 속도를 일괄적으로 바꾼 우주는 원형과 다른 우주가 아니라 같은 우주를 다른 각도에서 바라본 모습일 뿐이다.

　　이제 우주를 바라보는 좀 더 일반적인 관점을 도입해보자. 이 관점은 '애너모픽 아트(anamorphic art)'라는 예술 분야와 매우 비슷하다. 애너모픽 아트는 왜곡된 그림을 그린 후 원기둥 모양의 곡면 거울에 비쳤을 때 작가가 의도했던 형태가 나타나도록 하는 기법으로, 렌즈와 휘어진 거울 등 여러 장비가 필요하다. 또한 이런 작품은 〈그림 EE〉에서 보는 바와 같이 정상적인 형태보다 훨씬 크고, 각 부분이 심하게 왜곡되어 있다.

　　이보다는 좀 더 물리적인 관점으로, 빛의 궤적을 휘어지게 만드는 매질(예를 들면, 물 같은)을 통해 세상을 바라보는 방법도 있다. 게다가 물의 밀도가 위치마다 조금씩 다르다면 원래 풍경이 왜곡되는 정도도 위치마다 다르게 나타난다(실제 물은 밀도가 균일하지만 상상해볼 수는 있다). 이런 경우에는 우리 눈에 들어온 영상으로부터 원래 풍경을 복원하기가 매우 어려울 것이다.

우리가 물에 의한 왜곡효과를 이해하지 못한다면 눈에 보이는 영상이 각기 다른 풍경이라고 생각할 것이다. 그러나 굴절원리를 알고 있으면 장소를 옮길 때마다 영상이 다르게 보인다 해도 자신이 똑같은 풍경을 보고 있음을 알아차릴 것이다. 마술의 집에 설치된 휘어진 거울을 보면서 자신의 모습이 달라졌다며 놀라지 않는 것처럼 물의 밀도에 따라 영상이 달라지는 것은 당연하다고 생각할 것이다. 지금까지의 이야기를 요약하면 다음과 같다. 유체가 공간을 가득 채우고 있다고 상상하고, 그로부터 나타나는 왜곡효과를 알고 있으면 다양한 영상들이 하나의 풍경에서 비롯되었음을 알 수 있다. 이런 경우 눈에 보이는 영상은 유체의 상태에 따라 달라진다.

아인슈타인은 이런 논리에 입각하여 시공간에 적절한 요소를 도입함으로써 물리법칙을 변형시킬 수 있었다. 이 변형은 시간과 공간에 따라 달라지는 갈릴레이변환을 적용한 결과로서 새로 도입된 요소를 수정하면 변형되는 정도도 달라진다. 물리학자들은 이 요소를 '계량장(metric field)'['field'는 물리학에서 '장(場)'으로 번역되고 수학자들은 '체(體)'라고 부르지만 의미는 똑같다. 이런 괴리를 언제쯤 극복할 수 있을까? – 옮긴이]이라 부르는데, 나는 '계량유동체(metric fluid)'라는 용어를 더 좋아한다. 이 확장된 계는 원래의 세계(원형)와 새로 도입한 가상의 요소를 포함하고 있으며, 변수에 변화를 가하여 계량유동체가 달라져도 여전히 변하지 않는 물리법칙을 따른다. 다시 말해서 확장된 계를 서술하는 방정식은 '파격적인' 국소대칭을 갖고 있다.

이토록 방대한 대칭을 보유한 계의 방정식이라면 매우 특별한 형태일 것이므로 이해하기도 어려울 것 같다. 새로 도입된 요소는 복잡한 조건을 만족해야 하고, 방정식은 플라톤 정다면체(또는 구)와 비슷하다!

아인슈타인은 새로운 방정식을 유도한 직후 그것이 오랜 세월 동안 찾아왔던 새로운 중력이론임을 깨달았다. 이 방정식에 의하면 국소대칭을 구현하기 위해 도입된 계량유동체는 물질에 의해 휘어지고 이로부터 물질의 운동이 초래된다. 맥스웰의 전자기적 유동체가 전자기력의 원인인 것처럼 계량유동체는 중력의 원인을 제공한다. 그리고 전자기력의 양자가 광자인 것처럼 중력의 양자는 **중력자**(graviton)이다.

대칭은 일반상대성이론을 통하여 우주 전체를 다스리는 최상의 원리로 등극했다. 대칭이 아름다운 수준을 뛰어넘어 창조력까지 발휘한 것이다. 시공간에 국소대칭이 존재한다고 가정했더니 복잡하고 풍부한 중력이론이 얻어졌다. 단, 국소대칭이 제 구실을 하려면 이론에 계량유동체와 중력자가 도입되어야 한다.

사실 국소대칭을 일반상대성이론의 핵심으로 간주하는 것은 전통적인 관점이 아니다. 대부분의 물리학자들은 계량유동체가 도입된 동기를 국소대칭이 아닌 다른 관점에서 서술하고 있다. 그러나 중력이 아닌 다른 힘을 서술하는 이론에서 국소대칭은 가장 근본적이고 효율적인 개념으로 등장한다.

아인슈타인은 자신의 이론을 설명할 때 다른 용어를 사용했는데, 오랜 세월 동안 어둠 속을 헤매서 그랬는지 일부 용어는 의미가 모호하고 혼란스럽다. 그가 말한 '**일반공변성**(general covariance)'은 이 책에 언급된 '**국소 갈릴레이대칭**'에 해당한다. 이 장의 내용을 한 문장

뷰티풀 퀘스천

으로 줄인다면 아인슈타인의 공적을 기리는 의미에서 다음과 같이 쓰고 싶다.

중력은 일반공변성의 아바타이다.

14장

양자적 아름다움 II:
원기 왕성한 전자

물질을 계속 분해하다 보면 전자와 원자핵에 도달한다(앞으로 보게 되겠지만 원자핵의 내부로 들어가면 쿼크와 글루온이 등장한다). 전자와 원자핵은 전기력을 통해 서로 엮여 있으므로, 전자기적 유동체 물질인 광자도 이 목록에 포함되어야 할 것이다. 이토록 작고 보잘것없는 요소들이 기이하고 정교한 법칙에 따라 움직이면서 화학, 생물, 생명체 등 다양한 세상이 만들어졌다.

어떻게 그럴 수 있었을까?

이 장은 비교적 짧은 편이지만 우리가 제기했던 질문의 답을 구하는 데 매우 중요한 내용이 담겨 있다. 이 장에서 우리가 할 일은,

이상형 → 실체

의 연결고리를 확인하는 것이다. 둘 사이의 관계는 양자이론의 신기한 음악과 실제 음악 사이의 관계와 비슷하다. 그 뒤로 이어지는 장에서는,

···이상형 → 이상형 → 이상형 → 실체

와 같은 식으로 이상형에 대한 이해를 더욱 정교하게 다듬어나갈 것이다.

화학의 세계는 방대하고 매력적이지만 우리의 목적은 백과사전을 만드는 것이 아니다. 이 책의 서두에서 제기한 질문의 답을 찾으려면 마지막 연결고리를 확인하는 것으로 충분하다. 이 문제를 좀 더 쉽고 재미있게 다루기 위해 탄소(C)라는 원소 하나로 화학 이야기를 풀어나가고자 한다. 이제 곧 알게 되겠지만 탄소 하나만으로도 놀라운 세상을 만들 수 있다.

전자가 원하는 것은 무엇인가

"전자가 원하는 것은 무엇인가?"

사람은 원하는 것이 제각각이지만 전자는 모두 똑같기 때문에 이런 질문이 가능하다. 게다가 전자의 '욕망'은 열거하기도 쉽다. 전자가 추구하는 목표는 기본적으로 세 가지인데, 그중 두 가지는 앞에서 이미

언급된 바 있다.

- 전자와 원자핵은 전기력을 통해 서로 잡아당기지만 같은 전자들끼리는 밀어내고 있다.
- 전자의 거동은 공간을 가득 메우고 있는 파동함수로 서술된다. 전자의 파동함수는 부드럽고 매끈하게 변하는 시간과 장소의 함수로서 특정한 정상파(궤도)의 형태를 띠고 있으며, 원자핵의 인력과 전자의 방랑벽이 적절하게 타협을 이룬 상태이다. 지금 이 순간에도 전자는 원자핵을 향해 이렇게 외치고 있다.
  "네가 매력적인 건 사실이지만, 난 나만의 공간이 필요해!"
- 전자들끼리의 관계도 전자의 특성을 좌우하는 중요한 요인이다. 수소원자는 전자가 하나밖에 없기 때문에 해당 사항이 없지만 그 외의 모든 원자에서 이 세 번째 특성은 앞에 열거한 두 항목보다 훨씬 복잡하다. 이 사실은 1925년에 오스트리아의 물리학자 볼프강 파울리(Wolfgang Pauli)에 의해 발견되어 '파울리의 배타원리 (Pauli exclusion principle)'로 불리고 있다. 그런데 이것은 순전히 양자역학적인 효과이기 때문에 파동함수에 기초한 양자역학을 도입하지 않으면 달리 설명할 방법이 없다!
- 파울리가 배타원리를 처음 제안할 때는 이론적 배경이 전혀 없었다. 그냥 영감 어린 직관일 수도 있고 단순한 추측일 수도 있었다. 원자의 정상상태와 양자 도약을 떠올렸던 닐스 보어나 화음의 원리를 발견했던 피타고라스처럼 파울리도 음악을 연상하면서(보어와 파울리의 음악은 원자의 스펙트럼이었다) 전자가 따르는 법칙을 상상했을 것이다. 오늘날 우리는 파울리의 배타원리를 '상대론과 양자

뷰티풀 퀘스천

유동체에 기초하여 동종 입자들의 양자적 특성을 명시한 원리'로 받아들이고 있다.

• 전자들의 원기 왕성한 창조력의 원천은 여러 가지가 있는데, 이 책에서는 파울리의 배타원리만 알고 있으면 된다. 이것이 바로 전자가 추구하는 세 번째 목표로서 "두 개 이상의 전자는 동일한 정상상태를 점유할 수 없다"는 말로 요약된다.

두 개 이상이면 왜 안 되는가? 이것은 전자가 갖고 있는 고유스핀(intrinsic spin) 때문이다. 두 전자의 고유스핀이 다르면 이들은 동일한 정상상태에 놓일 수 있다. 따라서 스핀의 상태까지 정상상태의 한 요소로 간주하면 파울리의 배타원리는 다음과 같이 수정된다. "하나의 정상상태에는 오직 한 개의 전자만이 놓일 수 있다."

탄소!

전자가 추구하는 목표를 알면 재료과학과 화학, 그리고 유전과 신진대사를 설명하는 생물학의 세계가 눈앞에 펼쳐진다. 이 방대한 세계를 모두 다룰 수는 없으므로, 관련 분야의 공통점이 집약되어 있는 탄소원자에 집중해보자. 이제 곧 알게 되겠지만 탄소원자도 신기하고 다양하면서 변화무쌍한 특성을 갖고 있다.

탄소는 생물학의 주인공이라 할 수 있는 단백질, 지방, 설탕, 핵산 등의 주성분이다. 그래서 탄소원자에 기초한 화학을 흔히 유기화학(organic chemistry)이리 한다. 그러나 유기물 분자에서는 탄소 이외의 다른 원소들이 중요한 기능을 수행하고 있다. 오직 탄소로만 이루어진 물질은 생물학에서 별다른 역할을 하지 않는다. 그러므로 지금부터 우리가 다룰 내용에 중간 제목을 붙인다면 '유기화학의 무기적 특성'쯤 될 것이다.

하나의 탄소원자

탄소원자의 핵은 여섯 개의 양성자와 여섯 개의 중성자(neutron)로 이루어져 있고 그 주변에 여섯 개의 전자가 궤도를 점유하고 있다(중성자는 전하가 없고 양성자와 중성자의 전하는 크기가 같으면서 부호만 반대이기 때문에 전체 원자는 전기적으로 중성이다 – 옮긴이). 이 전자들이 에너지를 최소화하려고 노력할 때 앞에서 언급한 세 가지 규칙이 위력을 발휘한다. 전자는 정상상태[화학적으로 말하면 에너지가 가장 작은 오비탈(orbital)]의 파동함수를 선호하는 경향이 있다. 이 상태는 확률구름이 좁은 영역에 구형으로 뭉쳐 있는 경우에 해당한다[〈그림 26〉의 왼쪽 위(첫 번째) 궤도 참조]. 그러나 파울리의 배타원리에 의하면 오직 두 개의 전자만이 이런 상태를 점유할 수 있다.

두 개의 전자들이 가장 낮은 에너지 상태를 이미 차지했으니, 나머지 네 개는 다른 궤도로 갈 수밖에 없다. 〈그림 26〉의 두 번째 그림이 이 궤도에 해당한다. 두 번째 궤도는 첫 번째 궤도보다 조금 커서 원자핵에 끌리는 힘이 상대적으로 약하고, 이 궤도를 점유한 전자들은 첫 번째 궤도의 전자들보다 불안정하다. 또한 두 번째 궤도 역시 파울리의 배타원리가 적용되기 때문에 두 개의 전자만 들어갈 수 있다. 이로써 '2+2=4', 즉 네 개의 전자들에게 숙소가 할당되었다. 나머지 전자들이 어떤 궤도를 차지하는지 확인하려면 원자를 좀 더 자세히 들여다봐야 한다.

뷰티풀 퀘스천

〈그림 26〉에서 몇 단계 더 나아가면 구형을 벗어나 아령처럼 생긴 궤도가 등장한다. 아령의 축은 어떤 방향으로도 향할 수 있기 때문에 이런 형태의 궤도는 세 가지가 존재할 수 있다. 그래서 남은 두 개의 전자에는 선택의 여지가 많다.

여기서 중요한 것은 안쪽 궤도에 단단히 묶여 있는 두 전자와 달리 바깥 궤도에 있는 네 개의 전자들은 비교적 느슨하게 묶여 있다는 점이다. 그래서 가까운 곳에 다른 원자가 있으면 네 개의 전자들은 곧바로 '공유 대상'이 되어, 두 개 이상의 원자핵을 주인으로 섬기면서 결합을 유도한다.

여러 개의 탄소원자

탄소원자가 여러 개 모여 있을 때 전자를 효율적으로 공유하는 방법은 두 가지가 있다.

〈그림 27〉의 왼쪽 그림은 탄소로 이루어진 다이아몬드의 기본단위다. 보다시피 정사면체의 각 꼭짓점에 네 개의 궤도(오비탈)가 할당된 형태로서 완벽한 3차원 대칭형이다. 독자들도 기억하겠지만 정사면체는 플라톤 정다면체 중 가장 단순한 도형이다.

〈그림 27〉의 오른쪽 그림은 그래핀(graphene, 탄소원자 한 개의 두께로 이루어진 얇은 막. 가장 얇고 단단한 물질로 알려져 있다 – 옮긴이)의 기본단위로서 다이아몬드와 달리 2차원 대칭형이며, 동일 평면상에 놓인 세 개의 궤도는 평면도형 중 제일 단순한 정삼각형을 이루고 있다. 그림에서 밝은 구는 결합 형태가 동일한 탄소원자이고, 어두운 구는 준유리전자(quasi-free electron, 원자로부터 빈쯤 떨어져 나온 전자 – 옮긴이)를 보유한 탄소원자를 나타낸다. 각 오비탈에 전자가 하나씩 할당되면 개개

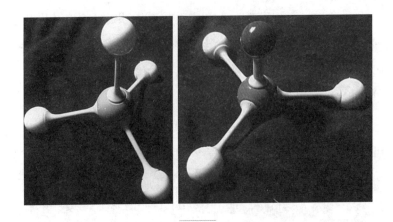

그림 27 탄소원자가 결합하는 방식은 두 가지가 있으며, 두 경우 모두 완벽한 대칭(3차원, 2차원)이 구현되어 있다.

의 탄소원자핵들은 파울리의 배타원리를 위배하지 않으면서 네 개의 전자를 공유할 수 있다. 이 기본 요소들이 결합하여 다양한 탄소화합물이 만들어진다.

이 두 가지 대칭적 결합 방식은 에너지가 가장 적은 결합이기도 하다. 이들을 기본단위로 삼아 수많은 탄소화합물을 만들 수 있는데, 지금부터 그중 대표적인 사례 몇 가지만 살펴보기로 하자.

다이아몬드(3-D)

다이아몬드의 원자 구조는 '대칭'과 '조화'라는 두 단어로 요약된다(〈그림 28〉). 각 탄소원자핵은 전자 네 개의 중심에 위치하면서 인접한 네 개의 다른 탄소원자핵과 강하게 결합되어 있다(〈그림 26〉의 기본 구조가 반복된 형태이다). 이 배열에서는 전자가 두 개의 원자핵 사이를 오락가락하면서 다른 전자와 마주칠 일이 없다. 아주 효율적인 결합인 것이다. 또한 이 결합은 매우 안정적이어서 웬만한 충격으로는 원자를 분리할 수 없다. 다이아몬드의 강도가 높은 것은 바로 이런 이유 때문이다! 그리고 가시광선의 광자가 보유한 에너지로는 전자의 안정한 상태를 바꿀 수 없기 때문에 순수한 다이아몬드는 유리처럼 투명하다.

다이아몬드에 탄소 이외의 불순물이 섞이거나 결합이 부분적으로 파손되면(즉 흠집이 있으면) 특정한 색을 띠게 된다. 그래서 다이아몬드의 색은 품질을 좌우하는 중요한 요소이다. 불순물의 밀도가 균일하면 순수한 다이아몬드보다 비쌀 수도 있다.

그래핀(2-D)과 흑연(2+1)

일상적인 온도와 압력 하에서 가장 안정적인 탄소 결합체는 다이아몬드가 아닌 흑연이다. 세간의 속설과 달리 다이아몬드는 영원하지 않다. 제아무리 완벽한 다이아몬드라 해도 긴 세월이 지나면 흑연으로 변한다. (그렇다고 긴장할 필요는 없다. 당신이 살아 있는 동안은 변하지 않을 것이다.) 흑연은 연필심에 사용되는 검은 광물로, 원자 규모에서 볼 때 여러 층의 그래핀(〈그림 29〉)이 결합된 형태이다. 그런데 층간 결합력이 약해서 외부에서 충격을 가하면 각 층들이 쉽게 미끄러지기 때문에(즉 쉽게 벗겨지는 경향이 있기 때문에) 산업 현장에서 종종 윤활제로 사용된다. 또한 흑연은 2차원 면이 여러 장 쌓여 있는 형태여서 '2+1 차원 물질'로 불리기도 한다.

흑연의 한 층에 해당하는 그래핀은 흑연 화합물 중 가장 단순하면서 가장 매력적인 물질이다.

다이아몬드와 흑연은 오래전부터 자연에 존재해오다가 뒤늦게 인류에게 발견되었지만 그래핀은 이론적으로 수십 년 동안 연구된 후에

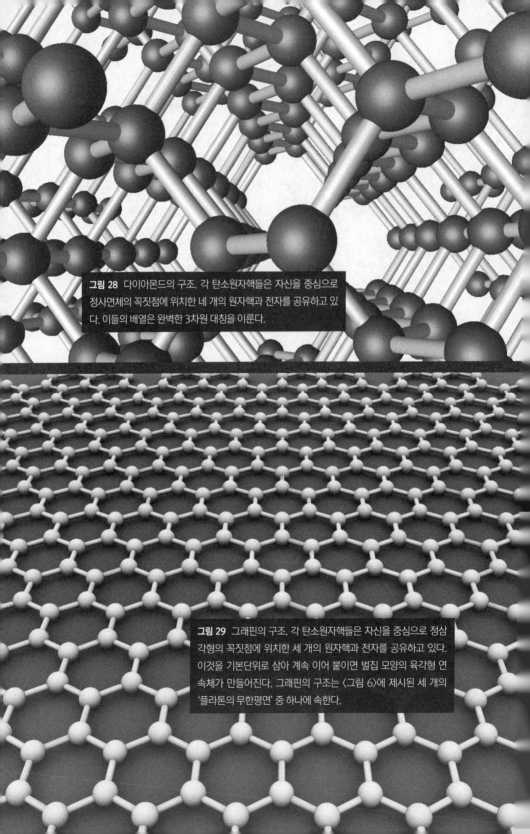

그림 28 다이아몬드의 구조. 각 탄소원자핵들은 자신을 중심으로 정사면체의 꼭짓점에 위치한 네 개의 원자핵과 전자를 공유하고 있다. 이들의 배열은 완벽한 3차원 대칭을 이룬다.

그림 29 그래핀의 구조. 각 탄소원자핵들은 자신을 중심으로 정삼각형의 꼭짓점에 위치한 세 개의 원자핵과 전자를 공유하고 있다. 이것을 기본단위로 삼아 계속 이어 붙이면 벌집 모양의 육각형 연속체가 만들어진다. 그래핀의 구조는 〈그림 6〉에 제시된 세 개의 '플라톤의 무한평면' 중 하나에 속한다.

실험실에서 제작되었다. 또한 그래핀은 구조가 매우 규칙적이고 단순해서 양자적 거동을 예측하기도 쉽다.

그래핀은 2004년에 안드레 가임(Andre Geim)과 콘스탄틴 노보셀로프(Konstantin Novoselov)에 의해 실험실에서 처음으로 만들어졌다(사실은 '만들어졌다'는 말보다 '흑연으로부터 분리되었다'는 표현이 더 정확하다). 재미있는 것은 이들이 사용한 방법이 매우 고전적이었다는 점이다. 가임과 노보셀로프는 몇 겹의 탄소층으로 이루어진 평범한 연필 자국에서 접착테이프를 이용하여 몇 개 층을 떼어내고 남은 자국을 나노미터 수준의 얇은 막으로 가공했다. 이 연필 자국은 곳곳에 탄소원자가 누락되는 등 다소 불규칙한 패턴을 보였는데, 개중에는 그래핀 구조가 완벽하게 재현된 부분도 있었다! 두 사람은 각 층마다 편광된 빛을 쪼여서 색을 분석한 끝에 드디어 그래핀 조각을 추출하는 데 성공했고, 이 공로를 인정받아 2010년에 노벨물리학상을 공동으로 수상했다.

그래핀은 안정성이 높고 전기가 잘 통하기 때문에 응용 분야가 무궁무진하다. 그래서 사람들은 그래핀을 좀 더 쉽게 생산하는 방법을 개발했고 일부 낙천적인 학자와 사업가들은 앞으로 몇 년 안에 그래핀의 시장 규모가 1조 달러까지 성장할 것이라며 연구 개발에 박차를 가하고 있다.

여기서 한 가지 짚고 넘어갈 것이 있다. 다이아몬드에 들어 있는 전자들처럼 그래핀의 전자들도 매우 효율적으로 배치되어 있어서 변화를 주기가 어렵기 때문에 그래핀은 강도가 높은 재료로 정평이 나 있다. 게다가 그래핀은 원자 한 개의 두께밖에 안 되기 때문에 어떤 재료보다 가볍고 유연하다. 2010년에 노벨위원회는 수상 이유를 밝히면서 "그래핀으로 1m²짜리 그물침대를 만들면 고양이 한 마리의 무게를

버틸 수 있지만 침대 자체는 고양이의 수염 한 가닥보다 가볍다"고 했다(내가 아는 한, 이 실험은 아직 실행된 적이 없다).

나노튜브(1-D)

2차원 그래핀을 가늘게 말면 1차원 튜브가 된다. 이것이 그 유명한 나노튜브(nanotube)로, 길이와 직경은 재료의 상태와 마는 방법에 따라 얼마든지 조절이 가능하다(〈그림 FF〉). 나노튜브는 기하학적 구조가 조금만 달라도 물리적 특성이 크게 달라진다. 그러나 양자역학을 이용하면 나노튜브의 섬세한 특성을 정밀하게 계산할 수 있으며, 실험 결과와도 정확하게 일치한다.

버키볼(0-D)

마지막으로, 그래핀을 잘 말면 표면적이 유한하면서 닫힌 도형을 만들 수 있다(나노튜브는 양끝이 열려 있으므로 닫힌 도형이 아니다). 만드는 방법은 여러 가지가 있는데, 정육각형만으로는 하나의 꼭짓점이 세 개의 모서리와 만나는 닫힌 도형을 만들 수 없다. 플라톤 정다면체 중에는 이런 도형이 존재하지 않는다! 가장 그럴듯한 후보는 정오각형으로 이루어진 정십이면체이다. 여기서 중요한 것은 정십이면체의 각 꼭짓점이 다른 세 개의 꼭짓점과 연결되어 있어서 〈그림 27〉의 오른쪽 구조를 기본단위로 활용할 수 있다는 점이다. 이를 위해서는 세 개의 궤도가 이상적인 평면을 이탈하여 구부러져야 한다. 탄소 원자 20개가 이런 식으로 결합한 것이 C_{20}인데, 여기에 육각형 구조를 추가하면 더 크고 안정적인 탄소화합물을 만들 수 있다. 흔히 '버키볼(buckyball)'로 불리는 C_{60}이 바로 그것이며, 정오각형과 정육각형의 조합으로 이루어진 축구공처럼 생겼다(〈그림 30〉).

C_{60}은 쉽게 만들어지는 물질이 아니다. 번개 방전에 의해 탄소가 전기적으로 타거나 양초의 그을음에서 아주 극소량이 생성될 뿐이다.

버크민스터풀러렌(buckminsterfullerene) 또는 버키볼로 알려진 C_{60} 분자는 평면형 그래핀을 가로와 세로 방향으로 두 번 말아서 만든 0차원 물체로서 기본 골격은 〈그림 30〉과 같다. (나노튜브는 길이 방향으로 무한정 늘일 수 있으므로 1차원 물체이다. 그러나 버키볼은 무한정 늘일 수 있는 방향이 더 이상 존재하지 않기 때문에 0차원 물체로 간주된다.) 그래핀과 나노튜브는 하나의 탄소원자핵이 세 개의 이웃과 연결된 기본단위로 이루어져 있다. 반면에 버키볼은 정오각형 12개와 정육각형 20개로 이루어져 있는데, 정육각형을 점으로 수축시키면 정십이면체가 된다. 버키볼 중에는 정육면체의 개수가 다른 것도 있지만 위상수학적 이유 때문에 정오각형은 항상 12개여야 한다. C_{60} 분자를 처음으로 발견한 버크민스터 풀러(Buckminster Fuller, 1895~1983)는 건축가이자 발명가로서 지오데식 돔(geodesic dome)의 구조를 연구하다가 C_{60}의 분자 구조를 떠올렸다고 한다.

〈그림 31〉은 버크민스터풀러렌과 각별한 인연이 있는 영국의 화학자 해럴드 크로토(Harold Kroto, 1939~)의 모습이다. 그는 C_{60}의 구조를 심층적으로 연구하여 리처드 스몰리(Richard E. Smally), 로버트 컬(Robert F. Curl)과 함께 1996년에 노벨화학상을 수상했다.

다이아몬드는 화려한 외관으로 사람들(주로 여인들)의 마음을 사로잡지만 숯 검댕이나 연필 자국, 그리고 고양이가 깔고 누운 고서머 천(gossamer sheet, 가느다란 견사로 짠 가볍고 투명한 직물 – 옮긴이)처럼 별것 아닌 물건에도 자연의 아름다움이 깊이 배어 있다.

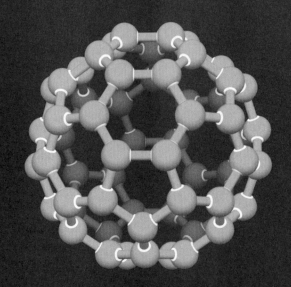

그림 30 버키볼의 구조. 탄소원자들이 완전히 말려서 유한한 구조를 형성하고 있다. 멀리서 보면 점으로 보이기 때문에 0차원 물체로 간주된다.

그림 31 버크민스터풀러렌 모형 앞에 서 있는 해럴드 크로토.

15장

대칭 II: 국소적 색상

이로써 우리는 처음에 제기했던 질문의 답에 어느 정도 가까이 접근했다.

11장과 13장에서 보았듯이, 아인슈타인은 갈릴레이대칭에 국소성을 부여하여 새로운 중력이론인 일반상대성이론을 완성했다.

다음 장(16장)에서는 국소대칭을 이용하여 자연에 존재하는 힘(전자기력, 강한 핵력, 약한 핵력)을 서술하는 이론을 유도할 것이다. 새로운 대칭에는 입자의 특성들, 특히 '색전하(color charge)' 사이의 변환이 포함되어 있다. 국소대칭에서 모든 변환은 시간과 장소에 따라 다르게 가해진다.

이 장의 목적은 여행을 떠나기에 앞서 독자들에게 목적지를 알려주는 것이다.

아나크로미(Anachromy)

13장에서 언급한 대로 애너모픽 아트는 작품 대상인 사물에 공간적 변형을 가하여 새로운 관점을 제시하는 예술이다. 일반상대성이론의 대칭은 '시공간의 왜곡변환에 대한 불변성'으로 요약된다.

중력 외의 다른 힘에 적용되는 변환은 시공간 대신 '색'을 바꾸는 '아나크로미 예술(anachromic art)'에 비유할 수 있다. 아나크로미는 작품 대상의 공간적 구조를 그대로 유지한 채 색상만 바꾸는 기법인데, 설명을 길게 늘어놓는 것보다 직접 작품을 보는 것이 이해가 빠를 것 같다.

〈그림 GG〉는 아나크로미를 대표하는 사진 작품으로, 바르셀로나 거리에 있는 과자 가게의 진열대를 네 가지 색상으로 표현한 것이다. 왼쪽 위의 사진은 색 처리를 하지 않은 원본이고 그 오른쪽은 모든 화소(픽셀)의 색을 일괄적으로 바꾼 사진이다(표준 RGB 테이블에서 $G \rightarrow R$, $B \rightarrow G$, $R \rightarrow B$로 바꾼 것이다). 그리고 아래에 있는 두 사진은 일괄적인 변환이 아니라 사진을 여러 구획으로 나눠서 각 구획마다 다른 변환을 적용한 결과이다. 아랫줄 왼쪽에 있는 사진은 이런 방식으로 원본을 조금 수정한 것이고, 더 큰 변화를 주면 오른쪽 사진처럼 된다.

우리가 제기했던 질문의 답은?

교회와 성당, 불교사원 등 모든 예배 처소에는 그곳에 모이는 사람들과 설계자가 생각하는 이상적 아름다움이 색상과 기하학 그리고 대칭을 통해 최대한으로 구현되어 있다. 예를 들어 〈그림 HH〉의 사원은 화려한 색과 패턴이 위치마다 다르게 표현되어 '국소적 변환'의 최상급을 보여준다. 자연이 아름다움을 구현하는 방식도 애너모픽 아트나 아나크로미와 비슷하다.

이 세계에는 아름다움이 구현되어 있는가? 지금까지 알아본 바에 의하면 답은 당연히 "Yes!"이다.

색상, 기하학, 대칭, 그리고 애너모픽 아트와 아나크로미는 아름다움의 한 부분에 불과하다. 안전성이라는 물리적 제한조건으로부터 아치와 돔 같은 아름다운 구조물이 탄생한 것처럼(건물의 천장을 떠받치려면 기둥이 있어야 하는데, 기둥이 없는 넓은 공간을 확보하기 위해 고안된 것이 아치와 돔이었다) 표현주의적 예술을 금지했던 이슬람교의 교리도 아름다움을 드러내는 데 중요한 역할을 했다. 당시의 예술가들이 엄숙한 아름다움보다는 인간의 얼굴과 육체, 감정, 그리고 자연 풍경과 역사적 사건 등을 표현하는 데 주력했기 때문이다.

자연에는 모든 아름다움이 구현되어 있지 않다. 그리고 자연의 아름다움을 만끽하려면 특별한 분야를 연구하거나 남다른 취향을 갖고 있어야 한다. 그러나 자연은 자신의 생존을 위해 높은 가치의 아름다움을 구현했고, 그것은 신성한 존재와 직관적으로 연결되어 있다.

16장

양자적 아름다움 III:
자연의 핵심에 존재하는 아름다움

우리는 12, 14장에서 일상적인 물체에 특별한 아름다움이 구현되어 있음을 확인했다. 모든 물체는 초소형 악기인 원자로 이루어져 있으며, 이들이 빛과 상호작용을 교환하면서 피타고라스와 플라톤, 그리고 케플러의 통찰을 능가하는 '구(球)의 수학적 음악'을 연주하고 있다. 원자 악기들은 분자와 같이 규칙적인 물질에서 최상의 하모니를 연출하는 오케스트라인 셈이다.

여기까지 알았다면 더 알고 싶은 욕구가 용솟음칠 것이다. 자연의 아름다움이 여기서 끝날 리가 없기 때문이다. 지금까지 알아낸 사실은 매우 만족스럽긴 하지만 우리의 질문에 답하기에는 아직 **역부족**이다. 게다가 이 책을 신중하게 읽은 독자들은 다음과 같은 후속 질문을 수시로 떠올렸을 것이다.

- 원자핵은 무엇으로 이루어져 있는가?
- 전자는 왜 존재하는가?
- 광자는 왜 존재하는가?

이 책의 나머지 부분에서는 이 질문들을 중심으로 이야기를 풀어나갈 것이다. 나는 독자들이 최첨단 이론의 현황과 그 너머를 조망하면서 자연에 내재된 아름다움을 마음껏 음미하길 바란다. 이제 남은 일은 앞에서 다뤘던 내용에 새로운 개념과 물리적 실체를 추가하고, 그 너머의 세계를 예측하는 것이다. 이제 곧 알게 되겠지만 물질의 핵심에 다가갈수록 더욱 심오한 아름다움이 모습을 드러내고 모든 것이 질서 정연하게 통합된다.

이 장의 목적은 자연에 존재하는 네 가지 힘의 작용원리를 이론적으로 설명하는 것이다. 이들 중 앞에서 이미 언급된 중력과 전자기력은 오래전부터 알려져 있었고 약한 핵력(약력)과 강한 핵력(강력)은 물리학자들이 원자 세계에 눈뜨기 시작한 20세기 초에 발견되었다.

원자핵은 작고 단단해서 정체를 밝히기가 쉽지 않다. 물리학자들은 원자핵의 구조를 추적하면서 20세기를 거의 다 보냈는데도 아직 확실한 결론을 내리지 못하고 있다. 한동안은 문제가 너무 복잡하고 혼란스러워서 심각한 침체기를 겪기도 했다. 그러나 혼란을 겪은 것은 인간일 뿐, 자연은 언제나 자신의 길을 정확하게 찾아가고 있었다. 지금 물리학자들은 뉴턴과 아인슈타인의 중력이론과 맥스웰의 전자기학에 견줄 만한 약력이론과 강력이론을 구축해놓은 상태이다.

이제 곧 알게 되겠지만, 약력과 강력을 서술하는 데 필요한 기본 개념과 방정식은 중력과 전자기력의 개념과 방정식으로부터 자연스럽게 유도된다. 또한 물리학자들은 약력과 강력이론 덕분에 중력과 전자기력을 새로운 눈으로 바라보다가 모든 힘에 공통적으로 적용되는 원리를 발견했다. 네 개의 힘을 하나로 통일하는 이론적 근거가 드디어 모습을 드러낸 것이다(통일에 관한 내용은 다음 장에서 다룰 예정이다).

핵심으로 접근하다

물리학자들은 약력과 강력, 전자기력 그리고 중력에 대한 이론을 하나로 묶어서 '표준모형'이라고 부른다. 그런데 나는 이 명칭이 몇 가지 면에서 다소 부적절하다고 생각한다. '표준모형'이라는 단어는 '별로 신통치 않은 이론들이 우후죽순 난립해 있는데, 개중에서 가장 무리 없이 통용되는 이론'이라는 뉘앙스를 강하게 풍길 뿐만 아니라 '경험에 기초하여 임시변통으로 만든 이론'이라는 느낌이 든다. 인류의 지성이 이룩한 최고의 업적을 이런 이름으로 부르는 것이 적절치 않다고 생각되어 1장에서 말한 바와 같이 '코어이론'으로 부르기로 한다.

'코어'라는 단어에는 뉴턴이 시도했던 분석과 종합이 함축되어 있다. 즉 코어이론은 이 세계를 구성하는 최소 단위의 특성과 상호작용을 기본 법칙으로 정리한 후 이들이 모여서 형성된 큰 물질의 거동을 기본 법칙으로부터 유도한다.

코어이론은 물리학뿐만 아니라 화학, 생물학, 재료과학, 일반공학, 천체물리학, 우주론 등 다양한 분야에 적용할 수 있는 이론적 기초를 제공해준다. 코어이론의 기초는 상상을 초월할 정도로 정밀한 수준까지 검증되었기 때문에 거의 모든 과학 분야에 적용 가능하다.

또한 코어이론의 깊숙한 곳에는 신비하면서도 아름다운 개념이 숨어 있다. 단, 이 아름다움을 만끽하려면 탁월한 상상력과 인내심을 발휘해야 한다.

어려운 내용을 완벽하게 이해하고 싶은 욕구는 예나 지금이나 마찬가지이다. 평면기하학의 원조인 유클리드와 관련된 일화가 하나 있다. 당시 이집트의 왕이었던 프톨레마이오스 1세가 기하학 책을 읽다가 어려움을 절감하고 유클리드에게 자문을 구했다고 한다.

"그대가 쓴 《원론》은 나에게 너무 어렵다. 현자여, 어떻게 하면 기하학을 쉽게 익힐 수 있겠는가?"

"폐하, 기하학에는 왕도라는 것이 없사옵니다."

그러나 굳이 긴 세월 동안 공부를 하지 않아도 기하학에는 누구나 느낄 수 있는 직관적 아름다움이 존재한다. 아마 독자들도 이 책을 읽으면서 어느 정도 간파했을 것이다.

코어이론도 마찬가지이다. 나는 독자들이 코어이론의 아름다움을 느낄 수 있도록 최선을 다할 것이다. 그리고 한 가지 좋은 소식이 있다. 코어이론에서 가장 아름다운 부분은 가장 중요한 부분이기도 하다!

실험물리학자들은 고에너지 입자가속기를 이용하여 불안정한 입자 (높은 에너지에서 생성되었다가 금방 사라지는 입자 – 옮긴이)를 무더기로 발견함으로써 코어이론의 여러 개념들을 하나로 통합하는 데 기여해왔다. 코어이론은 입자의 종류가 너무 많아서 표면상으로 매우 복잡하게 보인다(사실 이 입자들 중 대부분은 자연을 구성하는 궁극적 기본단위가 아니다). 길고 긴 입자 목록에 마음을 빼앗기면 그 저변에 깔려 있는 개념을 간과하기 쉽다. 다행히도 코어이론의 핵심 개념은 실험을 통해 발견된 증거들보다 훨씬 단순하다. 물론 증거는 확실하게 존재한다. 그러나 우리에게 중요한 것은 실험적 증거가 아니라 코어이론을 떠받치고 있는 아름다운 개념들이다.

일반적 논의는 이 정도로 해두자. 이 장에서는 코어이론을 네 단계에 걸쳐 설명할 예정이다.

첫 단계는 몇 개의 그림과 은유적 표현을 통해 코어이론의 핵심을 조명하는 것이다. 이 과정을 거치면 **고유공간**(property space)과 **국소대칭**의 아름다움이 극명하게 드러난다.

플라톤의 이상형을 물리학의 최종 목표로 간주한다면 이것으로 우리의 할 일은 거의 끝난 거나 다름없다. 남은 부분은 우리가 처음부터 줄곧 추구해왔던

$$이상형 \longleftrightarrow 실체$$

의 관계를 확인하는 것이다.

두 번째 단계에서는 강력의 원리를 좀 더 깊이 들여다보고, 세 번째 단계에서는 우리에게 비교적 덜 친숙한 약력에 대해 알아볼 것이다. 약력은 매우 복잡한 힘이어서 모든 내용을 다루지는 못할 것 같다(솔직히 말해서 약력의 얼개는 그리 아름답지 않다!). 마지막으로 네 번째 단계에서는 지금까지 언급된 내용을 종합하여, 코어이론의 물리학적 의미와 미학적 가치를 평가하고자 한다. 이 단계로 가면 코어이론의 아름

다운 면과 미학적으로 부족한 부분이 분명하게 드러날 것이다.

1단계: 코어이론의 핵심

고유공간

인간은 다른 어떤 생명체보다 시각 의존도가 높은 동물이다. 우리의 두뇌는 시각 정보를 분석하는 데 상당 부분을 할애하고 있으며, 성능도 매우 뛰어나다. 모든 인간은 타고난 기하학자여서 움직이는 물체만 봐도 공간을 인지할 수 있다.

입자와 힘의 특성은 숫자와 대수학만으로도 설명이 가능하다. 그러나 사람은 시각 의존도가 높기 때문에 공간적 상상력과 기하학을 동원하면 설명이 훨씬 간편해지고 아름다움을 느끼기도 쉬워진다.

공간 상상력을 발휘하면 코어이론의 핵심 방정식과 이것을 확장한 방정식들(다음 장에서 다룰 것이다)을 비교적 쉽게 이해할 수 있다. 그러나 이를 위해서는 유연한 사고력으로 공간기하학의 일상적인 개념을 조금 수정해야 한다. 새로 도입된 개념들 중 가장 중요한 것이 바로 고유공간이다.

몰리에르(Molière)의 희곡 〈서민귀족〉에서 주르댕은 자신의 철학 선생에게 다음과 같은 질문을 던진다.

주르댕 제가 니콜에게 "내 슬리퍼 가져오고 수면모자 좀 꺼내와"라고 했다면 이게 산문체인가요?

철학 선생 당연하지.

주르댕 와! 그걸 어떻게 아셨습니까? 저는 40년 동안 산문체로 말을 해오면서 나 자신이 그러고 있다는 사실을 전혀 몰랐는데 말이죠!

이와 비슷하게 우리는 여분 차원과 장(場), 그리고 고유공간(이 세 가지 항목은 영어의 관계대명사 'that'과 'which'처럼 상호 대치가 가능하다. 자세한 내용은 책 뒤에 수록된 '용어해설'을 참고하기 바란다)을 자신도 모르는 사이에 매일같이 느끼고 있다. 컬러사진을 볼 때마다 우리의 두뇌는 일상적인 3차원 외에 여분의 3차원(색)을 분석하고 컬러영화나 TV 또는 컴퓨터 모니터를 볼 때 시공간 외의 3차원 고유공간을 인식하고 있다.

컴퓨터 모니터를 예로 들어보자. 컴퓨터에 담긴 정보는 어떤 과정을 거쳐 화면에 나타나는가? 좀 더 실용적인 질문은 다음과 같다.

"프로그래머는 컴퓨터가 해야 할 일을 어떻게 지시하는가?"

모니터의 화면이 바뀌었다는 것은 가로-세로 픽셀에 담긴 정보가 달라졌다는 뜻이다. 모니터 화면은 2차원 평면이므로, 이를 위해서는 두 개의 숫자 x, y가 필요하다. 개개의 픽셀들이 일반적인 색을 표현하려면 (맥스웰이 가르쳐준 대로) 세 종류의 색을 섞어야 하는데, 이것이 바로 빛의 삼원색인 적색, 녹색, 청색이다. 이들의 광도를 각각 R, G, B라 하자. 따라서 컴퓨터에게 특정 시간 t에 특정한 영상을 표현하도록 지시하려면 각 픽셀마다 t, x, y, R, G, B라는 여섯 개의 변수를 할당해야 한다. 이들 중 x, y는 공간상의 위치를 결정하고 세 개의 숫자 t, x, y는 시공간상에서 한 점을 정의하며, 나머지 R, G, B는 픽셀의 색을 결정한다. 그런데 R, G, B는 숫자라는 점에서 t, x, y와 다를 것이 없으므로, 우리는 R, G, B를 '시공간과 별개로 정의된 3차원 **고유공간**'으로 해석

뷰티풀 퀘스천

그림 32 여분 차원의 개념을 추상적으로 표현한 그림. 일상적 공간의 모든 점마다 추가 공간이 할당되어 있다. 이 그림에는 추가 공간이 구의 형태로 표현되어 있지만 반드시 구형일 필요는 없다.

할 수 있다!

고유공간의 개념을 기하학적으로 표현하면 〈그림 32〉와 같다. 고유공간은 실제 공간의 모든 점마다 추가로 할당된 공간으로 생각할 수 있는데, 이 그림에서는 추가 공간이 구형으로 표현되어 있다. 그러나 색과 관련된 고유공간은 기본색이 세 종류이고(적색, 녹색, 청색) 각 색상의 광도가 0부터 1 사이의 값을 갖기 때문에 정육면체로 표현하는 것이 가장 그럴듯하다. 〈그림 II〉가 바로 이 정육면체이고, 〈그림 32〉의 구를 정육면체로 대치하면 〈그림 JJ〉가 된다. 간단히 말해서 〈그림 JJ〉는 〈그림 32〉의 여분 차원을 고유공간으로 구현한 것이다!

각 픽셀에 할당된 색은 앞에서 말한 대로 3차원 고유공간(색공간)의 R, G, B값에 의해 결정된다. 〈그림 KK〉는 동일한 컬러사진의 R, G, B값에 변화를 준 것이다. 맨 오른쪽에 있는 사진은 정상적인 조합으로 만든 원본이고, 맨 왼쪽은 고유공간을 1차원으로 줄여서 G값만 할당한 사진이며($R = 0, B = 0$), 가운데 사진은 고유공간을 2차원으로 간주하여 R과 G값만 할당한 사진이다($B = 0$).

고유공간의 차원과 코어이론의 기본 구조 사이에는 신기한 유사성이 존재한다. 그런 의미에서 나는 〈그림 KK〉의 사진에 각각 '전자기력', '약력', '강력'이라는 이름을 붙여놓았다.

양자역학의 언어로 말하자면 전자기학은 전기전하와 시공간의 분포에 광자가 반응하는 방식을 서술하는 이론이다[맥스웰의 고전 전자기학을 양자역학 버전으로 수정한 이론을 양자전기역학(Quantum Electrodynamics, QED)이라 한다 - 옮긴이]. 다시 말해 광자는 하전입자의 위치와 속도를 느끼고, 거기에 알맞게 반응한다는 뜻이다. 광자는 시공간의 모든 지점에서 전기전하에 해당하는 '숫자'를 본다. 따라서 광자가 느끼는 고유공간은 1차원이다(〈그림 KK〉의 첫 번째 사진에 '전자기력'이라는 이름을 붙인 이유가 바로 이것이다!).

곧 알게 되겠지만 강력은 '전자기력의 초강력 버전'이라 할 수 있다. 강력을 서술하는 이론, 즉 양자색역학(Quantum Chromodynamics, QCD)의 방정식은 맥스웰 방정식과 비슷하지만 3차원의 '강력 고유공간'에서 펼쳐진다. 그리고 QCD에서는 무려 여덟 개나 되는 광자들이 (이들을 글루온이라 한다) 고유공간에서 다양한 방식으로 반응하고 있다. 그런데 신기한 것은 글루온이 반응하는 '색전하'가 빛의 삼원색인 R, G, B와 매우 비슷하다는 점이다. 물론 이 색전하는 우리가 느끼는 색상이 아니라 전하의 종류가 세 개이기 때문에 편의상 색의 이름을 따서 명명한 것뿐이다.[8] 더 자세한 내용은 강력을 다룰 때 언급하기로 한다.

음양(陰陽)의 조화

파인만의 스승이었던 존 휠러(John A. Wheeler)는 '물리학계의 작명가'로 유명하다. 중력이 너무 강해서 빛조차 빠져 나올 수 없는 '블랙홀(black hole)'을 필두로 이 책에서 나중에 다루게 될 '질량 없는 질량(Mass Without Mass)' 등 수많은 용어들이 휠러의 작품이다. 그는 새로운 중력이론인 일반상대성이론의 핵심을 다음과 같이 시적으로 표현했다.

> 물질은 시공간이 어떻게 휘어져 있는지를 말해주고,
> 시공간은 물질이 어떻게 움직이는지를 말해준다.

일단은 휠러의 표현을 문자 그대로 해석한 후 문제가 발견될 때마다 수정을 가해보자. 제일 먼저 할 일은 '말해준다'의 의미를 해석하고 '물질'과 '시공간'의 의미를 우리의 목적에 맞게 수정하는 것이다.

시공간은 어떻게 물질의 갈 길을 결정하는가? 일반상대성이론에 의하면 시공간이 물질에 하달한 운동 지침은 아주 간단하다. "가능한 한, 측지선을 따라가라!"

휘어진 면, 즉 곡면 위에서 임의의 두 점을 연결하는 가장 짧은 선을 측지선(geodesic)이라 한다. 유클리드 기하학에서 두 점을 연결하는 가장 짧은 선이 직선인 것처럼 곡면 위에서는 두 점을 잇는 모든 선들 중 측지선보다 짧은 선은 존재하지 않는다. 이와 같은 개념(곡률 또는 측지선)은 2차원 면뿐만 아니라 3차원 공간이나 4차원 시공간에도 적용할 수 있다. 아인슈타인은 일반상대성이론에서 중력의 역할을 다음과 같이 서술했다(그의 표현력도 휠러 못지않게 시적이다). "물체가 중력에 끌려 떨어지거나 궤도운동을 하는 것은 휘어진 시공간에서 측지선을 따라가려는 노력의 결과이다."

휠러의 설명은 지나치게 단순한 감이 있다. 우주에 존재하는 힘이 중력뿐이라면 꽤 훌륭한 설명이지만 이 세상에는 중력 외에도 세 종류의 힘이 더 존재한다! 따라서 좀 더 정확하게 서술하려면 약간의 수정을 가해야 한다.

기하학의 만트라(주문)

휠러의 시에서 '물질'이라는 단어는 지나치게 시적이다. 일반적으로 물질은 몇 가지 특성을 갖고 있는데(예를 들면, 전하), 시공간의 곡률(curvature, 휘어진 정도)을 결정하는 것은 에너지와 운동량의 총밀도이다. 따라서 휠러의 서술은 다음과 같이 수정하는 것이 바람직하다.

에너지-운동량은 시공간이 어떻게 휘어져 있는지를 말해준다.

중력 외의 다른 힘들도 물질의 운동에 영향을 준다. 그러나 이 힘들은 작용하는 방식이 다르기 때문에 물체를 측지선에서 벗어나게 만든다. 그러므로 휠러의 두 번째 시구는 다음과 같이 수정되어야 한다.

시공간은 에너지-운동량이

(시공간에서) 측지선을 따라가는 이유를 말해준다.

두 구절을 합하면 다음과 같다.

에너지-운동량은 시공간이 어떻게 휘어져 있는지를 말해주고,

시공간은 에너지-운동량이

(시공간에서) 측지선을 따라가는 길을 알려준다.

이 표현을 코어이론의 전자기학 버전으로 바꿔보자.

전기전하는 공간의 전자기적 특성이

(전자기적 고유공간 안에서) 어떻게 휘어져 있는지를 말해준다.

약력 버전은 다음과 같다.

약전하(weak charge)는 고유공간이 어떻게 휘어져 있는지 말해주고,

약력의 고유공간은 약전하가

(고유공간 안에서) 측지선을 따라가는 길을 알려준다.

물론 강력 버전도 있다.

강전하(색전하)는 강력의 고유공간이

어떻게 휘어져 있는지를 말해주고,

강력의 고유공간은 강전하가

(고유공간 안에서) 측지선을 따라가는 길을 알려준다.

코어이론에 등장하는 네 개의 힘은 각각 에너지-운동량, 전기전하, 약전하, 그리고 색전하라는 특성을 갖고 있다. 또한 물질입자는 휠러가 말한 것보다 훨씬 복잡한 고유공간(전자기력, 약력, 강력의 고유공간) 속에서 이동하고 있다. 그러나 코어이론에 의하면 물질은 이 복잡한 환경에서 다음과 같은 '음(陰)의 원리'를 따른다.

가능한 한, 똑바로 나아가라!

음과 양

코어이론에 의하면 네 개의 힘들은 하나의 주제에서 파생된 변주곡과 비슷하다. 특히,

$$물질 \parallel 시공간$$

의 이중성은 매우 아름다우면서 중국의 전통적 철학 개념인,

$$음 \parallel 양$$

의 상보적 관계를 닮았다.

음은 땅, 물(물질)과 관련된 순종적 원리로서 '자연스러운 것' 또는 '힘에 순종하는 것'들이 저항이 가장 적은 길(측지선)을 따라간다는 원

리이다.

반면에 양(陽)은 자연에 기를 불어넣는 원리로서 하늘(시공간)과 빛(전자기적 유동체. 뒤 내용 참조!) 그리고 힘과 관련되어 있다.

이런 관점에서 볼 때 코어이론은 네 쌍의 음-양이 조화를 이룬 이론이라고 할 수 있다.

우리는 〈그림 A〉에서 중국 전통서예가 쉬파 헤의 작품인 태극(太極) 문양을 접한 적이 있다. 태극은 음양의 합치를 상징하는 도형으로, 모든 존재와 가치의 근원인 궁극적 실체를 의미한다.

태극은 여러 가지 뜻으로 해석될 수 있는데, 내가 보기에 가장 그럴듯한 해석은 '최상위의 양극성'쯤 될 것 같다. 이 그림에는 음(어둠)과 양(빛)이 대조되어 있어서 종종 〈음양도(陰陽圖)〉라 불리기도 한다. 음과 양은 서로 분리될 수 없는 한 몸으로, 각자 상대방을 포함함과 동시에 상대방에게 포함된 관계이다.

물리적 실체를 가장 정확하게 서술하고 있는 양자이론과 코어이론(중력, 전자기력, 약력, 강력)에도 음양의 원리를 연상시키는 개념이 들어 있다. 양자이론의 기초를 세웠던 닐스 보어는 상보성원리와 음양이원론에서 강한 유사성을 발견하여, 아예 태극 문양을 자기 집안의 문장(紋章)으로 삼았다(〈그림 42〉). 코어이론에서는 유동체로 가득 찬 공간(양)과 물질(음)이 서로 영향을 주고받으며 조화를 이루고 있다.

흐름의 만트라

세계 지도는 반드시 구면 위에 그릴 필요가 없다. 지구와 같은 곡면의 지리학적 정보는 평면에 투영하여 나타낼 수 있다. 독자들도 지구본보다는 종이 위에 그린 지도에 더 익숙할 것이다.

일반적으로 휘어진 공간이나 휘어진 시공간의 기하학적 구조는 거리에 대한 정보를 평면격자에 투영하여 표현할 수 있다. 평면상의 각 점에서 특정 방향으로 한 걸음 나아갔을 때 도달할 수 있는 거리를 숫자로 표현하면 된다. 우리가 속한 공간도 이런 식으로 몇 개의 숫자를 이용하여 표현할 수 있다. 수학에서는 이것을 **계량장** 또는 줄여서 **계량**(metric)이라고 한다.

물리학에서 시공간의 기하학적 구조를 논할 때는 패러데이와 맥스웰의 아이디어에 입각한 '계량유동체'를 사용한다. 이것은 아인슈타인의 일반상대성이론에서 뉴턴의 고전 중력이론을 대신하는 개념이다.

여기서 말하는 '유동체'는 맥스웰의 이론에 등장하는 전자기적 유동체와 비슷하여, 맥스웰의 전자기파와 헤르츠의 라디오파와 비슷한 **중력파**(gravitational wave)를 발생시킨다.

기하학적 정보가 담긴 유동체를 이용하여 '흐름의 만트라'를 외워보자.

에너지-운동량은 계량유동체가 흐르는 방식을 말해준다.
계량유동체는 에너지-운동량이 흐르는 방식을 말해준다.
전기전하는 전자기적 유동체가 흐르는 방식을 말해준다.
전자기적 유동체는 전기전하가 흐르는 방식을 말해준다.
약전하는 약력유동체가 흐르는 방식을 말해준다.
강전하는 강력유동체가 흐르는 방식을 말해준다.
강력유동체는 강전하가 흐르는 방식을 말해준다.

언뜻 보기에는 동일한 후렴구가 반복되는 것 같지만 이 만트라(주문)는 새로운 관점을 제시하고 있다.

- 음(물질)과 양(힘)은 동등한 자격으로 상대방의 갈 길을 인도하고 있다. 둘 사이의 이중성이 더욱 깊은 단계에서 하나로 통일되어 있음을 강하게 시사하는 대목이다. 다음 장에서 알게 되겠지만 이 과감한 아이디어는 '초대칭(supersymmetry, susy)'을 통해 현실로 구현된다.
- 전자기력의 경우 흐름의 만트라는 기하학적 개념보다 패러데이와 맥스웰이 창안했던 원래 개념에 더 가깝다. 반면에 기하학의 만트라는 고전 중력이론을 대체한 아인슈타인의 일반상대성이론에 가깝다. 이렇듯 여러 개념들이 서로 짝을 맞춰 조화를 이루는 것은 물리학의 신이 우리에게 남겨준 아름다운 선물이다. 이 또한 자연에 존재하는 모든 힘들이 가장 근본적인 단계에서 하나로 통일되어 있음을 시사하고 있다.
- 가장 기본적인 사실: 공간이건 시공간이건 간에 일단 기하학적 구조가 수학적 유동체로 표현되면 그 흐름을 머릿속에 그릴 수 있다. 또한 이 유동체는 자생력을 갖고 있다.

국소대칭의 아바타

지금까지 힘이 물질의 갈 길을 인도하고 양이 음의 갈 길을 인도하는 원리에 대해 알아보았다. 이로써 휠러가 쓴 시의 두 번째 구절에 대한 수정이 완료된 셈이다. 이제 개념의 순환이 완료되려면 앞에서의 원리가 반대 방향으로도 진행될 수 있는지 확인해야 한다.

지금 우리에게 주어진 과제는 국소대칭이라는 아름다운 개념을 가이드로 삼아 시공간과 고유공간의 곡률을 알려주는 방정식을 알아내는 것이다. **국소대칭**은 13장에서 이미 다룬 바 있다. 지금부터 그 내용을 간략하게 복습한 후 좀 더 넓은 범위로 확장해보자.

아인슈타인은 1905년에 특수상대성이론을 담은 역사에 길이 남을 논문을 발표했다. 그러나 자신의 이론이 뉴턴의 중력에 적용될 수 없음을 깨닫고 그 후로 10년 동안 중력에 적용되는 상대성이론을 연구했는데, 훗날 이 시기를 회상하면서 "간절한 열망에 사로잡힌 채 갈피를 못 잡고 헤맸던 어둠의 세월"이라고 했다.

아인슈타인의 지적 방황은 시공간의 곡률을 말해주는 장방정식을 유도함으로써 해피엔딩으로 끝났다. 고전 중력이론을 대신할 새로운 중력이론, 즉 일반상대성이론이 드디어 완성된 것이다. 그는 국소대칭의 시공간 버전인 '**일반공변성**'을 요구함으로써 새 이론을 완성할 수 있었다.

코어이론의 국소대칭을 좀 더 깊이 이해하기 위해 앞에서 맥스웰방정식을 논할 때 도입했던 '방정식의 대칭'을 떠올려보자. 방정식에 등장하는 물리량의 일부 또는 전부를 바꿔도 전체적인 내용이 변하지 않을 때 우리는 그 방정식에 "대칭성이 존재한다"고 말한다. 그런데 대부분의 방정식은 대칭적이지 않기 때문에 주어진 물리계에 대칭성만 요구해도 원하는 방정식을 찾을 수 있다. 또한 이것은 (다소 주관적인 생각이지만) 특별히 아름다운 방정식을 찾는 방법이기도 하다.

(물리학자들 중에는 방정식에 '대칭'이라는 표현을 쓰는 것을 불편하게 생각하

는 사람도 있다. 방정식의 대칭은 일반적으로 통용되는 대칭과 의미가 조금 다르기 때문이다. 독자들도 이것 때문에 혼란스럽다면 보조 수단이나 대체물로 '불변성'을 떠올리기 바란다. 그래도 방정식의 대칭은 여러 문헌에서 사용되고 있으므로, 나는 방정식에 대칭이라는 용어를 계속 사용할 것이다. 어떤 이름으로 부르건, '변화 없는 변화'라는 기본 개념은 달라지지 않는다.)

물리법칙의 대칭이란 전통적인 의미에서 비국소적인(또는 광역적인) 대칭을 의미한다. 즉 우주에 일괄적인 변화를 가해도 물리법칙이 달라지지 않는다는 뜻이다(저자는 원문에서 'global symmetry'를 시종일관 'rigid symmetry', 즉 '견고한 대칭'으로 표기하고 있으나, 물리학의 표준 표기법에 의하면 '광역대칭'이 맞는 표기이다. 번역자도 굳이 표준을 따를 의향은 없지만 이미 많은 사람들에게 익숙해진 용어를 굳이 혼자서 다르게 표기하는 것도 바람직하지 않다고 사료되어 원문의 '견고한 대칭'을 모두 '광역대칭'으로 번역해놓았다. 독자들의 양해를 바란다 – 옮긴이). 예를 들어 우리는 우주의 만물을 같은 방향으로 일제히 1m씩 옮겨도 물리법칙의 내용이 달라지지 않는다고 가정하고 있는데, 좀 더 깊이 생각해보면 이것은 물리법칙이 공간에서 특정 위치를 선호하지 않는다는 뜻이다. 또는 우주의 모든 곳에서 물리법칙의 형태가 똑같다는 뜻이기도 하다. 그러나 특정한 물체를 골라서 그것만 옮겨놓으면 물체들 사이의 상대적 위치가 변하고, 그 결과 뉴턴의 중력법칙과 쿨롱(Charles Augustin de Coulomb)의 전기력법칙 등 힘과 관련된 법칙은 당연히 달라진다. 물체들 사이의 상대적 거리가 변하면 힘의 세기도 변하기 때문이다.

국소대칭에는 시간과 공간에 따라 달라지는 변환이 도입된다. 이 변환은 우주를 전체적으로 고려할 필요 없이 **국소적으로** 적용될 수 있기 때문에 '국소'라는 용어를 쓰는 것이다. 이제 방금 전에 언급했던 변환, 즉 모든 물체를 옮기는 변환을 생각해보자. 이런 경우 물리법칙에 대칭성이 존재하려면 모든 물체를 일괄적으로 같은 거리만큼 옮겨야 한다(물론 방향도 같아야 한다). 물체들 사이의 상대적 거리를 바꾸면 힘을 서술하는 법칙도 달라진다! 그러나 **물체를 옮길 때 계량유동체를 적절하게 조절하면** 물체들 사이의 상대적 거리를 그대로 유지하고 물리법칙도 달라지지 않게 만들 수 있다. 이것이 바로 국소대칭의 핵심이다!

국소대칭의 기본 개념은 〈그림 EE〉와 같은 애너모픽 아트와 비슷하다. 앞서 말한 바와 같이 원근·사영기하학은 동일한 물체(불변)를 다른 관점(변화)에서 바라봤을 때 나타나는 '변하지 않는 변화'를 예술적·과학적으로 표현한 것이다. 이런 기법을 적용하면 동일한 물체를 다양한 형태로 표현할 수 있고 여러 개의 상이한 그림들이 동일한 원본에서 탄생했음을 알아차릴 수 있다. 그러나 제멋대로 휘어진 거울이나 렌즈처럼 각 위치마다 굴절률이 다른 매질을 도입하면 물체의 **외관이 훨씬 복잡해진다.** 국소대칭의 기본 아이디어도 이와 비슷하다. 다만 변환을 물체에 적용하는 대신 방정식에 적용한다는 점이 다를 뿐이다.

이론에 국소대칭을 요구하면 방정식에 커다란 제한조건이 가해진다. 크게 변형된 방정식이 원래의 방정식과 동일한 결과를 낳아야 한다는 것은 엄청나게 큰 제약이다. 이런 일이 가능하려면 (이론에 등장하는 고유공간을 포함한) 시공간이 적절한 유동체로 가득 차 있어야 한다. 이 상황은 관점에 따라 '유동체가 **왜곡시켰다**'고 볼 수도 있고 '유동체가 **왜곡을 보상했다**'고 볼 수도 있다. 어떤 관점을 따르건, 국소대칭이 존재하려면 유동체가 시공간을 가득 메우고 있어야 한다. 그리고 이 유동체가 자신의 역할을 제대로 수행하려면 매우 특별한 방정식을 만족해야 한다.

아인슈타인은 특수상대성이론에 국소대칭을 요구함으로써 일반상대성이론의 핵심인 계량장 방정식을 유도할 수 있었다. 그리고 강력과 약력의 고유공간에서 회전변환을 국소화하면 약력유동체와 강력유동체가 만족하는 방정식을 유도할 수 있다. 이로부터 구축된 이론이 바로 양전닝과 로버트 밀스(Robert L. Mills)가 개발한 양-밀스 이론(Yang-Mills theory)이다. 이보다 전에 독일의 수학자 헤르만 바일은 이와 비슷한 방법으로 맥스웰 방정식을 유도했는데, 양과 밀스의 이론은 여기에 기초를 두고 있다.

유동체에서 소립자(또는 양자)로 넘어가서 이론에 국소대칭을 요구하면 중력자와 광자, 약한 보손(weak boson), 글루온(이들은 각각 중력, 전자기력, 약력 그리고 강력을 매개한다)의 존재와 이들의 특성이 자연스럽게 유도된다. 이들이 보유한 대칭을 전문 용어로 서술하면 다음과 같다.

- 특수상대성이론의 국소 버전은 일반공변성을 만족한다.
- 전기전하의 고유공간에서 회전변환의 국소 버전은 $U(1)$게이지대칭을 만족한다.
- 약전하의 고유공간에서 회전변환의 국소 버전은 $SU(2)$게이지대칭을 만족한다.
- 강전하의 고유공간에서 회전변환의 국소 버전은 $SU(3)$게이지대칭을 만족한다.

'게이지대칭(gauge symmetry)'이라는 용어는 흥미로운 역사를 갖고 있다. 자세한 이야기는 미주에 정리해놓았으니 관심 있는 독자는 읽어보기 바란다.[9]

앞에서의 내용을 외우기 쉽게 정리해보자.

> 중력은 일반공변성의 아바타이다.
> 광자는 게이지대칭 1.0의 아바타이다.
> 약한 보손은 게이지대칭 2.0의 아바타이다.
> 글루온은 게이지대칭 3.0의 아바타이다.

이 정도면 앞에서 말했던,

$$\text{이상형} \longleftrightarrow \text{현실(실체)}$$

의 관계가 충분히 입증된 셈이다. 우리의 성공을 자축하는 의미에서 〈그림 LL〉을 잠시 감상해보자. 대칭적인 물체를 어안렌즈로 촬영하면 대칭의 구체적인 형태가 위치에 따라 다르게 보인다. 이런 사진이나 그림에는 국소대칭이 아름답게 구현되어 있다.

마지막으로 우리의 관심을 '국소대칭을 갖춘 이론'에서 '국소대칭을 창조하는 과정'으로 돌려보자. 이 과정은 세 단계에 걸쳐 이루어지는데, 첫 단계는 표현하고자 하는 대상 물체를 고르는 단계이고, 두 번째는 물체를 바라보는 방법을 선택하는 단계이며(변환), 세 번째는 변환을 가하는 매개체(유동체)를 고르는 단계이다. 〈그림 33〉은 애너모픽 아트 작품이 만들어지는 과정을 표현한 것으로, 〈그림 K〉와 〈그림 L〉

뷰티풀 퀘스천

그림 33 애너모픽 아트 작품이 만들어지는 과정.

의 업데이트 버전에 해당한다. 현대의 예술가들은 고도의 기술을 갖춘 장인으로서 윌리엄 블레이크보다 상상력이 풍부하고 쾌활하며, 과거보다 훨씬 다양한 도구를 사용하고 있다.

입자의 위치로부터 정체를 파악하다

한 입자가 빈 공간에서 움직일 때 종류가 달라지는 경우가 있다. 예를 들어 붉은 쿼크(붉은 색전하를 갖고 있는 쿼크)는 푸른 쿼크로 바뀔 수 있다. 그러나 앞서 말한 바와 같이 동일한 상황은 여러 관점에서 다르게 서술될 수 있으므로, 붉은 쿼크와 푸른 쿼크는 각기 다른 위치를 점유하고 있는 동일한 입자로 간주할 수 있다! 입자의 정체성 안에 위치가 함축되어 있는 것이다.

글루온은 색전하에 반응하기 때문에 강력의 고유공간에서 입자의 위치(또는 일반적으로 장이나 파동함수의 분포)를 '바라봄으로써' 자신이 할 일을 결정한다. 글루온에 중요한 것은 고유공간과 시공간에서 입자의 위치이다. 역으로 우리가 글루온의 거동을 관측할 때는 색전하 공간으로부터 날아온 메시지를 수신한다. 고유공간은 처음에 상상력을 펼치는 보조 수단으로 도입되었지만 계속 논리를 펼치다 보니 현실적인 요소로 격상되었다.

2단계: 강력

원자핵의 구조

1911년 한스 가이거(Hans Geiger)와 어니스트 마스덴(Ernest Marsden)은 현대 원자이론에 결정적인 기여를 했다. 당시 두 사람은 러더퍼드 연구소에서 스승인 어니스트 러더퍼드(Ernest Rutherford)의 지시에 따라 산란실험 데이터를 수집하고 있었는데, 주 업무는 라듐에서 방출된 알파입자를 얇은 금박막으로 발사한 후 입자의 경로가 휘어지는 정도를 관측하는 것이었다. 훗날 러더퍼드는 이 실험을 다음과 같이 회고했다.

산란실험은 내 평생 한 번도 본 적이 없는 이상한 결과를 낳았다. 그 것은 마치 허공에 휴지 조각을 매달아놓고 직경 40cm짜리 대포알을 발 사했는데, 휴지에 맞고 뒤로 튕겨 나온 것과 비슷한 상황이었다. 나는 한동안 이 문제를 깊이 생각한 끝에 입사 입자가 뒤로 튕겨 나오는 것은 '단 한 번의 충돌 사건의 결과'일 수밖에 없다는 결론에 도달했다. 그리 고 구체적인 계산을 해보니 원자질량의 대부분이 아주 작은 원자핵에 집중되어 있어야 했다. 원자는 한 덩어리가 아니라 질량의 대부분을 차 지하는 조그만 원자핵이 양전하를 띤 채 중심부에 자리 잡고 있고, 음전 하를 띤 전자가 그 주변에 분포된 형태였다….

러더퍼드는 매우 간단한 원자모형으로 실험 결과를 설명했다. 그의 모형에 의하면 원자의 중심부에는 모든 양전하와 대부분의 질량을 차 지하는 원자핵이 자리 잡고 있었다. 원자핵은 작지만 아주 무거운 데 다가 모든 양전하가 집중되어 있기 때문에 자신은 크게 움직이지 않 으면서 강한 전기적 척력을 발휘하여 입사 입자(라듐에서 방출된 알파입 자는 양전하를 띠고 있다 - 옮긴이)를 뒤로 튕겨나가게 만들 수 있었던 것 이다. 단, 원자핵은 아주 작기 때문에 대부분의 입사 입자는 표적을 그 냥 통과하고 뒤로 튕겨나가는 사건은 아주 드물게 일어난다. 러더퍼 드의 모형은 당대의 물리학자들에게 매우 생소했지만 실험 결과를 설 명하려면 다른 선택의 여지가 없었다. 원자의 중심부에는 작고 무거 운 원자핵이 자리 잡고 있고, 그 주변에는 음전하를 띤 가벼운 전자들 이 넓은 영역에 걸쳐 퍼져 있는 것 같았다.

이것은 과학사에 한 획을 긋는 중요한 발견이었다. 러더퍼드의 원자모형이 알려진 후로 원자에 대한 연구는 두 분야로 나뉘게 된다. 그중 하나는 양전하를 띤 무거운 원자핵과 음전하를 띤 가벼운 전자의 상호작용을 고려하여 전자의 상태(에너지준위)를 연구하는 원자물리학인데, 이 분야는 앞에서 양자적 아름다움을 논할 때 이미 다루었다.

두 번째 분야는 핵의 구성 성분과 그곳에 적용되는 법칙을 연구하는 핵물리학이다.

그 후로 얼마 지나지 않아 물리학자들은 전자기력만으로는 핵의 구조를 설명할 수 없음을 깨달았다. 양전하가 원자핵 안에 똘똘 뭉쳐 있으면 전기적 반발력이 작용하여 산산이 흩어져야 하는데, 실제로는 그렇지 않았기 때문이다. 그렇다면 중력으로 뭉쳐 있을까? 아니다. 비슷한 스케일에서 중력은 전자기력과 비교가 안 될 정도로 약하기 때문에 거의 아무런 기여도 하지 못한다. 원자핵의 안정성을 설명하려면 고전물리학에 없는 새로운 힘이 도입되어야 했다.

핵물리학은 두 가지 과제를 떠안았다. 원자핵은 무엇으로 이루어져 있는가? 그리고 이들 사이에는 어떤 힘이 작용하는가? 첫 번째 과제는 몇 년 만에 부분적으로 해결되었다. 수소원자의 핵은 더 이상 분할될 수 없는 한 단위의 양전하로 이루어져 있으며, 다른 원자핵의 질량은 수소원자핵의 정수 배에 가깝다. 즉 수소원자의 원자핵은 일반적인 원자핵의 기본단위로 간주할 수 있다. 러더퍼드는 이 기본단위를 '양성자(proton)'라고 불렀다. 원자핵의 구성 요소 중 하나가 밝혀진 것이다.

두 번째 구성 요소를 발견한 건 제임스 채드윅(James Chadwick)이었다. 그는 1932년에 양성자보다 질량이 아주 조금 무거우면서 전기전하가 없는 중성자를 발견했고, 그 후로 양성자와 중성자가 단단하게 결합하여 원자핵을 이룬다는 가설이 설득력을 얻기 시작했다. 이 가설을 수용하면 그동안 실험으로 확인된 다양한 현상을 설명할 수 있다. 예를 들어 주기율표에 있는 화학원소의 원자핵들은 양성자의 수가 다르기 때문에 주변을 에워싸고 있는 전자와의 상호작용도 다르고, 이로부터 화학적 다양성이 창출된다. 즉 서로 다른 화학원소들은 원자핵에 포함된 양성자의 수가 다르다. 여기에 중성자를 도입하면 동위원소의 수수께끼를 풀 수 있다. 동종의 동위원소들은 화학적 성질이 같지만 무게가 다르다. 원자핵의 양성자 수가 같으면서 중성자 수는 다르기 때문이다. 따라서 '원자핵 = 양성자 + 중성자'라는 구조를 수용하면 원자의 화학적 성질과 동위원소의 존재를 설명할 수 있다.

그렇다면 양성자와 중성자를 단단하게 결합시키는 힘은 과연 어떤 힘일까? 앞서 말한 대로 전자기력만 작용한다면 원자핵은 산산이 흩어져야 하고 중력은 이 참사를 막기에 턱없이 약하다. 원자핵이 지금과 같은 상태를 유지하려면 전자기력도 아니고 중력도 아닌 다른 힘이 작용해야 한다.

중성자가 발견되고 얼마 지나지 않아 원자핵의 구조를 탐구하는 실험은 의외의 방향으로 흘러가기 시작했다. 이 분야의 실험은 가이거와 마스덴의 산란실험(대부분의 교과서에는 러더퍼드의 산란실험으로 표기되어 있다-옮긴이)을 조금 변형한 방식으로 진행되었다. 예를 들면 고정된 양성자(수소원자)에 다른 양성자 빔을 발사한 후 튀어나오는 입자를 관측하는 식이다. 표적을 중심으로 여러 곳에 입자감지기를 설치하여 튀어나온 입자의 각도와 에너지, 그리고 종류를 분석하면 원자핵의 내부에 작용하는 힘을 간접적으로 추정할 수 있다. 실험물리학자들은 이런 식의 산란실험을 반복적으로 실행한 끝에 양성자와 중성자 사이에 작용하는 힘이 간단한 방정식으로 표현되지 않는다는 사실을 알게 되었다. 이 힘은 입자들 사이의 거리뿐만 아니라 속도와 스핀에 따라 복잡하게 변하고 있었다.

이것은 결코 바람직한 상황이 아니었다. 물리학자들은 양성자와 중성자가 단순한 입자이고 이들 사이에 작용하는 '아름다운' 힘이 모든 것을 설명해주리라 기대했으나, 실험 결과는 정반대로 흘러갔다. 고에너지 양성자를 다른 양성자에 충돌시켰더니 새로운 입자들이 무더기로 쏟아져 나온 것이다!

원래 산란실험의 목적은 단순할 것으로 예상되는 핵력의 원리를 밝히는 것이었다. 그러나 막상 실험을 해보니 π, ρ, K, η, ω, K^*, φ 등의 중간자(meson, 메손)와 Λ, Σ, Ξ, Δ, Ω, Σ^*, Ξ^*와 같은 중입자(baryon, 바리온)가 무더기로 쏟아져 나왔다. (이들은 비교적 가벼운 입자에 속한다. 무거운 입자까지 모두 나열하면 수십 종이나 된다.) 이 입자들은 상태가 지극히 불안정하여, 한 번 생성되었다가 1ms(마이크로초, 100만 분의 1초) 안에 모두 붕괴된다. 그래서 이들의 존재는 붕괴 후 생성된 부산물을 통해 간접적으로 확인하는 수밖에 없다. 지금도 미국의 브룩헤이븐 국립연구소(Brookhaven National Laboratory)와 페르미 연구소(Fermilab), 그리고 유럽입자물리연구소(European Organization for Nuclear Research, CERN)에서는 고에너지 입자가속기와 입자감지기를 이용하여 다양한 입자의 붕괴 과정과 물리적 특성을 연구하고 있다. 흔히 중간자와 중입자를 합쳐서 '**강입자**(hadron, 하드론)'라 부른다.

입자물리학자들은 나비와 말의 화석을 분류하는 고생물학자처럼 강입자의 질량과 스핀, 수명, 붕괴 패턴 등을 분석하느라 여념이 없다.

그러나 아름다움의 근원을 찾는 우리에게 이런 것은 별로 중요하지 않기 때문에 중요한 사실 두 가지만 간단하게 짚고 넘어가기로 한다.

강입자에는 중입자와 중간자가 있다. 양성자와 중성자는 중입자에 속한다. 모든 중입자는 자기들끼리 또는 중간자와 힘을 교환하는데, 이 힘은 아주 짧은 거리에서만 작용한다[입자의 종류 중 가장 큰 범주는 페르미온(fermion)과 보손인데, 중입자는 페르미온에 속한다]. 또한 모든 중간자는 자기들끼리 또는 중입자와 단거리 힘을 교환하고 있으며, 입자 분류상 보손에 속한다.

양성자와 중성자는 단순하지 않고, 더 이상 쪼갤 수 없는 궁극의 입자도 아니다. 원자핵을 양성자와 중성자의 혼합체로 간주하면 여러 가지 면에서 편리하긴 하지만 사실 이들은 상호작용이 매우 복잡한 여러 중입자들 중 하나일 뿐이다. 양성자와 중성자를 물질의 구성 성분으로 올바르게 분석하려면 더 크고 새로운 시각으로 바라봐야 한다.

쿼크모형

머리 겔만(Murray Gell-Mann)과 조지 츠바이크(George Zweig)는 탁월한 상상력과 패턴인식 기법을 동원하여 과학사에 길이 남을 쿼크모형을 완성했다.

쿼크모형에 의하면 중입자는 더 근본적 단위인 위-쿼크(u)와 아래-쿼크(d), 그리고 기묘-쿼크(s)의 속박 상태에 해당한다. 이 세 가지를 쿼크의 '향(flavor, 香)'이라 한다. 이들보다 훨씬 무겁고 불안정한 c, b, t쿼크도 있지만 앞으로 우리가 별질 논리에서 별로 중요한 역할을 하지 않기 때문에 생략한다.

겨우 세 가지 향(u, d, s)으로 어떻게 수백 종의 중입자가 만들어지는 것일까? 비결은 (u, u, d), (u, d, d) 등으로 이루어진 쿼크 삼총사가 다양한 운동 상태에 존재할 수 있다는 것이다. 이 상황은 12장에서 논했던 보어의 '양자화된 전자궤도(〈그림 26〉 참조)'와 비슷하다. 불연속적으로 분포된 상태들은 에너지가 다르므로 각기 다른 질량에 대응된다 (에너지와 질량은 $m = E/c^2$을 통해 서로 연결되어 있다). 즉 이들은 각기 다른 입자로 생각할 수 있다!

쿼크의 경우도 이와 비슷하다. 쿼크모형은 중간자를 '쿼크와 반쿼크(antiquark, 쿼크의 반입자 - 옮긴이)의 속박 상태'로 가정하고 있다. 예를 들어 위-쿼크와 반아래-쿼크가 결합된 $u\bar{d}$는 다양한 운동 상태에 놓일 수 있으며, 이 모든 상태들은 각기 다른 중간자에 대응된다.

쿼크모형은 강입자들 사이에 작용하는 복잡한 힘도 그럴듯하게 설명해준다. 개개의 쿼크들이 단순한 상호작용을 교환한다 해도 쿼크 세 개가 속박 상태를 이루거나 두 개의 쿼크(쿼크와 반쿼크)가 결합하면 상황은 얼마든지 복잡해질 수 있다. 원자의 상호작용에 기초한 화학에서도 복잡하고 강렬한 반응이 수시로 발생하지만 전자들 사이의 상호작용은 매우 단순하다.

쿼크모형은 복잡다단한 강입자의 세계를 체계화하는 데 결정적인 역할을 했다. 그러나 이 이론은 보어의 원자모형과 비슷한 논리로 진행되기 때문에 그와 비슷한 한계를 어쩔 수 없이 갖고 있다. 쿼크모형은 심증적으로 옳고 역사적으로 중요한 이론임이 분명하지만 논리적, 수학적으로 완벽한 이론은 아니며, 아직 해결되지 않은 심각한 문제점을 안고 있다.

쿼크모형은 양성자와 중성자를 비롯한 강입자의 다양한 특성을 설명해준다. 그러나 혼자 돌아다니는 쿼크는 지금까지 단 한 번도 발견된 적이 없다. 쿼크는 항상 중입자(쿼크 세 개)나 중간자(쿼크-반쿼크 쌍)의 형태로만 존재하는데, 이것을 '쿼크 감금(quark confinement)'이라 한다. 〈그림 MM〉은 중입자를 이룬 세 개의 쿼크들이 혼자 탈출하고 싶어도 탈출하지 못하는 상황을 재미있게 표현한 것으로, 나의 노벨상 수상을 기념하는 포스터에 게재되었던 그림이다. 쿼크는 양성자를 구성하는 기본 입자임이 확실하지만 개별적으로 발견된 사례는 한 번도 없다(쿼크의 전하량은 양성자의 2/3배 또는 -1/3배다).

쿼크들이 스프링이나 고무줄 같은 탄성체로 연결되어 있어서 거리가 멀어질수록 잡아당기는 힘이 강해진다고 생각할 수도 있다. 그러나 우리에게 익숙한 스프링(또는 고무줄)은 구조가 매우 복잡하기 때문에 미시 세계의 구성 요소로는 적절치 않다. 그렇다면 쿼크들 사이를 연결하는 스프링은 무엇으로 이루어져 있을까?

우리에게 익숙한 중력과 전자기력은 두 물체 사이의 거리가 멀수록 약해진다. 그런데 쿼크를 결합시키는 힘은 이와 정반대이다. 쿼크와 관련된 모든 어려움은 바로 여기서 비롯된 것이다.

문제 해결사: 양자색역학

전자기학의 맥스웰 방정식과 뉴턴(그리고 아인슈타인)의 중력 방정식 그리고 원자물리학을 지배하는 슈뢰딩거(그리고 디랙) 방정식은 높은 수준의 아름다움과 정확성을 보여주었다. 그러나 핵력을 서술하는 방정식과 쿼크모형은 이 수준에 한참 못 미치는 것 같았다.

아름답고 정확한 강력 방정식은 분명히 존재했다. 단지 물리학자들이 그것을 사용하지 않았을 뿐이다. 그것은 맥스웰 이론의 기초가 되었던 바로 그 방정식이었으며, 우리가 1단계에서 논했던 조건들을 모두 만족했다.

양전닝과 밀스의 방정식이 발견되고 거의 20년이 지난 후 강력을 서술하는 양자색역학(QCD)이 드디어 모습을 드러냈다. 이 사건은

이상형 → 현실

이 구현된 대표적 사례로 지금까지 회자되고 있다.

이 세계에는 아름다운 이상형이 구현되어 있는가?

라는 우리의 질문을 강력에 적용하면 답은 자명하다.

그렇다. 강력에는 자연의 아름다움이 확실하게 구현되어 있다.

맥스웰 이론의 스테로이드 버전

QCD는 맥스웰의 전자기학에 더 큰 대칭을 도입하여 방정식을 일반화시킨 이론이다. 그래서 나는 QCD를 'QED(양자전기역학)의 스테로이드 버전(QED on steroid, 스테로이드를 복용한 QED, 즉 QED의 강력한 버전이라는 뜻 – 옮긴이)'이라 부른다.

QED에 등장하는 전하는 전기전하뿐이다. 전기전하에는 양전하와 음전하가 있는데, 양전하는 항상 양성자 전하의 정수 배로, 음전하는

뷰티풀 퀘스천

전자의 전하의 정수 배로 나타나기 때문에 물리학자들은 양성자의 전하를 +1, 전자의 전하를 -1로 간주하고 그 외의 전하량을 정수로 표기한다. 그러나 QCD에 등장하는 전하는 두 종류가 아닌 세 종류이다. 과연 여기에 어떤 이름을 붙여야 할까? 전기전하는 두 종류뿐이므로 +와 -로 구별하면 되지만 세 종류는 사정이 다르다. 반드시 그럴 이유는 없지만 물리학자들은 쿼크의 전하에 색을 도입하여 적색과 녹색, 그리고 청색으로 구별하고 있다.

QED에서 힘을 매개하는 입자는 광자 하나뿐이다. 그러나 QCD에서 힘을 매개하는 입자, 즉 글루온은 무려 여덟 종류나 된다. 이들 중 두 개는 색전하에 반응하고(왜 세 개가 아니고 두 개일까? 다음 단락에 그 답이 들어 있다) 나머지 여섯 개는 색전하의 '변환'을 매개한다. 개중에는 적색 단위전하를 녹색 단위전하로 바꾸는 글루온도 있고, 녹색 단위전하를 청색 단위전하로 바꾸는 글루온도 있다.

QCD의 **탈색법칙**(bleaching rule)은 물리적으로 매우 중요하고 수학적으로 서술하기도 쉽지만 직관적으로는 쉽게 와 닿지 않는다(나 역시 마땅한 설명법을 찾지 못했다). 탈색법칙에 의하면 적색, 녹색, 청색 단위전하가 동일한 장소에 모여 있으면 색전하가 서로 상쇄되어 사라진다. 이것은 적색, 녹색, 청색 단색광을 하나로 합쳤을 때 백색광이 되는 현상과 비슷하다(그래서 이름도 '탈색법칙'이다). 그러나 QCD에서 말하는 색은 편의상 붙인 이름일 뿐, 실제 색과는 아무런 관련도 없다. 색전하에 반응하는 글루온이 세 개가 아니라 두 개인 것도 바로 이 탈색법칙 때문이다.

개개의 쿼크는 단위색전하를 갖고 있다. 색전하는 전기전하나 질량과 상관없이 독립적으로 존재하는 양으로, 물리적 중요성은 이들에게 전혀 뒤지지 않는다. 그러나 전기전하나 질량과 달리 쿼크의 색전하는 하나의 숫자가 아닌 '3중수(triple)'이다. 좀 더 정확하게 말하자면 색전하에는 3차원 고유공간에서의 위치 정보가 담겨 있다. 일반 독자들에게는 다소 생소하겠지만 색전하는 QCD의 핵심 개념이자 자연의 아름다움을 보여주는 대표적 사례이다.

쿼크와 글루온의 이상한 실체

쿼크는 1960년대 스탠퍼드 선형가속기(Stanford Linear Accelerator)로 산란실험을 수행했던 제롬 프리드먼(Jerome Friedman)과 헨리 켄들(Henry Kendall), 그리고 리처드 테일러(Richard Taylor)의 눈앞에 최초로 모습을 드러냈다. 역사상 최초로 양성자 내부의 스냅샷을 찍는 데 성공한 것이다. 이들은 에너지가 매우 큰 가상광자를 이용하여 지극히 가까운 거리와 시간 간격을 인식할 수 있었다(공간과 시간의 해상도를 극단적으로 높였다는 뜻이다 – 옮긴이).

프리드먼과 켄들, 그리고 테일러가 발견한 내용은 다음 세 가지로 요약된다.

양성자는 쿼크를 포함하고 있다: 광자를 이용하여 찍은 스냅샷에는 양성자 내부, 전기전하의 분포가 담겨 있었는데, 이상하게도 전기전하가 매우 작은 점에 집중되어 있었다. 러더퍼드와 가이거의 놀라운 발견이 양성자 안에서 다시 한 번 재현된 것이다! 점에 집중된 전하량과 그 외의 다른 특성들은 쿼크모형에서 예측된 값과 정확하게 일치했다.

양성자 안에서 쿼크는 거의 자유입자(힘이 작용하지 않는 입자)에 가깝다: 대부분의 스냅샷에는 세 개의 쿼크만 찍혔고 한 쿼크의 위치는 다른 두 쿼크의 위치에 영향을 받지 않는 것으로 나타났다. 이는 곧 양성자 안에서 쿼크들 사이에 작용하는 힘이 매우 약하다는 것을 의미한다. 그런데 양성자를 탈출하여 혼자 돌아다니는 쿼크는 한 번도 발견된 적이 없으므로, 쿼크들 사이의 거리가 가까울 때는 힘이 약하고, 거리가 멀수록 힘이 강해진다고 생각할 수밖에 없다. 앞에서 말했던 강력의 '심각한 문제점'이란 바로 이 역설적인 상황을 지칭한다.

양성자 내부에는 세 개의 쿼크 외에 많은 것들이 존재한다: 일부 스냅샷에서 쿼크-반쿼크 쌍의 흔적이 발견되었는데, 이것은 그다지 놀라운 일이 아니었다. 양성자 안에는 여분의 에너지가 충분하고 쿼크는 질량이 상대적으로 작기 때문에 $m = E/c^2$의 관계를 통해 작은 질량 m이 만들어질 수 있다! 정작 놀라운 사실은 쿼크의 에너지를 모두 더한 값이 양성자 질량의 절반에 불과하다는 것이었다. 광자는 전기적으로 중성인 입자를 인식하지 못하므로, 양성자에는 쿼크 외에 전기적으로 중성인 무언가가 추가로 존재한다고 생각할 수밖에 없다. 이제 곧 알게 되겠지만 이 '미시적 암흑물질'의 정체는 글루온이었다.

나중에 실행된 고에너지 충돌실험에서 쿼크와 글루온의 또 다른 특성이 발견되었다. 이 내용을 다루기 전에 일단 〈그림 NN〉을 먼저 봐주기 바란다.

초고에너지로 가속된 전자와 양전자(〈그림 NN〉) 또는 양성자와 양성자가 CERN의 대형 강입자충돌기에서 충돌할 때 어떤 입자가 생성되는지 설명할 때는 쿼크와 반쿼크 그리고 글루온이 생성되었다고 가정하고(이런 입자들은 혼자 존재하지 않지만) 무엇을 보게 될지 추정하는 것이 제일 쉽다(몇 단락만 더 읽으면 무슨 뜻인지 이해가 갈 것이다).

여기서 중요한 사실은 실험실에서 빠르게 움직이는 쿼크와 반쿼크 또는 글루온이 거의 동일한 방향으로 진행하는 강입자 제트분사(hadron jet)로 나타난다는 것이다. 그런데 어떤 경우에도 에너지(또는 운동량)는 보존되어야 하므로, 이 입자들의 총에너지(또는 운동량)는 그들을 낳은 쿼크, 반쿼크 또는 글루온의 에너지(또는 운동량)와 같다. 따라서 이 흐름을 따라가면(즉 여러 개의 강입자로 나뉘었다는 사실에 얽매이지 않고 에너지와 운동량을 추적하면) 그 저변에 숨어 있는 소립자를 볼 수 있다. 이 방법은 충돌 결과를 설명할 때 매우 효율적이다. 왜냐하면 복잡한 강입자를 직접 상대하는 것보다 이들의 구성 요소인 쿼크와 반쿼크, 그리고 글루온의 생성을 예측하기가 훨씬 쉽기 때문이다.

요즘 고에너지 물리학회에 참석하면 실험물리학자들이 낱개로 존재하지 않는 입자(쿼크, 반쿼크 또는 글루온)를 "입자가속기로 만들어서 이런저런 물리적 특성을 관측했다"고 주장하는 광경을 쉽게 볼 수 있다. 앞뒤 사정을 모르는 사람이 들으면 혼자 돌아다니는 쿼크나 반쿼크 또는 글루온을 실험실에서 관측했다는 말처럼 들린다. 그러나 이들이 하는 말은 '그런 입자에 대응되는 제트분사를 발견했다'는 뜻이다. 이것은 수학적 이상형이 현실 세계에 구현된 또 하나의 사례이다.

끈끈한 글루온

빛은 다른 빛을 자유롭게 통과한다. 만일 그렇지 않다면 빛이 수시로 산란되어 우리 눈에 보이는 세상은 지금보다 훨씬 혼란스러웠을 것이고, 망막에 맺힌 상으로부터 물체를 인식할 때까지 우리의 두뇌는 엄청난 업무량에 시달렸을 것이다. 이 기본적인 사실은 QED에도 매우 유리하게 작용했다—광자는 전하를 띤 입자에 반응하지만 자신은 전기적으로 중성이다.

QCD와 QED의 가장 큰 차이는 매개 입자의 특성에 있다. 즉 광자는 자기들끼리 상호작용을 하지 않지만 **글루온들은 적극적으로 상호작용을 교환한다.** 예를 들어 적색 단위전하를 청색 단위전하로 바꾸는 글루온을 $\bar{R}B$라 하자. 한 입자가 이런 글루온을 흡수하면 총 매개입자는 한 단위만큼 감소하고 총 청색 전하는 한 단위만큼 증가한다. 그런데 색전하는 항상 보존되기 때문에 $\bar{R}B$ 글루온은 '-1' 단위의 적색 전하와 '+1' 단위의 청색 전하를 띤 입자로 간주할 수 있다. 간단히 말해 중성이 아니라는 이야기이다. 적색 또는 청색 전하에 반응하는 다른 글루온들도 $\bar{R}B$ 글루온과 서로 영향을 주고받는다. 즉 여덟 개의 글루온들은 광자와 달리 자기들끼리 복잡한 상호작용을 교환하고 있다.

글루온(양자)에서 이들이 만든 장(場)으로 넘어가면 상호작용은 극적인 효과를 낳는다. 글루온의 역선들이 서로 잡아당기는 것이다! 쿼크와 반쿼크가 만드는 장은 공간에 골고루 퍼지지 않고 〈그림 OO〉처럼 가느다란 튜브에 집중되는 경향을 보인다(〈그림 20〉의 자기력선과 비교해보라).

글루온의 끈끈한 성질은 쿼크 감금을 설명하는 데 핵심적 역할을 한다. 간단히 말해 글루온의 선속튜브(flux tube)가 쿼크를 묶어두는 '고무줄' 역할을 하는 것이다. 하나의 색전하와 그 반대 색전하 사이의 거리가 멀어지면 둘을 연결하는 선속튜브가 길어지고 튜브가 길어지려면 에너지가 필요하기 때문에 결국은 멀어지는 것을 방지하는 저항력이 작용하게 된다. 또한 이 저항력은 거리가 멀수록 강해져서 색전하 하나를 완전히 분리하려면 무한대의 에너지가 필요하게 된다. 그런데 물리학에서 무한대란 곧 불가능을 의미하므로, 쿼크는 감금상태에서 벗어날 수 없다.

글루온의 이러한 특성은 '점근적 자유성(asymptotic freedom, 쿼크들 사이가 멀어질수록 인력이 강하게 작용하고, 거리가 가까워지면 인력이 약해지는 현상─옮긴이)'을 설명할 때도 매우 유용하다. 이들이 자체적으로 끈끈하면 쿼크로부터 멀리 떨어진 곳에 색력장(color force field)이 집중된다. 마치 병력을 한곳에 집중하는 군사작전과 비슷하다. 또는 이와 반대로 힘의 근원(쿼크)에서 약한 힘으로 출발하여 멀리 떨어진 곳에서 힘이 어떻게 작용하는지 설명할 수도 있다. 이것이 바로 점근적 자유성의 핵심이다─가까운 거리에서 약하게 작용하는 힘은 먼 거리에서 강해질 수 있다. 프리드먼-켄들-테일러가 찍었던 양성자 스냅샷도 이와 같은 논리로 설명된다.

점근적 자유성은 '힘을 연구하는 방법'의 관점에서 해석할 수도 있다. 고에너지 산란실험은 입자를 근거리에서 관측하는 실험이다. 근거리에서 입자가 자유롭다는 것은 상호작용이 약하다는 뜻이며, 입자의 거동이 그만큼 단순하다는 뜻이기도 하다.

고에너지 영역에서 QCD가 단순해지는 것은 자연이 물리학자들에게 하사한 최고의 선물이다. 이 선물 보따리를 풀면 후속 선물이 줄줄이 튀어나온다.

이해의 선물

초창기 우주는 현재의 물리학이론으로 어느 정도 이해 가능하다. 빅뱅이 일어난 직후 우주는 고에너지로 가득 차 있었다. 점근적 자유성 덕분에 우리는 우주 탄생 초기에 어떤 물질이 존재했는지 꽤 정확하게 알아낼 수 있다.

우리에게 초기 우주의 상태를 알려주는 정보원 중 하나는 고에너지 충돌(high-energy collision)실험이다. 높은 에너지에서는 입자의 운명을 좌우하는 힘이 단순해지기 때문에 중성자들 사이에서 일어나는 충돌과 그 파급효과를 꽤 정확하게 계산할 수 있다. 예를 들어 CERN의 대형 강입자충돌기는 나중에 언급될 힉스입자(Higgs boson)를 발견하는 강력한 도구이다. 머지않아 우리는 모든 힘을 하나로 통일하는 통일장이론을 완성하게 될 것이다(이 내용은 다음 장에서 다룰 예정이다).

전자기력과 강력, 그리고 약력은 완전히 다른 힘처럼 보이지만 에너지가 클수록 차이가 줄어든다. 고에너지 영역(입자들 사이의 거리가 가까운 영역)으로 가면 QCD와 QED의 수학적 구조가 거의 비슷해져서 쿼크는 전자처럼 행동하고 글루온은 광자처럼 행동한다. 에너지가 크면 스테로이드의 효과가 사라지는 것이다. 그런데 수학적, 물리학적 구조가 비슷하면 통일될 가능성도 그만큼 높아진다. 수학적 대칭에 기초한 QCD는 통일장이론으로 가는 문을 열어주었고 점근적 자유성은 물리학자들을 그 길로 밀어붙였다. 여기에 약력과 중력이론을 추가하면 신비로운 '우연의 일치'를 설명할 수 있을 것이다. 다음 장에서는 우리가 추구하는 미학적 관점에서 통일장이론을 다룰 예정이다.

이 모든 선물을 우리에게 남겨준 자연에게 다시 한 번 감사한다!

지렛대, 그리고 베일 흔들기

양자역학과 특수상대성이론의 원리에 모두 부합되는 입자이론을 구축하기란 결코 쉬운 일이 아니다. 그러나 이것은 오히려 다행이다!

그림 34 "나에게 충분히 긴 지렛대와 그것을 지탱할 받침대만 주어진다면 지구를 들어 올릴 수 있다." –아르키메데스(Archimedes)

그 덕분에 여러 개의 지렛대를 확보했기 때문이다. 어렵게 구축된 입자이론은 매우 견고하다. 다시 말해 이론을 조금이라도 수정하면 타당성을 잃게 된다는 뜻이다. 우리의 이론이 위력을 발휘하는 것은 바로 이런 점 때문이다. 게다가 까다로운 조건을 만족하는 이론은 그리 많지 않기 때문에 시간만 충분하다면 일일이 확인할 수도 있다.

일단 지렛대가 주어지면 이미 확인된 사실로부터 새로운 결과가 줄줄이 쏟아져 나온다.

점근적 자유성이 바로 이런 사실들 중 하나이다. 실험에 의하면 쿼크들 사이에 작용하는 강력은 별로 강하지 않다. 이것은 우리가 알고 있는 다른 사실에 부합되지 않는다. 양자역학과 특수상대성이론을 모두 만족하는 대부분의 이론에서 두 물체 사이에 작용하는 힘은 거리

뷰티풀 퀘스천

가 가까울수록 강해진다. 그래서 데이비드 그로스(David Gross)와 나, 그리고 데이비드 폴리처(David Politzer, 그는 독립적으로 연구를 수행했다)가 '가까울수록 약해지는 힘'을 발견했을 때 우리는 카발라(kabbala, 히브리의 신비주의 철학-옮긴이)에서 말한 대로 '사원의 베일을 흔드는 듯한' 느낌을 받았다.

그로스와 나는 몇 가지 중요한 사실(특히 쿼크 세 개가 모여 중입자가 되면서 색전하가 상쇄된다는 사실, 즉 탈색법칙!)에 기초하여 요즘 양자색역학이라 불리는 이론을 구축했다(국소대칭과 고유공간도 중요한 역할을 했다). 우리가 아는 한, 이것은 강력을 올바르게 서술할 수 있는 유일한 이론이었다.

SLAC(스탠퍼드 선형가속기)의 실험 결과와 양자장이론의 재규격화군 접근법을 액면 그대로 수용한다면 우리가 제안한 이론 외에 다른 가능성은 없는 것으로 보인다.

이것은 그로스와 내가 공동 저술한 논문의 한 구절인데, 지금 다시 읽어보니 그때의 흥분과 불안감이 생생하게 되살아난다.

역사적으로 볼 때 QCD는 점근적 자유성이 우리에게 선사한 첫 번째 선물이었다.

새로운 물리학

그 후로 수십 년 사이에 물리학은 이론과 실험으로 확연하게 분리되었다. 두 분야 모두 물리적 세계를 이해하는 것이 목적이지만 사용하는 도구는 완전히 다르다.

최근에는 컴퓨터의 성능이 크게 향상되면서 컴퓨터를 이용한 계산이 물리학의 세 번째 분야로 자리 잡았는데, 편의상 이것을 '수치해석' 또는 '시뮬레이션' 또는 간단하게 '어려운 방정식 풀기'라고 해두자. 수치해석은 이론과 실험을 병행하고 있지만 앞서 말한 이론이나 실험과는 완전히 다르다. 새로 등장한 물리학은 특히 QCD에서 괄목할 만한 성공을 거두었다.

QCD의 방정식은 컴퓨터를 가르칠 수 있을 정도로 완벽한 형태를 갖추고 있다. 입력 과정이 완료되면 컴퓨터는 빠르고 정직하게 계산을 수행하여 더할 나위 없이 정확한 결과를 내놓는다. 지금부터 수치해석이 이룩한 업적 중 가장 중요한 두 가지를 간단하게 조명해보자.

앞서 제기했던 원래 질문으로 되돌아가 보자. "원자핵의 정체는 무엇인가?" 이 질문을 조금 더 구체화시키면 "양성자란 무엇인가?"로 귀결된다. 일단 양성자를 지배하는 방정식을 알고 있으므로, 컴퓨터에 입력하여 계산을 수행하면 된다. 물리학자들은 이런 방식으로 물질의 가장 깊은 곳에 숨어 있는 이름답고 미묘한 질서를 찾아냈다(〈그림 PP〉, 〈그림 QQ〉).

수치해석이 QCD에 남긴 두 번째 업적은 질량의 기원과 관련되어 있다. 〈그림 35〉는 보통 과학책에 흔히 등장하는 그저 그런 그래프처럼 보이지만 사실 이것은 과학사에 길이 남을 위대한 업적이자 아름다움을 추구하는 우리의 여정에 가장 중요한 전환점을 가져온 데이터이다.

그래프의 가로축에는 중간자와 중입자의 이름이 나열되어 있다. 이 입자들의 특성에 대해서도 할 이야기가 매우 많지만(게다가 무척 흥미롭다!) 갈 길이 바쁜 관계로 "강입자에는 여러 종류가 있으며, 질량과 이

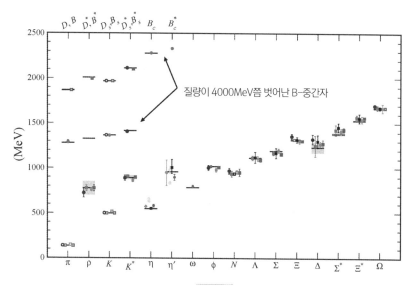

그림 35 QCD로 계산된 강입자의 질량: (대부분의) 질량의 기원.

름도 제각각이다"라는 사실만 지적하고 넘어가기로 한다. [입자의 이름
은 전통에 따라 그리스 알파벳으로 표기한다. 가끔은 별표(*)나 프라임(′)이 붙는
경우도 있다.] 세로축은 질량을 나타내는데, MeV는 원래 에너지를 나
타내는 단위지만 질량과 에너지는 서로 비례하는 관계이므로 질량의
단위라고 생각해도 무방하다. 그리고 그래프에 표시된 짧은 가로줄은
실험을 통해 확인된 각 입자의 질량을 나타낸다. (일부 입자들은 수명이
너무 짧아서 측정값의 오차범위가 매우 크다. 예를 들어 ρ입자의 질량은 가운데
짧은 실선을 에워싼 회색 사각형 내부의 어딘가에 있다.) 그래프에 찍힌 점들
은 QCD방정식을 통해 '**이론적으로 계산된**' 값들이며, 세로줄의 길이
는 컴퓨터 사용 시간 등 여러 제한조건 때문에 발생한 오차를 나타낸
다. 사실 이 계산은 엄청난 노력과 시간을 요하는 대형 프로젝트여서

기발한 알고리즘을 개발한 후 세계 최고 성능의 컴퓨터를 오랜 시간 동안 가동해야 그래프에 찍을 점 하나를 간신히 얻을 수 있다.

중간자의 '주 계열'에 속해 있는 $\pi, \rho, K, K^*, \eta, \eta', \omega, \varphi$와 중입자 N, $\Lambda, \Sigma, \Xi, \Delta, \Sigma^*, \Xi^*, \Omega$의 질량은 '위-쿼크와 아래-쿼크의 질량의 평균 값'과 '기묘-쿼크의 질량', 그리고 '단위색전하(상호작용의 전반적인 크기와 관련되어 있음)'라는 세 가지 입력 값으로부터 계산된 것이다. 그림에서 보다시피 이론과 실험이 매우 잘 일치하고 있다.

나는 단 세 개의 입력으로 이렇게 다양하고 정확한 결과를 얻은 것이 대단한 성과임을 강조하고 싶다. QCD의 방정식은 대칭으로부터 커다란 제한을 받기 때문에 조절할 여지가 거의 없다. 게다가 컴퓨터에 입력되는 정보라곤 방금 전에 나열한 단 세 개뿐이어서 하나라도 잘못되면 어이없는 결과가 나오기 십상이다. 이런 제약 하에서 계산을 수행하여, 이미 실험을 통해 알려진 강입자의 질량을 재현해야 한다. 그리고 더욱 중요한 금기 사항이 있다—계산을 어떤 방식으로 수행하건, '관측된 적 없는 입자의 질량'이 나오면 안 된다!

신성재판(ordeal, 피의자를 신체적 위기 상황에 몰아넣고 큰 부상 없이 빠져나오면 무죄를 인정하는 중세시대의 재판 - 옮긴이)을 방불케 하는 시련을 딛고 QCD는 역사에 남을 대성공을 거두었다.

이렇게 계산된 입자의 질량 중 'N[영어가 아닌 그리스 알파벳으로, '누(nu)'라고 읽는다 - 옮긴이]'라는 입자가 있다. 이것은 새로운 입자가 아니라 핵자(nucleon)를 의미한다(핵자는 양성자와 중성자의 통칭이다. 양성자와 중성자는 질량이 같지 않지만 차이가 워낙 작아서 〈그림 35〉의 그래프에서는 보이지 않는다). 양성자와 중성자는 세 개의 쿼크로 이루어져 있으므로 세 쿼크의 질량을 산술적으로 더하면 핵자 한 개의 질량이 될 것 같지만 실제 양성자(또는 중성자)의 무게는 u-u-d쿼크(또는 u-d-d쿼크)의 질량을 더한 값보다 훨씬 크다.

그러므로 핵자의 질량 대부분은 입자가 아닌 에너지로부터 생성된 것이다. 핵자가 그렇다는 것은 우주에 존재하는 모든 물질이 그렇다는 뜻이다. 에너지와 질량은 다음 관계를 통해 연결되어 있다.

$$m = E/c^2$$

핵자의 질량은 그 안에 갇혀 있는 쿼크의 운동에너지와 쿼크를 가둬두는 글루온장의 장에너지에서 탄생했다. 순수한 개념과 대칭에 기반을 둔 QCD의 방정식이 '질량 없는 질량'을 낳은 것이다.

이 세계에는 아름다움이 구현되어 있는가? 물론이다. 쿼크가 아름답고 핵자가 아름다우니, 당신도 필연적으로 아름다울 수밖에 없다!

3단계: 약력

양자색역학(QCD)은 양성자와 중성자를 비롯하여 쿼크와 글루온으로 이루어진 강입자, 그리고 이들을 결합시키는 강력을 설명하는 이론이다. 또한 양자전기역학(QED)은 앞서 말한 대로 빛과 원자의 상호작용, 그리고 각종 원자의 화학적 성질을 설명하는 이론이다.

자연에서는 양성자가 중성자로 또는 중성자가 양성자로 끊임없이 변신하고 있다. 그런데 이 과정에 관여하는 힘은 중력도, 강력도, 전자기력도 아니기 때문에 기존의 QCD나 QED로는 설명할 수 없다.

양성자와 중성자의 붕괴 과정에 관여하는 힘을 약력이라 한다. 약력이 도입되면서 코어이론은 비로소 완벽한 구조를 갖추게 되었다.

지구의 생명체는 태양에너지로 유지되고 있지만 태양에서 방출되는 총에너지에 비하면 지구에 도달하는 에너지는 극히 일부에 불과하다. 태양의 중심부에서는 양성자가 중성자로 변하면서 막대한 에너지를 생산하고 있다. 그러나 약력이 없었다면 이 모든 과정은 일어나지 않았을 것이고 지구에는 생명체가 탄생하지 못했을 것이다.

약력의 기본원리

약력의 모든 내용을 설명하려면 이론적 내용과 함께 길고 긴 입자 목록과 발견자 명단까지 언급해야 한다. 약력이 갖고 있는 아름다움 중 상당 부분이 발견 과정 속에 배어 있기 때문이다. 그러나 명단이 너무 길어지면 자칫 지루해질 수 있으므로, 이 책에서는 몇 개(또는 몇 명)만 골라서 간단히 소개하고 넘어가기로 한다. 표준모형의 전체적인 내용은 〈그림 RR〉과 〈그림 SS〉, 그리고 〈그림 TT〉와 〈그림 UU〉에 요약해놓았으니, 앞으로 진도를 나가면서 필요할 때마다 참고하기 바란다.

쿼크의 변환: 앞서 말한 바와 같이 양성자와 중성자는 쿼크와 글루온으로 이루어져 있으므로, '양성자 ⟷ 중성자' 변환 과정은 기본단위에서 추적하는 것이 바람직하다. 이 변환을 쿼크의 단위에서 바라보면 다음과 같은 변환으로 해석할 수 있다.

$$d \rightarrow u + e + \bar{v}$$

뷰티풀 퀘스천

중성자는 위-쿼크 한 개와 아래-쿼크 두 개로 이루어져 있으므로 (udd), $d \to u$ 변환이 일어나면 중성자는 양성자로 변한다. 그리고 이 과정에서 전자(e)와 반뉴트리노($\bar{\nu}$, 뉴트리노의 반입자)가 방출된다. 따라서 이 반응식을 강입자 버전으로 쓰면 다음과 같다.

$$n \to p + e + \bar{\nu}$$

즉 혼자 돌아다니는 중성자는 전자와 반뉴트리노를 방출하면서 양성자로 변한다(이 과정은 대략 15분 안에 일어난다. 즉 중성자의 수명은 15분이다. 중성자는 원자핵 안에 갇혀 있을 때만 안정한 상태를 유지할 수 있다).

양자역학의 기본 법칙에 의하면 앞의 변환식에서 입자를 반입자로 바꾼 후 화살표 반대편으로 옮기거나 좌-우변을 그대로 놔둔 채 화살표의 방향을 바꿔도 변환식은 여전히 성립한다. 예를 들어 $d \to u + e + \bar{\nu}$는 다음과 같은 형태로 바꿔 쓸 수 있다.

$$d + \bar{u} \to e + \bar{\nu}$$
$$d + \bar{e} + \nu \leftarrow u$$

이러한 규칙만 따른다면 다른 변환도 얼마든지 가능하다. 우리는 이로부터 불안정한 강입자에서 일어나는 다양한 핵분열(방사능)과 우주론 및 우주물리학에 등장하는 다양한 변환을 유추할 수 있다(양성자와 중성자가 섞여 있던 우주 초기 상태에서 시작하여 다양한 화학원소가 생성된 과정도 추적할 수 있다). 예를 들어 $d + \bar{u} \to e + \bar{\nu}$ 반응이 일어나면 π^-[파이 중간자의 반입자로 쿼크와 반쿼크($d\bar{u}$)로 이루어져 있음]는 전자와 반뉴트리노로 붕괴된다.

반전성위배(parity violation): 약력의 가장 큰 특성 중 하나는 반전성이 보존되지 않는다는 것이다. 이 사실은 1956년에 중국계 미국인 물리학자인 리정다오(李政道)와 중국의 물리학자 양전닝에 의해 발견되었다. 반전성위배를 이해하려면 입자의 좌우성(handedness, 左右性)부터 알아야 한다. 이것은 움직이면서 회전하는 입자의 특성과 관련되어 있다.

우리는 특정한 축을 중심으로 회전하는 물체에 고유의 방향을 부여할 수 있다. 흔히 회전 방향이라고 하면 시계 방향이나 반시계 방향을 떠올리지만 여기서 말하는 방향은 그런 의미가 아니다. 제자리에서 돌고 있는 피겨스케이트 선수를 상상해보자. 그녀(또는 그)가 오른팔을 배 쪽으로 향하면서 돌기 시작하면 회전 방향을 발에서 머리 쪽으로 정의하고, 오른팔을 등 쪽으로 향하면서 돌기 시작하면 회전 방향을 머리에서 발 쪽으로 정의하자.

우리가 관심을 갖는 입자들은 고유스핀(intrinsic spin)을 갖고 있다. 이들은 지치지 않는 스케이트 선수처럼 자전을 멈추지 않는다. 그러므로 방금 전에 정의한 방향을 입자에 그대로 적용하면 스핀 방향을 정의할 수 있다(입자를 위에서 내려다봤을 때 반시계 방향으로 자전하면 스핀의 방향은 위쪽이고, 시계 방향으로 자전하면 스핀의 방향은 아래쪽이다 – 옮긴이). 여기까지 이해가 되었다면, 이제 입자의 좌우성을 정의할 차례이다. 입자가 자전하면서 특정 방향으로 움직이는 경우 이동 방향이 스핀 방향과 일치하면 그 입자는 '오른손잡이(right-handed)'이고, 이동 방향과 스핀 방향이 반대이면 '왼손잡이(left-handed)'이다. 다시 말해 입자의 좌우성은 진행 방향과 회전 방향의 관계를 나타낸다(이 설명이 혼란스럽다면 다음과 같이 생각해보라. 입자가 진행하는 방향으로 오른손 엄지손가락을 향했을 때 나머지 네 손가락이 감기는 방향으로 입자가 회전하면 오른손잡이, 그 반대면 왼손잡이다 - 옮긴이).

리정다오와 양전닝은 왼손잡이 쿼크·전자·뉴트리노(뮤온과 타우렙톤도 포함됨)와 오른손잡이 반쿼크·양전자·반뉴트리노(반뮤온과 반타우렙톤도 포함됨)가 약력에 관여하고, 그 반대입자들은 관여하지 않는다고 가정했다.[10] 그 후 정교한 실험을 거친 결과 이들의 가정은 사실로 확인되었다.

또 하나의 컬러 애너모피: 물음표(?)에서 느낌표(!)로

셸던 글래쇼(Sheldon Glashow)와 압두스 살람(Abdus Salam), 그리고 존 워드(John Ward)는 입자의 정체성을 바꾸는 약력의 특이한 성질을 연구하다가 또다시 국소대칭이라는 개념에 도달했다.[11]

약력의 국소대칭을 이해하기 위해 앞에서 도입했던 변환식을 다시 떠올려보자. 우리의 목적은 고유공간에서 일어나는 운동으로부터 약력의 기본 과정(예를 들어 $u + e \rightarrow d + v$)을 유도하는 것이다. 약력의 고유공간은 (최소한) 2차원이므로, u와 d는 서로 다른 위치에서 동일한 객체로 간주할 수 있다(e와 v도 마찬가지이다). 그러면 표면상으로 볼 때 '입자의 정체성(무엇, what) 변화'는 고유공간에서 '위치(어디, where)의 변화'로 간주할 수 있게 된다. 간단히 말해서 '어디'로부터 '무엇'을 알아내는(what from where) 방식이다!

고유공간에서 운동을 유도하는 유동체를 도입하면 약력이론의 국소대칭은 더욱 심오해진다. 또한 유동체의 가장 기본적인 작용은 최소 단위 양자(quanta)가 생성되거나 소멸될 때 나타난다. 따라서 우리가 다루는 변환 과정은 가장 기본적인 양자 수준에서 다음과 같은 식으로 진행될 수 있다.

u가 W^+입자를 방출하면서 d로 변한다: e는 W^+입자를 흡수하고 v로 변한다.

또는 다음과 같은 변환도 가능하다.

e가 W^-입자를 방출하면서 v로 변한다: u는 W^-입자를 흡수하고 d로 변한다.

약력의 매개 입자인 W^+의 정식 명칭은 'W 플러스 보손(W plus boson)'이다. 여기서 첨자 '+'는 입자의 전기전하를 나타낸다. W^-는 'W 마이너스 보손'으로, W^+의 반입자이다. 약력에 국소대칭을 요구하면 세 번째 입자가 등장하는데, 이것을 Z 또는 'Z보손'이라 한다(Z는 전기적으로 중성이다).

글래쇼와 살람, 그리고 워드는 약력의 국소이론을 구축할 때 양-밀스 이론의 또 다른 특성을 무시해버렸다. 이 점에서는 "허락보다 용서를 구하라"는 예수회의 신조를 따른 것 같다. 양-밀스 이론에 국소대칭을 요구하면 W^+와 W^-, 그리고 Z입자의 질량은 0이다. 중력자와 광자, 그리고 글루온도 질량을 갖고 있지 않다. 이론에 국소대칭을 요구하여 얻어진 입자들(이들을 게이지보손이라 한다 – 옮긴이)은 일반적으로 질량이 없어야 한다. 그러나 약력이론에서는 이 예측이 보기 좋게 빗나갔다. 만일 W와 Z입자의 질량이 0이었다면 가속기를 이용한 충돌실험에서 쉽게 검출되었거나 광자처럼 화학반응 중에 모습을 드러냈을 것이다. 그리고 무엇보다도 약력은 전혀 약한 힘이 아니었을 것이다!

뷰티풀 퀘스천

현실과 이상형을 조화롭게 일치시키려면 또 하나의 개념을 도입해야 한다. 1960년대에 로버트 브라우트(Robert Brout)와 프랑수아 엥글레르(François Englert), 그리고 피터 힉스(Peter Higgs)가 제안했던 '자발적 대칭붕괴(spontaneous symmetry breaking)'가 바로 그것이다[그 외에 제럴드 구랄닉(Gerald Guralnik), 칼 헤이건(Carl Hagen), 톰 키블(Tom Kibble)도 같은 아이디어를 제시했다]. 이 가설을 수용하면 '어디로부터 무엇을 알아내는' 국소대칭 방정식을 약력이론에 그대로 사용할 수 있고 매개 입자가 질량을 가질 수 있다. 그러니까 자발적 대칭붕괴는 두 마리 토끼를 모두 잡는 묘책인 셈이다. 앞으로 우리는 이들의 대담하고 강력한 아이디어를 자세히 살펴보게 될 것이다. 단, 그전에 이런 혁신적 아이디어가 탄생하게 된 역사적 배경부터 알아둘 필요가 있다.

약력이론에 대칭과 대칭붕괴라는 두 가지 아이디어를 최초로 동시에 적용한 사람은 스티븐 와인버그였다. 처음에는 양자요동(quantum fluctuation)을 고려했을 때 이 이론이 올바른 결과에 도달할지, 유한한 답을 내놓을지 확신이 서지 않았으나, 얼마 후 헤라르뒤스 토프트(Gerardus 't Hooft)와 마르티누스 벨트만(Martinus Veltman)이 와인버그식 접근법의 타당성을 입증했고, 이론을 더욱 정확하고 유용하게 만들어주는 계산법까지 개발했다. 그전에 프리먼 다이슨(Freeman Dyson)은 QED에 이와 비슷한 방법을 적용하여 성공적인 결과를 얻었는데, 꽤나 어려운 작업이었지만 QCD보다는 훨씬 쉬웠다.

힉스유동체, 힉스장, 힉스입자

지구로부터 아주 멀리, 멀리 떨어진 어떤 은하에 지표면 전체가 바다로 덮인 행성이 있었다. 그 행성에는 물고기가 살았는데, 이들도 우리처럼 진화하여 지능을 갖게 되었고, 어느 정도 똑똑해졌을 때 물고기 중 일부는 물리학자가 되어 물체가 움직이는 원리를 연구하기 시작했다. 물고기 물리학자들이 초기에 알아낸 운동법칙은 매우 복잡했다. 그도 그럴 것이 물고기들이 사는 세상은 온통 물로 가득 차 있었기 때문이다. 그러던 어느 날, 뉴턴이라는 천재 물고기가 훨씬 단순하고 아름다운 운동법칙을 제안했다. 드디어 '뉴턴의 운동법칙'이 탄생한 것이다. 그는 다른 물리학자들 앞에서 엄숙한 어조로 선언했다. "운동이 복잡하게 보이는 것은 우리 세상을 가득 채우고 있는 물질(그들도 이것을 '물'이라고 불렀다) 때문입니다. 그러므로 상상 속에서 물 분자를 제거하면 운동법칙이 훨씬 단순하고 명료해집니다!"

힉스 메커니즘에 의하면 우리는 방금 말한 물고기와 거의 비슷한 처지에 있다. 모든 공간이 물리법칙을 복잡하게 만드는 '우주의 바다'에 잠겨 있는 것이다.

맥스웰 방정식과 양-밀스 방정식, 그리고 일반상대성이론에 등장하는 아인슈타인 방정식은 매개 입자의 질량이 한결같이 0이면서 미학적으로 더할 나위 없이 아름답다. 앞에서도 말했지만 이들의 공통점은 국소대칭을 갖고 있다는 점이다. 전자기력을 매개하는 광자와 강력을 매개하는 글루온, 그리고 중력을 매개하는 중력자(아직 발견되지 않았음-옮긴이)는 모두 질량을 갖고 있지 않다. 자연을 일관성 있게 서술하면서 방정식이 아름다우려면 우리가 사는 세상은 '질량=0'인

입자를 기반으로 형성되었어야 한다.

그러나 안타깝게도 몇 종류의 입자는 우리의 기대에 부응하지 않았다. 특히 약력을 매개하는 W입자와 Z입자는 질량이 있는 정도가 아니라 엄청나게 무겁다(그래서 약력은 단거리, 저에너지에서 약하게 작용한다). 물리학자에게 이들의 질량은 정말 성가신 존재이다. 질량을 제외한 다른 특성은 광자와 거의 비슷하기 때문이다.

이 문제를 어떻게 해결해야 할까? 광자는 자신이 헤쳐 나가는 매질의 특성에 따라 운동에 영향을 받는다. 빛이 유리나 물 속을 통과할 때 속도가 느려지는 현상도 그중 하나이다. 대충 비유하자면 광자가 관성을 획득한 것과 비슷하다. 또한 초전도체 안에서 광자의 거동을 서술하는 방정식은 '질량이 있는 입자'의 거동을 서술하는 방정식과 **수학적으로 완전히 똑같다**. 즉 광자 역시 초전도체 안에서 마치 질량이 있는 입자처럼 행동한다.

힉스 메커니즘의 기본 아이디어는 다음과 같다. "텅 빈 공간(입자와 복사가 존재하지 않는 공간)은 W입자와 Z입자에 질량을 부여하는 매개 물질로 가득 차 있다." 이 아이디어를 채용하면 무질량 입자를 서술하는 아름다운 방정식을 그대로 유지하면서 현실에 부합되는 이론을 구축할 수 있다. 이제 광자를 무겁게 만드는 초전도체처럼 W입자와 Z입자를 무겁게 만들어주는 매질만 있으면 된다. 단, 이 가상의 매질은 엄청나게 큰 질량을 부여할 수 있어야 한다. 텅 빈 공간에서 W입자와 Z입자의 질량은 초전도체 속의 광자보다 10^{16}배쯤 크기 때문이다.

물리학자들은 여러 해 동안 힉스 메커니즘을 활용하면서 여러 차례 커다란 성공을 거두었다. 무질량 입자를 서술하는 아름다운 방정식과 게이지대칭에 공간을 가득 메운 물질을 도입하여 W입자와 Z입자의 질량과 상호작용 등 약력이 갖고 있는 다양한 특성들을 정확하게 예측할 수 있었다. 또한 이 와중에 우주의 바다가 실제로 존재한다는 강한 심증을 갖게 되었으나, 사실 이런 것은 간접적인 정황증거에 불과했다. "우주의 바다는 무엇으로 이루어져 있는가?" 질문은 명확했지만 아무도 명쾌한 답을 내놓지 못했다.

이미 알려진 물질 중에는 우주의 바다라고 내세울 만한 후보가 없었다. 쿼크와 렙톤(lepton, 경입자), 글루온 등 여러 입자들을 아무리 조합해봐도 사정은 마찬가지였다. 이론적으로 거의 완성된 약력이론을 막판에 폐기하지 않으려면 무언가 새로운 입자가 존재해야만 했다.

원리적으로 따지면 우주 공간을 가득 채우고 있는 '힉스의 바다'는 여러 물질이 섞인 복잡한 혼합물일 가능성도 있었다. 물리학자들은 온갖 가능한 조합을 만들어서 수백 가지 가설을 제시했으나, 학계의 여론은 가장 단순하고 경제적인 가설[이것을 최소모형(minimal model)이라 한다]을 선호했다. 최소모형에 의하면 우주의 바다는 단 한 가지 요소로 이루어져 있는데, 앞으로 이것을 '힉스입자(Higgs particle)'라 부르기로 한다.

힉스입자와 다른 물질의 상호작용에 대해서는 많은 내용을 추측할 수 있다. 우리는 우주의 바다에 잠겨 있으므로 우주 초창기부터 힉스입자의 특성을 겪어온 셈이다. 사실 힉스입자의 질량만 알면 모든 특성을 안 것이나 다름없다. 예를 들어 힉스입자는 '무(無)의 양자'이므로, 스핀과 전기전하는 반드시 0이어야 한다. 이 정도면 탐색 대상에 대하여 꽤 많이 아는 셈이므로 찾는 방법을 구체적으로 설계할 수 있다. 힉스입자를 발견하게 된 핵심 과정은 〈그림 36〉과 같다.

힉스입자를 관측하려면 우선 힉스입자를 만들어내야 한다. 일상적

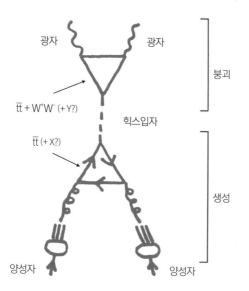

광자　　　　　광자

붕괴

$\bar{t}t + W^+W^- (+ Y?)$

힉스입자

$\bar{t}t (+ X?)$

생성

양성자　　　　　　양성자

그림 36 글루온을 통해 힉스입자를 최초로 관측했던 실험 개요도. 물리학자들은 이 실험 덕분에 코어이론의 특성과 양자이론의 심오한 원리를 더욱 깊이 이해하게 되었다.

인 물질은 힉스입자 H와의 결합이 매우 약하다(그래서 전자와 양성자는 W입자나 Z입자보다 훨씬 가볍다). 상호작용은 주로 '글루온 융합'이라는 간접적 과정을 거쳐 일어나는데, 이것이 바로 내가 1976년에 발견한 힉스입자 생성 과정이다(〈그림 36〉 하단부 참조).

　글루온은 힉스입자와 직접 결합하지 않는다. 결합은 순전히 양자적 효과 때문에 나타나는 현상이다. 양자역학이 알아낸 중요한 사실 중 하나는 진공 상태에서 일어나는 양자요동에 의해 '가상입자(virtual particle)'들이 수시로 나타났다가 사라진다는 것이다. 대부분의 경우 이 요동은 가까운 곳에 있는 실제입자(real particle)에만 영향을 줄 뿐, 그 외에는 거의 아무런 흔적도 남기지 않고 사리진다. 글루온 융합 과정에서 글루온은 꼭대기-쿼크(t)와 반꼭대기-쿼크($\bar{t}$)로 이루어진 가상입자에 에너지를 투입하고, $t-\bar{t}$ 쌍은 힉스입자와 강하게 결합하여 (그래서 꼭대기-쿼크는 질량이 매우 크다!) 수명을 다하기 전에 현실 세계에 등장할 기회를 갖게 된다.

충돌하는 양성자로부터 힉스입자를 얻는 가장 효과적인 방법은 두 개의 양성자에서 방출된 두 개의 글루온을 서로 충돌시키는 것이다. 이때 나머지 양성자들은 수십 종의 입자를 양산하면서 배경 공간(실험자가 관심을 갖고 있는 반응 이외의 다른 반응이 일어나는 공간 – 옮긴이)에 흩어진다.

$H \rightarrow \gamma\gamma$, 즉 힉스입자가 광자($\gamma$)로 붕괴될 때도 이와 비슷한 과정을 거친다(〈그림 36〉 윗부분 참조). 광자는 힉스입자와 직접 결합하지 않고 가상입자 $\bar{t}\,t$ 및 W^+W^-쌍을 통해 정보를 교환한다. 이 붕괴 과정은 자주 일어나지 않지만 실험상으로 두 가지 커다란 이점이 있기 때문에 H를 발견하는 주요 채널로 사용되었다.

첫 번째 이점은 고에너지 양성자의 에너지와 운동량을 꽤 정확하게 측정할 수 있다는 것이다. 이 값에 특수상대성이론의 동역학을 적용하면 양성자 쌍의 '유효질량(effective mass)'을 결정할 수 있다. 질량 M인 입자가 붕괴되어 한 쌍의 광자가 생성되었을 때 이들의 유효질량은 M이다.

두 번째 이점은 일상적인 과정(힉스입자가 개입되지 않은 과정)에서 고에너지 광자 쌍이 잘 생성되지 않기 때문에 배경을 제어하기가 비교적 쉽다는 것이다.

실험물리학자들은 이 두 가지 이점을 십분 활용하여 힉스입자를 공략했다. 즉 여러 광자 쌍의 유효질량을 측정하여 그중 이 값이 유별나게 큰 광자 쌍을 찾는 것이다.

결론만 간단히 말하자면 이 공략법은 멋지게 성공했다!

그 외에 보너스도 있었다. 배경에서 일어나는 사건들은 꽤 정확하게 계산할 수 있으므로, 유효질량이 유난히 큰 광자 쌍을 골라 배경에 대한 유효질량의 상대적 크기를 측정하면 H의 생성 비율과 이들이 $\gamma\gamma$로 붕괴되는 비율을 알 수 있다. 그리고 이로부터 큰 배경질량이 최소모형 H와 일치하는지도 확인할 수 있다. 이 과정이 특별히 관심을 끄는 이유는 H의 생성 비율과 $H \to \gamma\gamma$ 붕괴 비율이 미지세계로 가는 문을 열어주기 때문이다. 즉 이 과정에 가상입자의 형태로 기여하는 미지의 입자가 새로 발견될 수도 있다! 지금까지 얻은 결과는 최소모형과 잘 일치하고 있지만 앞으로 반복 실험을 거쳐 정확성을 더 높여야 한다.

황홀했던 저녁

1976년 여름의 어느 날, 내 연구 인생을 통틀어 가장 획기적인 사건이 일어났다. 그날 나의 어린 딸 아미티가 귓병에 걸려서 하루 종일 고열에 시달렸는데, 페르미 연구소에 갓 부임한 데다 육아에 서툴렀던 벳시(저자의 아내 - 옮긴이)와 나는 연구소에 마련된 임시 거처에서 아이의 병구완을 하느라 정신이 하나도 없었다. 어느덧 해가 저물어 아미티는 잠이 들었고, 녹초가 된 베스티도 딸아이 옆에 누워 잠을 청했다. 잠든 모녀의 모습은 정말 평화로운 천사 같았다.

한숨 돌린 후에도 긴장감이 가시지 않은 나는 산책도 할 겸 근처에 있는 마트를 향해 길을 나섰다. 그날 밤은 날씨가 청명하여 별빛이 유난히 밝았고 멀리 있는 지평선도 또렷하게 보였다. 게다가 달빛도 밝아서 동네 전체가 몽환적인 분위기를 연출하고 있었다. 방금 집에서 천사 둘을 보고 나왔는데 바깥 풍경까지 초현실적이니, 깊은 사색에 빠지기에는 더없이 좋은 기회였다.

국소대칭에 기초하여 강력과 약력, 그리고 전자기력을 서술하는 이론은 지난 몇 년 사이에 과감한 시도에서 물리학의 정설로 자리 잡았다. 그런데 곰곰 생각해보니 쿼크와 렙톤, 글루온, W입자와 Z입자, 그리고 광자에 대해서는 다양한 실험이 수행된 반면 대칭붕괴에 대해서는 연구가 상대적으로 미비한 것 같았다. 게다가 단 한 종의 힉스입자로 이루어진 최소모형조차 제대로 검증되지 않은 상태였다.

문제는 간단했다. 최소모형의 힉스입자는 무거운 입자들과 쉽게 결합하지만 가속기에 넣고 분석할 수 있는 것은 가벼운 입자들뿐이다. 글루온과 광자는 질량이 아예 없고, 위-쿼크와 아래-쿼크, 그리고 전자도 엄청나게 가볍다.

그런데 그 당시에는(1976년) 무거운 쿼크에 대한 연구가 크게 진척되었다. 1974년에 스탠퍼드 선형가속기센터와 브룩헤이븐 국립연구소에서 맵시-쿼크(charm quark, c)가 발견된 후로, '이미 발견된 쿼크보다 훨씬 무거운 쿼크가 두 종류 더 존재할 것'이라는 믿음이 물리학자들 사이에 널리 퍼져 있었다. [결국 이 믿음은 사실로 판명되었다. 바닥-쿼크(b)는 1977년에, 꼭대기-쿼크(t)는 1995년에 각각 발견되었다. 그러나 질량을 제외한 이들의 물리적 특성은 이론적으로 이미 예견되어 있었다.] 그렇다면 무거운 쿼크가 힉스입자로 가는 문을 열어줄 수도 있지 않을까? 그렇다. 얼마든지 가능한 일이었다. 맵시-쿼크(c)를 이용하여 $b\bar{b}$ 중간자나 $t\bar{t}$ 중간자를 만들 때 사용했던 트릭을 똑같이 적용할 수도 있다. 이 무거운 쿼크들은 힉스입자와 강하게 결합할 것이다. 내 생각이 옳다면(그리고 무거운 쿼크의 질량이 힉스입자의 절반이 넘는다면) 중간자의 붕괴 과정에서 힉스입자가 생성될 것이다. 이것이 그날 밤에 떠올린 첫 번째 중요한 생각이었다.

그러나 실제 실험에서는 힉스입자와 무관한 붕괴가 대부분을 차지할 것이므로, 어떤 붕괴가 일어날지 미리 예측하고 있어야 우리가 원하는 사건을 골라낼 수 있다. 제일 자주 일어나는 붕괴는 글루온을 낳는 붕괴다. 길을 걸으면서 암산으로 처리하기에는 계산이 다소 복잡했지만 대충 계산해도 될 것 같았다. 더욱 중요한 것은 그 후에 떠오른 생각이다. 무거운 쿼크들이 힉스입자 및 글루온과 결합하면 글루온과 힉스입자가 어떻게든 연결될 것 같았다! 바로 그때 〈그림 36〉의 하단부 그림이 머릿속에 문득 떠올랐다. 정확한 계산은 해봐야 알겠지만, 머릿속으로 대충 계산해보니 꽤 그럴듯한 결과가 나왔다. 나는 미지의 쿼크가 우리의 예측보다 훨씬 무겁다 해도 힉스입자 생성에 기여할 수 있음을 깨달았다. 이것은 힉스입자가 안정한 물질과 결합하는 가장 흔한 방법일 것이다. 생각이 여기까지 미치자 닫혀 있던 문이 갑자기 활짝 열린 듯한 기분이 들었다.

생각에 몰입한 채 걷다 보니 어느덧 연구실 입구까지 와버렸다. 마음 같아서는 당장 들어가 나의 아이디어를 확인해보고 싶었지만 일단은 그냥 돌아가기로 했다. 최소힉스모형에 대하여 운 좋게 기발한 아이디어를 떠올렸으니, 좀 더 시간을 갖고 복잡한 실험에 적용하는 방법을 생각해보는 게 더 나을 것 같았다. 하나의 특수한 경우에 변화를 주는 것은 그리 어렵지 않았기에 몇 가지 가능성을 머릿속에 그려보았는데, 가장 흥미롭고 복잡한 경우는 여분의 대칭이 자발적으로 붕괴되는 경우였다. 이렇게 되면 질량이 없는 새로운 입자가 존재할 가능성이 매우 높아진다! 이것이 그날 밤에 떠올린 세 번째 생각이었다.

나는 프린스턴 대학에서 1년 동안 강의를 하면서 순간자(instanton)와 관련된 실험을 수행한 적이 있다(자세한 내용은 생략한다). 순간자는 매우 흥미로운 방식으로 대칭을 붕괴시키기 때문에 이것을 도입하면 흥미로운 결과를 얻을 수 있을 것 같았다. 나의 세 번째 생각에서 떠올렸던 질량 없는 입자에 이 과정을 적용하면 아주 작은 질량을 획득하면서 몇 가지 흥미로운 특성을 띠게 될 것이다. 이렇게 네 번째 생각을 떠올린 후 나는 딸과 아내가 잠들어 있는 집으로 돌아왔다.

그날 떠올렸던 네 가지 생각들은 각기 다른 운명을 맞이했는데, 그중 첫 번째 생각은 불운의 희생양이 되었다. 바닥-쿼크(b)의 질량은 충분히 크지 않았고 꼭대기-쿼크(t)는 너무 무겁고 불안정해서 이들로 이루어진 중간자는 무용지물이었다.

반면에 두 번째 생각은 커다란 수확을 거두었다. 그로부터 36년이 지난 후 〈그림 36〉 하단부의 반응도는 실제로 힉스입자를 발견하는 데 결정적인 역할을 했다.

세 번째 생각은 아직 수확을 거두지 못했지만 여전히 흥미로운 주제로 남아 있다. 나는 이때 떠올렸던 질량 없는 입자에 '패밀론(familon)'이라는 이름을 붙였고, 일부 물리학자들은 지금도 이 입자를 찾고 있다.

네 번째 생각은 사실 가장 흥미로우면서 가장 중요한 아이디어였다. 나는 그다음 날 연구소에 출근해 관련 논문을 뒤지다가 로베르토 페체이(Roberto Peccei)와 헬렌 퀸(Helen Quinn)이 공동 저술한 흥미로운 논문을 발견했다. 이 논문에서 두 사람은 내가 생각했던 것과 같은 종류의 모형을 이용하여 소위 '세터 문제(θ problem)'를 해결할 수 있다고 주장했다. 코어이론에 θ라는 변수가 등장하는데, 이 값은 이론적으로 $-\pi$와 π 사이에서 어떤 값도 가질 수 있지만 관측된 값은 거의 0에 가깝다. 이것은 우연의 일치일 수도 있고 코어이론의 불완전함을 보여주는 증거일 수도 있다. 페체이와 퀸은 이 '우연'을 새로운(자발적으로 붕괴된) 대칭의 잔해로 설명했으나 자신의 모형에 가벼운 입자가 포함되어 있다는 사실은 눈치채지 못했다! 이보다 몇 해 전에 나역시 그와 비슷한 입자의 존재를 예측한 적이 있었기에 일단 '액시온(axion)'이라는 이름을 붙여놓았다(언뜻 듣기에는 제법 입자 이름 같지만, 사실은 '모든 것을 씻어낸다'는 의미를 강조하기 위해 세제 상표의 이름에서 따온 것이다 - 옮긴이). 그런데 마침 세터 문제에는 **축류**(axial current, 軸流)라는 개념이 등장하기 때문에 〈피지컬 리뷰 레터스(Physical Review Letters)〉(미국 물리학회에서 발간하는 세계 최고 권위의 물리학 학술지 - 옮긴이)의 보수적인 편집인도 내가 만든 신조어를 정식 용어로 인정해주었다[스티븐 와인버그도 독립적으로 이 입자의 존재를 예측하여 '히글렛(higglet)'으로 명명했으나 나와 토론을 거친 후 액시온으로 부르기로 합의했다].

그 후로 액시온은 길고도 파란만장한 역사를 겪었다. 나는 우주 초기에 액시온이 탄생하게 된 배경을 설명하기 위해 지난 30여 년 동안 꽤 많은 노력을 기울였고, 그 와중에 우주 공간을 채우고 있는 마이크로파 우주배경복사(cosmic microwave background radiation, CMB)처럼 액시온도 우주 공간을 가득 메우고 있다는 가설을 제기했다. 나의 이론에 의하면 액시온을 관측하기가 결코 쉽지 않지만 불가능하지도 않다. 또한 액시온은 암흑물질의 강력한 후보이기도 하다. 물론 나의 가설이 틀릴 수도 있다. 무엇이 진실인지는 오직 시간만이 말해줄 것이다.

4단계: 요약

힘과 물체에 대한 연구

자연에는 중력과 전자기력, 강력, 그리고 약력이라는 네 종류의 힘이 존재하고, 이들 모두는 국소대칭을 이용하여 이론적으로 서술된다. 중력을 서술하는 이론은 아인슈타인의 일반상대성이론으로 시공간의 국소대칭에 기초하고 있으며, 다른 세 개의 이론은 고유공간의 국소대칭에 기초하고 있다.

일반상대성이론은 내용이 워낙 풍부해서 물리학과 대학원생들 사이에 어려운 이론으로 정평이 나 있다. 그러나 시공간과 에너지-운동량이 상호작용을 한다는 것은 범우주적 개념이기 때문에 더 이상 파고들 여지가 없다. 그러므로 이 상호작용을 '중력'이라는 한 단어로 축약해도 그다지 큰 결례는 아닐 것이다.

나머지 세 힘에 대한 물질의 거동은 고유공간의 흐름에 의해 결정된다. 그러므로 물질의 거동을 서술하려면 고유공간의 기하학적 특성을 정확하게 알고 있어야 한다. 이 내용은 〈그림 RR〉, 〈그림 SS〉와 〈그림 TT〉, 〈그림 UU〉에 요약되어 있다. 단, 첫 번째 그림에서 생략된 부분은 두 번째 그림에 추가해놓았다.

〈그림 RR〉, 〈그림 SS〉는 여섯 개의 블록(괄호)으로 이루어져 있고, 각 블록 안에는 삼색의 u, d쿼크(예를 들어, 적·녹·청색의 u쿼크 등)와 e, v 렙톤(전자와 뉴트리노)이 들어 있다. 그리고 각 블록들은 (앞으로 설명하겠지만) 고유공간에 따라 분류해놓았다. 즉 여섯 개의 블록은 각기 다른 고유공간을 점유하는 여섯 가지 물질에 대응된다. 개중에는 여러 종의 입자를 포함하는 블록도 있는데, 예를 들어 가장 큰 블록(A)에는 여섯 종의 입자가 들어 있다. 우리의 관점(좀 더 정확하게 표현하면 '힘'의 관점)에서 볼 때 하나의 블록 안에 들어 있는 입자들은 고유공간에서 각기 다른 위치를 점유하고 있는 동일한 물리적 객체이다. 이런 식으로 분류하면 자연에 존재하는 입자는 총 16종이 되는데, '기본 입자(또는 소립자, fundamental particle)' 치고는 종류가 너무 많다! 하나의 블록에 포함된 입자들을 같은 종류로 간주하면 여섯 종으로 줄어들지만 그래도 여전히 많다(다음 장에서 좀 더 줄여볼 참이다).

〈그림 RR〉에서 3차원 색전하 공간은 가로 방향으로 표현되어 있다. 즉 A, B, C는 색전하의 3차원 고유공간에서 이동 가능한 객체들을 나타낸다. 또한 약전하 공간은 세로 방향으로 표현되어 있다. 예를 들어, 두 개의 가로줄 A, D는 2차원 약전하 고유공간에서 이동 가능한 객체들을 나타낸다. A블록에 들어 있는 객체들은 가로 및 세로 방향으로 모두 이동할 수 있으므로, 이들의 고유공간은 '3×2 = 6'차원이다. 그리고 각 블록에 할당된 숫자는 1차원 전기전하에 대한 고유공간의 크기를 나타낸다[좀 더 정확하게 말하면 초전하(hypercharge)의 고유공간이다. 자세한 내용은 책 뒷부분의 '용어해설'을 참고하기 바란다].

마지막으로 각 블록에 할당된 첨자 L과 R은 각각 '왼손잡이'와 '오른손잡이'를 나타낸다. 리정다오와 양전닝의 이론에 의하면 약력에 관여하는 입자는 왼손잡이 쿼크와 왼손잡이 렙톤뿐이다. 그래서 여섯 개의 블록 중 'L'이라는 첨자가 붙은 블록은 두 개밖에 없다. 각 입자들은 각기 다른 블록에서 왼손잡이와 오른손잡이 형태로 등장한다.

그러나 F블록에는 오른손잡이 뉴트리노 v_R 하나밖에 없다. 이 입자는 색전하도, 약전하도 없고 전기전하도 없기 때문에 중력 이외에는 어떤 상호작용도 하지 않는다. 즉 v_R은 따로 할당된 고유공간 없이 일상적인 시공간에서 움직이고 있다.

이제 지금까지 언급한 내용으로 1차 결론을 내릴 때가 되었다.

입자족(族)

코어이론에 대한 논의를 마무리하려면 〈그림 TT〉, 〈그림 UU〉에 제시된 것처럼 두 개의 항목을 추가해야 한다(이 그림에는 중력도 포함되어 있다).

그중 하나가 바로 힉스유동체(Higgs fluid)이다. 코어이론의 최소모형에 의하면(지금까지는 옳은 것으로 판명되었음) 힉스유동체는 약력만 느끼고 강력은 느끼지 않는다. 따라서 힉스유동체는 〈그림 TT〉, 〈그림 UU〉에 제시된 것처럼 2차원 고유공간을 점유하고 있다.

또 한 가지 신기한 사실은 지금까지 언급된 쿼크와 렙톤(물질을 구성하는 입자들)이 1족(族)에 해당하고, 그 외에 2족과 3족이 추가로 존재한다는 것이다. 이들은 〈그림 TT〉, 〈그림 UU〉와 동일한 블록으로 분류되지만 이름은 조금씩 다르다.

1족	2족	3족
u	c	t
d	s	b
e	μ	τ
v_e	v_μ	v_τ

즉 위-쿼크(u) 외에 맵시-쿼크(c)와 꼭대기-쿼크(t)가 존재하고, 아

래-쿼크(d) 외에 기묘-쿼크(s)와 바닥-쿼크(b)가 존재하며, 전자(e) 외에 뮤온(μ)과 타우입자(τ)가 존재하고, 전자뉴트리노(ν_e) 외에 뮤온뉴트리노(ν_μ)와 타우뉴트리노(ν_τ)가 존재한다[뉴트리노의 첨자는 자신이 소속된 족(族)을 나타낸다].

2족과 3족 입자들은 실제 자연현상에 기여하는 부분이 거의 없다.

2, 3족 입자들은 분명히 존재하고 있지만 이론적으로 설명하기가 쉽지 않다. 예를 들어, 이들의 질량은 뚜렷한 패턴 없이 넓은 범위에 퍼져 있다. 또한 이들의 약붕괴 현상을 설명하려면 10여 개의 인자를 추가로 도입해야 하는데, 이 값은 아직 이론적으로 계산되지 않은 상태이다[만물의 이론에 대해 장광설을 늘어놓는 물리학자들이 성가시게 느껴진다면 '카비보 각도(Cabibbo angle)'에 대해 물어보라. 그 즉시로 입을 다물 것이다].

입자족에 관한 자세한 이야기는 '미주'에 정리해놓았으니, 더 알고 싶은 독자들은 꼭 한 번 읽어보기 바란다. 지금부터 책의 나머지 부분에서는 아름다움이 한층 더 분명하게 드러나 있는 물리적 실체들을 집중적으로 다루게 될 것이다.

시작의 끝

지금까지 우리는 맥스웰의 전자기학과 QCD, 약력, 중력, 그리고 이 힘들이 작용하는 대상을 다루었다. 이 정도면 코어이론의 모든 특성이 언급된 셈이다(저자는 맥스웰을 깊이 존경한 나머지 QED 대신 '맥스웰의 전자기학'이라는 용어를 쓰고 있다. 그러나 맥스웰의 고전 전자기학에 양자역학을 적용한 이론은 엄연히 QED이다 - 옮긴이).

코어이론은 입자가 모여서 원자를 이루고, 원자가 모여서 분자를 이루고, 분자가 모여서 물질을 이루고, 물질이 빛 또는 복사(radiation, 輻射)와 상호작용하는 방식을 수학적으로 설명해준다. 게다가 이 모든 내용은 엄밀한 검증 과정을 거쳐 옳은 것으로 판명되었다. 코어이론의 방정식은 매우 포괄적이고 경제적이고 대칭적이면서 꾸밈없는 아름다움과 흥미로움으로 가득 차 있으며, 천체물리학과 재료과학, 화학, 그리고 물리생물학에 군건한 기초를 제공해준다.

이로써 우리의 질문에는 해답이 주어진 거나 다름없다. 화학의 세계와 생물학의 세계, 천체물리학의 세계, 공학의 세계, 그리고 우리가 살아가는 일상적인 세계에는 한결같이 아름다운 개념이 구현되어 있다. 이 영역을 지배하는 코어이론은 앞서 확인한 바와 같이 대칭과 기하학에 기초한 이론으로 양자이론의 범주 안에서 음악과 비슷한 규칙을 따라 작동하고 있으며, 전체적인 구조는 대칭에 의해 좌우된다. 순수하고 완벽한 구(球)의 음악이 실체에 생명을 불어넣은 것이다. 플라톤과 소크라테스에게 다시 한 번 고개가 숙여진다!

그러나 나는 두 가지 이유에서 우리가 찾은 답이 여정의 끝이 아니라고 생각한다. 좀 더 정확하게 말하면 '시작의 끝'에 가깝다.

첫 번째 이유로는 아직 마무리가 완벽하지 않다는 점을 들 수 있다.

앞에서도 말했지만 입자족에 대한 의문이 아직 풀리지 않았고 천문학에서는 암흑물질과 암흑에너지라는 더 큰 문제가 남아 있다(우리가 알고 있는 물질은 우주 전체 질량의 4%밖에 안 된다! 알고 보니 무게가 전부가 아니었다).

더욱 중요한 것은 우리가 찾은 답에서 새로운 질문이 제기된다는 점이다. 코어이론을 더 깊이 파고 들어가면 새로운 내용이 또 등장할 것인가? 이 책의 나머지 부분에서 이 질문의 답을 구해볼 생각이다.

두 번째 이유는 우리 눈앞에 열린 문이 존재한다는 것이다.

물리학에 관한 한, 지금 우리의 처지는 체스의 규칙을 방금 배운 어린아이나 악기 사용법을 간신히 익힌 음악 지망생과 비슷하다. 이런 기본 지식은 마스터가 되기 위한 준비 도구일 뿐이며, 진정한 마스터가 되려면 더 많은 과정을 거쳐야 한다.

과연 우리는 시행착오 대신 순수한 상상과 계산만으로 미래의 물질을 디자인할 수 있을까? 중력파와 뉴트리노, 그리고 액시온에 실려 온 우주적 메시지를 해독할 수 있을까? 인간의 마음을 분자 단계에서 분석하여 단점을 줄이고 장점을 극대화할 수 있을까? 양자컴퓨터를 이용하여 새로운 형태의 지성을 창출할 수 있을까? 이 질문에 답하려면 새로운 지식의 씨앗을 찾아야 한다.

17장

대칭 III: 에미 뇌터
– 시간과 에너지, 그리고 온전한 정신

일반적으로 대칭이란 '변화 없는 변화'를 의미한다. **수학적 대칭과 물리법칙** 사이의 긴밀한 관계를 최초로 알아낸 사람은 독일 출신의 여성 수학자 에미 뇌터(Emmy Noether, 1882~1935)였다. "*X*는 시간이 흘러도 변하지 않는다"는 표현은 다소 부정적인 뉘앙스를 풍기기 때문에 이런 경우에 물리학자들은 "*X*는 보존된다"는 표현을 선호하는 편이다. 이 관례에 따르면 뇌터의 정리는 다음과 같이 쓸 수 있다. "물리법칙이 어떤 변환에 대하여 대칭적이면 그에 해당하는 보존량이 존재한다."

뇌터의 정리를 이용하면 그동안 우리가 줄곧 추구해온

$$이상형 \longleftrightarrow 실체$$

의 대응관계를 하나의 수학정리로 표현할 수 있으며, 그 결과는

$$대칭 \rightarrow 보존법칙$$

의 대응관계로 귀결된다. 내가 보기에 이것은 물리학이 이룩한 가장 심오하고 위대한 업적 중 하나이다.

앞에서 우리는 물리계의 시간대칭을 다룬 적이 있다. 언뜻 듣기에는 무슨 심오한 원리가 담긴 전문 용어 같지만 사실 내용은 매우 단순하다. 오늘 적용된 물리법칙은 과거와 미래에도 똑같이 적용된다.

모든 시간대에 동일한 물리법칙이 적용된다는 가정은 대칭이 존재한다는 가정처럼 선뜻 와 닿지 않지만 실험 결과에 의하면 엄연한 사실이다. 물리법칙에서 시간을 나타내는 변수 t에 상수를 더하거나 빼도 결과는 달라지지 않는다[시간과 공간에서 일정한 양을 더하거나 빼는 변환을 '병진변환(translation)'이라 한다].

시간병진대칭의 개념은 구약성서의 〈전도서〉에도 등장한다.

이미 있던 것이 후에 다시 있겠고
이미 한 일을 후에 다시 할지라.
해 아래는 새 것이 없나니.

- 〈전도서〉 1장 9절

그러나 셰익스피어의 글에서는 사뭇 다른 의미로 해석되었다.

> 과거에 있었던 것 외에 새로운 것이 존재하지 않는다면
> 우리의 두뇌는 얼마나 기만당하고 있는 것인가.
> 새로운 것을 창조하려 애쓰면서
> 이미 낳은 아이를 또 낳는 짐을 헛되이 지고 있구나.
>
> − 소네트(sonnet) 59

시간병진대칭이 적용되는 대상은 사건 자체가 아니라 '사건들 사이의 관계'이다. 즉 시간병진대칭은 역학 방정식에 존재하는 대칭이지만 초기조건에 대해서는 아무런 정보도 주지 않는다.

이 장에서는 시간병진대칭이 존재한다는 가설을 엄밀하게 살펴볼 것이다. 그러나 지금 당장은 이 대칭을 액면 그대로 수용하고 진도를 나가보자.

시간과 에너지

뇌터의 정리를 간단하게 요약하면 다음과 같다. "물리법칙이 대칭적이면 그에 대응되는 보존량이 존재한다." 시간병진대칭의 경우 보존되는 양은 다름 아닌 에너지이다!

에너지는 물리학 개념으로 정립될 때까지 파란만장한 역사를 겪었다. 이 책은 역사책이 아니지만 에너지의 역사는 그 자체로 흥미로울 뿐만 아니라 뇌터의 정리를 이해하는 데도 큰 도움이 되기 때문에 지

금부터 간략하게 되돌아보기로 한다.

에너지의 간략한 역사

현대적 개념의 에너지란 '세상을 지금처럼 돌아가게 만드는 동력의 원천'이다. 우리는 에너지원을 찾고, 저장하고, 가격을 매기고, 부족한 에너지를 확보하기 위해 온갖 수단과 방법을 동원하고 있다. 간단히 말해서 현대의 에너지는 '돈'과 직결된다. 그러나 알고 보면 에너지는 참으로 기묘한 개념이다.

에너지보존법칙이 물리학의 기본원리로 대두된 것은 19세기 중반의 일이다. 그러나 당시만 해도 에너지가 보존되는 이유는 완전히 미스터리였다. 20세기 초에 뇌터가 그 유명한 정리를 발표한 후로 수학적 연결고리가 어느 정도 밝혀졌지만 내가 보기에 에너지보존법칙의 당위성은 아직도 수수께끼로 남아 있다.

뉴턴 이전의 과학자들도 서로 무관해 보이는 여러 문제에서 '속도의 제곱'이라는 양이 물체의 운동을 서술하는 데 매우 유용하다는 사실을 알고 있었다. 예를 들어 갈릴레이는 허공으로 던진 돌멩이나 포신에서 발사된 대포알 또는 비탈길을 굴러 내려오는 공이나 천장에 매달린 채 흔들리는 단진자의 운동을 분석한 끝에 실험의 세부 사항과 관계없이 "고도의 변화는 항상 속도의 제곱의 변화에 비례한다"는 사실을 깨달았다.

나중에 알게 된 사실이지만 이것은 에너지보존법칙의 한 사례였다. 일반적으로 물체는 두 종류의 에너지를 갖고 있다. 속도에 따라 달라지는 운동에너지(kinetic energy)와 위치에 따라 달라지는 위치에너지(potential energy, 여기서 'potential'은 위치가 아니라 '겉으로 드러나지 않는다'

는 뜻이다 - 옮긴이)가 바로 그것이다. 운동에너지는 물체의 속도의 제곱에 비례하고 위치에너지는 (지표면 근처에서) 물체의 고도에 비례한다. 그런데 에너지보존법칙에 의하면 운동에너지의 변화는 위치에너지의 변화로 벌충된다. 즉 운동에너지와 위치에너지를 더한 값은 항상 일정하다. 이것은 갈릴레이가 발견했던 고도와 속도의 관계를 설명하는 또 다른 방법이기도 하다.

에너지보존법칙과 관련하여 갈릴레이가 알아낸 사실은 현실적 관측이 아닌 이상화(idealization, 理想化)의 결과였다. 그는 이 사실을 수학적으로 증명할 때 공기저항과 마찰 등 현실 세계에 항상 존재하면서 운동에 영향을 주는 요인들을 전혀 고려하지 않았다. 그 대신 어떤 물체가 공기의 영향을 덜 받는지 경험을 통해 파악한 후 그런 물체를 실험 대상으로 삼았다. 예를 들어 깃털 대신 무거운 공을 던지면 공기저항에 의한 효과가 크게 나타나지 않기 때문에 고도와 속도의 관계를 꽤 정확한 수준에서 확인할 수 있다. 그러나 엄밀히 말해 갈릴레이 버전의 에너지보존법칙은 현실 세계에 적용될 수 없다. (물론 갈릴레이 자신도 이 사실을 잘 알고 있었다. 그는 단지 이상화된 물리계에서 에너지가 보존되는지 알고 싶었을 뿐이다.)

에너지보존법칙은 뉴턴의 고전역학에서 더욱 근본적인 정리로 등장한다. 그러나 뉴턴도 현실 세계가 아닌 이상적 세계를 대상으로 삼았다. 뉴턴이 증명한 에너지보존정리는 '힘의 세기가 입자들 사이의 거리에만 관계하는' 입자계에 한하여 적용되며, 이런 계에서 에너지는 시간이 흘러도 변하지 않는다! 또한 뉴턴의 역학에서도 물리계의 총에너지는 운동에너지와 위치에너지의 합이며, 운동에너지는 계의 상태에 상관없이 $1/2mv^2$이라는 형태로 표현된다(m은 입자의 질량이고,

v는 입자의 속도이다). 반면에 위치에너지는 상대적 위치의 함수로서 정확한 형태는 힘의 특성에 따라 달라진다. 여기까지는 별 문제가 없다. 그러나 뉴턴역학에 마찰력을 도입하면 에너지보존법칙은 더 이상 성립하지 않는다. 그렇다고 해서 뉴턴의 정리가 틀린 것은 아니지만(마찰력은 입자들 사이의 거리와 무관하게 작용하기 때문에 고려 대상에서 제외된다) 현실 세계에 적용하는 데는 한계가 있다.

여기에 맥스웰의 전자기학까지 고려하면 상황은 더욱 복잡해진다. 중력을 방해하는 요인보다 전자기력을 방해하는 요인이 훨씬 다양하기 때문이다. 그러나 적절한 가정을 내세우면 전자기학에서도 수학적인 에너지보존법칙을 유도할 수 있다. 단, 이 경우에는 에너지의 의미를 조금 수정해야 한다. 고전역학에서는 운동에너지와 위치에너지를 고려하는 것으로 충분했지만 전자기학으로 가면 장(場)의 세기에 따라 달라지는 '장에너지(field energy)'를 추가로 도입해야 한다. 즉 전자기학에서는 운동에너지와 위치에너지, 그리고 장에너지의 합이 보존된다. 물론 이것도 마찰이나 전기저항 등 방해 요인을 무시했을 때 한하여 성립한다.

학창 시절, 이 내용을 처음 배웠을 때 나는 별 감흥을 느끼지 못했다. 아니, 감흥이 없는 정도가 아니라 아예 믿을 수가 없었다. 에너지보존법칙이라는 것이 조잡하게 갖다 붙인 블랙박스처럼 보였기 때문이다. 새로운 힘이 발견될 때마다 현재의 '법칙'이 위배될 것이고, 그럴 때마다 새로운 에너지를 추가하여 보존되도록 만들고…. 이런 누더기 같은 법칙이 어떻게 물리학의 기본원리라는 말인가? 땜질을 아무리 잘해도 언젠가는 또 새지 않겠는가? 내 눈에는 뉴턴역학이나 고전 전자기학의 에너지보존법칙이 제한된 환경에 적용되는 근사적(approximate)

결과쯤으로 보였다. 심오한 개념도 없고 정확하게 맞아떨어지지도 않는 법칙에서 과연 믿을 만한 결과를 이끌어낼 수 있을까?

에너지보존법칙이 물리학의 기본원리로 인식되기 시작한 것은 산업혁명의 와중에 에너지 수급과 관리가 중요한 이슈로 부각되었던 19세기 중후반부터였다.

인류 역사의 여명기부터 우리의 선조들은 사람과 물건을 옮기고, 성을 쌓고, 곡식을 갈기 위해 다양한 기술을 개발해왔다. 특히 산업혁명기에는 기계의 효율적 사용법이 곧바로 돈과 직결되었기 때문에 에너지 관련 분야가 이론 및 실험적으로 장족의 발전을 이루었는데, 그 중에서도 가장 중요하게 부각된 분야는 '에너지의 변환'이었다. 일반적으로 기계를 작동시키면 투입된 에너지만큼 일을 하지 못한다. 마찰이나 전기저항이 운동을 방해하여 에너지 손실이 발생하기 때문이다. 언뜻 보기에는 에너지보존법칙이 위배된 것 같지만 손실된 에너지를 출력에 포함시키면 '입력＝출력'이라는 등식은 항상 성립한다. 그러나 어떤 경우에도 에너지 손실은 피할 길이 없기 때문에 에너지를 계속 투입하지 않아도 스스로 영원히 작동하는 영구기관은 절대로 만들 수 없다. 또한 이 무렵의 과학자들은 에너지 손실이 항상 '열(heat, 熱)'을 동반한다는 사실을 알게 되었다. 그러므로 에너지보존법칙을 절대적인 진리로 수용한다면 열이 또 다른 형태의 에너지라는 것도 사실로 받아들여야 한다. 영국의 물리학자 제임스 줄(James Prescott Joule)은 떨어지는 물체의 에너지로 물속의 외차(paddle wheel, 外車, 물레방아 같은 바퀴에 날개를 달아 회전시키는 장치 – 옮긴이)를 돌려서 에너지(떨어지는 물체의 위치에너지)와 열(외차 때문에 올라간 물의 온도)이 비례한다는 사실을 증명했다.

줄의 기념비적인 실험이 알려진 후로 과학자들은 에너지보존법칙을 '어떤 경우에도 잘 들어맞는 기본원리'로 받아들였으며, 발 빠른 사업가들은 이 원리를 산업현장에 적용하여 막대한 이득을 창출했다.

그러나 근본적 원인이 밝혀지지 않는 한, 에너지보존법칙은 신기하고 불안한 법칙으로 남을 수밖에 없다. 지금 당장은 잘 들어맞지만 미래의 어느 날 새로운 요인이 발견되어 하루아침에 폐기될 수도 있지 않은가. 사실 이런 일은 과거에도 있었다. **질량보존법칙**은 뉴턴역학을 떠받치는 주춧돌 중 하나로, 앙투안 라부아지에(Antoine Lavoisier)의 정교한 실험으로 입증되면서 분석화학이 탄생했고 향후 거의 200년 동안 천체역학과 공학 분야에서 절대 진리로 군림해왔다. 그러나 20세기 들어 극단적인 환경에서 질량이 보존되지 않는 사례가 속속 발견되기 시작했다. 예를 들어 고에너지 충돌기에서 가벼운 입자들(전자와 양전자)이 충돌하면 수십 종의 입자들이 생성되어 사방으로 흩어지는데, 이들의 질량을 모두 더하면 전자와 양전자의 질량을 더한 값보다 수천 배 이상 크다!

물리계의 총에너지가 운동에너지(물체의 운동으로부터 계산됨)와 위치에너지(물체의 위치로부터 계산됨), 장에너지(전하와 전류에 작용하는 힘으로부터 계산됨), 열에너지(온도의 변화로부터 계산됨) 등 다양한 종류의 뒤범벅이라면 아직 추가되지 않은 무언가가 더 있을지도 모를 일이다. 심지어는 에너지가 보존되지 않는 예외적 사례가 존재할 수도 있다.

이 모든 불안감을 잠재워준 사람이 바로 에미 뇌터였다. 그녀는 에너지보존법칙이 '시간에 대한 물리법칙의 불변성으로부터 유도된 결과'임을 증명함으로써 법칙의 근원과 아름다움을 만천하에 드러냈다. 뇌터가 휘두른 수학 마술지팡이에 못생긴 개구리가 꽃미남 왕자로 돌

변한 것이다!

뇌터의 정리를 통해 최고 정점에 도달한 에너지보존법칙은 대칭과 보존량의 관계를 설명해줄 뿐만 아니라 우리가 계속 추구해왔던 관계, 즉,

현실 → 이상형

의 대응관계를 보여주는 대표적 사례이다.

에너지보존법칙은 과연 질량보존법칙의 전철을 밟게 될 것인가? 과학의 전당에는 오직 진실만 발을 들일 수 있으며, 받아들일 준비가 되었건 안 되었건 진실은 항상 우리를 놀라게 한다. 그러나 뇌터의 정리가 등장하면서 판 자체가 커졌다. 에너지보존법칙이 틀린 것으로 판명된다면 모든 물리법칙을 유도했던 기본 개념과 시간의 균일성을 다시 한 번 신중하게 검토해야 한다. 나를 포함한 대부분의 물리학자들은 "직접적인 증거가 없는 한, 에너지보존법칙이 위배되는 상황을 굳이 상상할 필요가 없다"는 데 대체로 동의하는 편이다. 그렇지 않아도 산적한 문제를 해결하느라 중노동에 시달리고 있는데, 있지도 않은 문제를 애써 만들 필요가 어디 있겠는가?

뇌터가 남긴 교훈

시간 이동에 대하여 물리법칙이 변하지 않는 것을 '시간병진대칭'이라 부르는 것처럼 공간 이동에 대하여 물리법칙이 변하지 않는 것을 '공간병진대칭' 또는 간단히 줄여서 '병진대칭'이라 한다. 뇌터의 정리에 의하면 모든 대칭에는 불변량(보존되는 양)이 대응되는데, 공간

병진대칭에 대응되는 불변량은 **운동량**(momentum)이다. 또한 물리계를 다른 각도에서 바라봐도 물리법칙은 달라지지 않는다. 이것이 바로 회전대칭이며, 뇌터의 정리에 따라 대응되는 보존량은 **각운동량**(angular momentum)이다. 에너지보존법칙과 마찬가지로 운동량 및 각운동량보존법칙은 뇌터가 등장하기 전부터 몇 가지 특별한 경우에 대하여 증명되어 있었다. 예를 들어 케플러가 발견한 세 개의 법칙 중 하나인 면적속도 일정의 법칙(행성이 일정한 기간 동안 공전하면서 쓸고 지나간 부채꼴의 면적이 일정하다는 법칙)은 각운동량보존법칙의 결과이다. 행성이 쓸고 지나간 부채꼴의 면적이 각운동량에 비례하기 때문이다. 물론 케플러의 법칙만으로는 행성의 면적속도가 왜 일정해야만 하는지 알 길이 없다. 관측 데이터에 의하면 사실인 것 같은데, 근본적인 이유를 모르니 뭔가 찜찜하다. 그러나 뇌터의 정리는 법칙뿐만 아니라 그런 법칙이 존재하는 이유까지 알려주고 있다.

앞으로 알게 되겠지만 뇌터의 정리는 현대물리학에서 새로운 발견을 견인한 일등공신이었다. 그녀의 정리가 있었기에 물리학자들은

내가 유도한 방정식은 아름다운가?

라는 질문과

내가 유도한 방정식은 진실인가?

라는 질문을 연결 지어 생각할 수 있게 되었다. 간단히 말해서 아름다운 방정식은 틀릴 가능성이 거의 없다는 뜻이다.

현대물리학자들은 뇌터의 정리 덕분에 수많은 사실을 새로 알게 되었고 모든 것이 완벽하게 맞아 들어갔다. 그러나 나는 아직도 무언가 중요한 요소가 빠진 듯한 느낌이 든다. 이런 느낌을 갖는 사람은 나뿐만이 아니다. 1920년대에 닐스 보어는 방사능 실험 데이터를 분석하던 중 에너지가 보존되지 않을 수도 있다는 불길한 생각에 사로잡혔다. 또한 전 세계 물리학자들의 존경을 한 몸에 받았던 구소련의 물리학자 레프 란다우(Lev Landau)는 "별에서는 에너지보존법칙이 성립하지 않을 수도 있다"고 했다(별의 내부에서 일어나는 핵융합반응은 20세기 중반까지 미스터리로 남아 있었다).[12]

모든 추론은 가정에서 출발한다. 이 점에서는 뇌터의 정리도 예외가 아니다. 뇌터의 정리가 채용한 가정은 다소 추상적이고 전문적이어서 말로 표현하기가 쉽지 않다[물리학을 아는 사람들을 위한 각주: 뇌터의 정리는 라그랑지안(Lagrangian, 물리계의 동역학적 특성이 함축되어 있는 함수. 이로부터 유도된 운동방정식은 뉴턴의 운동방정식과 동일하지만, 직교좌표계뿐만 아니라 임의의 좌표계에서도 방정식의 형태가 변하지 않기 때문에 여러모로 편리하다 – 옮긴이)으로부터 운동방정식을 유도할 수 있는 물리계에 한하여 증명되었다]. 좀 더 직관적으로 쉽게 설명하는 방법이 분명히 있을 텐데, 아직 찾지 못했다. 훗날 마땅한 설명법이 떠오르면 기쁜 마음으로 독자들과 공유할 것을 약속한다.

에미 뇌터에 대하여

수리물리학 분야에서 에미 뇌터가 남긴 위대한 업적은 젊고 강인한 정신력의 산물이었다. 그녀는 평생을 순수수학에 바쳤으며, 그녀가 개발한 대수학은 기존의 대수학보다 훨씬 추상적이고 유연하여 훗날 대수기하학과 정수론에서 중추적 역할을 하게 된다. 또한 뇌터는 수학의 기초를 단순화하고 그 위에 정리를 쌓아가는 방법을 제안했다. 그러나 그녀는 학계의 편견 어린 시선을 극복하기 위해 평생 외로운 싸움을 벌였다. 독일 괴팅겐 대학교의 수학과 교수였던 다비드 힐베르트(David Hilbert)는 뇌터를 정식 교수로 추천하면서 다음과 같이 말했다. "그녀의 능력을 평가하면서 성(性)을 문제 삼는 사람들을 나는 이해할 수 없다. … 대학은 학문을 연구하는 곳이지, 목욕탕이 아니다." 그러나 이것은 힐베르트의 생각일 뿐, 결국 그녀는 교수 임용에서 탈락하여 한동안 급여를 받지 않는 무보수 강사로 남아야 했다. 또한 뇌터는 당시 사람들이 불편하게 여겼던 고학력 여성인 데다가 유대인이었기 때문에 나치의 차별 정책을 피해 결국 독일을 떠났다. 훗날 독일의 수학자 헤르만 바일은 에미 뇌터를 기리며 다음과 같은 글을 남겼다.

에미 뇌터. 그녀의 용기와 솔직함, (불운한 운명에 대한) 초연함, 그리고 그녀의 융화적인 마음은 그녀를 둘러싼 증오와 비열함, 절망, 슬픔에 가려 빛을 발하지 못했다.

다른 사람들도 뇌터의 관대함과 사심 없는 마음, 그리고 수학을 향한 열정에 대하여 많은 글을 남겼다. 그녀의 제자였던 올가 타우스키(Olga Taussky)에 의하면 뇌터는 강의 중에 머리핀이 풀려서 머리카락이 흘러내려도 전혀 눈치채지 못할 정도로 집중력이 깅했다고 한다. 뇌터의 일생을 생각하면 스피노자(Baruch Spinoza)를 "신에 취한 남

자"라 불렸던 독일의 시인 노발리스(Novalis)의 말이 떠오른다. 그렇
다. 뇌터는 진정으로 '수학에 취한 여자'였다.

〈그림 37〉은 에미 뇌터가 20세 때 찍은 사진이다. 얼굴만 봐도 그녀
의 정신세계가 짐작되지 않는가?

대칭, 온전한 정신, 그리고 세상의 기초

제임스 보즈웰(James Boswell)이 쓴 전기 《새뮤얼 존슨의 인생(Life of
Samuel Johnson)》에는 다음과 같은 내용이 등장한다.

우리는 교회에서 나와 한동안 논쟁을 벌였다. "눈에 보이는 물체는

실제로 존재하지 않으며, 우주 만물은 관념에 불과하다"는 버클리 주교 (Bishop Berkeley)의 주장이 틀렸다는 데는 우리 모두 동의했지만 아무리 생각해도 그의 교묘한 궤변을 반박할 만한 근거가 없었다. 그런데 갑자기 존슨이 옆에 있는 커다란 바위를 발로 있는 힘껏 걷어차더니, 고통스러운 표정으로 발을 어루만지며 외쳤다. "아이고, 아파라. 하지만 이걸로 버클리의 궤변은 반박된 거야!"

데이비드 흄(David Hume)은 버클리의 주장을 더욱 강하게 밀어붙이다가 급진적 회의론에 도달했다. 시간이 아무리 흘러도 물리계의 거동이 달라지지 않는다는 가정은 과연 사실일까? 그는 이 가정을 입증하기 위해 온갖 논리를 동원해보았지만 결국 실패하고 말았다. 그런데 시간대칭을 포기하면 내일 태양이 뜬다는 것조차 확신할 수 없게 된다. 흄은 자연이 시간에 대해 균일하다는 믿음이야말로 "비논리적인 신념의 비약"이라고 주장했다. 여기서 잠시 흄의 사상에 대한 버트런드 러셀의 견해를 들어보자.

평생 하루도 거르지 않고 닭을 돌봐왔던 사람이 어느 날 "자연이 시간의 흐름에 대해 균일하지 않다는 사실을 너희도 알아야 한다"며 닭 한 마리를 잡아 목을 비틀었다.

러셀의 이야기는 다음과 같이 계속된다.

그러므로 경험철학의 범주 안에서 흄의 질문에 답을 찾는 것은 매우 중요한 문제이다. 만일 답을 찾지 못한다면 정신이 멀쩡한 사람과 정신

나간 사람 사이에 아무런 차이도 없음을 인정해야 한다.

나는 바위를 걷어차면서 버클리의 관념론을 반박했던 존슨의 관점
이 마음에 든다.

이 세계를 온전한 상태로 유지하기 위해 일단 기본으로 되돌아가서
'믿음을 정당화하는 것'이 무슨 의미인지 생각해보자. 논리학의 기본
으로 통하는 아리스토텔레스의 삼단논법에서 시작하는 것이 좋겠다.

모든 인간은 죽는다.
소크라테스는 인간이다.
그러므로 소크라테스는 죽는다.

참으로 심오하면서 반박의 여지도 없다. 이 논법을 이용하면 이미
알려진 사실로부터 새로운 사실을 얼마든지 이끌어낼 수 있다.

그러나 곰곰 생각해보면 공허한 말처럼 들리기도 한다. 우리는 소
크라테스(한 특별한 인간)가 죽는다(또는 이미 죽었다)는 사실을 알고 있
기에 "모든 인간은 죽는다"고 자신 있게 말할 수 있지 않은가? 그렇다
면 앞에서의 주장은 순환 논리에 불과하다.

그러나 다른 한편으로는 여기에 유용하고 중대한 무언가가 숨어 있
다는 느낌을 지우기 어렵다. 중요한 것은 "모든 인간은 죽는다"는 일
반적 주장과 "소크라테스는 인간이다"라는 명제가 "소크라테스는 죽
는다"는 명제보다 더욱 확실하게 와 닿는다는 점이다(사실 마지막 진술
은 앞의 두 진술에 담긴 정보와 무관하다).

우리는 무엇을 근거로 "모든 인간은 죽는다"고 자신 있게 주장하

는 것일까? 그동안 지구에서 살다간 모든 사람들이 죽는 현장을 일일이 확인하고 내린 결론일까? 물론 아니다. 턱도 없는 소리이다. 게다가 지금 살아 있는 사람들은 아직 죽지 않았다! 모든 인간이 죽는다는 것은 육체의 나약함과 생리학적 노화 등 일반적인 사실에 기초한 결론이다. 만일 죽지 않는 인간이 있다면 그는 여러 가지 면에서 우리가 알고 있는 '일반적인 인간'과 크게 다를 것이므로 인간의 범주에서 제외시켜도 된다. 소크라테스는 비범한 존재였지만 그 역시 인간 부모의 몸에서 태어났고, 몸의 생체 조직도 다른 인간과 같았으며, 전쟁터에 나갔다면 다른 군인들처럼 부상도 입었을 것이다. 그는 우리와 비슷하게 유년기와 청년기, 노년기를 겪었다. 간단히 말해 소크라테스는 '인간'이라는 범주에 속하는 데 아무런 결격 사유가 없다. 그러므로 앞의 삼단논법은 소크라테스가 죽기 전에도 적용될 수 있었다(물론 그는 죽었다!).

똑같은 삼단논법을 아리스토텔레스에게 적용하면 어떻게 될까?

모든 인간은 죽는다.
아리스토텔레스는 인간이다.
그러므로 아리스토텔레스는 죽는다.

이로써 아리스토텔레스는 인간이 되었다. 그가 제자인 알렉산드로스 대왕에게 이 논법을 가르쳤다면 어땠을까?

모든 인간은 죽는다.
알렉산드로스는 인간이다.

그러므로 알렉산드로스는 죽는다.

만일 아리스토텔레스가 알렉산드로스 대왕에게 이 사실을 주지시
키면서 자신의 몸을 좀 더 세심하게 돌보라고 충고했다면 세계사는
크게 달라졌을 것이다(알렉산드로스 대왕은 33세에 죽었다 - 옮긴이). 일단
은 아리스토텔레스가 해고당했을 가능성이 높고, 그 후에 더 안 좋은
일이 일어났을 수도 있다.

앞으로 의료 기술이 크게 발달하거나 인간의 지성이 나약한 육체를
이탈하여 무형으로 존재하게 된다면 "모든 인간은 죽는다"는 명제는
재검토되어야 한다.

모든 인간은 죽는다.
커즈와일은 인간이다.
그러므로 커즈와일은 죽는다.

이 삼단논법은 상당히 의심스럽다(레이 커즈와일은 현존하는 세계 최고
의 발명가이자 미래학자로, 그가 마음을 먹으면 앞의 가정이 실현될지도 모른다는
뜻이다 - 옮긴이).

인간이 육체의 한계를 극복하는 날이 온다면 "모든 인간은 죽는다"
는 "모든 원시 인간은 죽는다"로 한 단계 더 구체화될 것이다. 물론 이
때가 돼도 소크라테스와 아리스토텔레스, 알렉산드로스가 죽는다는
사실에는 변함이 없다.

여기서 중요한 사실은 기초가 넓고 튼튼할수록 그 위에 쌓아올린
추론이 안전하다는 것이다. 다들 알다시피, 특별한 주장을 옹호하고

뷰티풀 퀘스천

싶을 때는 그것을 포함하는 일반적 주장을 펼치는 것이 유리하다.

그렇다면 러셀의 닭은 어떻게 되는지, 닭의 입장에서 삼단논법을 펼쳐보자.

> 좋은 농부는 매일 나를 먹여 살린다.
> 내일은 그동안 살아온 수많은 날들 중 하나이다.
> 그러므로 좋은 농부는 내일도 나를 먹여 살릴 것이다.

언뜻 보기에는 앞서 제시했던 삼단논법과 매우 비슷하다! 그러나 눈에 보이는 것이 전부는 아니다. **논법** 자체는 비슷하지만 그 안에는 사뭇 다른 **내용**이 담겨 있다. 닭이 충분히 똑똑하다면 사료를 주는 시간과 사료의 재료가 매일 조금씩 다르다는 것과 농부에게는 닭을 돌보는 것 외에 다른 할 일도 많다는 사실을 눈치챘을 것이다. 닭이 상상을 초월할 정도로 똑똑하다면 농부의 행동을 예측하는 이론을 만들고 분석한 끝에 "농부는 자신의 이익을 위해 우리를 기르고 있다"는 결론에 도달할 것이다. 그리고 농부와 가족들의 주식이 생물학적 산물이라는 데 생각이 미치면 농장에서 기르는 동물들이 가끔씩 흔적도 없이 사라졌던 사례들을 떠올리며 '운명의 날이 오면 그의 행동은 180도 달라진다'고 생각할 것이다. "모든 인간은 죽는다"는 가설은 오랜 세월 동안 수많은 검증을 거쳤을 뿐만 아니라 일관적이면서 이해 가능한 세상과 잘 일치하지만 "좋은 농부는 나를 먹여 살린다"는 닭의 가설은 전혀 그렇지 않다.

닭과 같은 오류를 범하지 않으면서 정신 나간 사람과 멀쩡한 사람을 구별하고 흄의 질문에 답하려면 "자연은 균일하다"는 가설이 사실임을 입증해야 한다. 앞서 말한 대로 기초를 더 넓고 견고하게 다지면 가설이 맞을 가능성도 그만큼 높아진다. 물리법칙의 시간대칭이 말하는 '균일한 시간'에서 답을 찾을 수 있을 것 같다. 동일한 측정을 여러 시간대에 반복적으로 실행해서 결과를 비교하면 시간의 균일성을 확인할 수 있다. 그렇다고 여기에 긴 시간을 투자할 필요는 없다. 멀리 떨어진 별이나 은하에서 날아온 빛은 각기 다른 시간대의 정보를 담고 있으므로, 이들을 분광기로 받아서 비교하면 된다(빛의 속도는 일정하고 천체들까지의 거리는 제각각이므로, 각기 다른 시간대에 방출되어야 지구의 망원경에 동시에 도달할 수 있다). 예를 들어 수십억 년 전에 방출된 빛이 몇 분 전에 방출된 빛과 동일한 스펙트럼 패턴을 보인다는 것은 원자물리학의 법칙이 지난 수십억 년 동안 변하지 않았음을 의미한다. 그리고 여기에 뇌터의 정리를 적용하면 에너지보존법칙을 확신할 수 있다! 이것은 결코 과장된 이야기가 아니다. 에너지보존법칙은 극단적인 환경에서 소립자의 반응을 관측하여 고도의 정확도로 확인된 사실이기 때문이다.

이 모든 것은 매우 정밀한 수준에서 사실로 확인되었으므로, "모든 만물은 관념에 불과하다"는 버클리 주교의 궤변에 휘둘릴 필요는 없다. 장담하건대, 정신이 온전한 사람은 정신 나간 사람보다 이 세상에 많은 기여를 할 수 있다.

우리의 논의를 마무리하려면 시간의 균일성 못지않게 중요한 물리법칙의 두 가지 균일성을 추가로 고려할 필요가 있다. 이 세상의 기초를 이루는 '공간의 균일성'과 '물질의 균일성'이 바로 그것이다. 공간의 균일성은 시간의 균일성과 마찬가지로 실험과 천문 관측을 통해 거의 사실로 확인되었는데, 다른 방법으로 확인할 수도 있다. 뇌터의 정리에 입각하여 운동량이 보존된다는 것을 입증하면 된다! 운동량보존 역시 극단적인 환경에서 소립자의 반응을 관측하여 고도의 정확도로 확인된 사실이다.

마지막으로 **물질이 균일하다는 것**은 (예를 들어) 모든 전자들이 동일한 특성을 갖고 있다는 뜻이다. 물론 이것도 관측을 통해 확인하는 수밖에 없는데, 현대의 원자물리학과 전기공학, 그리고 화학은 물질이 균일하다는 가정 하에 쌓아올린 분야다. 대부분의 학자들은 이것을 당연한 사실로 받아들이고 있지만 사실 반드시 균일해야 할 이유는 없다.

인간의 산업은 부품 교환이 가능하도록 제품을 규격화하면서 혁명적인 발전을 이룩할 수 있었다. 예나 지금이나 제품의 규격화는 결코 쉬운 일이 아니다. 그러나 자연은 새뮤얼 콜트(Samuel Colt, 미국의 총기 제조 회사인 콜트사의 창업주. 대량생산 방식을 최초로 도입하여 권총의 부품을 규격화하는 데 성공했다-옮긴이)와 헨리 포드(Henry Ford, 미국의 자동차 회사인 포드사의 창업주. 조립라인 방식을 도입하여 원가 절감 및 대량생산에 성공했다-옮긴이)가 등장하기 한참 전부터 교환 가능한 부품 시스템을 운용해왔다. 현대의 코어이론에서 전자가 교환 가능한 것은 (예를 들어) 모든 전자들이 세상을 가득 채우고 있는 전자유동체의 최소여기상태(양자)에 해당하고, 이 유동체의 특성이 모든 시공간에 걸쳐 균일하기 때문이다. 그러므로 양자이론의 범주 안에서는 물질의 균일성을 확보하기 위해 별도의 가정을 세울 필요가 없다. 물질이 균일한 것은 시공간이 균일하기 때문이며, 이 모든 것은 에미 뇌터가 말한 대로 대칭에서 비롯된 결과이다.

18장

양자적 아름다움 IV:
우리는 아름다움을 믿는다

정십이면체 이야기

정십이면체는 앞에서 여러 번 언급된 바 있다. 플라톤의 다섯 개 정다면체 중 하나인 정십이면체는 기하학적 대칭성이 가장 높은 3차원 입체도형으로, 플라톤은 우주의 전체적인 형상이 정십이면체라고 믿었다. 우리는 4장의 끝부분에서 정십이면체를 통해 우주와의 합일을 표현한 살바도르 달리의 작품 〈최후의 성찬식〉을 감상했고(〈그림 E〉), 풀러렌(C_{60})의 분자 구조 속에 정십이면체가 숨어 있다는 사실도 확인했다. 풀러렌의 구조를 자세히 들여다보면 정육각형으로 이루어진 평면 그래핀이 돌돌 말려서 입체도형이 될 수 있도록 정오각형 12개가 적재적소에 배치되어 있다.

정십이면체는 탁상용 달력으로도 인기가 높다. 이름이 말해주듯 12개의 정오각형 면으로 이루어져 있기 때문에 각 면에 한 달씩 할당하면 멋진 달력이 된다. 두꺼운 종이로 정십이면체 달력을 만드는 법은 인터넷에서 쉽게 찾을 수 있다.

정십이면체는 태생적 아름다움을 앞세워 우주의 후보로 떠올랐다가 지금은 친숙한 친구가 되었다.

이제 누군가가 〈그림 38〉의 전개도를 몇 조각으로 분해하여 〈그림 39〉처럼 만들어놓고 "어떤 도형의 전개도인지 맞춰보라"는 수수께끼를 냈다고 하자.

평소 정십이면체에 익숙하지 않은 사람이라면 흩어진 그림만 보고 원형을 떠올리기가 결코 쉽지 않을 것이다. 그러나 자연에 구현된 아름다움을 생각하고 느껴본 사람에게는 도전해볼 만한 과제이다. 일단 12개의 정오각형이 주어져 있고, 그들 중 일부는 변을 공유하고 있으며, 세 개의 정오각형이 하나의 꼭짓점을 공유한 조각도 있다. 이쯤 되면 머릿속에 전구가 번쩍 켜질 것이다! 이제 조각들을 적절히 연결하면 아름다운 입체도형이 모습을 드러낸다.

이 수수께끼를 마음속에 간직한 채 코어이론으로 되돌아가 보자. 코어이론은 물리적 세계의 다양하고 난해한 성질을 최소한의 방정식으로 서술하고 있다. 또한 코어이론은 앞서 말한 대로 화학과 공학, 생물학, 그리고 천체물리학과 우주론의 탄탄한 기초를 제공해준다. 게다가 방정식 깊은 곳에는 우아한 대칭이 반영되어 있다. 그래서 만일 독특한 천재지변이 일어나 코어이론의 모든 콘텐츠가 유실된다 해도 각 입자들이 사유하는 고유공간과 이들이 보유한 (국소)대칭으로부터 이

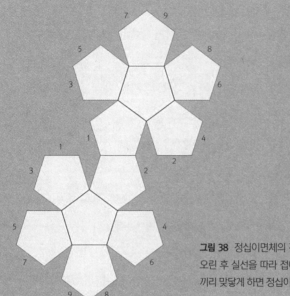

그림 38 정십이면체의 전개도. 이 그림대로 종이를 오린 후 실선을 따라 접어서 같은 숫자가 할당된 변끼리 맞닿게 하면 정십이면체가 만들어진다.

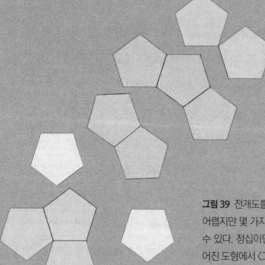

그림 39 전개도를 분해하면 무슨 도형인지 알아보기 어렵지만 몇 가지 실마리로부터 원래 모습을 짐작할 수 있다. 정십이면체를 알고 있는 사람이라면 이 흩어진 도형에서 〈그림 38〉을 떠올리고 조각을 모아서 플라톤의 정십이면체를 만들 수 있을 것이다.

론 전체를 재구성할 수 있다. 이때 필요한 데이터는 〈그림 TT〉, 〈그림 UU〉와 같다.

코어이론의 정확성과 파급력, 그리고 구조적 아름다움은 타의 추종을 불허하지만 궁극적 아름다움에는 도달하지 못할 것이다. 왜냐하면 코어이론은 자연을 서술하는 이론의 최종 결정판이기 때문이다. 우리는 코어이론을 가장 수준 높은 미학적 기준으로 유지하는 수밖에 없다. 이왕 말이 나온 김에, 코어이론의 단점을 열거하면 다음과 같다.

- 코어이론에는 세 종류의 비슷한 힘(강력, 약력, 전자기력)이 등장한다. 이들은 고유공간에 국소대칭이 존재한다는 공통점을 갖고 있다. 중력도 국소대칭을 갖고 있지만 종류가 다르다. 즉 중력은 국소 갈릴레이대칭을 갖고 있다. 게다가 중력은 다른 힘들과 비교가 안 될 정도로 약하다. 자연에 존재하는 네 종류의 힘들이 하나의 공통 대칭을 갖고 있다면 훨씬 만족스럽고 보기도 좋았을 것이다. 세 개(또는 네 개)는 분명히 한 개보다 많다. 그래서 우리는 궁극의 아름다움에 도달하지 못했다.
- 고유공간에서 위치가 다른 입자들을 한 종류로 간주한다 해도 자연을 구성하는 기본 입자는 여섯 종류나 된다. 여섯 개도 역시 한 개보다 많다.
- 입자들이 세 개의 족(族)으로 존재하는 이유도 분명치 않다.
- 코어이론에서는 힉스유동체가 중요한 역할을 하지만 사실 이것은 이론에 추가된 또 하나의 가동 부품일 뿐이다. 힉스유동체는 문제를 해결하기 위해 도입되었을 뿐, 이론을 아름답게 만들어주지는 않는다.

결론적으로, 코어이론은 조잡하게 만들어진 기계를 연상시킨다. 냉혹한 비평가들이 엉망진창이라고 부르는 것도 무리가 아니다.

과연 조물주는 이런 우주에 만족하면서 일주일치 노동을 끝낸 것일까?

불편한 생각에 빠져들기 전에 정십이면체에서 얻은 교훈을 떠올려보자. 〈그림 39〉에서 정십이면체를 찾을 수 있었던 것은 무작위로 흩어진 조각에서 아름다움(특히 대칭)의 실마리를 발견했기 때문이다. 공간도형의 대칭을 이해하면 플라톤 정다면체가 단 몇 개밖에 존재하지 않는 이유를 알 수 있고 여러 조각으로 흩어진 도형에서 정십이면체의 전개도를 찾을 수 있는 것이다.

코어이론에 등장하는 고유공간과 대칭은 정십이면체보다 훨씬 복잡하지만 여기에도 비슷한 아이디어를 적용할 수 있다. 코어이론의 단편적인 대칭과 그 대칭이 적용되는 흩어진 대상들은 더 큰 대상에 적용된 더 큰 대칭의 일부가 아닐까? 그리고 더 큰 대상들은 눈에 보이지 않는 곳에서 서로 연결되어 있지 않을까?

이 수학적 질문의 답을 찾는다면 코어이론의 결점을 극복한 새로운 물리학이론이 탄생할 수도 있다. 양전닝과 로버트 밀스는 주어진 대칭과 고유공간으로부터 해당 힘과 입자에 대한 이론을 구축하는 방법을 알아냈다. 이 과정에서 대칭은 자신의 아바타, 즉 힘을 매개하는 게이지입자(광자, 글루온, $W^{\pm}$, Z)를 통해 그 모습을 드러낸다. 그러므로 우리가 가정한 '더 큰 대칭' 속에는 코어이론의 모든 힘은 물론이고, 그 이상의 콘텐츠가 담겨 있을 것이다.

소푸스 리(Sophus Lie)를 비롯하여 19세기 말에서 20세기 초에 활동했던 천재적인 수학자들 덕분에 대칭과 고유공간의 후보 목록은 이미 확보된 상태이다. 따라서 우리는 코어이론의 조건을 만족하는 후보를 골라내기만 하면 된다. 플라톤 정다면체가 단 몇 개만 존재하는 것처럼 코어이론의 대칭을 통일하는 더 큰 대칭의 후보는 몇 개 되지 않고(정십이면체의 회전과 비슷하다), 고유공간의 후보는 더 적다(정십이면체의 면과 비슷하다).

후보 목록이 짧으면 성공할 확률도 그리 높지 않다. 〈그림 39〉의 흩어진 조각들이 다른 방식으로 흩어져 있다면(예를 들어, 정오각형 세 개가 삼각형 구멍을 에워싸고 있거나 정오각형이 13개이거나 정오각형의 크기가 제각각이거나 오각형과 사각형이 섞여 있는 경우 등), 숨은 대칭에 기초하여 원형을 유추하려는 시도는 실패할 수밖에 없다. 이와 마찬가지로 코어이론이 더 큰 대칭에서 조화롭게 통일되려면 작은 대칭과 고유공간들이 처음부터 적절한 형태로 흩어져 있어야 한다. 그리고 실제로 이런 형태가 발견된다면 그것은 우연일 수가 없다. 거기에는 분명히 심오한 의미가 담겨 있을 것이다!

그러므로 소푸스 리가 추려냈던 후보 대칭 중 하나가 아름다운 고유공간에 적용되어 현실을 완벽하게 설명해준다면 더 이상 바랄 게 없다. 통일된 대칭에는 강력과 약력, 그리고 전자기력의 대칭이 모두 포함되어 있으며, 쿼크와 렙톤을 포함하는 고유공간에 아름답게 적용될 것이다. 그리고 더욱 중요한 것은 더 이상의 콘텐츠가 들어 있지 않다는 점이다[물리학에 익숙한 독자들을 위한 각주: 이 대칭은 10차원 회전대칭군인 $SO(10)$에 기초하고 있으며, 고유공간은 이 대칭군의 16차원 스피너 표현(spinor representation)에 기초하고 있다. 이 패턴은 하워드 조자이와 셸던 글래쇼에 의해 발견되었다].

이러한 내용은 〈그림 VV〉와 〈그림 WW〉에 요약되어 있다. 지금부터 자세한 설명을 할 참인데, 다 읽고 나면 코어이론을 요약한 〈그림 RR〉, 〈그림 SS〉가 〈그림 VV〉, 〈그림 WW〉에 어떻게 반영되어 있는지 이해하게 될 것이다. 본문에서는 중요한 이야기만 하고 자세한 내용은 미주에서 설명할 것이니, 관심 있는 독자들은 관련 부분을 찾아서 읽어보기 바란다.

17장에서 말한 대로, 코어이론에 등장하는 입자는 고유공간의 형태에 따라 총 여섯 가지로 분류된다. 또는 "서로 다른 여섯 가지 실체가 존재한다"고 말할 수도 있다.

우리의 통일이론에서 확장된 대칭은 고유공간들을 연결하여 모든 입자를 단 하나의 실체[또는 다중항(multiplet)]로 통일시킨다. 이것은 〈그림 39〉처럼 여러 개로 분리된 채 제멋대로 돌아간 전개도에서 숨은 규칙을 찾아 정십이면체를 복원하는 과정과 비슷하다. 정십이면체의 모든 모서리들이 적절한 회전을 통해 서로 연결되는 것처럼 통일이론의 모든 입자들은 수학적 대칭과 물리적 변환을 통해 서로 연결되어 있다!

〈그림 VV〉, 〈그림 WW〉의 왼쪽 위에는 가로 16줄, 세로 5줄로 이루어진 표가 제시되어 있다. 각 가로줄에는 +와 -부호가 할당되어 있는데, +의 개수가 짝수 개(0, 2, 4)라는 제한조건 하에서 모든 가능한 배열을 나열한 것이다. 그리고 그 오른쪽 표에는 왼쪽 표의 추상적 패턴이 물리적 실체로 표현되어 있다. 즉 전체적인 구조는 같지만 세로줄은 강력과 약력의 색전하를 나타낸다(가로줄은 구성 입자에 해당한다). 처음 세 개의 세로줄에는 강력의 색전하인 적, 녹, 청이 순서대로 할당되어 있고 나머지 두 줄에는 약력의 색전하인 노란색과 자주색이 할당되어 있다. 그리고 왼쪽 표의 +는 오른쪽 표에 속이 찬 원으로, -부호는 속이 빈 원으로 표현했다.

속이 찬 원(왼쪽 표의 +에 해당함)의 전하를 1/2이라고 하자. 그러면 속이 찬 적색 원은 적색 전하가 1/2이라는 뜻이다(1/2의 의미는 잠시 후에 알게 된다). 그리고 속이 빈 원(왼쪽 표의 −에 해당함)의 전하를 −1/2이라고 하자.

〈그림 VV〉의 아래에는 Y라는 양이 간단한 색의 조합으로 정의되어 있다. 〈그림 RR〉, 〈그림 SS〉의 각 블록에 할당된 숫자들(1/6, 2/3, -1/6 등)은 강력이나 약력과 무관한 전기전하를 나타내며, 구체적인 값은 실험 결과와 일치하도록 선택되었다. 조금 있으면 미운 오리새끼 같은 이 숫자들이 통일이론에서 어떻게 우아한 백조로 환생하는지 알게 될 것이다(〈그림 VV〉의 모든 가로줄에 대하여 계산된 Y값은 두 표 사이의 세로 줄에 적혀 있다).

〈그림 WW〉의 왼쪽 표와 가운데 세로줄은 편의를 위해 〈그림 VV〉의 오른쪽 표와 가운데 세로줄을 다시 그려 넣은 것이다.

여기에 강력과 약력의 탈색법칙을 적용하여 간단하게 만든 것이 〈그림 WW〉의 오른쪽 표이다. 두 표의 관계를 이해하기 위해 첫 번째 가로줄의 변환 과정을 살펴보자. 적·녹·청색이 같은 양으로 섞이면 탈색법칙에 따라 강한 상호작용에 아무런 영향도 주지 않는다. 그러므로 첫 번째 줄의 적·녹·청색 전하에 일괄적으로 1/2씩 더해도 전체적인 상호작용은 달라지지 않는다. 그 결과 적색 전하는 '1/2+1/2=1'이 되고 녹색과 청색 전하는 '−1/2+1/2=0'이 되어, 오른쪽 표와 같은 결과가 얻어진 것이다. 큰 적색 원은 적색 전하가 1이라는 뜻이고, 나머지 두 칸은 색전하가 0이므로 빈칸으로 남겨놓았다. 약전하의 경우도 노란색과 자주색에 1/2단위씩 더하면 노란색 전하는 1이 되고(큰 노란색 원) 자주색 전하는 0이 된다(빈칸).

자, 지금부터 기적이 일어난다. 〈그림 VV〉의 왼쪽 표에서 출발하여 최종적으로 얻은 입자목록(〈그림 WW〉의 오른쪽 표)이 코어이론의 기본 입자(〈그림 RR〉)와 완벽하게 일치하는 것이다! 예를 들어 〈그림 WW〉의 오른쪽 표의 첫 번째 줄은 〈그림 RR〉의 A블록에서 윗줄 왼쪽에 있는 항목과 같고 〈그림 WW〉의 두 번째 줄은 〈그림 RR〉의 A블록에서 윗줄의 두 번째 항목과 일치하는 식이다. 각 입자의 정식 명칭은 〈그림 WW〉의 오른쪽 끝에 있는 세로줄에 적어놓았다($u, u, u, d, d, d, -u$⋯ 등). 나머지 15개 항목도 동일한 규칙에 따라 작성된 것이니, 독자들 스스로 확인해보기 바란다. 단, 확인하기 전에 한 가지 짚고 넘어갈 것이 있다. 코어이론에 등장하는 오른손잡이 입자는 이 그림에서 왼손잡이 반입자로 표현되어 있다. 따라서 이름 앞에 '−' 부호가 붙은 입자는 Y를 포함한 모든 전하의 부호를 반대로 바꾸고 오른손잡이 입자로 간주해야 한다.

지금까지 언급된 내용을 요약해보자. 우리의 통일 조감도 〈그림 VV〉, 〈그림 WW〉는 〈그림 RR〉, 〈그림 SS〉에 제시된 코어이론의 입자목록과 완벽하게 일치한다(〈그림 RR〉, 〈그림 SS〉는 현실 세계에서 관측된 입자들을 분류해놓은 것이다). 고유공간에 고도의 대칭을 도입한 이상형에서 출발하여, 오로지 수학적 과정을 거쳐 국소대칭(양-밀스)이론에 포함된 입자의 특성을 이끌어낸 것이다. 공통점이 거의 없는 두 가지 상이한 길을 따라가다 보니, 동일한 목적지에 도달했다. 새로운 길은 한층 더 통일적이면서 원칙에 가까운 길이며, 물질계에 대한 우리의 지식이 훨씬 많이 반영되어 있다. 이것이야말로

현실 ⟷ 이상형

의 대응관계를 보여주는 대표적 사례이다.

사실 확인

물리학자들은 대칭의 수학에 많은 기대를 걸고 있다. 아름다운 아이디어에서 출발하여 현실 세계를 지배하는 코어이론과 그 이상의 수확을 거둘 수 있도록 길을 인도한 주역은 단연 대칭이었다. 미적 감각과 대담한 면에서는 플라톤의 원자론을 닮았지만 복잡성과 정확도에서는 비교가 되지 않을 정도로 뛰어나다.

그러나 이 대략적인 그림을 현실에 적용하다 보면 두 가지 심각한 문제가 발생한다. 그중 하나는 말로 쉽게 표현되고 나머지 하나는 훨씬 복잡하면서 목적지를 알 수 없는 길로 우리를 인도한다.

우선 첫 번째 문제부터 살펴보자. 확장된 이론에는 코어이론보다 많은 게이지입자가 등장하기 때문에 이 입자로 매개되는 힘의 종류도 많다. 지금 우리에게는 하나의 강력 색전하를 다른 색전하로 바꾸는 글루온과 하나의 약전하를 다른 약전하로 바꾸는 약력자(weakon, 약력을 매개하는 W^+, W^-, Z 입자의 총칭 – 옮긴이) 외에 강력의 단위색전하를 약력의 단위색전하로 바꾸는 뮤터트론(mutatron, 공식적인 이름은 없지만 색전하의 본질을 바꾸는 입자이므로 돌연변이를 뜻하는 'mutation'에 착안하여 이름을 지어보았다)까지 주어져 있다. 예를 들어 확장된 이론에는 단위 적색 전하를 단위 자주색 전하로 바꾸는 뮤터트론이 존재하는데, 이 입자가 〈그림 VV〉의 첫 번째 가로줄에 작용하면 15번째 가로줄로 변한다. 즉 적색 쿼크가 이 뮤터트론과 접촉하면 양전자(전자의 반입자)로 바뀌는 것이다. 그런데 이런 변화는 현실 세계에서 단 한 번도 관측되지 않았다. 뮤터트론이 존재한다면, 왜 관측되지 않는 것일까?

다행히도 이 문제는 약력이론에서 사람들을 괴롭히다가 해결된 문제와 매우 비슷하다. 순수한 국소대칭이론에 의하면 약력자는 광자나 글루온처럼 질량이 없다. 그런데 약력자의 질량이 정말로 0이라면 약력은 실제 관측된 것보다 훨씬 강해야 한다. 이 문제를 해결한 것이 바로 힉스 메커니즘이었다. 공간이 적절한 물질로 가득 차 있으면 약력자들이 질량을 얻게 되고, 현실과 이상형은 비로소 조화를 이루게 된다. 힉스입자가 발견되기 전에는 많은 물리학자들이 이 대담한 가설에 회의적이었으나(나는 힉스입자의 존재 여부를 놓고 몇몇 물리학자들과 내기를 걸었다. 물론 나는 존재한다는 쪽에 걸었고, 기분 좋게 이겼다!) 지금은 확실하게 입증된 상태이다.

이 아이디어를 확장해서 통일이론에 적용하면 별로 달갑지 않은 뮤터트론이 큰 질량을 획득하여 원치 않는 효과들을 잠재울 수 있다. 입자에 (선택적으로) 질량을 부여하는 물질로 온 세상을 가득 채우고[좀 더 겸손하게 (그리고 좀 더 정확하게) 말해 '온 세상이 질량을 부여하는 물질로 가득 차 있다고 가정하고'] 논리를 계속 밀고 나가면 된다.

이제 훨씬 어려운 두 번째 문제를 논할 차례이다. 여러 힘들 사이에 대칭관계가 성립한다면 이 힘들은 강도가 같아야 한다. 여러 개의 힘을 하나로 통일하려면 당연히 충족되어야 할 조건이다. 그러나 현실은 전혀 그렇지 않다. 강력은 다른 힘들보다 압도적으로 강하다. 강력뿐만 아니라 세 개의 기본 힘들은 강도가 제각각이다(게다가 중력은 도

384   뷰티풀 퀘스천

저히 통일될 수 없을 정도로 약하다).

　다소 전문적인 내용이지만 반드시 필요한 추가 설명: 이 기회에 힘의 세기를 어떻게 비교하는지 알아둘 필요가 있다. 기본적인 아이디어는 매우 간단하다. 게이지이론의 각 힘들은 전하를 띤 입자들 사이에 작용한다. 전자기력은 전기전하 사이에 작용하고 강력은 색전하, 약력은 약전하들 사이에 작용한다. 그리고 모든 힘에는 그에 대응하는 '단위(양자)전하'가 있다. 따라서 힘의 세기를 비교할 때는 단위전하 사이에 작용하는 힘의 세기를 비교하는 것이 최선이다. 그러나 여기에는 두 가지 문제가 있다. 첫째, 약력은 입자들 사이의 거리가 10^{-16}cm 이하일 때만 작용하고, 강력은 10^{-14}cm 이하일 때만 작용한다. 그 이유는 앞에서 간단히 논한 바 있다(약력은 힉스 메커니즘 때문이고, 강력은 쿼크 감금 때문이다). 그러므로 공정을 기하기 위해서는 이보다 가까운 거리에서 비교해야 한다. 둘째, 이렇게 가까운 거리에서 입자의 물리적 성질을 정확하게 측정하기란 현실적으로 불가능하다. 실험물리학자들이 초단거리에서 할 수 있는 일이란 입자를 빠른 속도로 충돌시켜서 특정 각도로 산란될 확률을 분석하는 것뿐이다. 산란 각도 분포가 알려지면 이로부터 모든 과정을 거꾸로 추적하여 산란을 일으킨 원인, 즉 힘의 특성을 알아낼 수 있다. 1912년을 전후하여 러더퍼드와 가이거, 마스덴 등이 원자의 내부를 연구할 때도 이 방법을 사용했다. 그 후로도 기본원리는 달라지지 않았지만 요즘은 충돌하는 입자의 에너지가 훨씬 커서 초단거리 상호작용을 관측할 수 있게 되었다. 그러나 중력을 다른 힘과 비교할 때는 약간의 트릭이 필요하다. 우리가 아는 한, 중력에는 단위전하라는 것이 없고(중력은 에너지에 반응한다), 서로 다른 거리에서 힘의 세기를 비교하려면 에너지가 다른 탐색자를 써야 한다. 그러므로 초단거리에서 중력의 상대적 크기를 측정할 때는 에너지를 그 거리에 상응하는 값으로 대치한 후 중력의 크기를 계산하면 된다.

다시 생각해보는 점근적 자유성

그렇다고 여기서 포기할 수는 없다. 다행히도 코어이론의 점근적 자유성이 해결의 실마리를 제공해준다. 앞에서 말한 대로, 강력의 가장 큰 특징은 입자들 사이의 거리가 멀수록 강해지고 가까울수록 약해진다는 것이다. 쿼크가 혼자 돌아다니지 않고 반드시 두 개(중간자) 또는 세 개(중입자)씩 그룹을 지어 존재하는 이유는 강력이 특이한 방식으로 작용하기 때문이다. 즉 쿼크들 사이의 거리가 멀어지면 강하게 잡아당기고 거리가 가까워지면 힘이 거의 작용하지 않는다. 이것이 바로 점근적 자유성이었다.

강력은 가장 강한 힘이면서 거리가 가까울수록 약해지기 때문에 근거리에서는 강력과 다른 힘들 사이의 차이가 현격하게 줄어든다.

그렇다면 아주 가까운 거리에서 모든 힘의 세기가 일치하지 않을까?

희망 사항을 가능성으로 바꾸고 그 가능성을 계산으로 확인하려면 일반론에 입각한 그림과 개념을 동원하여 점근적 자유성을 재검토할 필요가 있다.

지금부터 우리 눈의 해상도와 민첩성을 SF영화 수준으로 끌어 올려보자.

우리 눈이 10^{-14}cm까지 구별할 수 있고 10^{-24}초 간격으로 일어나는 사건을 구별할 수 있다면, 텅 빈 공간은 〈그림 XX〉처럼 보일 것이다.

좀 더 정확하게 말하자면 이 그림은 글루온장이 요동치면서 발생한

뷰티풀 퀘스천

에너지의 전형적인 분포도이다. 양자역학에 의하면(정확하게는 불확정성원리에 의하면 – 옮긴이) 이런 요동은 모든 시간, 모든 장소에서 자발적으로 일어나고 있다[이것을 가상입자 또는 영점운동(zero-point motion)이라 한다]. 앞에서도 말했지만 점근적 자유성이 나타나는 이유와 쿼크가 중입자 속에 갇혀 있는 이유, 그리고 u, d쿼크의 질량에 비해 일상적인 물체의 질량이 턱없이 큰 이유는 글루온유동체의 자발적 요동 때문이다. 양자역학에 익숙하지 않은 독자들은 상상이 안 가겠지만, 양자요동은 다양한 실험과 계산을 통해 그 어떤 것보다 확실하게 검증된 현상이다. 〈그림 XX〉에서 붉은색은 에너지밀도가 가장 높은 곳(가장 뜨거운 곳)이고 노란색, 녹색, 푸른색 순서로 에너지밀도가 낮아진다. 그리고 에너지밀도가 어떤 임계 값을 넘지 않는 곳은 빈 공간으로 남겨놓았다. 이 그림은 실제 크기를 약 10^{27}배 확대한 것으로, 사람을 이 비율로 확대하면 우주만 한 크기가 된다. 또한 이 그림의 셔터스피드는 약 10^{-24}초로서 10^{-24}초를 1초로 늘이면 1초는 우주의 나이와 비슷해진다.

QCD는 믿기 어려울 만큼 정밀한 수준에서 검증된 이론으로, 시공간의 모든 영역에서 일어나는 사건을 정확하게 서술하고 있다.

그러나 양자유동체(양자장)에는 글루온만 있는 것이 아니다! 광자의 (전자기적) 유동체와 약력자 유동체도 양자요동을 겪고 있으며, 물질을 구성하는 입자들(쿼크와 렙톤)도 생성과 소멸을 반복하면서 요동에 기여하고 있다. 전자유동체도 요동치고, 위-쿼크 유동체도 요동치고 있다. 글루온은 종류가 많고(무려 여덟 종이나 된다!) 상호작용도 강하기 때문에 양자요동의 효과도 가장 크다. 그러나 양자역학의 원리에 의하면 모든 양자장은 예외 없이 요동을 겪고 있으며, 다양한 실험 결과가 이 사실을 확실하게 입증하고 있다. 그러므로 정확한 결과를 얻으려면 모든 요동을 고려해야 한다.

물체를 물 속에 담그면 외형이 왜곡되어 보이는 것처럼 공간을 가득 채우고 있는 매질(특히 양자유동체)은 최단거리에 대한 우리의 지각력을 왜곡시킨다. 따라서 그 저변에 숨어 있는 원형을 파악하려면 왜곡된 상을 수정해야 한다. 바로 여기에 우리의 희망이 걸려 있다. 힘의 종류가 다르면 세기도 다르다. 그러나 수정을 하고 나면 힘의 세기가 같아질지도 모른다.

살짝 빗나간 과녁

양자요동에 의한 왜곡을 수정한 결과는 〈그림 40〉과 같다. 그림의 실선들은 강력, 약력, 전기력의 세기를 나타내는데, 거의 한 점으로 수렴하다가 아깝게 살짝 빗나갔다.

〈그림 40〉이 어떻게 작성되었는지 궁금한 독자들을 위해 약간의 설명을 덧붙이고자 한다. 일단은 그림을 최대한 단순화하기 위해(세 개의 직선!) 가로-세로축에 조금 특이한 척도를 할당했다. 세로축은 힘의 세기의 역수로서 그래프의 아래쪽으로 갈수록 힘이 강하다는 뜻이다(이렇게 이상한 척도를 선택한 이유는 〈그림 41〉에서 알게 될 것이다). 거리를 나타내는 가로축은 일상적인 눈금에 로그(log)를 취한 척도를 사용했다. 즉 오른쪽으로 갈수록 거리는 가까워지고 에너지는 커지는데, 한 눈금 이동할 때마다 10배씩 증가한다! 그러므로 〈그림 40〉은 현재의 입자가속기로 도저히 도달할 수 없는 영역까지 포함하고 있다. 선의 굵기는 이론과 실험의 오차를 나타낸다.

우리는 짧은 거리 또는 큰 에너지 영역에서 세 힘의 강도가 같아지

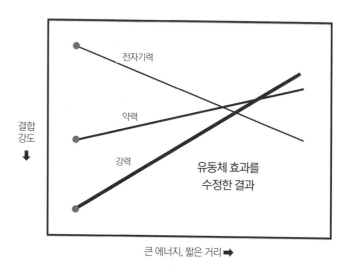

전자기력

약력

결합
강도
↓

강력

유동체 효과를
수정한 결과

큰 에너지, 짧은 거리 ➡

그림 40 이미 알려진 양자유동체의 효과를 제거하고 나면 세 힘의 강도가 거의 같아지지만 완전히 일치하지는 않는다.

기를 기대했다. 〈그림 40〉은 세계 최대의 가속기에서 얻은 데이터로 그래프의 시작점을 표기한 후 이론적 계산을 통해 직선 부분(고에너지 영역 또는 짧은 거리)을 완성한 것이다. 그림에서 실험으로 얻은 초기 값은 왼쪽 끝에 커다란 점으로 강조되어 있으며, 오른쪽으로 이어지는 직선은 거리가 가까워짐에 따라 힘의 세기가 변하는 양상을 이론적으로 계산한 결과이다. 보다시피 세 힘은 거리가 가까워질수록 거의 한 점에서 만나는 듯하다가 아쉽게도 살짝 빗나가고 말았다.

그래프가 한 점에서 정확하게 일치했다면 얼마나 좋았을까? 하지만 우리는 "과학의 목적은 반증 가능한 이론을 내놓는 것"이라는 칼 포퍼(Karl Popper)의 말에서 위안을 찾을 수 있다. 그래프를 다시 한 번

보라. 반증 가능한 정도가 아니라 아예 '틀린' 이론을 내놓았으니, 일단 임무는 완수한 셈이다!

그래도 공허한 마음은 떨치기 어렵다. 우리는 매우 아름다우면서 그럴듯한 가설을 상정했고 거의 성공할 뻔했다. 막판에 아깝게 빗나가긴 했지만 이론이 아름답다는 것은 크게 틀리지 않았다는 뜻이다. 그러니 여기서 포기할 수는 없다.

지금부터 나를 포함한 몇몇 물리학자들이 제안했던 해결책을 소개하고자 한다. 그런데 본론으로 들어가기 전에 먼저 소개할 친구가 있다. 아름다운 아이디어의 결정판이라 할 수 있는 초대칭이 바로 그것이다.

초대칭이론

초대칭은 1974년에 율리우스 베스(Julius Wess)와 브루노 추미노(Bruno Zumino)가 제안한 새로운 종류의 대칭으로, 처음 등장했을 때부터 경이의 대상이었다.

일반적으로 대칭이란 '변화 없는 변화'를 의미한다. 방정식(또는 방정식계)에 등장하는 물리량에 어떤 변환을 가해도 방정식의 결과가 달라지지 않을 때 그 방정식은 "대칭을 갖고 있다"고 말한다. 초대칭도 이 범주에 속하지만 변환하는 방식이 상상을 초월할 정도로 유별나다.

우리는 물리계의 대칭에 대하여 이미 많은 사례를 다루었다. 시간병진대칭은 시간에 일정한 상수를 더하거나 뺄 때 나타나는 대칭이고 특수상대성이론의 핵심 개념인 갈릴레이대칭은 시공간을 변화시켰을 때(즉 일정한 속도를 더하거나 뺐을 때) 존재하는 대칭이다.

초대칭은 새로운 변환이 허용되도록 특수상대성이론을 확장한 것으로, 속도를 바꾸는 갈릴레이변환의 양자역학 버전에 해당한다. 양자적 갈릴레이변환은 고전적 갈릴레이변환과 마찬가지로 운동을 포함하고 있지만 일상적인 운동이 아니라 새로운 차원에서 진행되는 운동이다. 초대칭의 새로운 차원은 우리가 알고 있는 기하학적 차원과 완전히 다른 개념으로, 물리학자들 사이에서는 '양자 차원(quantum dimension)'으로 알려져 있다.

16장에서 설명한 바와 같이, 고유공간에서는 입자의 위치가 곧 입자의 정체성을 좌우한다. 동일한 객체들이 고유공간에서 각기 다른 위치를 점유하고 있으면 이들은 '다른' 입자이다. 그리고 글루온, 약력자, 광자가 고유공간에 놓인 입자와 반응할 때는 위치에 따라 반응하는 방식이 다르다. 그러므로 고유공간에서 입자의 위치를 바꾼다는 것은 입자가 한 종류에서 다른 종류로 변환되었음을 의미한다.

초대칭에 등장하는 양자 차원도 이와 비슷하다. 다만 입자가 그 안에서 움직이는 동안 변환이 이루어진다는 점이 다를 뿐이다.

코어이론은 크게 '물질(substance)'과 '힘(force)'으로 나눌 수 있다(좀 더 시적으로 표현하면 음과 양으로 나뉜다고 할 수도 있다). 물질의 주성분은 쿼크와 렙톤으로, 이들이 모이면 견고하고 현실적인 실체가 만들어진다. 물질을 구성하는 입자를 통틀어서 '페르미온[이탈리아의 물리학자 엔리코 페르미(Enrico Fermi)의 이름에서 따온 용어]'이라 한다.

• 페르미온은 짝짓기를 좋아한다. 그래서 하나를 취하면 다른 하나

를 제거하기 어렵다. 또한 페르미온은 다른 페르미온이나 보손(아래 내용 참조)으로 변할 수 있지만 흔적 없이 사라지지는 않는다.

• 페르미온은 파울리의 배타원리를 따른다. 간단히 말해서 두 개 이상의 동종 페르미온들은 똑같은 일을 하는 것을 싫어한다. 전자는 페르미온이므로 배타원리를 따르고 바로 이런 특성 때문에 물질의 구조에 결정적인 영향을 미친다. 이것은 앞에서 다양한 탄소화합물을 논할 때 이미 언급된 내용이다.

코어이론에서 '힘'과 관련된 부분은 글루온, 광자, 약력자, 그리고 힉스입자와 중력자로 이루어져 있다. 이들은 다른 물체로부터 방출되거나 흡수될 수 있으며, 대체로 무리 지어 다니는 것을 좋아한다. 이와 같은 입자들을 '보손[boson, 인도 출신의 물리학자 사티엔드라 보스(Satyendra Bose)의 이름에서 따온 용어]'이라 한다.

• 보손은 혼자 생성되거나 소멸될 수 있다.
• 보손은 사티엔드라 보스의 '포함원리(inclusion principle)'를 따른다. 간단히 말해 두 개 이상의 동종 보손들은 같은 일을 하는 것을 좋아한다. 광자는 보손이어서 모여 다니기를 좋아하고 레이저는 이런 특성을 활용한 장치이다. 광자들은 기회만 주어지면 집단행동을 하기 때문에 가느다란 빔의 형태로 집중시킬 수 있다.

물질입자(페르미온)와 힘입자(보손) 사이에는 분명한 차이가 있다. 이 차이를 극복하려면 대담한 상상력을 발휘해야 한다. 이런 목적으로 도입된 것이 바로 양자 차원이다. 물질입자가 양자 차원으로 진입하면 힘입자가 되고 힘입자가 양자 차원으로 진입하면 물질입자가 된다. 이것은 일종의 수학적 마술인데, 우리의 목적상 자세한 내용까지 알 필요는 없으니 핵심 개념과 기묘한 특성만 간단하게 짚고 넘어가자.

일상적인 차원은 일상적인 숫자, 즉 '실수'로 표현된다. 공간상의 한 지점을 원점(origin)으로 설정한 후 임의의 점에 '원점까지의 거리'를 의미하는 실수를 할당하면 모든 공간을 표현할 수 있다. 거리를 측정하거나 연속체를 표현할 때 주로 사용되는 실수는 곱셈의 교환법칙,

$$xy = yx$$

를 만족한다.

그러나 양자 차원에서는 '그라스만 수(Grassmann number)'라는 특이한 수가 사용된다. 이 수는 실수와 달리 곱하는 순서를 바꾸면 부호가 달라진다.

$$xy = -yx$$

'–' 부호 하나만 붙었을 뿐인데, 그 결과는 엄청난 차이로 나타난다! 특히 $x = y$면 $x^2 = -x^2$이 되어 $x^2 = 0$이라는 희한한 결과가 얻어지는데, 이것은 양자 차원에서 "두 개의 객체는 동일한 (양자적) 위치를 점유할 수 없다"는 파울리의 배타원리로 해석할 수 있다.

이제 초대칭을 만날 준비가 되었다. 초대칭이론에 의하면 이 세계에는 양자 차원이라는 것이 존재하며, 일상적인 차원을 양자 차원으

로 변환해도 물리법칙에 영향을 주지 않는, 그런 변환이 존재한다.

만일 이것이 사실이라면 초대칭은 아름다움이 자연에 구현된 또 하나의 멋진 사례가 될 것이다. 초대칭변환은 물질입자를 힘입자로 바꾸고 힘입자를 물질입자로 바꾸기 때문에 두 종류의 입자가 동시에 존재할 수밖에 없는 이유를 설명해준다. 이 가설에 의하면 물질입자와 힘입자는 본질적으로 동일한 입자이다. 겉으로 보기에 명백하게 정반대인 객체들이 초대칭을 통해 음양의 원리처럼 통일된 것이다.

'틀리지 않은 이론'에서 '옳은 이론'으로

매사에 열정적이었던 그리스의 물리학자 사바스 디모폴로스(Savas Dimopoulos)는 1981년 봄부터 초대칭에 완전히 빠져들었다. 당시 그는 샌타바버라에 있는 카블리 이론물리연구소(Kavli Institute of Theoretical Physics)를 방문 중이었다. 나 역시 그보다 얼마 전부터 그곳에 파견되어 있었는데, 그를 처음 만난 자리에서 의기투합하여 공동 연구를 진행하기로 했다. 사바스는 대담한 아이디어를 불도저처럼 밀고 나가는 스타일이었고 나는 무엇이건 신중을 기하는 스타일이었기에 환상의 콤비가 될 수 있었던 것 같다.

초대칭은 아름다운 수학이론이었다(물론 지금도 여전히 아름답다). 문제는 현실 세계에 적용하기에는 너무 이상적인 이론이라는 점이다. 초대칭이론은 새로운 입자의 존재를 예견했다. 그것도 한두 개가 아니라 무더기로 예견했다. 그러나 지금까지 그런 입자는 단 한 개도 발견되지 않았다. 예를 들어 초대칭에 의하면 질량과 전기전하가 전자와 같으면서 페르미온이 아닌 보손에 속하는 입자가 자연에 존재해야 한다.

초대칭은 이런 입자의 존재를 예견했다. 전자가 양자 차원에 진입하면 질량과 전하를 그대로 유지한 채, 신분만 페르미온에서 보손으로 바뀐다.

우리는 다른 대칭과 씨름을 벌였던 과거의 경험을 살려서 '자발적 대칭붕괴'라는 후방진지를 구축해놓았다. 이 가설에 의하면 우리의 관심 대상(근본적으로는 세상 전체)을 서술하는 방정식은 대칭을 갖고 있지만 안정적인 해(解)는 그렇지 않다.

자발적 대칭붕괴의 대표적 사례로는 자석을 들 수 있다. 자철광을 한 무더기 쌓아놓으면 특별한 방향성이 없어서 모든 방향이 동등하지만 이것으로 자석을 만들면 특별한 방향성을 띠게 된다. 즉 자석에는 모든 방향이 동등하지 않다. 나침반은 특정 방향을 선호하는 자석의 특성을 이용한 장치이다. 이렇게 뚜렷한 방향성이 무지향성 방정식과 어떻게 양립할 수 있을까? 자석의 내부에는 전자의 스핀을 한 방향으로 정렬시키는 힘이 작용하고 있다. 이 힘의 영향권 안에 들어온 전자들은 하나의 공통된 방향을 선택해야 한다. 힘(그리고 힘을 서술하는 방정식)은 전자들이 어떤 방향을 선택하건 개의치 않지만 어쨌거나 '하나의 방향'이 선택되어야 한다. 그래서 방정식의 안정한 해(解)는 방정식 자체보다 대칭성이 낮다.

자발적 대칭붕괴는 우리의 이론에 초대칭을 구현하는 최상의 방법이다. 이 작전이 제대로 먹힌다면 아름다운 방정식(초대칭)으로 덜 아름다운 현실(비대칭 또는 준-초대칭?)을 서술하게 되는 셈이다.

자발적 대칭붕괴를 도입하면 양자 차원으로 진입한 전자는 질량이 달라진다. 이런 입자를 셀렉트론(selectron)이라 하는데, 질량이 충분히 크다면 상태가 불안정할 것이므로 고에너지 입자가속기에서 생성되었다 해도 아주 잠깐 동안 존재했다가 사라질 것이다. 초대칭입자(양자 차원으로 진입한 입자)가 발견되지 않은 이유는 이런 식으로 설명할 수 있다.

자발적 대칭붕괴를 적용하려면 대담하고 창의적인 사고가 필요하다. 눈에 보이지 않는 대칭을 가정하여 방정식에 구현하고 이 세계(또는 우리가 설명하고자 하는 특성)가 방정식의 안정한 해(解)로 얻어지도록 만들어야 한다. 이것을 초대칭에 적용할 수 있을까? "자연에 존재했던 초대칭이 어느 순간 자발적으로 붕괴되어 지금과 같은 세상이 만들어졌다"는 시나리오 자체는 별로 복잡할 것이 없지만 수학적으로 구현하기란 보통 어려운 일이 아니다. 나는 초대칭이 처음 출현한 1970년대 중반에 이 연구에 착수했다가 깊은 좌절감을 느끼며 포기하고 말았다. 그러나 사바스는 '무조건 단순하게 만들기'와 '절대 포기하지 않기'라는 두 가지 특기를 앞세워 가차 없이 밀고 나갔다.

사바스와 나는 연구소 안에서 "괴짜 2인조"로 불렸다. 내가 어려운 문제에 봉착했는데(이 문제를 A라 하자) 사바스의 모형에 A가 언급되어 있지 않으면 그는 "심각한 문제는 아닐 거야. 내가 해결할 수 있어!"라며 큰소리를 치고 다음 날 오후 문제 A가 해결된 복잡한 이론을 들고 나타났다. 그 후에 새로운 문제 B에 봉착하면 그는 또다시 복잡한 모형으로 B를 해결했다. 그런데 A와 B를 동시에 해결하기 위해 두 개의 복잡한 모형을 결합하면 새로운 문제가 등장하곤 했다. 간단히 말해 우리의 연구는 비누질과 헹구기의 연속이었고 얼마 지나지 않아 이론은 쳐다보기가 겁날 정도로 복잡해졌다.

결국 우리는 사방에 널린 문제를 일일이 각개 격파하는 식으로 대충 수습할 수밖에 없었다. 복잡한 이론에서 오류를 찾다 보면 어려운 부분에 도달하기도 전에 미로를 헤매다가 진이 빠지기 십상이다(물론 우리도 예외가 아니었다). 학술지에 발표하기 위해 논문을 작성할 때도 내용이 너무 복잡하고 제멋대로여서 마음이 편치 않았다.

그러나 사바스는 태생적으로 복잡한 것을 좋아하는 사람이었다. 그는 초대칭을 도입한 통일이론을 다른 연구 동료인 스튜어트 라비 (Stuart Raby)에게 들려주었는데, 이것도 복잡하기는 마찬가지였다.

나는 그런 식의 사고를 별로 좋아하지 않았다. 마음 같아서는 당장 사바스에게 달려가 "그런 식으로는 옳은 결론에 도달할 수 없어. 난 이 난장판에서 손을 뗄 거야. 양심이 허락하질 않는다고!"라고 외치고 싶었다. 나의 목적은 자잘한 누더기를 이어 붙이는 것이 아니라 일반적이고 명확한 결과를 찾는 것이었다. 나중에 틀린 것으로 판명된다면 내 연구도 끝나겠지만 적어도 속은 후련할 것 같았다.

나는 방향을 잡고 정확한 계산을 수행하기 위해 온갖 복잡함과 불확실함의 원인이었던 (자발적) 대칭붕괴를 완전히 무시하고 이론 전체를 처음부터 재검토할 것을 권했다. 현실성을 쫓는 것보다 깔끔하고 단순한 대칭모형에 집중하는 것이 더 낫다고 생각했기 때문이다. 그제야 우리는 모형 안에 힘을 결합시킬 수 있는지 확인하는 몇 가지 계산을 수행할 수 있었다. (당시에는 몰랐지만 우리는 피타고라스와 플라톤의 연구 방식을 따라가고 있었다. 그리고 "신의 축복을 원한다면 허락보다 용서를 구하라"는 말리 신부의 가르침도 한쪽 귀에서 맴돌았다.)

결과는 놀라웠다. 적어도 내가 보기에는 그랬다. 당시에는 실험 결과가 정확하지 않았기 때문에 〈그림 40〉의 선이 훨씬 굵었지만(즉 오차 범위가 컸지만) 세 개의 직선은 정확하게 한 점에서 만나고 있었다. 아주 짧은 거리에서 세 힘의 강도가 하나의 값으로 통일된 것이다. 나의 연구 논문은 곧 학계에 알려졌고 사람들은 감질 나는 결과에 침을 삼키며 후속 논문을 기다렸다. 우리의 계산에 의하면 여러 유동체의 요동까지 포함한 초대칭 버전으로 이론을 확장해도 결과는 마찬가지였다!(이 점은 내가 보기에도 놀라웠다.) 초대칭의 포함 여부에 따라 답은 달라지지만 어떤 경우에도 현재의 실험 결과와 일치한다는 사실만은 분명했다.

그것은 나의 연구 인생에 커다란 전환점이 되었다. 사바스와 스튜어트, 그리고 나는 어렵게 구축한 '틀리지 않은' 복잡한 모형을 한쪽 구석으로 치워놓고 누가 봐도 비현실적인 짧은 논문을 작성했다. 초대칭을 그대로 보존한 우리의 이론은 이 세계를 서술하기에 지나칠 정도로 깔끔했지만 **모든 힘을 하나로 통일**하는 데 중요한 실마리를 제공했다.

강력 + 약력 + 전자기력

여기에 **초대칭**을 도입하면,

물질 + 힘

까지 통일될 것 같았다. 초대칭이 붕괴된 사연에 대해서는 나중에 따로 연구하기로 했다.

연구를 하다 보면 '모든 것을 한꺼번에 걱정할 필요는 없다'는 사실을 깨닫는 순간 비약적 발전이 이루어지곤 한다. '전체적으로 틀리지 않은 이론'보다 '어느 한 부분에서 확실하게 맞는 이론'이 더 낫다는

뷰티풀 퀘스천

이야기이다.

최고의 보석?

우리의 계산 결과는 〈그림 41〉과 같다.

초대칭에서 예견된 새로운 양자요동과 가상입자를 추가하여 〈그림 40〉을 수정했더니, 〈그림 41〉처럼 말끔한 그래프가 얻어진 것이다. 나는 앞으로 실험 데이터가 개선되면 직선이 한층 더 가늘어질 것이라고 생각했다.

그 후 나의 짐작은 그대로 실현되었다! 강력과 약력, 그리고 전자기력의 세기가 초단거리에서 매우 정확하게 일치한 것이다.

이뿐만이 아니었다. 지금까지 우리는 통일이론을 추구하면서도 중력만은 예외로 취급해왔는데, 여기에는 그럴만한 이유가 있다. 강력과 약력, 그리고 전자기력은 고유공간의 국소대칭이라는 공통점을 갖고 있을 뿐만 아니라 〈그림 40〉, 〈그림 41〉에서 보는 바와 같이 힘의 세기도 10배 이상 차이나지 않는다.

그러나 중력은 앞에서 설명한 두 가지 면에서 완전히 다른 힘이다. 중력을 서술하는 아인슈타인의 일반상대성이론도 고유공간에 국소대칭이 구현되어 있지만 대칭의 종류가 다르다(고유공간의 대칭이 아니라 갈릴레이대칭이다). 게다가 힘의 세기는 비교 자체가 **무의미할** 정도로 큰 차이를 보인다. 두 소립자 사이에 작용하는 중력은 다른 세 힘들보다 훨씬, 훨씬, **훨씬** 약하다. '훨씬'이라는 단어 하나가 1/10을 의미한다면 '훨씬'을 무려 40번이나 반복해야 한다! 그래서 〈그림 41〉에는 중력의 시작점(직은 원)이 제시되어 있지 않다. 힘의 세기가 워낙 약해서 그래프의 영역을 한참 벗어나 있기 때문이다. 굳이 그려 넣고 싶다

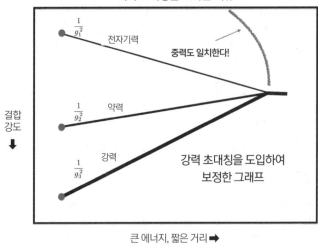

내가 초대칭을 ♥하는 이유

전자기력

중력도 일치한다!

결합
강도
↓

약력

강력

강력 초대칭을 도입하여
보정한 그래프

큰 에너지, 짧은 거리 ➡

그림 41 초대칭에서 예견된 양자유동체 효과를 고려하면 정확한 통일이 이루어진다.

면 그래프의 면적이 관측 가능한 우주보다 커야 한다. 관측 가능한 우주의 크기는 〈그림 41〉의 사각형보다 10^{27}배쯤 큰데, 이보다 10^{13}배나 더 커야 중력의 시작점을 간신히 그려 넣을 수 있다.

그럼에도 우리는 중력을 통일 게임에 참여시킬 수 있다. 당장은 끝이 보이지 않지만 끈기를 갖고 밀어붙이다 보면 반드시 보상을 받게 될 것이다.

중력은 에너지에 **직접** 반응하기 때문에 고에너지 영역으로 갈수록 힘의 세기도 강해진다. 그리고 강해지는 정도도 양자요동의 영향을 받는 다른 힘들보다 훨씬 두드러지게 나타난다. 그래서 중력을 나타내는 〈그림 41〉의 곡선은 아래쪽으로 크게 휘어져 있다. 드디어 중력이 관측 가능한 우주 안으로 진입하여 다른 힘들이 만나는 곳으로 접근하고 있다.

결합강도(coupling strength)의 수준에서 볼 때 네 개의 힘이 하나로 통일된 것이다.

강력 + 약력 + 전자기력 + 중력

물론 이것으로 통일이론이 완성된 것은 아니다. 예를 들어, 〈그림 41〉의 그래프를 오른쪽으로 계속 이어나가면 네 힘들은 다시 분리된다! 그러나 강력과 약력, 그리고 전자기력만 고려한다면 통일이론을 좀 더 보완할 수 있다. 유일하게 완벽한 이론 하나를 끄집어낼 수는 없지만(아직은 정보가 불충분하다) 후보로 거론되는 이론들은 꽤 많은 공통점을 갖고 있다. 그중 하나가 뮤터트론과 같은 무거운 입자의 존재를 예견한다는 점이다. 이 입자와 관련된 요동을 고려하면(〈그림 41〉에는 고려되어 있지 않다) 세 개의 직선들은 한 번 만난 후 그 상태를 계속 유지한다(만나기 전에는 별다른 영향을 주지 않는다). 단, 중력까지 고려하면 불확정성이 매우 커진다. 1980년대 중반에 등장한 끈이론은 중력까지 포함한 통일이론의 강력한 후보였으나 지금은 그 취지가 많이 흐려진 상태이다.

아직도 해결해야 할 문제가 많이 남아 있지만 〈그림 41〉과 같이 힘을 통일한 것은 커다란 성과라고 생각한다. 이것은 아름다운 질문의 답을 찾는 과정에서 자연스럽게 얻은 결과이며, 이 세계의 깊은 곳에 아름다움이 대칭이라는 특별한 방식으로 구현되어 있음을 보여주는 증거이다.

우리는 자연에 존재하는 힘을 통일한다는 원대한 목표 하에 초대칭을 소환했다. 물론 초대칭이 존재한다는 증거는 아직 발견되지 않았으므로, 우리의 가정은 여전히 가정으로 남아 있다. (강력한 정황증거는 있다. 계산 결과가 매우 성공적이지 않은가!)

다행히도 우리의 가설을 확인하는 방법이 있다. 초대칭에서 예견된 입자들이 우리가 바라는 대로 자신의 역할을 다하려면 질량이 지나치게 크지 않아야 한다. 질량이 크면 양자요동이 줄어들어 〈그림 41〉이 〈그림 40〉으로 되돌아가기 때문이다. 앞으로 5년 안에 유럽입자물리연구소의 대형 강입자충돌기(LHC)가 이들 중 일부를 발견해줄 것이다. 내기를 건다면 당연히 '발견된다'는 쪽에 걸 것이다.

우리는 아름다움을 믿는다

> 우리는 신을 믿고, 다른 사람들은 돈을 지불한다.
>
> (In God we trust : all others pay cash.)
>
> • 진 셰퍼드(Jean Shepherd)의 소설 제목

우리는 아름다움에 대한 신념을 바탕으로 이론을 구축해왔으나 이론의 '액면가'는 다른 요인에 의해 좌우된다. 진실이 밝혀지면 물론 좋겠지만 그것만이 유일한 (또는 제일 중요한) 가치는 아니다. 예를 들어 뉴턴의 (질량보존법칙에 기초한) 역학과 (스펙트럼 패턴의 불변성에 기초한) 색이론은 완벽한 진실이 아니지만 헤아릴 수 없는 가치를 갖고 있다. 이론의 다산성(多産性, 새로운 현상을 예견하고 자연을 제어하는 기술을 제공하는

뷰티풀 퀘스천

능력)도 가치를 좌우하는 중요한 요인인 것이다.

과거의 경험에 의하면 아름다움에 대한 믿음에는 종종 적절한 보상이 뒤따랐다. 뉴턴의 중력이론은 탄생 후 100여 년 동안 아무런 문제없이 잘 적용되다가 18세기 말에 심각한 위기에 직면했다. 새로 발견된 천왕성의 궤도가 이론에서 예견된 값과 크게 달랐던 것이다. 그러나 중력이론의 아름다움을 굳게 믿었던 위르뱅 르 베리에(Urbain Le Verrier)와 존 쿠치 애덤스(John Couch Adams)는 아직 발견되지 않은 미지 행성이 천왕성의 궤도에 영향을 주고 있다는 가정 하에 미지 행성의 위치를 예견했고, 1846년에 바로 그 위치에서 해왕성이 발견되었다. 또한 맥스웰은 눈에 보이지 않는 새로운 색의 존재를 예견했고 전자기이론의 아름다움에 매료된 헤르츠가 실험을 반복한 끝에 라디오파를 생성하고 관측하는 데 성공했다. 그 후 20세기에 폴 디랙(Paul Dirac)이 신비하고도 아름다운 방정식을 통해 예견했던 반입자는 불과 1년 후에 발견되었으며, 코어이론의 대칭으로부터 예견된 글루온과 W입자, Z입자, 힉스입자, 맵시-쿼크, 3족(族)입자 등도 모두 발견되었다.

물론 이론적 예측이 항상 맞기만 한 것은 아니다. 플라톤의 원자모형과 케플러의 태양계모형은 더할 나위 없이 아름다웠지만 현실은 완전히 달랐고 에테르의 매듭(knot)에 기초한 윌리엄 토머스 켈빈(William Thomas Kelvin)의 원자론도 틀린 것으로 판명되었다(매듭은 여러 가지 형태로 존재하며, 한 번 지어진 매듭은 쉽게 풀리지 않기 때문에 원자의 후보로 그럴듯하게 보였다). 그러나 이 실패 사례들은 나름대로 소득이 있었다. 플라톤의 이론은 기하학과 대칭을 연구하는 출발점이 되었고, 젊은 케플러는 태양계모형에 영감을 받아 훗날 위대한 천문학자가 되었으며, 피터 테이트(Peter Tait)가 켈빈의 원자모형에서 영감을 받아 개발한 수학적 매듭이론(knot theory)은 지금도 활발하게 연구되고 있다.

앞으로 초대칭이 어떤 운명을 맞이하게 될지는 아무도 알 수 없다. 앞서 말한 대로 초대칭은 아름다움을 끝까지 추구했던 우리의 신념에 대한 보상이었다. 완벽한 통일이론은 아직 완성되지 않았지만 희망을 버리지 않는 건 아름다운 길이 곧 진리로 가는 길이라는 믿음이 있기 때문이다.

이중의 축복

예수의 제자이자 의심 많기로 유명했던 도마는 예수가 부활했다는 소문이 돌 때도 증거를 확인하기 전에는 믿을 수 없다며 회의적 입장을 고수했다.

그의 손에 못이 박힌 상처를 내 눈으로 확인하고 거기에 내 손가락을 집어넣어 보거나, 그의 옆구리에 난 상처에 손가락을 집어넣어 보기 전에는 절대로 믿을 수 없다.

그로부터 8일 후 도마 앞에 예수가 나타나 상처를 만져보라고 하자 비로소 믿게 되었다. 그러자 예수가 도마에게 말했다.

도마여, 너는 눈으로 봐야 믿는구나. 보지 않고도 믿는 자가 진정으로 복 받은 자이니라.

17세기 이탈리아 화가 카라바조(Caravaggio)는 이 일화에 깊은 감명을 받아 〈의심하는 도마(Incredulity of Saint Thomas)〉라는 걸작을 후대에 남겼다(〈그림 YY〉). 그런데 나는 이 그림에서 성서를 초월한 두 가지 메시지를 읽었다. 첫째는 예수가 도마의 탐구적인 자세를 기꺼이 수용했다는 것이고 둘째는 도마가 자신의 희망이 현실 세계에 구현되었음을 확인하고 극도로 흥분했다는 것이다. 의심 많은 도마는 진정한 영웅이자 행복한 사람이었다.

무언가를 보지 않고 믿다가 나중에 그 믿음이 사실로 확인된다면 더할 나위 없이 기쁠 것이다. 그러나 이런 일은 결코 자주 일어나지 않기 때문에 위험 부담이 크다.

현실에 근거한 긍정적 믿음을 가진 사람은 신념과 경험의 조화 속에서 더욱 큰 복을 누릴 수 있다. 진정으로 복 받은 사람은 자신이 눈으로 본 것을 믿는 사람이다.[13]

19장

아름다운 해답?

아이디어가 아름답다고 해서 반드시 진리라는 보장은 없다. 플라톤의 기하학적 원자모형과 케플러의 기하학적 태양계모형은 극도로 아름다웠지만 진실 근처에도 가지 못했다. 흔히 '인체비례도'로 알려진 레오나르도 다빈치의 〈비트루비안 맨(Vitruvian Man)〉에도 비슷한 사연이 있다(〈그림 ZZ〉). 이 그림은 신체 부위(머리, 몸통, 팔, 다리 등)의 길이 비율과 기하학의 관계를 암시하고 있는데, 인간의 몸에 우주의 구조가 반영되어 있다는 믿음은 피타고라스가 태어나기 전부터 세간에 널리 퍼져 있었다. 인간 본위로 논리를 밀고 나가다 보면 얼마든지 도달할 수 있는 결론이다. 그러나 지금까지 밝혀진 바에 의하면 우주(또는 자연)의 구조는 인간의 신체와 아무런 관련도 없다.

심오한 진리가 반드시 아름답다는 보장도 없다. 코어이론은 곳곳

뷰티풀 퀘스천

이 너저분하고 앞으로 깔끔해질 가능성도 별로 없다. 초대칭을 도입한 통일이론이 완성된다 해도 쿼크와 렙톤의 질량이 제멋대로인 이유와 개념적으로 불분명한 암흑에너지의 정체는 한동안 미지로 남을 것이다.

그럼에도 이 책을 읽은 독자들은 우리가 시종일관 제기해왔던,

이 세계에는 아름다움이 구현되어 있는가?

라는 질문에 "Yes!"라고 답할 수 있기를 바란다. 아니, 본인이 나서서 답은 못하더라도 누군가가 "Yes!"라고 답했을 때 최소한 동의는 할 수 있기를 바란다.

질문의 답이 "Yes!"라는 사실은 앞에서도 여러 번 확인한 바 있다. 처음에는 '아마 그럴 것이다'로 시작했다가 뒤로 갈수록 확실해졌다. 그 옛날 피타고라스와 플라톤은 창조의 핵심부에서 개념적 순수함과 질서, 조화를 추구했지만 그들이 기대했던 것보다 훨씬 순수한 아름다움이 이미 현실 세계에 구현되어 있었다. 원자와 진공은 자연의 음악에 맞춰 춤을 추고 태양계는 케플러의 다각형 대신 정교한 역학법칙에 의거하여 더할 나위 없이 아름다운 천체역학계를 형성하고 있다. 또한 빛은 우리의 시각 범위와 상상을 초월하여 새로운 '인식의 문(Doors of Perception, 영국의 작가 올더스 헉슬리가 저술한 심리학 책의 제목 – 옮긴이)'을 열어주었다. 자연의 힘에는 대칭이 구현되어 있고 이들의 영향은 매개 입자라는 아바타를 통해 구현된다.

넓은 의미에서 보면 다빈치의 〈비트루비안 맨〉은 오해의 산물이 아니다. 인간의 육체와 우주는 직접적인 관계가 없지만,

소우주(microcosm) ⟷ 대우주(macrocosm)

의 관계는 도처에서 어렵지 않게 찾을 수 있다.

지금까지는 주로 소우주를 다뤄왔으니, 이제 〈그림 AAA〉를 통해 바깥세계로 관심을 옮겨보자. 우리의 눈이 마이크로파를 볼 수 있다면 하늘은 이 그림처럼 보일 것이다. 물론 영상에 담긴 정보를 우리가 이해할 수 있도록 약간의 수정을 가했다. 예를 들어 각 부위의 색상은 복사의 강도를 나타내는데, 짙은 청색은 광도가 가장 낮은 곳이고 밝은 적색은 광도가 가장 높은 곳이다. 원래 영상은 별다른 패턴 없이 뿌연 안개처럼 생겼으나, 전체 데이터에서 평균 광도를 빼서 각 영역들 사이의 차이를 1만 배가량 '강조'해놓았다(예를 들어 999와 1000의 차이는 0.1%에 불과하지만 일괄적으로 998을 빼면 1과 2가 되어 두 값의 차이가 200%로 커진다 – 옮긴이).

〈그림 AAA〉는 소우주와 대우주의 기적 같은 관계를 보여주는 대표적 사례이다. 우주 공간을 가득 메우고 있는 마이크로파는 약 130억 년 전(또는 빅뱅이 일어나고 약 10만 년 후)의 우주의 모습을 고스란히 담고 있다. 그 무렵에 방출된 복사가 멀고 먼 여행길을 거쳐 지금에야 지구에 도달한 것이다. 과학자들은 이 메시지를 해독한 끝에 "지금으로부터 130억 년 전, 우주는 지역에 따른 불규칙성이 0.01%에 불과할 정도로 거의 완벽하게 균일한 상태였다"고 결론지었다.

그 후 이 미세한 차이는 중력적 불안정성(밀도가 낮은 영역에 흩어져 있는 물질이 밀도가 높은 영역으로 끌려가면서 밀도 차이가 점점 커지는 현상) 때문에 점점 커지다가 은하와 별, 행성 등이 탄생하여 지금과 같은 우주가 되었다. 이것은 우주의 초기 분포에 천체물리학을 적용하면 자연스럽게 유도되는 결과이다. 그렇다면 또 하나의 중요한 질문이 떠오른다. 우주의 초기 분포는 어디에서 비롯되었는가?

정확한 답을 알아내려면 더 많은 데이터가 필요하다. 그러나 지금까지 확보된 증거에 의하면 우주의 초기 분포는 〈그림 XX〉와 비슷한 양자요동에서 시작되었을 가능성이 높다. 현재의 우주에서 양자요동은 지극히 좁은 영역에서 영향력을 발휘하지만 우주가 엄청나게 빠른 속도로 팽창했던 초기에는[이 사건을 급속팽창(inflation)이라 한다] 양자요동이 우주 전체에 영향을 미칠 수 있었다.

인간은 소우주와 대우주 사이에 살고 있다. 그러니까 인간은 둘 중 하나에 포함되고 다른 하나를 느끼면서 둘 다 이해하는 유일한 존재인 셈이다.

현실적인 사례

이 책의 집필을 마무리하던 중 끔찍한 사건이 발생했다. 문서 파일이 들어 있는 노트북컴퓨터가 통째로 사라진 것이다. 모든 분실 사건은 잃어버린 당사자의 책임이라지만 나에게는 두뇌의 일부가 사라진 것과 마찬가지였기에 한동안 충격에서 헤어나지 못했다.

그런데 얼마 후 기적 같은 일이 일어났다. 새로 구입한 노트북에 백업디스크를 연결했더니 잃어버린 노트북에 저장되어 있던 사진과 문서, 계산 결과, 음악 등 모든 것이 완벽하게 복원된 것이다. 어떤 형태의 정보이건 0과 1이라는 숫자 열에 저장해놓으면 언제 어디서나 재현 가능하다. 그 옛날, 만물을 숫자로 이해했던 피타고라스의 혜안에

절로 고개가 숙여진다.

모든 것은 수이다.

이것은 철학의 영역을 넘어 현실 세계에서도 막강한 위력을 발휘하고 있다. 다시 한 번 피타고라스에게 심심한 감사를 표한다.

지혜로운 상보성

나는 모순된 존재인가?
그렇다면, 좋다, 나는 모순을 받아들이겠다.
나는 크고 다양한 존재이기 때문이다.

• 월트 휘트먼(Walt Whitman)의 〈풀잎(Leaves of Grass)〉 중에서[14]

자연을 탐구하면서 새롭게 알게 된 사실은 대체로 일상적인 경험과 양립하기 어렵다. 닐스 보어는 양자이론에 몰입했다가 진실과 모순이 한 끗 차이임을 깨닫고 **상보성**에서 얻은 교훈을 다음과 같이 요약했다. "진리는 하나의 관점으로 표현될 수 없으며, 다른 관점도 똑같이 소중하다. 이들은 진리의 각기 다른 부분을 담고 있다."

〈음양도〉에는 상보성의 의미가 가장 적절하게 표현되어 있다. 그래서 보어는 새로운 버전의 〈음양도〉를 직접 제작하여 가문의 문장으로 삼았다. 〈음양도〉에서 서로 맞물려 있는 두 개의 반원은 같으면서도 같지 않다―음과 양은 서로 상대방을 포함하면서 상대방에게 포함된

그림 42 닐스 보어가 디자인한 〈음양도〉.
그는 이 그림을 자기 집안의 문장으로 삼았다.

다. 우연의 일치인지는 모르겠으나 보어는 아내와 평생 행복하게 살았다.

상보성은 물리학을 통해 재발견된 최고의 지혜이자 물리계와 그 너머의 세계를 관장하는 궁극의 원리이다. 이 지혜를 독자들과 공유하기 위해 지금부터 상보성이 투영되어 있는 몇 가지 사례를 소개하고자 한다.

축소 지향적인 우주와 방대한 우주

- 우주의 기본단위는 종류가 많지 않고 매우 단순하며, 이들의 특성은 대칭이 반영된 방정식으로 서술된다.
- 물질계는 매우 방대하고 다양하며, 무궁무진하다.

우주의 기본에 대한 이해가 더욱 깊어진다고 해서 우리의 경험이 퇴색되지는 않는다. 이해가 깊어지면 경험이 지식으로 변하고 이것을 바탕으로 더 많은 경험을 쌓을 수 있다.

다중세계와 하나의 세계

- 두뇌는 한 인간이 떠올리는 모든 생각의 창고로서 이 모든 것들이 두개골과 육체 안에 안전하게 담겨 있다. 대부분의 사람들은 지표면 위의 좁은 영역에서 일어나는 사건에만 관심을 가진 채 생의 대부분을 보낸다(철학자와 천문학자는 제외). 대규모 전쟁과 위대한 예술, 그리고 수십억의 평범한 삶들이 지구를 무대로 펼쳐지고 있다.
- 그러나 멀리 떨어진 곳에서 바라보면 지구는 빛을 반사하는 아주 작은 점에 불과하다.

최근 들어 우주론 학자들은 우리의 우주가 여러 개의 우주들 중 하나라는 다중우주론을 제안한 바 있다. 이것이 사실이라면 다른 우주에서는 이곳과 완전히 다른 물리법칙이 적용될지도 모른다. 참으로 대담한 가설이지만 사실 따지고 보면 그다지 새로운 생각도 아니다. 지구에 사는 70억 명의 사람들은 70억 개의 각기 다른 '세계'를 경험하고 있고, 지구는 태양계에 속한 여러 행성들 중 하나이며, 태양은 은하수에 속한 1000억 개의 별들 중 하나이다. 또한 은하수는 관측 가능한 우주에 존재하는 수천억 개의 은하들 중 하나에 불과하다.

우리 주변에 존재하는 천체나 우주가 많다고 해서 '나'라는 존재가 위축될 이유는 없다. 오히려 주변에 무언가가 많으면 상상력도 그만

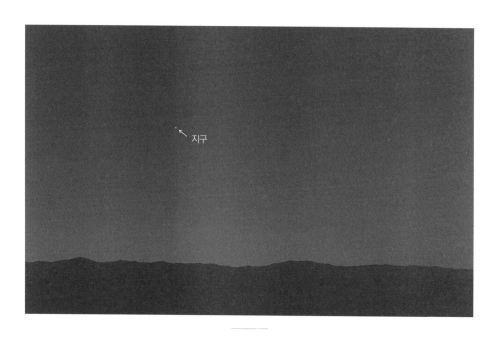

지구

그림 43 화성에서 바라본 지구.

큼 풍부해진다.

물체와 인간

- 당신과 나는 쿼크와 글루온, 전자, 그리고 광자의 집합체이다.
- 당신과 나는 생각하는 존재이다.

결정과 자유

- 당신과 나는 물질로 이루어져 있으며, 물리학의 법칙을 따른다.

- 당신과 나는 무언가를 선택할 수 있으며, 그 결과에 책임을 져야 한다.

순간과 영원

- 이 세계는 '흐름(flux)' 안에 존재하며, 모든 물체는 변화를 겪는다.
- 개념은 시간의 바깥에 존재하고 모든 것은 숫자이므로, 개념은 우리를 시간으로부터 자유롭게 해준다.

상보성은 첨단 물리학과 우주론에서 핵심적인 역할을 하고 있다. 임의의 관측자가 바라보는 세계는 끊임없이 변하고 있지만 모든 사건의 가장 자연스러운 배경인 시공간 전체는 변하지 않는다. 또한 주어진 물리계를 서술하는 양자역학적 파동함수 전체는 시간이 흘러도 변하지 않을 수 있지만 파동함수의 일부는 상대적 변화를 겪는다[복잡한 계의 에너지 고유함수(energy eigenfunction)에서 흔히 나타나는 현상이다]. 이들 중 일부는 현실 세계에 그대로 적용될 수도 있다. 대칭의 기본원리인 '변화 없는 변화'는 파르메니데스의 역설적인 글에 잘 표현되어 있다.

이제 하나의 이야기, 하나의 길이 남았다.
여기에는 생성되지 않고 파괴되지도 않는 존재의
확고하고 완벽한 흔적이 곳곳에 남아 있다.

이제 상보성의 마지막 쌍을 소개하면서 우리의 긴 여정에 마침표를 찍는다.

아름다운 것과 아름답지 않은 것

- 물리적 세계에는 아름다움이 구현되어 있다.
- 물리적 세계는 불결함과 고통, 그리고 투쟁의 장이다.

둘 중 어느 쪽을 선호하건, 나머지 하나를 무시할 수는 없다.

물리학 연대기

I: 양자물리학 이전 시대

기원전 525년경	피타고라스(Pythagoras, 기원전 570~495), 기하학과 화음의 수학법칙 발견.
기원전 369년경	플라톤(Plato, 기원전 429~347), 저서 《테아이테토스》를 통해 정다면체이론을 발표함.
기원전 360년경	플라톤, 저서 《티마이오스》를 통해 원자론과 우주모형을 발표함.
기원전 300년경	유클리드(Euclid, 기원전 323~283), 저서 《원론》을 통해 기하학을 하나의 추론 시스템으로 확립함.
서기 1400년경	필리포 브루넬레스키(Filippo Brunelleschi, 1377~1446), 예술적 원근법에 기초하여 사영기하학 개발.
1500년경	레오나르도 다빈치(Leonardo da Vinci, 1452~1519), 예술의 융합과 공학 및 과학의 기초를 닦음.
1543년	니콜라우스 코페르니쿠스(Nicolaus Copernicus, 1473~1543), 저서 《천체의 회전에 관하여》를 통해 수학적 아름다움에 기초한 태양 중심 모형을 제안함.
1596년	요하네스 케플러(Johannes Kepler, 1571~1630), 저서 《우주의 신비》를 통해 플라톤 정다면체에 기초한 코페르니쿠스식 태양계모형을 제안함. 훗날 관측 자료를 분석하여 행성의 운동법칙 발견.
1610년	갈릴레오 갈릴레이(Galileo Galilei, 1564~1642), 《별의 전령》 출간. '미니 태양계모형'을 이용하여 목성과 위성의 관계를 설명하고, 직접 제작한 망원경으로 달을 관측하여 지구와 달이 비슷하다는 사실을 밝힘.
1666년	아이작 뉴턴(Isaac Newton, 1642~1727), 흑사병을 피해 고향에 은둔하면서 미적분학과 약학, 광학이론을 개발함.

1697년	뉴턴, 저서 《프린키피아》를 통해 중력의 수학법칙을 발표함.
1704년	뉴턴, 저서 《광학》을 통해 빛과 관련된 가설과 실험 결과를 발표함.
1831년	마이클 패러데이(Michael Faraday, 1791~1867), 자기 → 전기 유도 현상 발견.
1850~1860년대	제임스 클러크 맥스웰(James Clerk Maxwell, 1831~1879), **1855년**부터 색상에 관한 논문을 발표하기 시작함. [주요 논문] **1855년** 〈패러데이의 역선에 관하여〉, **1861년** 〈물리적 역선에 관하여〉, **1864년** 〈전기역학적 장에 대한 동역학이론(A Dynamical Theory of the Electromagnetic Field)〉.
1887년	하인리히 헤르츠(Heinrich Hertz, 1857~1894), 전자기파를 생성하고 검출하여 맥스웰의 유도법칙을 증명하고, 라디오파 이론을 개발하여 원거리 통신의 기초를 다짐.

II: 양자물리학, 대칭, 코어이론

1871년	소푸스 리(Sophus Lie, 1842~1899), 연속변환과 대칭의 개념을 수학적으로 정리함.
1899년	어니스트 러더퍼드(Ernest Rutherford, 1871~1937), 원자핵이 전자를 방출하면서 붕괴되는 현상(베타붕괴)을 발견하여 약력 연구의 실험적 기초를 닦음.
1900년	막스 플랑크(Max Planck, 1858~1947), 물질과 빛 사이에 교환되는 에너지가 양자화되어 있다는 양자가설을 최초로 제안함.
1905년	알베르트 아인슈타인(Albert Einstein, 1879~1955), '광전효과'를 통해 빛이 불연속의 단위(양자)로 이루어져 있음을 입증함. 아인슈타인, 특수상대성이론 발표. 그로부터 10년 후인 **1915년**에 시공간의 대칭을 가정한 일반상대성이론을 발표하여 광역대칭과 국소대칭에 기초한 후속 연구의 초석을 다짐.
1913년	한스 가이거(Hans Geiger, 1882~1945)와 어니스트 마스덴(Ernest Marsden, 1889~1970), 러더퍼드가 개척한 산란실험을 이용하여 인가해을 발견함. 닐스 보어(Niels Bohr, 1885~1962), 양자이론에 기초하여 성공적인 원자모형을 제안함.

1918년	에미 뇌터(Emmy Noether, 1882~1935), 연속대칭과 보존법칙의 관계를 규명하는 수학정리를 발표함.
1924년	사티엔드라 보스(Satyendra Bose, 1894~1974), 보손이라는 입자 카테고리를 도입함.
1925년	볼프강 파울리(Wolfgang Pauli, 1900~1958), 양자역학에 배타원리를 도입함. 엔리코 페르미(Enrico Fermi, 1901~1954)와 폴 디랙(Paul Dirac, 1902~1984), 페르미온이라는 입자 카테고리를 도입함. 베르너 하이젠베르크(Werner Heisenberg, 1901~1976), 적 보어의 아이디어를 수학적으로 정립하여 현대적 양자이론을 도입함.
1926년	에르빈 슈뢰딩거(Erwin Schrödinger, 1887~1961), 양자역학의 파동방정식을 유도함. 훗날 하이젠베르크의 행렬역학과 동일하다는 사실이 밝혀짐.
1925~1930년	폴 디랙, 전자의 거동을 서술하는 디랙 방정식을 유도하고, 일련의 후속 논문을 통해 맥스웰 방정식의 양자 버전을 발표하여 훗날 탄생할 양자전기역학(QED)의 초석을 다짐.
1928년	헤르만 바일(Hermann Weyl, 1885~1955), 맥스웰 이론의 양자역학 버전(양자전기역학, QED)에 국소대칭이 존재한다는 사실을 입증함.
1930년	볼프강 파울리, 약력에 의한 붕괴 과정에서 에너지보존법칙을 유지하기 위해 뉴트리노(중성미자)를 도입함.
1931년	유진 위그너(Eugene Wigner, 1902~1995), 양자역학에서 광역대칭의 위력을 입증함.
1932년	엔리코 페르미, 특수상대성이론과 양자역학을 이용하여 약력의 이론 체계를 확립함.
1947~1948년	윌리스 램(Willis Lamb, 1913~2008), 수소원자의 에너지준위가 디랙의 예견과 다르다는 것을 실험으로 확인함[램 이동(Lamb Shift)]. 폴리카프 쿠시(Polykarp Kusch, 1911~1993), 전자의 이상자기능률(anomalous magnetic moment)을 발견하여 양자요동의 중요성을 알림.

1948년	리처드 파인만(Richard Feynman, 1918~1988)과 줄리언 슈윙거(Julian Schwinger, 1918~1994), 도모나가 신이치로(朝永振一郎, 1906~1979), 디랙의 양자전기역학에 양자요동(가상입자)이 포함되어 있음을 증명함.
1950년	프리먼 다이슨(Freeman Dyson, 1923~), 위의 실험 결과를 수학적으로 입증함.
1954년	양전닝(楊振寧, 1922~)과 로버트 밀스(Robert Mills, 1927~1999), 소푸스 리와 맥스웰-바일의 아이디어를 결합하여 국소대칭이 더욱 복잡한 형태로 반영된 양-밀스 방정식을 유도함[훗날 코어이론(표준모형)의 핵심이 되었음].
1956년	프레더릭 라이너스(Frederick Reines, 1918~1998)와 클라이드 코원(Clyde Cowan, 1919~1974), 뉴트리노의 상호작용을 관측하여 이들이 실존하는 입자임을 증명함. 리정다오(李政道, 1926~)와 양전닝, 약력이 왼쪽과 오른쪽을 차별한다는 가설(반전성위배)을 제안함. 얼마 후 실험을 통해 사실로 판명되었음.
1957년	존 바딘(John Bardeen, 1908~1991)과 리언 쿠퍼(Leon Cooper, 1930~), 존 로버트 슈리퍼(John Robert Schrieffer, 1931~), 초전도이론의 효시인 'BCS 이론' 발표. 힉스 메커니즘을 포함한 자발적 대칭붕괴의 초석이 되었음.
1961년	셸던 글래쇼(Sheldon Glashow, 1932~), 약력과 전자기력을 결합한 국소이론을 제안함.
1961~1962년	난부 요이치로(南部陽一郎, 1921~2015)와 지오바니 요나-라시니오(Giovanni Jona-Lasinio, 1932~), 소립자 상호작용이론에 자발적 대칭붕괴 도입. 제프리 골드스톤(Jeffrey Goldstone, 1933~), 이 개념을 단순화하여 일반적인 경우에 적용함.
1963년	1935년에 프리츠 런던(Fritz London, 1900~1954)과 하인즈 런던(Heinz London, 1907~1970) 형제, 그리고 1950년에 레프 란다우(Lev Landau, 1908~1968)와 비탈리 긴즈부르크(Vitaly Ginzburg, 1916~2009)가 초전도체 이론에 도입한 무서운 광자를 필립 앤더슨(Philip Anderson, 1923~)이 재조명하여 입자물리학에서 중요하다는 사실을 간파함.

1964년	로버트 브라우트(Robert Brout, 1928~2011), 프랑수아 엥글레르(François Englert, 1932~), 피터 힉스(Peter Higgs, 1929~), 제럴드 구랄닉(Gerald Guralnik, 1936~2014), 칼 헤이건(Carl Hagen, 1935~), 톰 키블(Tom Kibble, 1932~2016), 무거운 입자를 국소대칭과 조화시키는 이론적 기틀을 마련함. 머리 겔만(Murray Gell-Mann, 1929~)과 조지 츠바이크(George Zweig, 1937~), 강입자를 구성하는 소립자로 쿼크를 제안함. 압두스 살람(Abdus Salam, 1926~1996)과 존 워드(John Ward, 1924~2000), 쿼크를 국소대칭이론에 편입시킴.
1967년	스티븐 와인버그(Steven Weinberg, 1933~), 국소이론에 자발적 대칭붕괴를 도입한 약전자기이론(electroweak theory) 발표.
1970년	헤라르뒤스 토프트(Gerardus 't Hooft, 1946~)와 마르티누스 벨트만(Martinus Veltman, 1931~), 와인버그 이론의 수학적 기초를 닦아 타당성을 입증함. 제롬 프리드먼(Jerome Friedman, 1930~), 헨리 켄들(Henry Kendall, 1926~1999), 리처드 테일러(Richard Taylor, 1929~), 양성자 내부의 스냅샷을 촬영하여 거의 자유로운 쿼크와 전기적으로 중성인 물질을 발견함.
1971년	셸던 글래쇼와 존 일리오풀로스(John Iliopoulos, 1940~), 루차노 마이아니(Luciano Maiani, 1941~), 국소 약전자기이론에 쿼크를 추가하여 맵시-쿼크의 존재를 예견함.
1973년	데이비드 그로스(David Gross, 1941~), 프랭크 윌첵(Frank Wilczek, 1951~), 데이비드 폴리처(David Politzer, 1949~), 쿼크의 점근적 자유성 발견. 그로스와 윌첵, 강력을 서술하는 양자색역학(QCD)을 구축함.
1974년	쿼크와 반쿼크로 이루어진 중간자가 발견되면서 QCD의 점근적 자유성이 부분적으로 증명됨. 조제쉬 파티(Jogesh Pati, 1937~), 압두스 살람, 하워드 조자이(Howard Georgi, 1947~), 셸던 글래쇼, 코어이론의 통일을 제안함. 하워드 조자이, 헬렌 퀸(Helen Quinn, 1943~), 스티븐 와인버그, 점근적 자유성을 이용하여 네 가지 힘의 상대적 크기를 연구함. 율리우스 베스(Julius Wess, 1934~2007)와 브루노 추미노(Bruno Zumino, 1923~2014), 초대칭이론 발표.

1977년	로베르토 페체이(Roberto Peccei, 1942~)와 헬렌 퀸, '세타 문제(θ problem)'를 해결하기 위해 새로운 대칭을 제안함. 프랭크 윌첵, 글루온을 통하여 힉스입자와 일상적 물질의 결합을 발견함.
1978년	프랭크 윌첵과 스티븐 와인버그, 페체이-퀸 대칭에서 새로운 입자 '액시온'의 존재를 예견함.
1981년	사바스 디모폴로스(Savas Dimopoulos, 1952~)와 스튜어트 라비(Stuart Raby, 1947~), 프랭크 윌첵, 통일이론에 초대칭을 도입하여 성공 가능성을 높임.
1983년	일부 과학 작가들, 액시온을 암흑물질의 후보로 추천함. 카를로 루비아(Carlo Rubbia, 1934~), CERN의 실험팀을 진두지휘하여 약력자(W^+, W^-, Z) 발견.
1990년대	실험물리학자들, 전자-양전자 충돌기 실험을 통해 점근적 자유성의 강력한 증거 발견.
2005년	케네스 윌슨(Kenneth Wilson, 1936~2013), 알렉산드르 폴리야코프(Alexander Polyakov, 1945~), 마이클 크로이츠(Michael Creutz, 1944~), 컴퓨터를 이용하여 양성자와 중성자를 포함한 강입자의 질량을 계산함.
2012년	CERN의 대형 강입자충돌기에서 힉스입자 발견됨.
2020년	12월 31일 자정 직전에 대형 강입자가속기에서 초대칭입자 발견. 프랭크 윌첵, 동료들과의 내기에서 이김.

용어해설

여기에는 이 책에 등장한 과학 용어 중 일반 독자들에게 친숙하지 않은 용어들이 간단하게 설명되어 있다. 과학용어 중에는 '에너지'나 '대칭' 등 우리가 일상적으로 쓰는 단어가 꽤 많은데, 이들의 과학적 의미는 사전적 의미와 크게 다를 수 있으므로 혼동하지 않도록 주의를 기울여야 한다. 여기 수록된 항목 중에는 본문에 넣고 싶은 것도 있었으나 이야기가 옆으로 새거나 설명이 장황해지는 것을 피하기 위해 따로 분리해놓았다. 모든 용어해설은 수학적 엄밀함과 정확성을 기하되, 일반 독자들도 이해하기 편하도록 최대한 쉽고 간결하게 정리했다.

이 부분을 읽을 때는 서체를 눈여겨봐주기 바란다. 고딕체는 설명의 주제가 되는 단어나 문장을 의미하며, 가끔은 강조하는 의미로 사용되었다. 그리고 용어 설명에 **볼드체**로 적힌 부분은 그 용어가 용어 설명의 어딘가에 제시되어 있음을 의미한다(예를 들어, '초대칭'을 설명하는 내용 중에 **양자 차원**이라는 볼드체 단어가 등장하면 이 용어가 어딘가에 따로 설명되어 있다는 뜻이다).

가속기(accelerator)

입자가속기는 빠르게 움직이는 고에너지 입자 빔을 만들어내는 장치로서 주로 자연의 기본 상호작용을 연구하는 데 사용된다. 입자를 빠른 속도로 가속하여 충돌시키면 고에너지에서 짧은 거리, 짧은 시간에 일어나는 현상을 관측할 수 있다.

가속도(acceleration)

속도는 시간에 대한 위치의 변화율이고, 가속도는 시간에 대한 속도의 변화율이다. 뉴턴이 이룬 위대한 업적 중 하나는 물체의 가속도가 물체에 가해진 힘과 관련되어 있음을 알아낸 것이다(그는 이 내용을 정식으로 발표하기 전에 이 책의 8장에 등장하는 암호로 기록해놓았다). 일부 물리학 교과서에는 뉴턴의 제2법칙이 다음과 같이 서술되어 있다. "**힘**은 **질량**과 가속도의 곱과 같다." 그러나 힘에 대한 설명이 따로 제시되어 있지 않으면 이런 설명은 아무런 도움도 되지 않는다.

뉴턴은 힘에 대하여 일반적인 설명을 제시했다. 운동에 관한 뉴턴의 제1법칙에 의하면 '자유로운' 물체는 가속도가 0이다. 즉 자유로운 물체는 속도가 변하지 않는다. 다른 모든 물체들로부터 멀리 떨어진 곳에 혼자 고립된 물체는 거의 자유로운 상태이며, 이는 곧 물체에 작용하는 힘이 거리가 멀수록 감소한다는 뜻이다.

또한 뉴턴은 **중력**이 작동하는 원리도 자세히 서술했다. 흥미로운 것은 물체에 작용하는 중력이 질량에 비례하기 때문에 중력가속도가 물체의 질량에 무관하다는 점이다! 이 원리를 지구에 적용한 결과는 갈릴레이의 그 유명한 '피사의 사탑 낙하 실험'을 통해 사실로 확인된 바 있다(갈릴레이의 낙하 실험은 뉴턴의 중력이론이 나오기 전에 실행되었다. 참고로, 뉴턴은 갈릴레이가 사망한 해에 태어났다-옮긴이) 그러나 아인슈타인의 중력이론인 일반**상대성이론**에서 운동법칙은 힘을 따로 언급할 필요 없이 가속도만으로 서술된다. 가속도는 속도와 마찬가지로 **벡터**이다.

가우스의 법칙(Gauss's law)

가우스의 법칙은 두 가지가 있다.

(1) 전기장에 대한 가우스의 법칙: 임의의 폐곡면을 통과하는 **선속**은 그 폐곡면 안에 들어 있는 전기전하의 총량과 같다.

(2) 자기장에 대한 가우스의 법칙: 임의의 폐곡면을 통과하는 자기장의 **선속**은 0이다. 이는 곧 자기장을 만들어내는 자하가 존재하지 않는다는 뜻이다. 일부 물리학자들은 지난 수십 년 동안 자하(또는 자기홀극)를 찾기 위해 무진 애를 써왔지만 아직 한 번도 발견되지 않았다.

맥스웰 방정식의 처음 두 개는 가우스의 법칙을 수식으로 표현한 것이다.

각운동량(angular momentum)

각운동량은 **에너지** 및 **운동량**(선운동량)과 함께 고전물리학에서 항상 보존되는 양이다. 이 세 가지 물리량은 현대물리학을 떠받치는 기둥이라 할 수 있다. 그중에서도 각운동량은 가장 복잡하여 정의하기 어렵고 이해하기도 결코 쉽지 않다. 예를 들어, 팽이나 자이로스코프가 복잡한 운동을 하는 이유는 이들이 갖고 있는 각운동량 때문이다. 그래서 본문에서는 각운동량을 자세히 언급하지 않았다!

물체의 각운동량은 어떤 중심에 대한 회전운동을 나타내는 양으로, 회전 중심과 물체를 연결하는 직선이 쓸고 지나가는 면적의 변화율의 2배에 물체의 질량을 곱한 값이다. (이것은 상대론적 효과를 고려하지 않은 값으로, 속도가 느린 경우에는 꽤 정확하다. 그러나 **특수상대성이론**을 도입하면 각운동량의 정의가 훨씬 복잡해진다.)

각운동량은 크기와 함께 방향도 갖고 있다[즉 각운동량은 **벡터**이다. 좀 더 정확하게 말하면 **축성벡터**에 속한다]. 각운동량의 방향을 정의하려면 먼저 회전축(회전 면적이 증가하는 방향과 수직한 방향)을 정의한 후 오른손규칙에 따라 둘 중 하나를 선택해야 한다(회전축은 직선이므로 두 개의 방향이 가능하다 - 옮긴이). 자세한 내용은 **좌우성**을 참고하기 바란다.

물리계의 각운동량은 계를 이루는 각 구성 성분의 개별적 각운동량을 모두 더한 값으로 정의된다.

각운동량은 어떤 경우에도 보존된다. 이것은 **보존법칙**과 **대칭**을 연결하는 뇌터의 정리에서 유도되는 결과이다—물리계를 임의의 각도만큼 회전시켜도(또는 계를 그대로 놔두고 공간을 회전시켜도) 물리법칙이 변하지 않으면 물리계의 각운동량은 보존된다. 다시 말해 물리법칙에 특별한 방향성이 없으면 각운동량이 보존된다는 뜻이다.

행성의 운동에 관한 케플러의 제2법칙, 즉 '태양과 행성을 연결한 직선이 일정 시간 동안 쓸고 지나간 면적은 항상 일정하다'는 법칙(면적속도 일정의 법칙)은 각운동량보존법칙으로부터 곧바로 유도된다.

양자역학에서도 각운동량은 미묘함과 아름다움을 낳는 핵심 개념이다. 나는 대학 시절에 진로를 놓고 고민하다가 각운동량을 다루는 양자역학의 수학에 매료되어 물리학자가 되기로 결심했다. 각운동량에 대하여 더 많은 것을 알고 싶다면 이 책의 뒷부분에 소개된 '추천도서'를 참고하기 바란다. 양자적 입자들은 일종의 자전효과인 **스핀**을 갖고 있는데, 이것은 영점에너지(**양자요동** 참조)나 자발적으로 움직이는 양자유동체처럼 '직접 확인할 수는 없지만 분명히 존재하는 양'이다.

갈릴레이변환(Galilean transformation)/갈릴레이대칭(Galilean symmetry)/갈릴레이불변성(Galilean invariance)

주어진 물리계의 모든 부위에 일정한 속도를 일괄적으로 더하거나 빼는 변환을 갈릴레이변환이라 한다. 본문에서 말한 대로, 갈릴레이는 갈릴레이변환에 대하여 물리법칙이 불변이라는 것을 아름다운 사고실험으로 입증했다. 만일 당신이 항해 중인 배의 갑판 밑 선실에 갇혀 있다면 배가 얼마나 빠르게 가고 있는지 알 길이 없다. 물리법칙이 갈릴레이변환에 대하여 불변이라는(또는 갈릴레이대칭을 갖고 있다는) 가설은 **특수상대성이론**의 시발점이 되었다(**부스트** 참조).

감금(confinement)

강력의 작용원리를 서술하는 이론, 즉 **양자색역학**의 기본 요소는 **쿼크**와 글루온이다. QCD가 옳은 이론이라는 증거는 도처에 널려 있다(그중 일부는 16장에 소개되어 있다). 그러나 혼자 돌아다니는 쿼크와 글루온은 발견된 적이 없다. 이 입자들은 두 개 이상이 모여서 **강입자**라는 형태로 존재한다. 그래서 물리학자들은 쿼크와 글루온이 "감금되어 있다(confined)"고 말한다.

아주 미세한 족집게를 이용하면 양성자에서 쿼크 하나를 서서히 떼어낼 수 있지 않을까? 아니면 에너지가 큰 입자를 양성자에 충돌시키면 산산이 분해되면서 쿼크가 튀어나오지 않을까? 그러나 현실은 그렇지 않다. 양성자에 들어 있는 쿼크 중 하나를 미세한 도구로 잡아당기면 쿼크들 사이에 작용하는 힘이 엄청나게 강해져서 도저히 떼어낼 수가 없다.

그럼에도 계속 힘을 가하면 입자의 제트분사가 일어난다.

더 자세한 내용을 알고 싶으면 16장을 읽어보기 바란다.

강력(strong force)

강력은 **중력**, **전자기력**, **약력**과 함께 자연에 존재하는 기본 힘으로 힘의 세기가 가장 크다. 원자핵은 강력을 통해 단단한 결합 상태를 유지하고 있으며, **대형 강입자충돌기**와 같은 고에너지 입자**가속기** 안에서 일어나는 대부분의 현상도 강력과 관련되어 있다.

20세기 초에 **원자핵**이 발견되면서 물리학자들은 당시 알려진 **중력**과 **전자기력**으로는 원자핵의 구조를 설명할 수 없음을 깨달았다. 그 후 이론 및 실험물리학자들은 수십 년 동안 원자핵의 구조를 끈질기게 추적한 끝에 강력을 서술하는 이론, 즉 양자색역학을 구축했다.

'강(strong)'과 '력(force)'을 한 단어로 엮으면 의미가 다소 모호해진다. '강한 힘'이라고 하면 '큰 가속도를 야기하는 힘'으로 알아들을 소지가 있기 때문이다. "중성자별과 블랙홀은 주변 천체에 강한 힘을 발휘하고 있다"는 말에서 '강한 힘'이란 강력이 아닌 강한 중력을 의미한다('강한 힘'과 '강력'은 영어 표기가 'strong force'로 똑같기 때문에 이런 문제가 생긴다. 한국어로 표기하면 아무런 문제가 없다 – 옮긴이). 이와 같은 혼동을 피하기 위해 나는 '강력' 이외의 강한 힘을 '강력한 힘(powerful force)' 또는 '강력한 상호작용'으로 표기해왔다.

강력은 종종 '강한 상호작용'으로 불리기도 한다(힘 참조).

강입자(hadron)

쿼크와 **반쿼크**, 그리고 **글루온**으로 이루어진 입자를 강입자(하드론)라 한다. 강입자는 **강력**

에만 반응하며, 매우 다양한 형태로 존재한다. 원자핵을 구성하는 **양성자**와 **중성자**도 강입자의 한 종류이다. 그 외의 강입자는 상태가 매우 불안정하기 때문에 한 번 생성된 후 몇 나노초(10^{-9}초) 안에 다른 입자로 붕괴된다.

대부분의 강입자는 **쿼크모형**으로 '간단히' 설명될 수 있다. 쿼크모형에 따르면 강입자는 **중입자**와 **중간자**로 분류된다. 중입자(양성자와 중성자가 여기 속한다)는 세 개의 쿼크가 결합된 상태이고 중간자는 쿼크와 반쿼크로 이루어져 있다[반쿼크끼리 결합하면 반바리온(antibaryon)이 된다. **반물질** 참조]. 강력을 서술하는 이론인 **양자색역학**에 의하면 중입자와 중간자는 글루온을 통해 결합 상태를 유지한다.

물리학자들은 중입자와 중간자 외에 '글루볼(glue ball)'이라는 강입자가 존재할 것으로 예측하고 있다. 글루볼은 글루온만으로 이루어진 복합입자인데, 아직 발견된 사례는 없다.

더 자세한 내용은 본문 16장과 '용어해설'의 **양자색역학**을 읽어보기 바란다.

게이지대칭(gauge symmetry)

국소대칭의 다른 이름.

게이지입자(gauge particle)

물리학이론에 **국소대칭(게이지대칭)**을 구현하려면 이론의 조건을 만족하는 적절한 **유동체**를 도입해야 한다. **코어이론**에 등장하는 **중력유동체**와 **강력유동체**, **약력유동체**, 그리고 **전자기유동체**는 이런 이유로 도입된 것이다. 그래서 유동체의 최소 단위인 양자(**중력자, 글루온, 약력자, 광자**)를 게이지입자라 한다. 게이지입자는 힘을 매개하는 입자로서 자연에 대칭이 구현되어 있다는 강력한 증거이다.

계량(metric) / 계량유동체(metric fluid)

인접한 두 점 사이의 거리를 정의할 수 있을 때 그 공간은 "계량을 갖고 있다"고 말한다. 계량은 단순한 점의 집합을 '크기와 모양이 있는 구조'로 바꾸는 마술 지팡이라 할 수 있다.

보통 공간에서 인접한 두 점 사이의 거리를 측정하는 방법을 알고 있다고 가정해보자(예를 들어, 작은 자를 사용하면 된다). 그러면 매끈한 곡면 위에서도 이와 동일한 자를 이용하여 인접한 두 점 사이의 거리를 측정할 수 있다. 단, 거리가 충분히 가까워야 한다. 똑바른 자로는 휘어진 곡면 위에서 긴 거리를 정확하게 측정할 수 없기 때문이다.

곡면을 평평한 종이 지도에 표현할 수 있을까? 방법은 간단하다. 어떻게든 곡면 위의 점들과 평면 위의 점들 사이에 일대일 대응관계를 지정하면 된다. 그러면 프라하는 여기에, 뉴델리는 저기에 놓이고 그 근방에 있는 작은 마을들도 지도상에서 근방에 위치할 것이다. 물론 일대일로 대응시키는 방법은 여러 가지가 있다. 독자들은 지도책에서 동일한 지역을 다양한 도법으로 그려놓은 사례를 본 적이 있을 것이다(세계지도도 평면 위에 다양한 방법으로 그릴 수 있다).

그러나 지도만으로는 두 점 사이의 실제 거리가 얼마인지 알 길이 없다. 이렇게 변형된 지도에서 실제 거리에 대한 정보를 제공하는 것이 바로 계량이다. 좀 더 정확하게 말해 계량은 위치의 **함수**이다(즉 계량에는 모든 점마다 고유의 값이 할당되어 있다). 각 점에서 계량의 값은 '여기서 출발하여 임의의 방향으로 길이를 잴 때 당신이 사용해야 할 초소형 자의 눈금 간격'을 말해준다. 이 정보를 고려하면 평면에서 잰 거리와 곡면에서 잰 거리는 정확하게 일치한다.

물리학에서 사용되는 계량의 개념을 정확하게 이해하려면 두 가지 과정을 거쳐야 한다.

첫째, 물리학에서 중요한 것은 계량을 이용하여 계산된 거리가 아니라 계량 자체이기 때문에 지도 같은 것은 잊어버리고 계량에 집중할 필요가 있다. 그래서 출처가 곡면이건 평면이건 간에 초소형 자의 눈금 간격을 말해주는 도구를 무조건 '계량'이라 부르기로 한다[독일의 수학자 베른하르트 리만(Bernhard Riemann, 1826~1866)은 자신의 지도교수였던 칼 가우스(Carl Gauss, 1777~1855)의 연구 업적을 일반화시킬 때 이와 비슷한 관점을 택했다]. 간단히 말해서 계량이 스스로 자생할 수 있도록 생명력을 불어넣겠다는 이야기이다.

둘째, 계량이 정의된 공간의 **차원**을 더 높여야 한다. 평면 지도의 경우에는 계량이 2차원이었지만 필요하다면 3차원 공간으로 확장할 수 있고, 1차원 시간과 3차원 공간을 결합한 4차원 시공간에서 계량을 정의할 수도 있다. **일반상대성이론**에서 말하는 '휘어진 시공간'은 바로 이런 과정을 거쳐 정의된 것이다.

수학적 이야기는 이 정도로 충분하다. 계량은 공간(또는 시공간)을 가득 채우고 있는 개념적 도구로서 일종의 **장**(場)으로 해석할 수 있다. **전기장**과 **자기장**, 그리고 흐르는 물에서 정의된 **속도장** 등 기존의 장은 역학 방정식에 맞춰 춤을 추면서 물질의 거동에 영향을 준다. 즉 장은 상상의 산물이 아니라 자연에 존재하는 물리적 실체이다. 아인슈타인은 **일반상대성이론**에서 시공간의 계량이 다른 장과 마찬가지로 물리적 실체라고 가정했다. 이것이 바로 **계량유동체** 또는 **중력유동체**로서 일반상대성이론에서 핵심적 역할을 한다.

계량의 개념은 다양한 형태로 변형되거나 일반화될 수 있다. 그러나 어떤 식으로 변형되건 계량의 주요 기능은 거리를 측정하는 것이다. 앞에서 설명한 계량은 물리학에 가장 흔히 적용되는 사례로서 아름다움을 추구하는 우리의 목적과도 잘 부합된다.

개중에는 거리가 유일하게 정의되지 않는 공간도 있다. 이런 경우에는 계량을 아예 사용하지 않거나 **상보적** 의미의 거리를 도입해야 한다. 인지 가능한 색들로 이루어진 3차원 색공간이 바로 이런 경우에 속한다.

고유공간(property space)

인간은 자연의 모든 색을 적색(R), 녹색(G), 청색(B)의 조합으로 단순화시켜서 인식한다. 이 세 가지 색의 강도는 3차원 공간에 세 개의 **실수**로 표현할 수 있으며, **좌표**가 할당된 개개의 점들은 각기 다른 색을 나타낸다. 이렇게 '인식 가능한 색'으로 이루어진 차원 공간을 고유공간이라 한다.

색 이외에 다른 물리적 특성을 좌표 값으로 삼아 새로운 고유공간을 정의할 수도 있다. 예를 들어, **강력의 색전하**에 기초한 고유공간은 **코어이론**에서 핵심적 역할을 한다.

공간병진대칭(spacial translation symmetry)

공간상의 모든 점을 임의의 거리만큼 일괄적으로 이동하는 변환을 공간병진변환이라 한다. 그리고 이 변환에 대하여 물리법칙이 **불변**일 때 "공간병진대칭을 갖고 있다"고 말한다. 공간병진대칭은 물리법칙의 위치불변성(위치가 달라져도 법칙이 변하지 않는 성질)에 대한 가장 엄밀한 서술이다. 공간병진대칭은 뇌터의 정리를 통해 **운동량보존법칙**과 연결된다.

광역대칭(rigid symmetry)

시공간의 모든 점에 일괄적 변환을 가해도 물리법칙이 변하지 않을 때 그 물리법칙은 "광역대칭을 갖고 있다"고 말한다. 반면에 **국소대칭**은 시공간의 각 점마다 다른 변환을 가했을 때 나타나는 대칭이다.

광자(photon)/플랑크-아인슈타인 관계식(Planck-Einstein relation)

전자기유동체의 최소 단위 교란을 광자라 한다.

고전 전자기학을 대표하는 **맥스웰 방정식**에 의하면 **전자기파의 에너지**는 무한정 작은 값을 가질 수 있다. 그러나 **양자이론**에서 에너지는 **양자**(quanta, quantum의 복수형 - 옮긴이)라는 최소 단위를 갖고 있다. 양자는 더 이상 분해될 수 없는 최소 단위이므로 입자에 대응시킬 수 있고, 이런 대응관계를 전자기장에 적용한 결과가 바로 광자이다. 즉 광자는 빛을 구성하는 기본 입자이다.

(광자에 대한 양자역학적 서술은 고전적 파동이나 고전적 입자의 개념에 부합되지 않는다. 고전적 개념은 일상적인 물체에 적용되며, 미시 세계의 작은 입자들은 완전히 다른 법칙을 따르고 있다. 고전물리학과 양자물리학은 각각 거시 세계와 미시 세계에서 정확한 답을 주지만 적용 대상을 맞바꾸면 심각한 부작용이 발생한다. 고전역학을 미시 세계에 적용하면 완전히 틀린 답이 나오고 양자물리학을 거시 세계에 적용하면 답은 맞지만 계산 과정이 혀를 내두를 정도로 복잡해진다. **상보성** 참조)

에너지의 양자단위(광자 하나의 에너지)와 **전자기파**의 **진동수** 사이에는 밀접한 관계가 성립한다. 이 사실을 처음 알아낸 사람은 막스 플랑크와 알베르트 아인슈타인이었다(그래서 이 관계를 플랑크-아인슈타인 관계식이라 한다). 두 사람이 알아낸 에너지와 양자의 관계는 오늘날까지 거의 원형 그대로 사용되고 있으며, 아름다움의 기원을 추구하는 우리의 여정에도 중요한 일익을 담당했다.

플랑크-아인슈타인 관계식의 내용은 아주 간단하다.

"광자의 에너지는 빛의 진동수에 **플랑크상수**를 곱한 값과 같다."

원자가 광자를 흡수하면 하나의 정상상태에서 에너지가 더 높은 정상상태로 전이(轉移)를 일으킨다. 이 과정에서도 총에너지는 보존되므로, 광자의 에너지는 두 정상상태의 에너지 차이와 같다. 따라서 원자에서 방출된 빛의 스펙트럼을 분석하면 원자가 취할 수 있는 정상상태의 에너지를 알아낼 수 있다.

더 자세한 내용은 **스펙트럼**을 읽어보기 바란다.

국소대칭(local symmetry)

어떤 물리계가 각 위치와 시간마다 다르게 적용된 **변환**에 대하여 대칭적일 때 그 물리계는 "국소대칭을 갖고 있다"고 말한다.

국소대칭은 **양자이론**과 함께 네 종류의 힘을 설명하는 **코어이론**의 핵심이자 **초대칭**과 함께 통일이론을 견인한 일등공신이기도 하다(18장 참조).

광역대칭과 국소대칭의 차이는 전통적인 원근법과 애너모픽 아트의 차이와 비슷하다.

국소대칭은 이 책의 주제인 '자연의 아름다움'과도 밀접하게 연관되어 있다.

궤도(orbit)/오비탈(orbital, 전자궤도)

흔히 '궤도'라고 하면 태양 주변을 공전하는 행성의 궤도나 지구 주변을 선회하는 인공위성의 궤도를 떠올린다. 물론 이들도 궤도임에는 분명하지만 고전물리학의 범주 안에서 완벽하게 설명되기 때문에 딱히 추가할 설명은 없다. 일반적으로 궤도란 물체가 이동하면서 공간에 그리는 궤적을 의미한다.

오비탈은 양자물리학과 화학에 자주 등장하는 개념으로, 파동함수의 **정상상태**를 의미한다. 전자의 상태가 특정 오비탈로 서술될 때 "전자는 (그) 오비탈을 점유하고 있다"고 말한다. '오비탈'이라는 용어는 전자의 정상상태를 고전적 궤도에 대응시킨 닐스 보어의 원자모형에서 유래되었다(**정상상태** 참조).

그라스만 수(Grassmann number)

반대칭 곱셈 규칙 '$xy = -yx$'를 만족하는 수. 초대칭이론에서 양자 차원의 좌표로 사용된다.

그래핀(graphene)

오직 탄소만으로 이루어진 화학물질. 탄소원자핵이 벌집 모양으로 결합한 2차원 면의 형태이며, 역학적, 전기적으로 특이한 성질을 갖고 있다.

글루온(gluon)

글루온유동체의 최소 단위 또는 **양자**를 글루온이라 한다.

글루온유동체(gluon fluid)/글루온장(gluon field)

공간을 가득 채우고 있으면서 강력을 일으키는 활동적인 양을 글루온유동체라 한다. 글루온장은 글루온유동체의 값을 좁은 영역, 짧은 시간에서 평균을 취한 값이다.

나노튜브(nanotube)

오직 탄소원자로만 이루어진 분자. 이름에서 알 수 있듯이 가느다란 튜브의 형태를 띠고 있으며, 한 방향으로 거의 무한정 길게 만들 수 있다. 나노튜브는 크기와 형태가 매우 다양하고 역학적, 전기적으로 특이한 성질을 갖고 있다. 예를 들어, 어떤 종류의 나노튜브는 인장강도가 상상을 초월할 정도로 강하다. 나노튜브로 만든 섬유는 가볍고 강도가 높아서 반도체와 자동차 부품, 항공기 동체 등에 사용된다. 자세한 내용은 14장을 읽어보기 바란다.

뉴트리노(neutrino)

전기전하를 띤 세 개의 렙톤[전자(e), 뮤온(μ), 타우입자(τ)]은 전기적으로 중성인 뉴트리노

짝을 갖고 있다. 이들을 각각 전자뉴트리노(v_e), 뮤온뉴트리노(v_μ), 타우뉴트리노(v_τ)라 한다. 왼손잡이 뉴트리노는 노란색 단위약전하를 갖고 있지만 전기전하와 색전하는 없다. 따라서 뉴트리노는 약력에만 관여하고 강력과 전자기력에는 관여하지 않는다(즉 뉴트리노는 일상적인 물질과 상호작용을 거의 하지 않는다). 예를 들어, 지표면에는 태양에서 방출된 뉴트리노가 1초당 1cm^2 안에 650억 개씩 쏟아지고 있는데도 우리는 그 존재를 전혀 느끼지 못한다. 그래서 뉴트리노를 검출하려면 극도로 예민한 장비가 필요하다.

한때 뉴트리노는 암흑물질의 후보로 거론된 적도 있었다. 그러나 암흑물질의 역할을 수행하기에는 질량이 너무 작기 때문에 지금은 후보에서 거의 제외된 상태이다.

다각형(polygon)/정다각형(regular polygon)

평면 위에 놓인 점들을 직선으로 이어서 만든 닫힌 도형을 다각형이라 한다. 삼각형과 사각형은 다각형의 대표적 사례이다. 다각형에서 두 직선(변)이 만나는 점을 꼭짓점이라 한다.

모든 변의 길이가 같으면서 이웃한 두 변 사이의 각도가 모두 같은 다각형을 정다각형이라 한다. 정삼각형은 세 변의 길이와 세 개의 각이 모두 같은 정다각형이고 정사각형은 네 변의 길이와 네 개의 각이 모두 같은 정다각형이다.

다면체(polyhedron)

다각형으로 이루어진 3차원 입체도형을 다면체라 한다. 단, 서로 이웃한 다각형들 사이에는 빈틈이 없어야 한다.

대칭(symmetry)/대칭변환(symmetry transformation)/대칭군(symmetry group)

물리적 또는 수학적 객체에 변환을 가해도 전체적인 특성이 변하지 않을 때 그 객체는 "대칭을 갖고 있다"고 말한다(또는 해당 변환에 대하여 '불변'이라고도 한다). 그리고 이런 변환을 '대칭변환'이라 한다.

대칭과 대칭변환의 개념은 방정식에 적용될 수도 있다. 방정식에 변환을 가하여 일부 물리량이 변했는데(이 변환은 보통 방정식에 등장하는 물리량들을 서로 맞바꾸거나 복잡하게 섞는 식으로 이루어진다), 방정식의 전체적인 의미가 달라지지 않는다면 이 방정식(계)은 해당 변환에 대하여 대칭적이다.

사례: 방정식 '$y-x$'는 x와 y를 맞바꿔도 의미가 변하지 않으므로 'x와 y를 맞바꾸는 변환에 대하여' 대칭적이다. 대상을 변화시키지 않는 변환의 집합을 대칭군이라 한다.

대형 강입자충돌기(Large Hadron Collider, LHC)

스위스 제네바 근처의 유럽입자물리연구소에서 가동 중인 고에너지 입자충돌기의 명칭(또는 LHC를 이용한 실험 프로젝트를 칭하기도 함). 대형 강입자충돌기의 주목적은 초단거리, 초단시간에 일어나는 자연의 기본 과정을 추적하는 것이다.

강입자충돌기를 이용한 실험은 다음과 같은 순서로 진행된다. 우선 **양성자**를 고에너지로 가속시킨 후 두 개의 가느다란 빔으로 분리하여 둘레 27km의 거대한 원형 고리 안으로 주입한다(이 원형 고리는 지하에 설치되어 있다). 그 안에서 양성자 빔은 자석의 인도를 받으며 서로 반대 방향으로 선회하다가 계획된 지점에서 격렬하게 충돌한다(이토록 빠른 입자 빔을 휘어지게 만들려면 고리는 가능한 한 커야 하고 자석도 강력해야 한다!). 고에너지 양성자 빔이 정면으로 충돌하면 엄청난 양의 에너지가 지극히 좁은 영역에 집중되면서 빅뱅과 비슷한 환경이 조성된다. 일단 충돌이 일어나면 그다음 일은 감지기 운영팀의 몫이다. 가로-세로-높이가 각각 수십 미터에 달하는 입자감지기는 각종 최첨단 전자 부품으로 작동하는 지극히 예민한 장비로서 충돌기에서 발생한 입자의 정보를 추출하여 충돌 과정을 분석한다. 이 과정이 매끄럽게 진행되려면 고도로 훈련된 수백 명의 과학자들과 전 세계를 연결하는 컴퓨터 네트워크가 필요하다.

대형 강입자가속기는 단순한 과학 실험 장비를 넘어 이집트의 피라미드나 고대 로마의 유적지 또는 중국의 만리장성이나 유럽의 중세 성당에 결코 뒤지지 않는 인류 문명의 위대한 산물이다.

2012년 7월, CERN의 과학자들은 거의 60년 동안 물리학자들을 감질나게 만들어왔던 힉스입자를 발견함으로써 LHC의 존재 가치를 확실하게 입증했다. 자세한 내용은 16장에 소개되어 있다. 앞으로 가속기의 출력이 향상되면 통일장이론과 **초대칭**이론도 실험적으로 검증될 수 있을 것이다(18장 참조).

동위원소(isotope)

양성자 수는 같고 중성자 수가 다른 원소를 동위원소라 한다. 동위원소 관계에 있는 원자핵들은 **전기전하**가 같기 때문에 질량은 다르지만 화학적 성질이 거의 동일하다.

디랙 방정식(Dirac equation)

1928년에 폴 디랙은 **전자**의 거동을 **양자역학**적으로 서술하는 **역학 방정식**을 발표했다. 이것이 바로 그 유명한 디랙 방정식이다. 아인슈타인의 장방정식이 뉴턴의 중력 방정식을 개선한 것처럼 디랙 방정식은 **슈뢰딩거**의 파동방정식을 한 단계 업그레이드시켰다.(두 경우 모두 기존의 방정식에 **특수상대성이론**을 접목한 것이다. 그리고 빛의 속도에 비해 입자의 속도가 많이 느린 경우 새로운 방정식은 기존의 방정식으로 되돌아간다.)

디랙 방정식은 기존의 전자 외에 또 하나의 해(解)를 갖고 있다. 두 번째 해는 전자와 질량이 같고 전하가 반대인 입자에 해당하는데, 이것이 바로 전자의 반입자인 **반전자**(또는 **양전자**)이다. 양전자는 1932년에 칼 앤더슨(Carl Anderson)에 의해 **우주선** 속에서 발견되었다(반물질 참조).

디랙 방정식은 전자뿐만 아니라 스핀이 1/2인 입자(모든 **쿼크**와 **렙톤**), 즉 모든 **물질입자**의 거동을 설명해준다. 또 디랙 방정식을 조금 수정하면 스핀이 1/2인 **강입자**(**양성자**, **중성자**, 중간자)의 거동까지 알아낼 수 있다.

디지털(digital)

매끈하게 연속적으로 변하지 않는 양을 디지털 양이라 한다. 자세한 내용은 **아날로그**를 참고하기 바란다.

렙톤(lepton)

전자(e)와 전자뉴트리노(v_e), 뮤온(μ)과 뮤온뉴트리노(v_μ), 그리고 타우입자(τ)와 타우뉴트리노(v_τ)를 통틀어 렙톤이라 하고, 렙톤의 반입자를 반렙톤(antilepton)이라 한다.

마이크로파(microwave)/마이크로파 배경복사(microwave background radiation)

파장이 1mm~1m 사이인 **전자기파**를 마이크로파라 한다.

빅뱅이 일어난 직후 우리의 우주는 너무 뜨겁고 밀도가 높아서 원자가 형성될 수 없었다. **양성자**(수소원자핵)와 **헬륨원자핵** 그리고 **전자**는 플라즈마 상태였고 우주는 빛으로 가득 차 있었다. 그 후 공간이 팽창하고 온도가 내려가면서 원자가 형성되기 시작했고 우주는 갑자기 투명해졌다. 빛이 공간을 자유롭게 이동할 수 있게 된 것이다. 이 무렵에 방출된 전자기복사는 우주 먼 곳까지 뻗어나갔지만 공간이 팽창함에 따라 파장이 점점 길어져서 오늘날 **전자기 스펙트럼**의 일부인 마이크로파의 형태로 남아 있다. 이것을 마이크로파 배경복사라 한다.

마이크로파 배경복사는 1964년에 아르노 펜지아스(Arno Penzias)와 로버트 윌슨(Robert Wilson)에 의해 발견되었다. 우주론 학자들은 마이크로파 배경복사의 관측 데이터를 근거로 초기 우주의 물리적 상태를 추정하고 있다.

매질(medium)

공간의 일부 또는 전체를 채우고 있는 물질을 매질이라 한다.

이 책에서 매질은 **유동체**와 같은 의미로 사용되었다. 그 외에 유동체는 물이나 공기처럼 '한 부분이 다른 부분으로 교체될 수 있는 물질(간단히 말해 유체)'을 의미하기도 하고, 매질은 유리나 젤리와 같이 '손으로 만질 수 있으면서 완전한 구조를 가진 물체'를 의미할 때도 있다. 그러나 코어이론에서 말하는 **글루온유동체**와 **전자유동체**는 물, 공기 또는 유리나 젤리와 완전히 다른 개념이므로 둘 중 하나의 뜻에 얽매일 필요는 없다.

맥스웰 방정식(Maxwell's equations)

전기장과 **자기장**, 그리고 공간에서 **전기전하**와 **전류**의 분포를 서술하는 네 개의 방정식 세트를 맥스웰 방정식이라 한다. 자세한 내용은 본문과 미주에 적어놓았다.

각 방정식의 의미는 **앙페르의 법칙/앙페르-맥스웰의 법칙**과 **패러데이의 법칙**, **가우스의 법칙**을 읽어보기 바란다.

맥스웰 항(Maxwell term)/맥스웰의 법칙(Maxwell's law)

맥스웰은 패러데이의 이론을 정리하던 중 **전기장**과 **자기장**을 서술하는 **역학법칙**들이 일치하지 않는다는 사실을 발견하고 기존의 방정식에 새로운 항을 추가함으로써 문제를 해결했다. 이것이 이른바 '맥스웰 항'으로, 일상적인 용어로 표현하면 "변하는 전기장은 자기장을 생성한다"는 말로 요약된다. 이렇게 수정된 법칙(나는 이것을 맥스웰의 법칙으로 표기했다)은 "변하는 자기장은 전기장을 낳는다"는 패러데이의 법칙과 절묘한 쌍을 이룬다. 또한 맥스웰의 법칙은 전류로부터 자기장을 유도하는 또 하나의 방법을 제공해준다. 앙페르의 법칙에 맥스웰 항을 추가한 법칙을 **앙페르-맥스웰의 법칙**이라 한다.

맵시-쿼크(charm quark)

흔히 'c'로 표기되는 맵시-쿼크는 **물질입자**의 두 번째 족(族)에 속하는 입자로서 상태가 매우 불안정하기 때문에 오늘날의 자연계에서는 별다른 역할을 하지 않는다. 맵시-쿼크는 1974년에 최초로 발견되었으며, 그 덕분에 **코어이론**은 더욱 완성도 높은 이론이 되었다.

무한소(infinitesimal)

'infinitesimal'의 사전적 의미는 '무한히 작다(infinitely small)'라는 뜻이다.

현대물리학과 수학에서 **속도**와 **가속도**는 극한 과정을 거쳐 정의된다. 예를 들어, 아주 짧은 시간 Δt 동안 입자가 Δx만큼 이동했다고 하자. 이 경우 Δt가 0으로 접근할 때 $\Delta x / \Delta t$의 수렴값이 바로 그 입자의 속도이다.

미적분학의 초창기에는 전문가들조차도 정확한 정의 없이 직관에 따라 계산을 수행하곤 했다. 특히 독일의 수학자 라이프니츠(Gottfried Wilhelm von Leibniz)는 극한을 취하는 것보다 '무한히 짧은 시간' δt와 이 시간 동안 진행한 거리 δx의 비율을 속도로 정의했다(대충 구간을 잘라서 평균속도를 구한 후 그 값에 극한을 취하는 것보다 처음부터 무한히 작은 구간을 취하여 그곳에서 분수 계산을 통해 속도를 구했다는 뜻이다 – 옮긴이). 미적분학에 대한 라이프니츠의 아이디어는 오랜 세월 동안 방치되었다가 20세기에 와서야 엄밀한 체계를 갖추게 된다(라이프니츠와 그의 제자들은 미적분학을 별로 중요하게 생각하지 않았다).

무한소는 이상형을 구현하는 새로운 방식을 제공해준다. 무한소는 물리적 세계를 서술하는 데 별로 중요한 역할을 하지 않지만 아름다운 개념임에는 분명하다.

무한원점(point at infinity)/소실점(vanishing point)

넓게 트인 평지에 선로(기찻길)가 깔려 있다. 선로 한가운데 똑바로 서서 수평선 쪽을 바라보면 두 줄로 나 있는 평행한 선로는 수평선에 접근할수록 가까워지면서 한 점으로 수렴한다. 이 풍경을 그림으로 실감나게 표현하려면(또는 평면에 투영하면) 두 줄의 평행선은 '하나의 점으로 수렴하는 선'으로 그려야 한다. 이 점을 무한원점 또는 소실점이라 한다.

물질입자(substance particle)

페르미온의 또 다른 이름. **코어이론**에서 물질입자는 **쿼크**와 **렙톤**으로 구분된다.

초대칭이론에 의하면 모든 물질입자는 자신의 초대칭 짝을 갖고 있으며, 이들은 물질입자가 아닌 **힘입자**이다. **양자** 차원에서 물질입자가 이동하면 자신의 초대칭 짝인 힘입자로 변환된다.

뮤터트론(mutatron)

강력과 약력을 통일하는 이론에서 예견된 입자. 강전하와 약전하의 맞교환을 유도한다. 이 입자의 공식적인 이름은 없지만 색전하의 본질을 바꾸는 입자이므로 돌연변이를 뜻하는 'mutation'에 착안하여 뮤터트론으로 명명해보았다.

미적분학(calculus)

'calculus'는 라틴어로 '조약돌' 또는 '돌멩이'라는 뜻이다. 이 단어가 수학 용어로 정착된 이유는 옛날부터 수를 헤아릴 때 돌멩이를 사용했기 때문일 것이다(작은 알갱이가 줄줄이 달려 있는 주판은 지금도 사용되고 있다). 모든 계산을 포괄적으로 의미하는 'calculation'도 여기서 파생된 단어이다.

'claculus'는 수학에서 명제연산(propositional calculus), 람다계산(lambda calculus), 변분법(calculus of variation), 미적분학 등 다양한 의미로 사용되어왔다. 그러나 이들 중 미적분학이 가장 중요했기에 수학자들은 'calculus'라고 하면 당연히 미적분학을 떠올렸고, 이런 관행이 오랫동안 이어지면서 지금은 별다른 지적이 없는 한 'calculus'는 곧 '미적분학'으로 통용되고 있다.

미적분학은 '**분석과 종합**'의 대표적 사례로서 주로 매끄럽게 변하는 **함수**를 연구할 때 사용된다. 이 방식은 미적분학의 두 갈래인 미분과 적분에 모두 반영되어 있다. 미분은 아주 작은 영역에서 함수의 거동을 분석하고 적분은 작은 영역에서 얻은 정보를 종합하여 함수의 전체적인 거동을 알아내는 방법이다.

뉴턴은 물체의 운동을 수학적으로 서술하기 위해 미적분학을 개발했다. 미분을 이용하면 아주 짧은 시간 간격에서 물체의 **속도**와 **가속도**를 알 수 있고 적분을 이용하면 속도와 가속도로부터 물체의 궤적을 알 수 있다. 고전역학에서 **힘**은 물체의 가속도에 대한 정보를 제공한다. 이 정보로부터 물체의 궤적을 계산하는 것이 고전역학의 핵심이다. 간단히 말해 고전역학의 목적은 국소적 정보로부터 광역적 정보를 알아내는 것이다.

바리온(baryon, 중입자)

➡ **강입자** 참조.

반대칭(antisymmetric)

임의의 양에 A라는 변환을 가해도 변하지 않을 때 우리는 그 양이 "변환 A에 대하여 대칭적"이라고 말한다. 또는 "변환 A에 대하여 **대칭(성)**을 갖고 있다"고 표현하기도 한다. 이와는 달리 임의의 양에 변환 A를 가했을 때 크기는 변하지 않고 부호만 달라지는 경우 그 양은 반대칭적이다. 이 개념은 숫자나 **벡터** 또는 **함수**에도 적용할 수 있다. 이들은 부호를 바꾸는 것이 가능하기 때문이다.

사례: 수직선(數直線)상에 있는 모든 점들의 **좌표**는 원점을 중심으로 직선을 180° 돌렸을

때 양수와 음수가 뒤바뀌므로 반대칭적이다. 또한 입자의 **전기전하**는 입자를 **반입자**로 바꾸는 변환에 대하여 반대칭적이다(**반물질** 참조).

동일한 **페르미온**으로 이루어진 물리계를 서술하는 양자적 파동함수는 두 개의 페르미온을 맞바꾸는 변환에 대하여 반대칭적이다.

반물질(antimatter)/반입자(antiparticle)

1928년에 폴 디랙은 전자의 거동을 양자역학적으로 서술하는 **디랙 방정식**을 유도했는데, 이 방정식에 의하면 질량과 스핀은 **전자**와 같고 전하의 부호만 반대인 입자가 자연에 존재해야 했다. 전자의 반입자(이 입자를 **양전자**라 한다)가 디랙의 방정식을 통해 최초로 예견된 것이다. 얼마 후 이 현상은 양자역학과 특수상대성이론에서 유도되는 일반적 결과임이 입증되었다. 즉 전자만 자신의 반입자 짝을 갖고 있는 것이 아니라 모든 입자들이 자신의 짝에 해당하는 반입자를 갖고 있다. 반입자는 질량과 전하가 원래 입자와 같고 전기전하와 약전하, 색전하 및 좌우성은 반대이다.

전자의 반입자인 양전자는 실험실에서 1932년에 발견되었으며, 양성자의 반입자인 반양성자는 1955년에 발견되었다. 그런데 입자 중에는 반입자 짝이 없는 것도 있다. 예를 들어, **광자**는 마치 암수 한 몸처럼 자기 자신의 반입자이기도 하다(광자는 전기적으로 중성이면서 다른 전하도 없기 때문에 이런 일이 가능하다).

입자와 반입자가 만나면 한 쌍의 광자만 남기고 순식간에 사라진다(드물긴 하지만 **뉴트리노**와 반뉴트리노가 남는 경우도 있다). **대형 강입자충돌기**의 전신이었던 전자–양전자 충돌기(Electron-Positron Collider)는 전자와 양전자를 서로 반대 방향으로 빠르게 가속시켜서 충돌시키는 장치였다.

과학자들은 반입자 외에 반물질이라는 용어를 쓰기도 하는데, 가끔은 유용할 때도 있지만 내가 보기에 이 용어는 문제의 소지가 있다. 반물질을 정의하려면 먼저 '물질(matter)'이라는 용어부터 정확하게 정의해야 한다. 우리가 일상적으로 마주치는 대부분의 사물들은 위-쿼크(u)와 아래-쿼크(d), 그리고 전자로 이루어져 있는데, 여기에 모든 쿼크(u, d, c, s, t, b)와 모든 **렙톤**($e, \mu, \tau, \nu_e, \nu_\mu, \nu_\tau$) 중 일부를 포함하는 집합체까지 포함하여 '물질'이라 하고, 이들의 반입자로 이루어진 집합체를 반물질이라 한다. 단, 광자는 스스로 자기 자신의 반물질이기 때문에 둘 중 어떤 부류에도 속하지 않는다. 그렇다면 물질과 반물질의 차이라고는 우리가 살고 있는 우주 근방에서 발견되는 빈도수뿐이다. 즉 우리 주변에는 반물질보나 물질이 압도적으로 많다. 만일 어떤 전능한 존재가 이 세상의 모든 입자를 반입자로, 반입자를 입자로 바꾸고 이와 동시에 **반전성**(왼쪽과 오른쪽)까지 바꾼다면 우리는 그 사실을 거의 눈치채지 못할 것이다.

'반물질'이라는 용어는 혼동의 소지가 많기 때문에 이 책의 본문에서는 한 번도 사용하지 않았다. 본문에서 말하는 '물질'은 물질과 반물질, 그리고 광자까지 모두 포함하는 용어이다.

반전성(parity)/반전변환(parity transformation)/반전성위배(parity violation)/좌우성(handedness)

수학이론을 전개할 때나 물리법칙을 구축할 때 종종 오른손(가끔은 왼손) 사용을 권장할 때가 있다.

이런 '오른손규칙'은 대부분이 편의를 위해 도입된 것이다. 가끔은 왼손규칙을 사용할 때도 있는데, 이것은 오른손규칙을 다른 관점에서 해석하여 이름만 바꾼 것에 불과하다. '물체의 회전 방향'을 예로 들어보자. 보통 회전 방향이라고 하면 시계 방향이나 반시계 방향을 떠올리지만 이런 식으로 방향을 정의하면 임의의 순간에 진행하는 방향이 수시로 달라지기 때문에 불편한 점이 많다. 그래서 물리학자들은 시계 방향 회전이나 반시계 방향 회전에 특정한 '하나의' 방향을 설정하는데, 그 규칙은 다음과 같다. 얼음 위에서 피겨스케이트를 타는 빙상 선수를 떠올려보자. 이 선수가 제자리에서 회전하는 묘기를 펼치고 있을 때 회전의 중심축은 머리에서 발을 잇는 수직선이다. 따라서 회전운동을 하나의 방향으로 정의하고 싶다면 이 수직선을 선택하면 된다. 단, 선수가 회전할 수 있는 방향은 두 가지가 있는데, 여기에 오른손규칙을 적용하면 이들을 구별할 수 있다. 오른손에서 엄지손가락을 제외한 나머지 네 손가락을 선수가 회전하는 방향으로 감았을 때 엄지손가락이 향하는 방향을 회전 방향으로 정의한다. 즉 선수가 오른손을 자신의 왼쪽 방향으로 던지면서 회전을 시작했다면 회전 방향은 '업(up, ↑)'이고, 그 반대면 '다운(down, ↓)'이다. 물론 이 정의는 왼손을 기준으로 내릴 수도 있으며, 이 경우에는 업과 다운이 뒤바뀐다. (어차피 편의상 내린 정의이므로 어떤 쪽을 기준으로 삼아도 상관없다. 그러나 세상에는 오른손잡이가 더 많기 때문에 오른손규칙이 주로 사용된다.)

오른손규칙이 적용되는 대표적 사례는 다음과 같다.

- 시곗바늘은 시계의 면을 수직으로 뚫고 들어가는(또는 뚫고 나오는) 직선을 축으로 이루어진다. 시계를 위에서 내려다보는 위치에서 오른손규칙을 적용하면 시곗바늘의 회전방향(시계 방향)은 시계의 면을 수직으로 뚫고 들어가는 방향이다.
- 벽이나 바닥에 나사를 박으려면 나사의 몸체 방향으로 나 있는 축을 중심으로 회전시켜야 한다. 나사를 위에서 내려다보고 있을 때 대부분의 나사는 시계 방향으로 돌려야 아

　　　　　　　　　　　　　　　　　　　　　　　　　뷰티풀 퀘스천

래쪽으로 들어간다. 이런 나사를 '오른손 나사'라 한다. 이와 반대로 왼쪽으로 돌렸을 때 앞으로 진행하는 나사는 '왼손 나사'이다.

이 모든 것은 순전히 편의를 위한 선택이므로, 마음에 들지 않는다면 '시계 방향'과 '반시계 방향'의 정의를 바꿔서 사용할 수도 있다. (그러나 이것은 '선'과 '악'의 정의를 바꾸려는 것과 비슷하다. 과연 찬성표가 과반수를 넘길 수 있을까?)

물리학 교과서에서도 자기장과 자기력의 방향을 계산할 때는 오른손규칙을 따른다. 그러나 왼쪽과 오른쪽을 맞바꾸고 그와 동시에 **자기장**의 정의를 반대 방향으로 바꾸면 물리법칙은 달라진다.

1956년까지만 해도 물리학자들은 물리법칙에 등장하는 왼쪽과 오른쪽이 순전히 편의를 위한 선택이며, 어느 쪽을 선택해도 물리법칙 자체는 달라지지 않는다고 굳게 믿었다. 사실 '관례에 따른 선택'은 여러모로 유용하다. 예를 들어, 나사 제조업자에게 "오른손 나사를 만들어달라"고 부탁하면 그는 아무런 망설임 없이 시계 방향으로 돌렸을 때 나사가 들어가도록 나사산을 깎을 것이다. 그러나 이런 것은 단순히 편의를 위한 선택일 뿐이다. 처음부터 왼쪽과 오른쪽을 반대로 정의했다면 모든 것이 지금과 반대로 바뀌었을 것이다!

반전성은 **대칭**에서도 중요한 개념으로 취급되고 있다. 왼쪽과 오른쪽, 그리고 이와 관련된 모든 정의를 반대로 바꿔도 방정식이 변하지 않으면, 그 방정식은 반전변환에 대하여 불변이다. 또는 "반전대칭을 갖고 있다"고 말하기도 한다.

[약간 전문적이면서 흥미로운 사례: 방금 언급한 '좌우 맞바꾸기'는 약간의 추가 설명이 필요하다. 왼쪽과 오른쪽은 공간에 놓인 물체의 고유한 특성이므로, 모든 오른쪽을 왼쪽으로(그리고 모든 왼쪽을 오른쪽으로) 바꾸려면 공간 자체를 뒤집어야 한다. 그래야 변환된 사물이 이전처럼 기본 형태를 유지할 수 있다! 공간을 뒤집는 가장 쉬운 방법은 공간에 원점 O를 설정한 후 모든 점을 O를 기준으로 한 대척점으로 옮기는 것이다. 예를 들면, O의 남동쪽 1m 지점에 있는 점 P를 O의 북서쪽 1m 지점으로 옮기는 식이다.]

반전변환을 적용하여 모든 점을 대척점으로 옮기면 모든 **벡터**는 이전과 반대 방향을 향하게 된다. 예를 들어, 남동쪽으로 뻗어 있는 벡터 A에 반전변환을 가하면 A와 길이는 같으면서 북서쪽으로 뻗은 벡터, 즉 $-A$가 된다.

재미있는 실험을 해보자. 오른손 엄지와 검지, 그리고 중지를 서로 수직이 되도록 벌리고 왼손가락 세 개도 똑같은 방법으로 벌린다. 이제 왼팔(또는 오른팔)을 돌려서 오른손과 왼손의 모든 손가락 짝들이 서로 반대 방향을 가리키도록 만들 수 있겠는가? 물론 할 수 있다(단, 관절이 꽤 유연해야 한다. 역자는 팔목이 잘 돌아가지 않아 실패했다 - 옮긴이). 그러므로 당신의 몸에 반전변환을 적용하면 오른손과 왼손이 통째로 바뀌게 된다!

1956년에 리정다오와 양전닝은 난해한 실험 결과를 분석한 끝에 **"약력은 오른쪽과 왼쪽을 조금 차별하고 있다"**는 놀라운 가설을 제안했다. 다시 말해 반전대칭이 완벽하게 유지되지 않는다는 뜻이다. 이것이 바로 그 유명한 '반전성위배' 가설이다. 이들의 가설은 얼마 후 실험을 통해 사실로 확인되었으며, 그 덕분에 물리학자들은 약력을 더욱 깊이 이해할 수 있었다.

오늘날 반전성위배는 약력의 중요한 특성이자 **코어이론**의 핵심으로 자리 잡았다. 약력이 작용하는 곳에서는 왼쪽과 오른쪽이 동등하지 않다!

이 차이를 이해하려면 입자의 좌우성을 도입해야 한다. 자전하는 입자(**스핀**을 가진 입자)가 움직이고 있을 때 이 입자는 스핀 방향과 진행 방향이라는 두 가지 방향성을 갖고 있다. 여기서 스핀 방향은 앞에서 정의했던 오른손규칙을 따른다. 즉 엄지손가락을 제외한 나머지 네 손가락을 입자가 자전하는 방향으로 감쌌을 때 엄지손가락이 향하는 방향이 입자의 스핀 방향이다. 이렇게 정의된 스핀 방향이 입자의 진행 방향과 일치하면 그 입자는 '오른손잡이 입자'이고, 그 반대면 '왼손잡이 입자'이다 — 이것을 입자의 '좌우성'이라 한다.

그런데 희한하게도 자연에서는 왼손잡이 쿼크와 왼손잡이 렙톤, 그리고 오른손잡이 반쿼크와 오른손잡이 렙톤만이 약력에 관여하고, 그 외의 입자는 관여하지 않는다. 약력이 입자의 좌우성을 차별하고 있는 것이다. 리정다오와 양전닝은 반전성위배를 발견한(정확하게는 예측한) 공로를 인정받아 1957년에 노벨상을 수상했다[그러나 정작 이 사실을 실험으로 입증한 실험물리학자 우젠슝(鳴建雄, 1912~1997, 중국 출신의 여성 물리학자)은 무슨 이유에선지 상을 받지 못했다 - 옮긴이].

반증 가능성(falsifiability)

이론에서 주장하는 내용이 실험 결과를 근거로 반증될 수 있을 때 그 이론을 '반증 가능한' 이론이라 한다. 오스트리아 출신의 철학자 칼 포퍼(Karl Popper, 1902~1994)는 과학과 다른 분야를 구별하는 기준 잣대로 바로 이 반증 가능성을 꼽았다. 물론 타당한 주장이지만 과학을 연구하다 보면 틀린 주장을 걸러내는 것보다 좋은 아이디어를 수용하는 것이 더 중요한 경우가 많기 때문에 반증 가능성을 과학이 갖춰야 할 최고의 덕목으로 간주하는 것은 적절치 않다고 생각한다.

반증 가능성은 과학과 비과학을 구별할 때보다 이론의 완성도와 생산성을 판단할 때 더 유용한 개념이다. 단, 이런 경우에는 반증 가능성뿐만 아니라 이론의 '위력(power)'까지 함께 고려해야 한다. 올바른 예측을 여러 번 하고도 종종 틀린 결과를 내놓거나(예를 들면, 기상학) 예측 자체가 통계적이어서 반증하기 어려운 이론(예를 들면, **양자이론**)들은 나름대로 큰 가치를 갖고 있으므로 포퍼의 기준에 부합되지 않는다 해도 과학으로 취급되어야 한다.

"파급효과는 막강하지만 불완전한 이론"도 틀렸다는 사실이 완전히 입증될 때까지는 유망한 이론으로 보존할 필요가 있다. 비상대론적인 뉴턴역학과 양자이론을 고려하지 않은 고전 **전자기학**은 분명히 틀린 이론이지만 이들은 다음과 같은 이유에서 오늘날까지 훌륭한 이론으로 남아 있다.

- 이론 체계가 단순하고 많은 것을 예측할 수 있다.
- 이 이론을 대치한 새로운 이론도 개념적으로 많은 부분을 기존의 이론에 의지하고 있다.
- 새로운 이론에 고전적 한계를 취하면 기존의 이론으로 되돌아간다.

배타원리(exclusion principle)/파울리의 배타원리(Pauli exclusion principle)

파울리의 배타원리는 "두 개의 **전자**는 동일한 양자 상태를 점유할 수 없다"는 말로 요약되며, **페르미온**에 한하여 적용된다. 즉 종류가 같은 두 개의 페르미온은 동일한 양자 상태를 공유할 수 없다. 그래서 전자(또는 동종의 페르미온)들이 가까이 접근하면 서로 밀어내는 효과가 발생하는데, 이것은 순전히 양자역학적 효과로서 전기력과 같은 기존의 힘에 심각한 영향을 준다.

배타원리는 원자의 물리적 특성을 이해하는 데 매우 중요하다. 원자핵 근처에서 전자들이 핵의 인력에도 불구하고 한 장소에 집결되지 않는 것은 전자가 배타원리를 따르기 때문이다. 원자핵으로부터 멀리 떨어져 있는 전자는 그 근처에 있는 다른 원자의 영향을 받아 화학반응을 일으킨다. 그러므로 모든 화학반응은 배타원리 때문에 일어난다고 할 수 있다.

버크민스터풀러렌(buckminsterfullerene)/버키볼(buckyball)

버크민스터풀러렌은 순수하게 탄소원자로만 이루어진 분자로서, 하나의 **탄소원자핵**이 세 개의 이웃한 탄소원자핵과 결합하여 구형에 가까운 정다면체를 형성한다. 정다면체의 표면은 항상 12개의 정오각형과 여러 개의(일반적으로 정오각형보다 많은) 정육각형으로 이루어져 있다. 버크민스터풀러렌 중 가장 흔한 것은 60개의 탄소원자로 이루어진 C_{60}이다. 흔히 버키볼로 알려진 이 탄소분자는 정오각형과 정육각형으로 이루어진 축구공과 비슷하다(**다각형** 참조).

벡터(vector)/벡터장(vector field)

벡터는 대수학적으로 또는 기하학적으로 정의될 수 있다. 기하학적 벡터는 크기와 방향을 가진 수학적 객체이다. 예를 들어,

- 공간의 두 점 A, B를 연결하는 직선은 벡터이다. 이 벡터의 크기는 A와 B 사이의 거리이고, 방향은 A에서 B를 향한다(또는 그 반대로 정의할 수도 있다).
- 입자의 **속도**는 벡터이다.
- 임의의 점에서 **전기장**은 벡터이다.

대수학적 벡터는 일련의 숫자로 이루어져 있다.

좌표를 이용하면 방금 정의한 두 종류의 벡터를 연결시킬 수 있다. 앞의 사례에서 벡터는 일상적인 3차원 공간에 위치하며, 방향과 크기는 세 개의 숫자에 대응된다. '용어해설'의 **좌표**에 몇 가지 흥미로운 사례가 소개되어 있으니 참고하기 바란다.

공간의 모든 점에 벡터가 할당되어 있을 때 그 공간에 "벡터장이 깔려 있다"고 말한다. 대표적 사례는 다음과 같다.

- 흐르는 물은 각 지점마다 속도가 다르다.
- 따라서 물이 흐르는 곳에는 벡터장을 정의할 수 있다.
- 전기장과 자기장은 벡터장이다.
- 컴퓨터 모니터의 모든 점들은 적·청·녹색의 다양한 강도 조합으로 특정 색상의 빛을 발한다. 그러므로 모니터에서도 벡터장을 정의할 수 있다. 모니터 자체는 2차원 평면이지만 각 점들은 세 개의 숫자에 대응되므로 3차원 벡터장을 형성한다.

변환군(group of transformation)/연속군(continuous group)/리군(Lie group)

어떤 수학적 구조를 그대로 보존하면서 그 외의 부분을 이동시키는 변환(대칭변환)을 개별적으로 다루지 않고 집단으로 다루는 것이 편리할 때가 있다. 이런 대칭변환의 집합을 변환군이라 한다.

변환군에는 연속군과 불연속군 등 다양한 종류가 있다(**연속대칭** 참조). 그러나 모든 변환군은 다음과 같이 중요한 성질을 공유한다.

- 두 개의 대칭변환을 연달아 가하면 하나의 변환으로 결합된다.
- 두 개의 대칭변환을 연달아 가해도 수학 구조는 변하지 않는다. 따라서 '하나로 결합된 대칭변환'은 새로운 대칭변환이다.
- 모든 대칭변환에는 그 변환을 원래 상태로 되돌리는 역변환이 존재한다. 하나의 대칭변환이 x를 x'로 바꿨다면 그 역변환은 x'를 x로 바꾼다.
- 하나의 변환과 그 역변환을 연달아 적용하면 아무것도 변하지 않는 항등변환이 된다.

19세기에 노르웨이의 수학자 소푸스 리가 미적분학을 이용하여 연속적 변환을 허용하는 변환군을 수학적으로 정립한 후로, 수학자들은 연속대칭군을 **리군**이라 불러왔다. 원과 구, 그리고 이들의 고차원 버전에 대한 대칭군은 모두 리군에 속한다.

이 회전군은 다른 리군과 마찬가지로 양자물리학에 다양한 방식으로 적용될 수 있다. 특히 각기 다른 종류의 전하(**강전하, 약전하, 전기전하**)에 기초한 고유공간의 대칭군도 리군에 속한다. 물리학자들은 모든 대칭이 포함되도록 대칭군을 확장하여 모든 상호작용을 통일한다는 원대한 계획을 세우고 있다(**국소대칭** 참조).

병진(translation)

물리계가 공간 또는 시간에서 일정 간격만큼 이동하는 현상. **공간병진대칭** 및 **시간병진대칭** 참조.

보손(boson)/페르미온(fermion)

소립자는 가장 기본적인 단계에서 보손과 페르미온으로 분류된다.

코어이론에 등장하는 입자들 중 **광자**와 **약력자, 글루온, 중력자**, 그리고 **힉스입자**는 보손에 속한다. 본문에서는 이 입자들을 '**힘입자**'로 표현한 경우도 있다. 보손은 혼자 생성되거나 소멸될 수 있다.

보손은 사티엔드라 보스의 '포함원리'를 따른다. 즉 종류가 같은 두 개 이상의 보손은 동시에 똑같은 일을 할 수 있다. 광자는 보손이기 때문에 여러 개의 광자를 좁은 영역에 집중시킬 수 있는데, 이 원리를 이용한 것이 바로 레이저이다.

코어이론에서 **쿼크**와 **렙톤**은 페르미온에 속한다. 본문에서는 페르미온을 **물질입자**(substance particle)로 표현한 경우도 있다.

페르미온은 짝짓기를 좋아한다. 그래서 하나를 취하면 다른 하나를 제거하기 어렵다. 또한 페르미온은 다른 페르미온이나 보손으로 변할 수 있지만 흔적 없이 사라지지는 않는다.

페르미온은 파울리의 **배타원리**를 따른다. 즉 종류가 같은 두 개 이상의 페르미온은 같은 일을 할 수 없다. **전자**는 페르미온이기 때문에 물질의 구조에 핵심적 역할을 한다. 탄소가 다양한 분자를 이루는 것도 배타원리 때문이다(14장 참조).

보존법칙(conservation law)/보존량(conserved quantity)

어떤 물리량이 시간이 지나도 변하지 않을 때 그 물리량은 "보존된다"고 말한다. 그리고 보존되는 물리량을 서술하는 법칙을 보존법칙이라 한다. 이 세계에 대해 우리가 이해하고 있는 내용 중 상당 부분은 보존법칙을 이용하여 설명할 수 있다. 에미 뇌터는 보존법칙과 대칭의 관계를 규명하는 중요한 정리를 발표함으로써 현대물리학의 새로운 지평을 열었다.

보존법칙의 사례로는 **에너지**보존법칙과 **운동량**보존법칙, **각운동량**보존법칙, **전기전하**보존법칙 등을 들 수 있다. 에너지와 운동량, 각운동량, 그리고 전기전하는 모두 보존되는 양(보존량)이다.

이들 중 에너지보존법칙은 여러 과학 분야에서 특별한 용도로 사용되고 있기 때문에 약간의 설명을 추가하고자 한다. 요즘 우리는 "에너지 절약(conservation of energy)"이라는 홍보성 문구를 수시로 접하고 있다. 밤에 잘 때는 전등을 끄고, 난방기와 에어컨 사용을 자제하고, 가까운 거리는 걸어가라고 한다. 기본 법칙이 지켜지려면 우리의 도움이 필요하다는 말인가? 물론 아니다. 에너지를 절약하라는 것은 에너지를 무용하거나 유해한 형태(열이나 유독성 화학에너지)로 바꾸지 말고 가능한 한 나중에 사용할 수 있는 형태로 보존하라는 뜻이다. '물리적 보존'과 '절약성 보존'의 차이는 열역학에 등장하는 자유에너지(free energy)에 잘 나타나 있다. 자유에너지는 유용하긴 하지만 보존되지 않으며, 시간이 흐를수록 감소한다.

보통물질(normal matter)

나는 이 책에서 **쿼크**와 **글루온**, **전자**, 그리고 **광자**로 이루어진 물질을 다른 특이한 물질과 구별하기 위해 '보통물질'로 표기했다. 보통물질은 지구와 그 근방에서 가장 흔한 물질이며, 우리의 몸도 보통물질로 이루어져 있다. 화학, 생물학, 재료공학, 천체물리학 등 과학의 연구 대상은 거의 대부분이 보통물질이다. 보통물질에 속하지 않는 것으로는 **반물질**, **암흑물질**, **암흑에너지** 등이 있다.

복소수(complex number)

자기 자신을 두 번 곱해서 −1이 되는 수를 허수단위라 하고, i라는 기호로 표기한다. 등식으로 쓰면 '$i^2 = -1$'이다. 일반적으로 복소수 z는 **실수** x, y를 이용하여 '$z = x + iy$'로 쓸 수 있다. 여기서 x는 z의 실수부에 해당하고, y는 허수부에 해당한다.

복소수는 실수와 마찬가지로 더하고 빼고 곱하고 나눌 수 있다.

복소수는 원래 덧셈과 지수로 이루어진 방정식(대수방정식)의 해(解)를 구하려는 목적으로 수학에 도입되었다. 예를 들어, 방정식 '$z^2 = -4$'는 실수 해가 존재하지 않지만 해의 범위를 복소수로 확장하면 '$z = 2i$'와 '$z = -2i$'라는 두 개의 해가 얻어진다.

과거의 수학자들은 허수와 복소수의 개념을 이해하는 데 많은 어려움을 겪었고, 그런 수가 실제로 존재한다는 확신도 없었다. 그러나 일부 현명한 수학자들은 "허락보다는 용서를 구하라"는 말리 신부의 조언에 따라 복소수의 세계로 과감하게 발길을 들여놓았으며, 그 후로 복소수의 사용이 점차 일반화되면서 19세기 수학자들은 복소수에 기초한 **미적분학**과 기하학을 발전시켰다.

19세기 수학자들 사이에는 새로운 수학적 객체를 도입하여 특성을 나열하고 특정한 목적에 응용하는 것이 유행처럼 퍼져나갔는데, 그중에서 가장 큰 성공을 거둔 것은 단연 복소수였다(에미 뇌터는 이런 식의 사고를 극단으로 밀어붙인 수학자였다). 만일 플라톤이 이 사실을 전해 들었다면 이상형에 기초한 자신의 철학이 후대에 구현되었다며 몹시 기뻐했을 것이다.

임의의 복소수 z는 실수 r과 각도 θ를 이용하여 '$z = r\cos\theta + r\sin\theta$'로 표현할 수도 있다. 여기서 r은 z의 크기(또는 절댓값)이고 θ는 z의 위상이다. (r, θ)는 (x, y)와 마찬가지로 복소수의 좌표에 해당한다.

양자이론은 복소수에 기초한 물리학이론으로 파동함수와 연산자, 그리고 파동방정식에 복소수가 빠짐없이 등장한다.

복소 차원(complex dimension)

일상적인 (실수) 차원의 좌표는 **실수**로 표현된다. 예를 들어, 수평 위치와 수직 위치에 해당하는 두 개의 수가 주어지면 컴퓨터 스크린상의 한 점이 결정된다. 우리가 속한 공간은 3차원이므로, 하나의 점을 정의하려면 세 개의 숫자(좌표)가 필요하다. 수학과 물리학에서는 좌표가 **복소수**로 표현되는 가상공간을 도입하는 경우가 있다. 이런 공간을 **복소공간**이라 하며, 하나의 점을 결정하는 데 필요한 복소수의 개수를 **복소 차원**이라 한다. 일반적으로 복소수는 두 개의 실수(실수부와 허수부)로 표현되기 때문에 복소공간은 여분의 구조를 가진 실공간(좌표가 실수인 공간)으로 간주되기도 한다. 즉 N차원 복소공간은 $2N$차원 실공간으로 대치될 수 있다.

부스트(boost)

물리계에 가하는 변환들 중 속도를 일괄적으로 더하거나 빼는 변환을 부스트라 한다. 아마도 이 용어는 로켓의 속도를 높이는 '부스터(booster)'에서 유래되었을 것이다. 이 책에서 나는 갈릴레이변환을 부스트로 표현했는데, 그 이유는 갈릴레이가 생전에 속도를 일괄적으로 더하거나 빼는 사고실험을 통해 운동의 원리를 알아냈기 때문이다(자세한 내용은 본문에 나와 있다). 더 자세한 내용은 **갈릴레이변환**과 **갈릴레이대칭**을 참고하기 바란다(그러나 번역을 거치는 과정에서 '부스트'라는 용어가 독자들에게 익숙하지 않을 듯하여, 본문 중에 나오는 부스트를 모두 '갈릴레이변환'으로 번역했다 – 옮긴이).

분기비율(branching ratio)

하나의 입자가 붕괴되는 방식이 여러 가지일 때 "붕괴 채널이 여러 개"라거나 "붕괴 가지(decay branch)를 갖고 있다"고 말한다. 이런 경우에 특정한 붕괴가 일어날 상대적 확률을 분기비율이라 한다. 예를 들어, 입자 A가 $B+C$로 붕괴될 확률이 90%이고 $D+E$로 붕괴될 확률이 10%일 때 A가 $B+C$로 붕괴되는 분기비율은 90이고 $D+E$로 붕괴되는 분기비율은 10이다.

분석(analysis)

물리학과 화학, 그리고 수학에서 말하는 '분석'이란 연구 대상을 분해하여 각 부분별로 연구하는 방식을 의미한다. 그러므로 '전체적인 분석'이라는 말은 그 자체로 모순이며, 정신분석(psychoanalysis)도 그다지 적절한 용어가 아니다.

분석법의 대표적 사례는 스펙트럼선 분석과 짧은 구간에서 실행하는 함수해석이 있는데, 후자는 **미적분학**의 핵심을 이룬다.[15]

분석과 종합(analysis and synthesis)

분석과 종합은 뉴턴이 고전물리학 체계를 세울 때 사용했던 방법으로, 주어진 계의 가장 작은 부분을 가능한 한 정확하게 파악한 후(분석), 각 부분의 결과를 하나로 합쳐서(종합) 전체적인 거동을 알아내는 방법이다. 뉴턴은 분석과 종합을 통해 물체의 운동법칙과 빛의 특성을 알아냈고 수학적 **함수**를 연구할 때도 같은 방법을 사용했다.

분석과 종합은 항상 반론의 여지가 있지만 '환원주의'적 관점에서 사물을 연구할 때 가장 적절한 방법이다.

불변성(invariance)

어떤 변환 하에서 물리량이 변하지 않을 때 그 양을 불변 또는 불변량이라 한다.

사례:

- 물체들 사이의 거리는 모든 물체를 일괄적으로 이동시켜도 변하지 않는다(병진변환에 대한 거리의 불변성).
- 원은 중심을 축으로 회전시켜도 형태가 변하지 않는다(회전변환에 대한 원의 불변성).
- 빛의 속도는 속도를 일괄적으로 더하거나 빼는 변환에 대하여 불변이다. 다시 말해서 빛의 속도는 갈릴레이변환에 대하여 불변이다.

세 번째 사례는 **특수상대성이론**이 채택한 두 개의 가정 중 하나였다.

빛의 강도(intensity of light)

빛의 강도는 수용된 빛의 '밝기'를 나타내는 양이다. 임의의 표면에 입사된 빛의 강도는 단위시간, 단위면적당 표면에 전달된 에너지로 정의된다. 이 정의는 라디오파와 적외선, 자외선, X선 등 모든 **전자기파 스펙트럼**에 적용될 수 있다.

사영기하학(projective geometry)/투시도(perspective)

사영기하학은 수학의 광범위한 분야로 원근법과도 밀접하게 관련되어 있으며, 주된 목적은 하나의 물체를 여러 각도에서 바라보았을 때 우리에게 인식되는 영상의 상호관계를 이해하는 것이다. 이 영상들의 공통점을 찾고, 하나의 영상으로부터 다른 영상을 유추하는 것이 사영기하학의 주 관심사이다. 또한 사영기하학은 각종 **변환**과 **대칭**, **불변성**, **상대성이론** 그리고 **상보성** 등의 개념을 현실 세계에 구현하는 데 중요한 역할을 하고 있다.

상대성이론(relativity)

물리학에서 상대성이론이라고 하면 아인슈타인의 **특수상대성이론**과 **일반상대성이론**을 의미한다(두 이론 모두 본문에서 자세히 다루었다).

근원을 따지고 들어가다 보면, 결국 두 개의 상대성이론 모두 **대칭**을 서술하는 이론이라는 결론에 도달하게 된다. 즉 특수 및 일반상대성이론은 물리법칙을 바꾸지 않고도 거기 등장하는 물리량에 **변환**을 가할 수 있음을 말해주고 있다(변화 없는 변화). '상대성'이라는 단어에는 '변화'의 의미가 담겨 있지만 '변화가 없다(**불변성**)'는 의미도 암묵적으로 내포되어 있다. 물리학자를 포함한 많은 사람들은 "아인슈타인은 모든 것이 상대적임을 우리에게 일깨워주었다"고 주장하고 있는데, 사실은 그렇지 않다. 상대성이론은 변화보다 불변성에 중점을 둔 이론이다.

상보성(complementarity)

하나의 대상을 고찰하는 방법이 두 가지일 때, 그리고 두 가지 고찰이 모두 옳지만 서로 양립할 수 없을 때 그 대상을 상보적이라 한다. **양자이론**에서는 이런 상황이 자주 발생한다. 예를 들어, 관찰자는 입자의 위치를 관측할 수 있고 **운동량**을 관측할 수도 있지만 둘을 동시에 관측할 수는 없다. 하나의 관측 행위가 다른 관측에 영향을 주기 때문이다. 닐스 보어는 상보성의 개념을 확장하여 난해한 문제를 해결하고 겉보기에 모순이 분명한 두 가지 상황을 양립시켰다. 이 책의 마지막 장에는 상보성에 관한 몇 가지 사례가 소개되어 있다.

색(color)/스펙트럼색(spectral color)

빛을 연구할 때는 물리적 색(physical color)과 인지 가능한 색(perceptual color)을 구별하는 것이 중요하다.

스펙트럼색은 물리적 개념으로, 인지 가능한 색과는 무관하다. 원리적으로 스펙트럼색은 렌즈나 프리즘 또는 사진건판(유리판을 이용한 사진 감광 재료 - 옮긴이)을 통해 정의된다. 본문에서 말한 바와 같이 백색광을 프리즘에 통과시키면 순수한 스펙트럼색을 얻을 수 있고 무지개 색은 그중 일부에 해당한다. 순수한 스펙트럼색은 명확한 **진동수**를 갖고 일정한 주기로 진동하는 **전자기파**이며, 모든 스펙트럼색은 저마다 다른 진동수를 갖고 있다. 맥스웰의 이론에 의하면 순수한 스펙트럼색은 연속체이기 때문에 임의의 진동수를 가질 수 있다. 인간의 눈은 이 진동수 중에서 아주 좁은 영역밖에 인지할 수 없지만 보통 '빛'이라고 하면 눈에 보이는 빛뿐만 아니라 라디오파와 마이크로파, 적외선, 자외선, X선, 감마선 등 모든 전자기파를 의미한다. 이들을 모두 합한 것이 **전자기파 스펙트럼**이다.

스펙트럼색은 음악에서 말하는 **순음**과 비슷하다. 순음도 명확한 진동수를 갖고 있다(이 경우 진동의 주체는 빛이 아니라 음파이다). 따라서 백색광은 순음들이 마구 섞여 있는 잡음, 즉 '백색잡음'이라 할 수 있다.

반면에 인지 가능한 색은 물리학과 심리학이 복합된 개념이다. 인간은 매우 다양한 색을 식별할 수 있지만 구체적인 인지 과정에 대해서는 알려진 것이 별로 없다. 단, 빛이 망막에 도달한 직후에 일어나는 기본 과정은 어느 정도 알려져 있는데, 이 단계에서도 분석 가능한 빛과 인지 가능한 빛의 차이가 명확하게 드러난다. 순수한 스펙트럼색은 연속체를 이루고 입사광을 분석하면 각 스펙트럼색의 강도를 알 수 있다. 그러나 인간의 눈은 이들 중 오직 세 개의 평균 강도만으로 색을 판별한다.

더 자세한 내용은 본문에 적어놓았으니, 아직 읽지 않았다면 꼭 한 번 읽어볼 것을 권한다.

색전하(color charge)/강전하(strong charge)/약전하(weak charge)

코어이론에서 **강력**과 **약력**의 원리를 설명하는 부분은 **전기역학**의 기본 개념에서 탄생했다. 입자가 보유한 전하 중에는 전기전하 외에 색전하라는 것이 있다. 강력을 좌우하는 색전하를 강전하, 약력을 좌우하는 색전하를 약전하라 한다. 모든 전하는 보존되는 양이며 광자와 비슷한 입자(전기전하의 경우는 광자, 강전하는 글루온, 약전하는 약력자)의 거동을 좌우한다.

+와 −로 표현되는 전기전하와 달리 강전하는 세 가지가 있는데, 본문에서는 이들을 적, 녹, 청으로 구분해놓았다. 여덟 개의 글루온들은 자신의 색을 바꾸면서 강전하에 반응한다.

약전하는 두 종류가 있으며, 본문에서는 노란색과 자주색으로 표기했다.

물론 여기서 말하는 색은 스펙트럼색과 아무런 관련도 없다. 단지 편의를 위해 붙인 이름일 뿐이다.

선속(flux, 線束)

벡터장은 공기나 물 같은 일상적 유체의 흐름을 수학적으로 표현한 것이다. 모든 점에서 수학적으로 상정된 흐름의 속도는 각 점에 할당된 실제 벡터장의 값에 비례한다. 이 모형에서 면을 통과하는 선속이란 단위시간당 그 면을 통과하는 유체의 양을 의미한다(통과하는 방향에 따라 선속의 부호가 달라진다). 이 정의는 표면에 경계가 있건 없건 항상 적용될 수 있다.

흐르는 강물 속에 임의의 면을 가정하면 그 면을 통과하는 선속을 계산할 수 있다. 이 면이 유속과 수직을 이루면 단면적이 가장 크기 때문에 선속도 최대가 된다. 그러나 이 면을 유속과 거의 나란한 방향으로 기울이면 흐르는 물이 관점에서 볼 때 단면적이 매우 작기 때문에 선속은 거의 0으로 접근한다.

이 시점에서 '**회전**'이 떠오를 것이다! 말이 나온 김에 지금부터 선속과 회전의 미묘한 관계를 짚고 넘어가고자 한다. 이 관계를 이해하면 맥스웰 방정식의 기하학적 의미가 훨씬 가깝게 와 닿을 것이다.

네 개의 맥스웰 방정식 중 두 개는 폐곡선으로 에워싸인 면을 상정하여 그 면을 통과하는 선속과 폐곡선에 대한 회전의 관계를 서술하고 있다(**패러데이의 법칙**은 전기장의 회전과 자기장의 선속 사이의 관계이고, **앙페르-맥스웰의 법칙**은 자기장의 회전과 전기장 및 전류의 선속 사이의 관계이다).

이 방정식에서 회전을 계산하려면 곡선을 따라가는 방향을 정해야 한다. 가능한 선택은 두 가지가 있는데(시계 방향과 반시계 방향), 어느 쪽을 선택하느냐에 따라 계산 결과의 부호가 달라진다. 이 선택과 무관하게 맥스웰 방정식이 동일한 형태를 유지하려면 곡선을 따라가는 방향을 바꿨을 때 선속의 부호도 바뀌어야 한다.

이 모든 것이 자동으로 구현되도록 하기 위해 물리학자들은 오른손규칙을 사용한다. 즉 오른손의 엄지손가락을 제외한 네 손가락을 곡선이 돌아가는 방향으로 감았을 때 선속의 방향(유체가 흐르는 방향)이 엄지손가락과 일치하면 +이고, 그 반대라면 −이다. 이 규칙을 따르면 곡선의 방향을 바꿨을 때 회전과 선속의 부호가 동시에 바뀌기 때문에 선속과 회전의 관계는 변하지 않는다.

맥스웰 방정식의 나머지 두 개(전기와 자기의 가우스의 법칙)는 닫힌 폐곡면을 드나드는 선속과 관련되어 있다. 이 경우 폐곡면 안에서 밖으로 나가는 선속은 부호가 +이고, 밖에서 안으로 들어오는 선속은 −이다.

소립자(elementary particle)

어떤 간단한 방정식을 따르는 입자를 통칭하여 소립자라 한다. **코어이론**에 등장하는 **쿼크**와 **렙톤**, **광자**, **약력자**, **글루온**, **중력자**, 그리고 **힉스입자** 등은 모두 소립자이다.

양성자와 **중성자**는 한때 소립자로 간주되었으나 이들은 간단한 방정식을 따르지 않는 것으로 판명되었다. 같은 이유로 원자와 분자도 소립자가 아니다. 양성자와 중성자, 그리고 원자와 분자는 소립자로 이루어진 복합체이다(주로 **위-쿼크**와 **아래-쿼크**, 글루온, **전자**, 그리고 **광자**로 이루어져 있다).

속도(velocity)

직관적으로 속도란 '물체의 위치가 시간에 따라 변하는 비율'이다.

따라서 속도를 정의하려면 짧은 시간 간격 Δt와 그 시간 동안 물체가 이동한 거리 Δx의 비

뷰티풀 퀘스천

율, 즉 $\Delta x / \Delta t$를 구한 후 Δt를 가능한 한 0에 가깝게 줄여야 한다. 이 극한값이 바로 물체의 **속도**이다.

이 정의와 관련된 몇 가지 개념은 **무한소**에 소개되어 있다.

슈뢰딩거 방정식(Schrödinger equation)

슈뢰딩거 방정식은 1925년에 오스트리아의 물리학자 에르빈 슈뢰딩거가 유도한 **역학 방정식**으로, 입자의 파동함수가 시간에 따라 변하는 양상을 설명해준다.

슈뢰딩거 방정식은 두 가지 면에서 '근사적' 방정식이다. 첫째, 여기에는 아인슈타인의 상대론적 역학이 고려되어 있지 않다. 1928년에 폴 디랙은 슈뢰딩거 방정식에 **특수상대성이론**을 접목하여 전자의 거동을 서술하는 **디랙 방정식**을 유도했다. 둘째, 슈뢰딩거 방정식에는 **가상입자**와 같은 **양자요동** 효과가 고려되어 있지 않다. 그럼에도 이 방정식은 화학, 재료과학, 생물학 등에 적용되어 매우 정확한 결과를 낳았다.

슈뢰딩거 방정식이 적용되는 가장 단순한 경우는 한 개의 **양성자**와 한 개의 **전자**가 상호작용을 교환하고 있는 수소원자이다. 슈뢰딩거는 수소원자에 자신의 방정식을 적용하여 보어가 계산했던 수소원자 스펙트럼이 옳다는 사실을 재확인했다(**스펙트럼** 참조).

슈뢰딩거 방정식은 전자가 여러 개인 경우에도 적용 가능하다. 물론 이 경우에는 전자들끼리 주고받는 상호작용도 고려해야 한다. '용어해설'의 **파동함수**에서 설명한 바와 같이, 여러 전자로 이루어진 물리계의 상태를 서술하는 파동함수는 매우 높은 차원의 함수이다. 예를 들어, 전자 두 개를 서술하는 파동함수는 6차원 공간에 존재하며, 전자 세 개를 서술하는 파동함수는 9차원 함수이다. 이런 경우에는 컴퓨터를 동원해도 정확한 답을 구하기가 쉽지 않다. 원자의 상태를 서술하는 방정식은 주어져 있지만 수소와 헬륨을 제외하면 정확한 답을 구하는 것이 현실적으로 불가능하다. 화학이 아직도 실험 위주로 돌아가는 것은 바로 이런 이유 때문이다.

스펙트럼(spectrum, spectra)

수소원자를 비롯한 모든 원자들은 특정 스펙트럼색을 다른 스펙트럼색보다 훨씬 더 효율적으로 흡수한다(일반적으로 말하면 특정 진동수의 전자기파를 다른 전자기파보다 훨씬 더 효율적으로 흡수한다. 여기서는 '진동수'보다 독자들에게 친숙한 '색'을 사용하기로 한다). 그리고 원자에 열을 가하면 흡수한 색과 동일한 스펙트럼색을 방출한다. 그런데 원자마다 선호하는 색이 다르기 때문에 이들이 방출한 스펙트럼색을 분석하면 원자의 종류를 알 수 있다. 즉 원자에서 방출된 스펙트럼색은 원자의 정체를 알려주는 지문과 같다. 이와 같이 원자가 선호하는 색의 패턴을 원자의 스펙트럼이라 한다.

양자역학의 가장 큰 업적은 원자의 스펙트럼 패턴을 이론적으로 계산해낸 것이다. 그 출발점은 고전 양자이론에 기초한 보어의 원자모형이었다. 보어는 원자 속의 전자 하나가 불연속적으로 배열되어 있는 정상상태 중 하나를 점유한다고 가정했다. 그러면 전자의 에너지도 불연속적인 값을 갖게 된다. 전자가 하나의 정상상태에서 다른 정상상태로 이동하면(즉 높은 에너지상태에서 낮은 에너지상태로 떨어지면) 원자는 그 차이에 해당하는 광자를 방출한다. 그리고 이 과정에서도 에너지는 보존되어야 하므로, 광자의 에너지는 두 정상상태의 에너지 차이와 같아야 한다. (광자의 에너지는 진동수에 플랑크상수를 곱한 값과 같다. **플랑크-아인슈타인 관계식** 참조.)

현대 양자이론에서 원자의 정상상태 에너지는 슈뢰딩거 방정식으로 계산할 수 있다. 그러나 원자의 에너지와 스펙트럼의 관계를 규명한 보어의 이론은 지금도 여전히 유효하다(**슈뢰딩거 방정식** 참조).

지금까지 언급된 내용은 원자뿐만 아니라 분자, 고체, **원자핵**, 심지어는 **강입자**에도 적용할 수 있다. 전자의 **정상상태**가 원자핵에서는 **핵자**의 정상상태로, 강입자의 경우에는 **쿼크와 글루온**의 정상상태로 바뀔 뿐이다. 어떤 경우이건 스펙트럼에는 내부 구조의 비밀이 담겨 있다.

태양이나 다른 별에서 날아온 빛의 스펙트럼에는 다른 부위보다 유난히 밝은 선이 있고 어두운 선도 있다. 밝은 선을 방출선, 어두운 선을 흡수선이라 한다. 방출선과 흡수선의 패턴을 이미 알고 있는 원자나 분자 또는 원자핵의 스펙트럼과 비교하면 별의 구성 성분과 온도 분포를 알 수 있다. 과학자들은 이런 과정을 통해 "관측 가능한 우주에 존재하는 모든 물질은 우리가 알고 있는 원자들로 이루어져 있으며, 이곳과 같은 법칙을 따른다"는 사실을 확인할 수 있었다.

스피너 표현(spinor representation)

스피너는 **벡터**를 확장한 개념으로, **디랙 방정식**에서 전자의 **스핀**을 수학적으로 표현할 때 사용된다. 하워드 조자이와 셸던 글래쇼의 통일이론에서 10차원 회전대칭군 $SO(10)$의 **고유공간**을 나타내는 16차원 스피너 표현이 대표적 사례이다(18장 참조). 스피너를 수학적으로 표현하는 기술은 이 책의 수준을 넘어서는 내용이므로 생략한다. 미주에 두 개의 관련 사이트를 소개했으니 관심 있는 독자들은 찾아보기 바란다.[16]

스핀(spin)

임의의 물체가 어떤 축을 중심으로 회전하는 현상을 스핀이라 한다.[회전운동에는 자전과 공전, 그리고 세차운동이 있다. 회전축이 물체의 내부를 통과하면 자전이고 회전축이 물체 바깥에 있으면 공전(또는 선회)이며, 회전축의 방향이 주기적으로 변하는 와중에 진행되는 회전을 세차운동이라 한다. 지구를 비롯한 태양계의 행성들은 자전과 공전을 동시에 수행하고 있다. 여기서 말하는 스핀은 자전을 의미한다 - 옮긴이] 양자역학에도 스핀이 등장하지만 일상적인 스핀과는 사뭇 다른 개념이다. 양자적 스핀의 특성을 요약하면 다음과 같다.

• 스핀을 가진 입자(**전자, 광자, 중성자** 등)는 어떤 경우에도 스핀을 멈추지 않는다! 스핀은 양자 세계에서 진행되고 있는 자발적 운동의 하나이다. 입자의 스핀이 1/2 또는 −1/2이라는 것은 스핀에 의한 **각운동량**의 크기가 **축약형 플랑크상수**($\hbar$)의 1/2배라는 뜻이다(부호는 스핀의 방향을 의미한다).

• 전자를 비롯한 많은 입자들은 초소형 자석과 비슷한 방식으로 거동한다. 이들은 지구와 마찬가지로 스핀 방향을 따라 정렬된 자기장을 갖고 있다. 전자 하나의 자기장은 극히 미미하지만 스핀이 한 방향으로 정렬된 여러 개의 전자들이 모여 있으면 이들의 자기장이 더해져서 적지 않은 위력을 발휘한다. 고전적인 자석(막대자석)의 자성은 바로 이런 전자들에 의해 나타나는 현상이다.

시간병진대칭(time translation symmetry)

모든 사건이 발생한 시간을 일괄적으로 옮기는 변환을 시간병진변환이라 한다. 이와 같은 변환에 대하여 물리법칙이 변하지 않으면 "시간병진대칭이 존재한다"고 말한다. 물리학자들은 이 세계에 시간병진대칭이 존재한다고 가정하고 있다. 다시 말해 과거, 현재, 미래에 동일한 물리법칙이 적용된다는 가정이다. 시간병진대칭은 뇌터의 정리에서 에너지보존법칙과 관련되어 있다.

실수(real number)

직관적으로 말해 실수란 연속적으로 변하는 수체계이다. **자연수**가 사물을 헤아리는 과정에서 '자연스럽게' 탄생한 것처럼 실수는 길이를 측정하는 과정에서 '실질적 요구에 의해' 탄생했다.

길이는 미세하게 세분될 수 있다. 나누는 과정에는 뚜렷한 한계가 없으므로, 수학자들은

"모든 수는 무한정 나눌 수 있다"는 가정 하에 논리를 전개해나갔다. 이 가정은 수체계에 어떤 식으로 반영되어 있을까? 십진법으로 표기된 소수(小數)는 오른쪽으로 갈수록 수의 단위가 작아진다. 수를 무한정 나눌 수 있다는 것은 이런 식의 표기가 무한히 계속될 수 있음을 의미한다.

뉴턴은 무한소수에 각별한 관심을 갖고 있었으며(뉴턴이 살아 있던 시절 소수표기법은 비교적 최신 발명품이었다). 무한급수와 미적분학을 개발할 때도 무한소수로부터 많은 영감을 떠올렸다.

다들 알다시피 미적분학은 **무한소**에 기초한 계산법이다. 뉴턴은 미적분학을 개발할 때 변수 x를 십진수와 비슷한 무한 전개 형태로 사용했다. 어린아이 같은 단순함이 천재적인 영감의 원천이 된 것이다.

'무한히 이어지는 십진수'는 실수를 표기하는 최선의 방법이지만 사실 **엄밀한** 정의는 아니다. 엄밀하게 정의하려면 "무한히 이어진다"는 말의 뜻을 무한히 길지 않은 문장으로 정의해야 하는데, 말처럼 쉽지 않다는 것이 문제이다. 수학자들은 실수표기법을 도입한 지 수백 년이 지난 19세기 말에 와서야 비로소 실수를 수학적으로 엄밀하게 정의할 수 있었다.

원자가 발견되고 **양자이론**이 등장한 후로 "모든 길이는 무한히 분할될 수 있다"는 수학적 가정은 더 이상 물리학에 적용될 수 없었다. 그러나 실수는 **코어이론**에서 여전히 막강한 위력을 발휘하고 있다. 왜 그럴까? 나 자신도 아직 마땅한 답을 찾지 못했다. 이 점에 대해서는 **무한소**를 참조하기 바란다.

아날로그(analog)

매끄럽게 변하거나 연속적인 양을 '아날로그 양(analog quantity)'이라 하고 양 자체가 불연속적이어서 한정된 값만 가질 수 있는 양을 '**디지털** 양(digital quantity)'이라 한다. 예를 들어, 물리학에서 말하는 길이와 시간 간격은 아날로그 양에 속한다.

"모든 것은 수"라는 피타고라스의 주장에는 모든 양이 근본적으로 디지털이라는 뜻이 숨어 있다. 그러나 정사각형의 한 변과 대각선의 길이 비율을 정수로 나타낼 수 없다는 사실과 운동에 관한 제논의 역설이 알려진 후로 피타고라스의 세계관은 심각한 위기를 맞이하게 된다.

디지털 양은 작은 오차를 수정하는 데 유리하기 때문에 각종 계산과 통신 수단으로 사용된다. 예를 들어, 올바른 답이 '1 아니면 2'라는 사실을 알고 있는 상태에서 대략적인 계산을 수행하여 1.0023이라는 답이 얻어졌다면 정답이 1임을 쉽게 확인할 수 있다(단, 이 경우 계산에 수반되는 오차가 1을 넘지 않아야 한다).

불연속의 최소 단위가 1보다 훨씬 작으면 디지털 양으로 아날로그 양을 꽤 정확하게 표현할 수 있다. 예를 들어, 디지털사진은 크기가 유한한 점으로 이루어져 있지만 점의 크기가 충분히 작으면(즉 해상도가 충분히 높으면) 필름사진과 구별이 안 될 정도로 자연스럽게 보인다.

일반적으로 아날로그 양은 **실수**로 표현되고 가장 단순한 디지털 양은 **자연수**로 표현된다.

아이디어의 경제성(economy of ideas)

하나의 이론이 몇 안 되는 가정으로 많은 것을 설명할 수 있을 때 그 이론을 '경제적 이론'이라 한다.

상품이나 서비스를 교환하는 것은 아니지만 이 개념은 경제학과 무관하지 않다. 제한된 자원을 현명하게 사용하여 가치 있는 결과를 얻었다는 것은 그만큼 자원을 '경제적으로' 사용했다는 뜻이다.

가정을 여러 개 늘어놓고 한두 개의 실험 결과만 설명하는 이론보다 한두 개의 가정에서 출발하여 다양한 실험 결과를 설명하는 이론이 훨씬 경제적이다. "두 개의 이론이 하나의 데이터를 똑같이 잘 설명해줄 때 둘 중 더 경제적인 이론이 맞을 확률도 높다"는 베이즈 통계학(Bayesian statistics)도 경제적 이론의 타당성을 지지하고 있다.

알파입자(alpha particle)

방사능이 한창 연구되던 초창기에 어니스트 러더퍼드는 방사성물질에서 방출된 선(線)을 투과 능력과 자기장 안에서 휘어지는 정도에 따라 알파선, 베타선, 감마선으로 분류했다. 얼마 후 후속 연구를 통해 알파선은 두 개의 양성자와 두 개의 중성자로 이루어진 헬륨원자(^{4}He)의 핵으로 밝혀졌고, 그 후로 이 입자를 '알파입자'로 부르게 되었다.

암흑에너지(dark energy)/암흑물질(dark matter)

코어이론은 지구와 그 근방에 존재하는 모든 물질의 특성을 설명해준다. 이 '정상적'이고 '일상적'인 물질은 위-쿼크와 아래-쿼크, 글루온, 광자, 전자, 그리고 극소량의 **뉴트리노**로 이루어져 있다. 그러나 천문 관측 자료에 의하면 우주에는 다른 종류의 물질이 존재하며, 이들이 질량의 대부분을 차지하는 것으로 추정된다. 이 새로운 물질의 특성은 대부분이 미지로 남아 있는데, 지금까지 알려진 사실만 정리하면 대충 다음과 같다.

- 우리에게 익숙한 일상적인 물질(보통물질)은 우주 전체 질량의 약 5%에 불과하며, 주로 은하에 집중되어 있기 때문에 대부분의 공간에는 존재하지 않는다.
- 암흑물질은 우주 전체 질량의 약 27%를 차지한다. 이들도 특정 지역에 집중되어 있지만 집중된 정도가 보통물질처럼 심하지 않다. 천문학자들은 모든 은하가 암흑물질 광륜(dark matter halo, 암흑물질로 이루어진 거대한 테두리 – 옮긴이)으로 에워싸여 있다고 말하는데, 예상되는 질량 분포로 미루어볼 때 암흑물질 속에 은하가 불순물처럼 섞여 있다고 보는 것이 타당하다. 암흑물질은 보통물질이나 빛과 상호작용을 거의 하지 않기 때문에 망원경에 포착되지 않는다. 그러므로 엄밀히 말하면 암흑물질은 검은 물질이 아니라 '투명한 물질'이다.
- 암흑에너지는 우주 전체 질량의 68%를 차지하며(에너지와 질량은 아인슈타인의 유명한 공식 $E = mc^2$을 통해 서로 연결되어 있다. 그래서 물리학자들은 두 물리량을 굳이 구별하지 않는다 – 옮긴이), 전 공간에 걸쳐 균일하게 분포되어 있기 때문에 범우주적 질량 밀도를 좌우한다. 관측 결과에 의하면 암흑에너지의 밀도는 지난 수십억 년 동안 변하지 않았을 가능성이 높다. 암흑물질과 마찬가지로 암흑에너지도 보통물질과 상호작용을 거의 하지 않는다.

암흑물질과 암흑에너지의 존재, 그리고 이들의 분포 상태는 보통물질을 관측하여 알아낸 것이다. 암흑물질이 존재하지 않는다면 현재의 관측 결과를 설명할 방법이 없다. 예를 들어, 암흑물질이 존재하지 않는 상태에서 은하가 지금처럼 빠르게 회전하면 모든 별들은 원심력에 의해 사방으로 흩어져야 한다. 즉 은하가 중력을 통해 지금과 같은 형태를 유지하기에는 천체(보통물질)의 양이 턱없이 부족하다. 그런데도 은하가 기본 형태를 유지한다는 것은 눈에 보이는 보통물질 외에 다른 물질이 존재한다는 뜻이다.

물론 암흑물질을 도입할 필요 없이 "일반상대성이론이 틀렸다"고 주장할 수도 있다. 그러나 중력 외에 추가 인력을 발생시키는 요인은 아직 발견되지 않았다.

이와는 무관하게 코어이론에서도 새로운 물질이 예견되었는데, 최근 들어 이들이 암흑물질의 후보로 떠오르고 있다. 와인버그와 내가 제안했던 액시온과 초대칭입자가 바로 그것이다. 이들은 상태가 매우 안정적이면서 보통물질과 상호작용을 거의 하지 않고, 빅뱅 때 생성된 양이 이론적으로 요구되는 암흑물질의 양과 거의 비슷하며, 적절한 정도로 뭉쳐 있을 것으로 추정된다. 그래서 천문학자들은 지금도 액시온과 초대칭입자를 찾기 위해 애쓰고 있다.

암흑에너지는 아인슈타인의 장방정식에 등장하는 '우주상수'와 특성이 비슷하고, 에너지

뷰티풀 퀘스천

밀도는 **힉스장**과 비슷하며, 자발적 활동성은 **양자요동**과 비슷하다. 이런 점에서 볼 때 암흑에너지는 여러 가지 요인에 의해 형성되었을 가능성이 높다. 암흑물질과 달리 암흑에너지에 대한 이론은 다소 모호하면서도 **반증**하기가 쉽지 않다.

과거에도 암흑에너지나 암흑물질과 유사한 문제가 발생한 적이 있다. 19세기 중반에 천문학자들은 뉴턴의 중력이론에 기초하여 **천체역학**을 연구하던 중 천왕성과 수성의 공전궤도가 이론과 일치하지 않는다는 사실을 발견했다. 그러나 중력이론의 아름다움을 굳게 믿었던 위르뱅 르 베리에와 존 쿠치 애덤스는 아직 발견되지 않은 미지 행성이 천왕성의 궤도에 영향을 주고 있다는 가정 하에 미지 행성의 위치를 예견했고, 1846년에 바로 그 위치에서 해왕성이 발견되었다! 그리고 수성의 궤도 문제는 뉴턴의 중력이론을 수정한 아인슈타인의 **일반상대성이론**에 의해 해결되었다[천왕성은 '이론은 맞지만 관측에 문제가 있는 경우(해왕성의 존재를 몰랐음)'였고, 수성은 '관측은 맞지만 (뉴턴의 중력)이론에 문제가 있는 경우'였다 – 옮긴이].

암흑에너지와 암흑물질을 **인류원리**에 입각하여 설명하려는 시도도 있었다. 논리 구조는 두 경우 모두 비슷한데, 대략적인 내용은 다음과 같다.

- 현재 관측 가능한 우주는 훨씬 큰 우주(다중우주라 부르기도 함)의 일부에 불과하다(빛의 속도는 유한하므로 관측 가능한 우주의 범위는 시간이 흐를수록 커진다).
- 멀리 떨어진 우주(또는 다른 우주)에 적용되는 물리법칙은 이곳과 다를 수도 있다. 특히 암흑에너지나 암흑물질의 밀도는 이곳과 같을 이유가 없다.
- 암흑에너지와 암흑물질의 밀도가 이곳과 크게 다른 우주에서는 지적 생명체가 탄생할 수 없다.
- 그러므로 인간(지적 생명체)이 관측한 밀도는 지금과 같은 값을 가질 수밖에 없다.

두 번째와 세 번째 단계는 논쟁의 여지가 많기 때문에 인류원리는 아직도 현학적인 가설로 남아 있다. 그러나 물리법칙에 대한 우리의 지식과 관측 장비가 개선되면 인류원리가 보편타당하게 수용되는 날이 올지도 모른다. 그때가 되면 우리가 관측한 세계의 특성(특히 암흑에너지와 암흑물질의 밀도)은 **역학**이나 **대칭**원리가 아닌 생물학적 선택 논리를 통해 결정될 것이다.

압력(pressure)

압력은 입자와 같은 불연속체가 아닌 연속적인 물질의 힘을 논할 때 부각되는 개념이다.

두 연속체의 접촉면 또는 하나의 연속체를 에워싼 임의의 면에 수직한 방향으로 작용하는 힘을 면적으로 나눈 값(즉 단위면적당 작용하는 힘)을 압력이라 한다.

앙페르의 법칙(Ampere's law)/앙페르-맥스웰의 법칙(Ampere-Maxwell's law)

앙페르의 법칙은 **맥스웰 방정식**보다 먼저 발견되었지만 지금은 맥스웰 방정식의 하나로 간주되고 있다. 이 법칙에 의하면 임의의 폐곡선에 대한 **자기장**의 **회전**은 그 폐곡선을 통과하는 전류의 **선속**과 같다. 이 내용을 좀 더 정확하게 이해하고 싶다면 '용어해설'에서 **회전**과 **선속**, 그리고 **전류**에 대한 설명을 찾아 읽어보기 바란다(〈그림 N〉도 도움이 될 것이다).

맥스웰은 수학적 타당성과 아름다움을 고려하여 앙페르의 법칙에 새로운 항을 추가했다. 이렇게 탄생한 앙페르-맥스웰의 법칙에 의하면 폐곡선에 대한 자기장의 회전은 그 폐곡선을 통과하는 전기선속에 '시간에 대한 전기선속의 변화율'을 더한 값과 같다. 맥스웰이 추가한 항은 **패러데이의 법칙**과 쌍을 이룬다. 패러데이의 법칙에 의하면 변하는 자기장은 전류를 생성하는데, 맥스웰은 "변하는 전기장은 자기장을 생성한다"는 사실을 방정식에 담기 위해 새로운 항을 추가했다.

액시온(axion)

코어이론의 미학적 완성도를 한층 더 높여주는 가상의 입자. 현재 액시온은 우주에 존재하는 **암흑물질**의 가장 그럴듯한 후보로 거론되고 있다.

코어이론은 장점도 많지만 미학적인 면에서 몇 가지 부족한 점이 있는데, 그중 일부를 나열하면 다음과 같다.

지금까지 관측된 바에 의하면 물리학의 법칙들은 시간이 흐르는 방향을 바꿔도 거의 변하지 않는다('거의'라는 표현을 쓴 이유는 잠시 후에 알게 될 것이다). 다시 말해 영화를 찍은 후 필름을 거꾸로 돌렸을 때 눈에 보이는 현상들은 물리학의 기본 법칙에 위배되지 않는다. 물론 필름을 거꾸로 돌리면 모든 사건이 부자연스럽게 진행된다는 것을 누구나 느낄 것이다. 그러나 원자 규모 이하의 미시 세계에서는 기본 법칙들이 명확하게 적용되기 때문에 정방향과 역방향의 차이가 사라진다. 그러므로 물리학의 법칙들은 시간을 거꾸로 돌려도 변하지 않는다고 말할 수 있다. 즉 물리법칙은 시간 반전(time reversal, T)에 대하여 대칭적이다.

물리법칙이 T대칭을 갖고 있다는 사실은 코어이론과도 잘 일치하지만 원리적으로 반드시 그래야 할 이유는 없다. 글루온들 사이에 교환되는 상호작용 중에는 **양자이론**과 **상대성이론**, 그리고 **국소대칭**의 일반적 원리에 잘 부합되면서 T대칭을 만족하지 않는 것도 있다.

뷰티풀 퀘스천

로베르토 페체이와 헬렌 퀸은 이를 두고 "코어이론이 추가 대칭을 갖도록 확장하는 과정에서 마주친 우연"이라고 했다. 이 현상을 적절히 고려하면 T대칭이 완전히 붕괴되지 않고 '살짝' 붕괴된 이유를 설명할 수 있다(다른 설명도 있지만 아직 검증되지 않았다). 이런 식으로 코어이론을 확장하면 매우 가벼우면서 놀라운 특성을 가진 입자가 필연적으로 도입되는데, 스티븐 와인버그와 나는 이 입자를 '액시온'으로 명명했다.

액시온은 아직 발견되지 않았지만 이것만으로 존재하지 않는다고 단정 지을 수는 없다. 이론에 의하면 액시온은 일상적인 물질과 매우 약한 상호작용을 교환하기 때문이다. 지금까지 실행된 실험들은 이 약한 상호작용을 검출할 만큼 정교하지 않았다. 현재 몇 개의 실험팀이 액시온을 발견하기 위해 또는 액시온의 존재를 부정하기 위해 정밀한 실험을 수행 중이다.

빅뱅 때 생성된 액시온의 양은 이론적으로 계산 가능하다. 이 결과에 의하면 현재 우주에는 액시온 가스가 넓게 퍼져 있으며, 이론적으로 추정되는 암흑물질의 양과 거의 비슷하다.

약력(weak force)

약력은 **중력, 전자기력, 강력**과 함께 자연에 존재하는 기본 힘 중 하나이다.

약력은 원자핵에서 방출되는 방사능과 별의 중심부에서 진행되는 핵융합 그리고 양성자와 중성자에서 출발하여 온갖 화학원소를 만들어내는 천체물리학적 과정 등 원소의 형태를 바꾸는 모든 과정(주로 붕괴 과정)에 개입하는 힘이다.

약력은 종종 '약한 상호작용'으로 불리기도 한다(힘 참조).

코어이론에 의하면 약력은 **약력자**들이 **약전하**에 반응하면서 나타나는 힘이다. 다른 힘들과 마찬가지로 약력은 **국소대칭**을 갖고 있다.

힉스 메커니즘은 약력의 작용원리(특히 약력자의 질량)를 설명하기 위해 도입된 가설로, 이로부터 **힉스입자**의 존재가 예견되었으며, 2012년에 CERN의 **대형 강입자충돌기**에서 발견되었다. **힉스장**이 전 공간에 두루 퍼져 있으면서 다른 입자의 거동에 영향을 준다는 가설이 사실로 확인된 것이다.

사실 '약력'은 그다지 적절한 용어가 아니다. 약력이라고 하면 '주변에 영향을 거의 주지 않는 힘'이 떠오르기 때문이다. 그래서 나는 'weak force'보다 'feeble force'라는 용어를 즐겨 사용한다(그러나 안타깝게도 한글로 번역하면 별 차이가 없다! - 옮긴이).

약력자(weakon)

약력을 매개하는 입자(W^+, W^-, Z)의 총칭. 약력자가 아름다운 이유는 다음과 같이 몇 가지 상보적인 방법으로 정의할 수 있기 때문이다.

- 약력자는 **입자가속기**의 감지기에 검출된 W입자와 Z입자를 의미한다.
- 약력자는 **약력유동체**의 양자로서 **약전하**로부터 **약력**을 발생시키는 원인이다.
- 약력자는 **약전하**의 고유공간에 존재하는 특별한 **국소대칭**(회전대칭)의 결과이다―이 정 의가 가장 아름답다. **글루온**과 **광자**, 그리고 **중력자**도 이와 비슷한 방식으로 정의할 수 있다. 이 모든 매개 입자들이 존재하는 것은 국소대칭이 자연에 구현된 결과이다. 우리 는 "자연에는 아름다움이 구현되어 있는가?"라는 질문에서 시작하여 긴 여정을 거친 끝 에 코어이론에서 그 해답을 찾았고 이 과정에서 국소대칭이 핵심적 역할을 했다. 현실 세계에서 관측된 사건들이 애너모픽 아트의 국소대칭과 개념적으로 일치한다는 것은 '현실(실체) ↔ 이상형'의 대응관계가 구현되었음을 보여주는 증거이다.

양-밀스 이론(Yang-Mills theory)

1954년에 양전닝과 로버트 밀스는 **고유공간**의 **광역대칭**에 기초한 이론이 **국소대칭**으로 확장될 수 있음을 간파하고 일련의 새로운 이론을 구축했다. 이들의 이론을 양-밀스 이론이라 한다. **약력**과 **강력**을 서술하는 **코어이론**은 양-밀스 이론에 뿌리를 두고 있다.

1915년에 아인슈타인은 일반상대성이론을 구축하면서 광역 **갈릴레이대칭**을 국소대칭으 로 확장했다. 대충 말하자면 양과 밀스는 입자들 사이에 작용하는 **대칭군**에서 **광역대칭을 국 소대칭**으로 확장하는 일반적인 방법을 알아낸 것이다.

광역대칭에서 국소대칭으로 옮겨가는 과정은 사영기하학에 기초한 일상적 **원근법**에서 좀 더 자유로운 애너모픽 아트로 넘어가는 과정에 비유할 수 있다.

양성자(proton)

양성자는 중성자와 함께 **원자핵**을 구성하는 기본단위로서 **전기전하**는 전자와 같지만(부호 는 반대임) 질량은 전자의 2000배에 가깝다. 그러므로 **보통물질**이 갖고 있는 질량의 대부분은 양성자와 중성자의 질량이라고 봐도 무방하다. 한때 양성자는 기본 입자로 간주되었으나 20 세기 중반에 **양자색역학**이 발전하면서 쿼크와 글루온으로 이루어진 복합체임이 밝혀졌다.

양자(quantum, quanta)

우리가 흔히 '**소립자**'라고 부르는 것들은 **코어이론**에서 **양자유동체**의 교란으로 해석된다.

광자는 **전자기유동체**의 교란이고, **전자**는 **전자유동체**의 교란이며, **글루온**은 **글루온유동체**의
교란이다(물론 **힉스입자**도 **힉스유동체**의 교란으로 해석된다). 이 유동체의 운동에 고전물리학을
적용하면 에너지가 연속적인 값을 갖게 되지만 양자역학을 적용하면 더 이상 분해할 수 없는
최소 단위 교란, 즉 입자가 그 모습을 드러낸다! **양자**와 **전자기장**에 대한 자세한 설명(플랑크
와 아인슈타인의 광양자)은 **광자**를 참조하기 바란다.

양자색역학(quantum chromodynamics, QCD)

코어이론에서 **강력**을 서술하는 부분을 양자색역학이라 한다.

양자색역학은 **쿼크, 색전하, 글루온, 점근적 자유성, 쿼크 감금, 입자제트** 등 새로운 개념을
대거 도입하여 강력을 서술하는 이론이다.

"이 세상에는 아름다움이 구현되어 있는가?" 양자색역학은 **강전하 고유공간의 국소대칭**을
통하여 이 질문에 명확한 답을 제시하고 있다.

양자요동(quantum fluctuation)/가상입자(virtual particle)/진공편극(vacuum polarization)/영점운동(zero-point motion)

양자유동체이론에서 입자는 양자유동체의 최소 교란단위인 **양자**로 해석된다. 예를 들어,
광자는 **전자기유동체**의 **양자**이고, **전자**는 **전자유동체**의 **양자**에 해당한다.

그러나 파동이 물의 전부가 아니듯이, 입자는 양자유동체의 전부가 아니다. 특히 양자유동
체는 양자요동이라는 자발적 요동을 겪고 있다. 물리학자들은 우리가 입자로 이해하고 있는
양자유동체의 교란과 자발적 요동을 "가상입자의 자발적 행동"으로 표현한다(이 두 가지는 동
일한 유동체에서 나타나는 현상이다!). 가상입자는 현실 세계에 존재하는 입자가 아니라 유동체
의 활동을 가시화하는 일종의 마인드게임이라 할 수 있다.

양자유동체의 자발적 활동은 입자에 영향을 주고 입자는 양자유동체에 영향을 준다. 그러
므로 입자의 물리적 특성은 이런 피드백 효과(진공편극이라 한다)를 고려하여 수정되어야 한
다. 가상입자의 개념을 이용하면 이 효과를 머릿속에 그릴 수 있다. 가상입자를 '공간을 가득
채우고 있는 기체'로 간주하면 그 안에 놓여 있는 실제 입자들은 기체의 영향을 받을 수밖에
없다.

영점운동은 양자유동체의 자발적 활동을 의미하는 또 다른 용어이다. '영점'이라는 수식어
가 붙은 이유는 모든 에너지원을 제거하여 절대온도 K(섭씨 -273°)로 떨어져도 여전히 발생
하는 운동이기 때문이다.

유동체의 최소 단위교란인 입자도 유동체의 특성을 물려받아 영점운동을 하고 있다. 이 효과는 중력파나 **액시온**을 감지하는 극도로 정밀한 실험에서 일종의 잡음으로 작용하여 실험의 정밀성을 떨어뜨린다. 흔히 '양자잡음'으로 알려진 이 효과는 실험 장비의 온도를 극저온으로 낮추거나 외부와의 접촉을 완벽하게 차단해도 결코 사라지지 않기 때문에 강도를 예측하여 실험 결과에 감안하는 수밖에 없다.

양자요동이 입자에 미치는 영향(진공편극)은 자연의 작동원리를 설명할 때 반드시 고려해야 할 요소이다(**점근적 자유성**도 진공편극의 결과이다). 더 자세한 내용은 본문 16장과 18장, '용어해설'의 **재규격화/재규격화군**을 참고하기 바란다.

양자유동체(quantum fluid)/양자장(quantum field)

양자이론에 등장하는 **유동체(장)**는 고전물리학의 매질과 완전히 다른 개념이다. 가장 크게 다른 점은 다음과 같다.

- 양자유동체는 외부 요인이 없어도 자발적 활동을 하고 있다(**양자요동/가상입자/진공편극/영점운동** 참조).
- 양자유동체의 교란 또는 들뜸(excitation)은 무한정 작을 수 없고, 최소 단위인 **양자**의 형태로 나타난다.

양자유동체는 **코어이론**의 핵심 요소이다.

양자이론(quantum theory)/양자역학(quantum mechanics)

20세기 초에 접어들면서 물리학자들은 거시 세계의 거동을 서술하는 뉴턴역학과 맥스웰의 전자기학이 미시 세계(원자와 **원자핵**)에 적용되지 않는다는 사실을 알게 되었다. 게다가 미시 세계의 거동을 올바르게 서술하려면 완전히 새로운 물리학 체계가 필요했다. 기존의 이론에 새로운 내용을 추가하는 정도가 아니라 대부분을 갈아엎어야 하는 난처한 상황이 발생한 것이다. 양자이론(또는 양자역학)은 1930년대부터 본격적으로 개발되기 시작하여 수학적으로 큰 성공을 거두었고(**재규격화** 참조), **전자기력**과 **약력** 및 **강력**의 원리를 설명하는 **코어이론**을 낳았다.

대부분의 물리학이론은 핵심 단어 몇 개로 간단하게 요약될 수 있다. 예를 들어, **특수상대성이론**은 **갈릴레이대칭**과 광속의 **불변성**을 결합한 이론이고 **코어이론**은 **국소대칭**과 시공간의 **대칭변환**에 기초한 이론이다.

그러나 양자이론은 특별한 가설에 기초한 이론이 아니라 여러 개의 아이디어가 거미줄처럼 엮여서 탄생한 이론이기 때문에 다른 이론처럼 요약하기가 쉽지 않다. 물론 양자이론이 모호하다는 뜻은 결코 아니다. 양자역학을 공부한 사람들은 구체적인 문제에 직면했을 때 문제를 서술하거나 해결하는 방식이 거의 비슷하다(가끔 예외적인 경우가 있지만 시간이 조금 지나면 결국 주류로 돌아온다).

양자이론을 한마디로 설명할 수는 없지만 중요한 주제는 대충 다음과 같이 요약된다.

- 양자역학에서 가장 근본적인 양은 공간을 점유하고 있는 입자나 **장**이 아니라 **파동함수**다. 입자의 파동함수는 **복소수**로 표현되는 복소함수로서 이 값을 제곱하면 입자가 특정 시간, 특정 장소에서 발견될 확률이 얻어진다.
- 따라서 입자 하나의 파동함수는 특정 위치에서 입자가 발견될 확률의 **진폭**이며, 입자 두 개를 서술하는 파동함수는 두 입자가 각각 특정 위치에서 발견될 확률의 진폭이다(두 입자의 위치는 3차원 공간의 두 점 또는 6차원 공간의 한 점으로 표현된다). 더욱 복잡한 것은 전기장의 파동함수이다. 전기장은 그 자체가 공간 전체에 퍼져 있는 (벡터)함수이므로, 전기장의 파동함수는 '(벡터)함수의 함수'이다!
- 물리계를 대상으로 제기된 타당한 질문은 파동함수에서 답을 찾을 수 있지만 질문과 답의 연결 관계가 대체로 명확하지 않다. 파동함수에서 답을 얻어내는 방식은 일반 상식을 다소 벗어나 있다.

이들 중 첫 번째 항목에 속하는 간단한 질문을 던져보자. 입자는 어디에 있으며(위치), 얼마나 빠르게 움직이고 있는가(**운동량**).

위치를 구하는 과정은 매우 간단하다. 파동함수(확률진폭)에 제곱을 취하면(다시 한 번 강조하건대, 파동함수는 복소함수이다) 해당 위치에서 입자가 발견될 확률이 0 또는 양수로 얻어진다. (엄밀히 말하면 이것은 확률이 아니라 확률밀도이다. 그러나 일일이 따지고 들면 문제가 너무 복잡해지므로 넘어가기로 한다.)

운동량을 구하는 과정은 훨씬 복잡하다. 특정 운동량이 관측될 확률을 구하려면 파동함수의 가중평균을 계산한 후 제곱을 취해야 한다(가중치는 우리가 운동량의 어떤 값에 관심을 갖느냐에 따라 다르다).

여기서 중요한 것은 다음 세 가지이다.

- 우리가 알 수 있는 것은 정확한 답이 아닌 확률이다.
- 우리가 관측하는 것은 파동함수가 아니라 한 차례 가공된 버전이다(파동함수의 제곱).
- 다른 후속 질문에 답하려면 파동함수를 다른 방식으로 다뤄야 한다.

첫 번째 항목은 결정론과 관련된 질문을 야기한다. "우리가 알 수 있는 것은 정말 확률뿐인가? 확률을 알아내는 것이 우리의 최선인가?"

두 번째 항목에서 떠오르는 질문은 다음과 같다. "우리가 관측을 시도하기 전에 파동함수가 서술하는 것은 대체 무엇인가? 실체의 거대한 확장본인가? 아니면 단지 상상 속에 존재하는 세계인가?" 이것은 다중세계와 관련되어 있다.

세 번째 항목은 상보성과 관련된 문제를 부각시킨다. 두 개의 질문에 답하는 방식이 각기 다르다는 것은 두 질문에 '동시에' 답할 수 없다는 것을 의미한다. 두 질문이 완벽하게 논리적이면서 명확한 답이 존재한다 해도 동시에 답하는 것은 원리적으로 불가능하다. 이 상황은 위치와 운동량을 동시에 정확하게 측정할 수 없다는 하이젠베르크의 불확정성원리와 일치한다. 따라서 누군가가 두 양을 동시에 정확하게 측정해낸다면 양자역학은 틀린 이론이 된다. 양자역학을 몹시도 싫어했던 아인슈타인은 이것을 입증하기 위해 다양한 실험을 고안했으나, 결국 양자역학을 반증하지 못한 채 세상을 떠났다.

양자역학이 세간의 관심을 끌게 되자 사람들은 첫 번째와 두 번째 질문에 각별한 관심을 보였다. 그러나 내가 보기에 이론적 토대가 가장 탄탄하면서 가장 의미심장한 것은 세 번째 질문이다. 진리의 한 단면인 상보성은 물리학뿐만 아니라 인간의 삶에도 많은 점을 시사하고 있다.

지금까지 우리는 단 하나의 입자를 대상으로 문제를 제기했지만 여러 개의 입자로 이루어진 복잡한 물리계에도 똑같은 논리를 적용할 수 있다.

- 파동함수로부터 알 수 있는 것은 정확한 답이 아닌 확률이다. 따라서 하나의 파동함수에 동일한 질문을 반복적으로 제기하면 매번 다른 결과가 얻어진다. 이것은 자발적 활동성을 갖는 양자유동체와 직관적으로 일맥상통하는 부분이 있다(**양자유동체** 참조).
- 고전물리학에 등장하는 대부분의 연속체들은 양자이론에서 불연속체로 수정된다(**광자** 및 **스펙트럼** 참조).
- 양자이론으로는 확률밖에 알 수 없지만 여러 번에 걸쳐 더할 나위 없이 정확한 예측을 내놓았다. 예를 들어, 수소원자의 스펙트럼, 나노튜브의 강도와 전도성, 강입자의 질량과

뷰티풀 퀘스천

물리적 특성 등은 양자이론을 통해 매우 정확하게 계산되었으며, 실험 결과와도 정확하게 일치했다. 방금 열거한 것은 확률이 아니라 관측 가능한 물리량임을 다시 한 번 강조하는 바이다. 그리고 12, 14, 16장에서 여러 번 강조한 바와 같이 양자이론은 자연에 구현된 아름다움을 다양한 방식으로 보여주고 있다.

양자전기역학(quantum electrodynamics, QED)

코어이론에서 **전자기력**을 서술하는 부분을 양자전기역학이라 한다.

양자전기역학은 맥스웰의 고전 전자기학(맥스웰 방정식)에 **양자역학**을 적용한 이론으로, **전자기유동체**의 불연속 최소 단위(양자)는 **광자**이며, 유동체는 자발적으로 **양자요동**을 겪고 있다.

폴 디랙은 양자전기역학을 가리켜 "모든 화학과 대부분의 물리학의 기초를 떠받치는 이론"이라고 했다.

양자점(quantum dot)

물리학자들은 원자 몇 개에 해당하는 초미세 영역에서 물질을 조각하는 기술을 개발하고 있다. 이런 초미세 구조물을 양자점(또는 양자도트)이라 한다. 양자점은 '계획적으로 만들어진 분자'라 할 수 있다.

양자 차원(quantum dimension)

양자 차원이란 **좌표**가 **그라스만 수**로 표현되는 차원으로, **초대칭**이론의 핵심 개념이다.

양자화(quantization)

양자화의 의미는 '일반적 의미'와 '특화된 의미', 그리고 '전문가들 사이에 통용되는 은어'로 구분된다.

일반적 의미: 연속적인 양을 불연속적인 양에 대응시킬 때(또는 **투영**할 때) 그 대상을 "양자화한다(시킨다)"고 한다. 다시 말해서 양자화란 **아날로그** 양을 **디지털** 양으로 변환하는 행위다. 이런 의미에서 보면 컴퓨터 통신이나 정보처리는 양자화에 기초한 분야라 할 수 있다. 아날로그보다는 디지털이 통신에 훨씬 적합하기 때문이다(**아날로그**와 **디지털** 참조).

특화된 의미: 양자역학의 가장 큰 특징은 관측 가능한 물리량들이 불연속적이라는 것이다. 물리학자들은 이를 두고 물리량이 "양자화되어 있다"고 표현한다. 고전물리학에서는 대부분

의 물리량들을 연속체로 간주했다. 예를 들면, 다음과 같은 것들이다.

- 전자기파의 **에너지**(**광자** 참조).
- 원자의 **에너지**. 고전역학에 의하면 음전하를 띤 전자는 양전하를 띤 양성자 주변에서 어
  떤 궤도든 돌 수 있다. 에너지가 임의의 값을 취할 수 있으므로, 전자궤도의 반지름도 임
  의의 값을 가질 수 있다. 그러나 양자역학에서 전자는 한정된 궤도만 돌 수 있다. 즉 전
  자궤도는 양자화되어 있으며, 그 결과 에너지도 양자화되어 있다(**정상상태**, **스펙트럼**, 12장
  참조).
- 양자역학에서는 소립자도 **양자**에 해당한다(**양자** 참조).

전문가들 사이에 통용되는 은어: 물리학자들은 물리계에 양자역학을 적용할 때 "양자화시
킨다"는 말을 자주 사용한다. 이것은 '양자화'의 원래 의미와 완전히 다른 뜻이어서 (물리학자
들 사이에서는 별문제가 없지만) 일반 독자들을 종종 혼란스럽게 만든다. 그래서 나는 이런 표
현을 최대한 자제했다.

양전자(positron)
전자의 반입자. 반전자(antielectron)라고도 한다.

엄밀함(rigor)
반박하기 어려운 정확한 서술을 엄밀한 서술이라 한다. 하나의 개념이 엄밀함을 갖추려면
그 의미를 엄밀한 서술로 표현할 수 있어야 한다.

사실 "반박하기 어렵다"는 말 자체가 모호하기 때문에 '엄밀함'은 엄밀한 개념이 아니다.
예를 들어, **양자색역학**에 등장하는 방정식의 해에 기초하여 컴퓨터 시뮬레이션을 수행하면
쿼크 감금과 **강입자 스펙트럼**을 이론적으로 설명할 수 있는데, 수학자들은 이것을 엄밀한 결
과로 인정하지 않고 있다.

에너지(energy)/운동에너지(kinetic energy)/질량에너지(mass energy)/위치에너지
(potential energy)/장에너지(field energy)
에너지는 **운동량** 및 **각운동량**과 함께 고전물리학에서 보존되는 양이며, 이 세 가지는 현대
물리학을 떠받치는 핵심 개념이다.

현실적인 에너지는 풍력에너지, 화학에너지, 열에너지 등 다양한 종류로 나눌 수 있는데, 근본적인 단계에서도 에너지는 다양한 형태로 존재한다.

총 에너지는 보존되는 양으로, 운동에너지와 질량에너지, 위치에너지 그리고 장에너지의 합이다.

이들 중 운동에너지는 역사적으로 가장 먼저 연구된 에너지로서 직관적으로 가장 이해하기 쉽다. 이름에서 알 수 있듯이 운동에너지의 원천은 '움직이는 물체'이다. 현대에 사용되는 모든 기계들은 무언가를 '움직이게' 만드는 것이 목적이고 움직이는 물체는 예외 없이 운동에너지를 갖고 있으므로, 공학의 최종 목적은 다양한 형태의 에너지를 운동에너지로 바꾸는 것이라 할 수 있다.

뉴턴역학에서 입자의 운동에너지는 **질량**의 절반에 **속도**의 제곱을 곱한 값으로 정의된다(질량을 m, 속도를 v라 했을 때 운동에너지는 $1/2mv^2$이다 – 옮긴이). 그러나 아인슈타인의 **특수상대성이론**에 의하면 운동으로부터 발생하는 에너지는 운동에너지 외에 '질량에너지'라는 새로운 항목이 추가된다.

뉴턴역학에는 질량보존법칙과 에너지보존법칙이라는 두 개의 **보존법칙**이 따로 존재했다. 그러나 **특수상대성이론**은 질량에 대대적인 수정을 가했고 그 결과 질량보존법칙은 더 이상 필요 없게 되었다. 물론 특수상대성이론에서도 에너지는 보존되지만 에너지의 정의 자체가 고전역학과 크게 다르다. 비상대론적 에너지와 상대론적 에너지를 조화롭게 연결하는 방법으로 질량에너지의 개념을 도입하면 그 의미를 명확하게 이해할 수 있다(질량에너지를 이런 식으로 설명한 책은 아마도 이 책이 처음일 것이다). 핵심적인 내용은 다음에 이어지는 세 개의 단락에 모두 들어 있으니, 주의 깊게 읽어보기 바란다.

운동량과 **각운동량**은 상대성이론에서 뉴턴역학으로 매끄럽게 넘어간다. 물체의 속도가 빛의 속도보다 훨씬 느릴 때 상대론적 운동량과 각운동량은 뉴턴역학의 운동량 및 각운동량과 거의 같아진다. 그러나 에너지의 경우에는 이 관계가 쉽게 드러나지 않아서 뉴턴의 운동에너지에 새로운 양을 더해줘야 한다. 이것이 바로 앞에서 말한 '질량에너지'이다.

물체의 질량에너지는 질량에 광속의 제곱을 곱한 값과 같다. 물체의 질량을 m, 광속을 c로 표기하면 과학 역사상 가장 유명한 방정식이 그 모습을 드러낸다.

$$E_{질량} = mc^2$$

이 에너지가 여러 가지 형태의 에너지 중 하나임을 강조하기 위해 E에 '질량'이라는 첨자를 붙였다. 물체가 여러 개일 때 이들의 총 질량에너지는 각각의 질량에너지를 더한 값과 같다. 즉 총 질량에너지를 구할 때는 질량을 모두 더한 후 광속의 제곱을 곱하면 된다. 이렇게 수정된 총 '뉴턴에너지'는 고전적 뉴턴에너지(운동에너지+위치에너지)에 질량에너지를 더한 값과 같다. 이것이 바로 상대론적 역학에 등장하는 에너지이다.

수정된 고전적 질량은 원래의 고전적 질량과 상수만큼 차이가 나지만(따라서 둘 다 보존된다) 수정된 질량이 훨씬 더 일반적인 개념이어서 질량보존이 별로 좋은 근사(近似)가 아닌 핵반응 같은 경우에도 적용할 수 있다. 핵반응에서 초기 질량에너지와 나중의 질량에너지는 같지 않지만 총 에너지는 보존된다. 그러므로 이런 경우에 질량에너지의 차이는 다른 형태로 표현되어야 한다. 질량과 에너지가 등가라는 것은(즉 서로 상대방으로 변환될 수 있다는 것은) 바로 이런 의미이다. 이 설명으로 질량과 에너지에 관한 혼동이 조금이라도 해소되었기를 바란다.

물체의 속도가 광속에 가까워지면 운동에 의한 에너지를 논할 때 상대론적 값을 사용해야 한다. 이런 경우에 질량과 에너지를 구별하는 것은 편의를 위한 인공적 조치일 뿐, 별다른 의미는 없다.

운동에 의한 상대론적 에너지, 즉 $E_{운동}$는 다음 식을 통해 계산된다.

$$E_{운동} = \frac{mc^2}{\sqrt{1 - \frac{v^2}{c^2}}}$$

속도의 크기가 광속보다 훨씬 느린 경우(즉 $v < c$인 경우) 이 값은 질량에너지의 합 mc^2과 거의 같아지고 속도에 의한 증가분은 뉴턴역학의 운동에너지인 $1/2mv^2$과 같아진다. 그리고 속도 v가 광속에 접근하면 운동에 의한 에너지는 아무런 제한 없이 증가한다.

위치에너지는 위치 또는 거리에 저장된 에너지이다. 예를 들어, 지표면 근처에서 돌멩이를 위로 들어 올리면 에너지가 저장되고 돌멩이를 떨어뜨리면 속도가 점점 빨라지면서 운동에너지가 증가한다. 즉 저장된 위치에너지가 운동에너지로 변환되는 것이다. 이때 에너지가 보존되려면 위치에너지의 감소량은 운동에너지의 증가량과 같아야 한다.

위치에너지의 개념은 더 일반적으로 확장될 수 있다. 두 물체가 서로 상대방에게 힘을 행사하고 있을 때 이들의 상호작용과 관련된 위치에너지는 거리의 함수로 표현된다. 위치에너지(거리에 따라 달라지는 에너지)는 뉴턴의 중력이론처럼 **원거리 상호작용**을 서술하는 이론에서 자연스럽게 대두되는 개념이다. 그러나 패러데이와 맥스웰이 **장(場)**의 개념을 도입한 후로, '힘을 전달하는 장'이 원거리 상호작용을 대치하게 되었고 위치에너지는 장에너지로 대치되었다.

장에너지란 장의 값이 0이 아닌 모든 공간에 저장된 에너지를 의미한다. 예를 들어, 임의의 점에서 전기장에너지의 밀도는 그 점에서 전기장의 크기의 제곱에 비례한다.

거리에 따라 달라지는 위치에너지가 국소적으로 정의된 장에너지로 대치 가능하다는 것은 물리계의 심오함과 아름다움을 보여주는 또 하나의 사례이다. 양전하를 띤 입자와 음전하를 띤 입자 사이의 위치에너지를 생각해보자. 지표면 근처에 놓여 있는 돌멩이의 경우와 마찬가지로, 두 입자 사이에는 거리와 관련된 위치에너지가 존재한다. 그러나 패러데이와 맥스웰의 관점을 도입하면 이 에너지를 다른 식으로 표현할 수 있다. 두 입자는 각기 전기장을 생성하고 총 전기장은 두 전기장의 합이다. 그런데 총 전기장의 에너지밀도는 총 전기장의 제곱에 비례하므로, 각 전기장의 제곱뿐만 아니라 두 전기장을 곱한 값도 에너지밀도에 기여하게 된다. [무슨 말인지 언뜻 이해가 안 간다면 다음을 생각해보라. '$1+1=2$'이고 이 값을 제곱하면 '$2 \times 2 = 4$'가 된다. 즉 '$(1+1)^2$'은 '1^2+1^2'이 아니라 두 항의 곱의 2배가 추가로 더해진다. 기호로 표기하면 '$(a+b)^2 = a^2 + b^2 + 2ab$'이다.] 즉 장의 총 에너지에 등장하는 '곱하기'항 (cross-term, $2ab$에 해당하는 항)은 두 장의 상대적인 기하학적 구조에 따라 달라지며, 따라서 두 입자의 거리에 따라 달라진다. 장에너지의 총량을 구하기 위해 모든 공간에서 총 에너지밀도를 더할 때 이 곱하기항은 구식 이론의 위치에너지와 정확하게 일치한다.

이 사례에서 장에너지는 위치에너지를 계산하는 또 하나의 방법에 불과하다(게다가 계산도 훨씬 복잡하다!). 그러나 좀 더 근본적인 물리학으로 가면 기본 법칙들이 국소적으로 공식화되어 있기 때문에 장에너지의 개념이 자연스럽게 등장한다.

위치에너지는 근사적이고 임시변통적인 개념이어서 문제의 유형에 따라 가끔은 유용할 수도 있지만 일반적으로는 그다지 유용한 개념이 아니다.

에너지보존법칙(그리고 궁극적으로 에너지 자체)은 보존법칙과 대칭을 연결하는 뇌터의 정리에 가장 정확하게 설명되어 있다. 즉 물리법칙이 **시간병진변환**에 대하여 대칭적이면 에너지가 보존된다. 다시 말해 물리법칙이 시간에 무관하게 항상 동일한 형태로 적용되면 에너지가 보존된다는 뜻이다.

양자 세계에서 에너지는 또 다른 미묘함과 아름다움을 발휘하는데, 광자의 에너지와 색의 관계를 규명한 **플랑크-아인슈타인 관계식**이 그 대표적 사례이다. 여기에 보어의 아이디어를 결합하면 **스펙트럼**에 담겨 있는 정보를 해독할 수 있다. 또한 원자에서 방출된 스펙트럼의 색에는 **정상상태**에 관한 정보가 담겨 있다.

역선(line of force)

막대자석을 종이로 덮고 그 위에 쇳가루를 뿌리면 〈그림 20〉과 같이 자석의 한 극에서 나와 다른 극으로 들어가는 일련의 곡선을 눈으로 확인할 수 있다. 이 현상에서 영감을 얻은 패러데이는 자석 주변에 나타난 곡선이 창조된 것이 아니라 원래 존재해오다가 쇳가루를 통해 모습을 드러낸 것이라 생각했다. 그 후로 패러데이는 다양한 실험을 통해 새로운 사실을 연이어 발견했고 그의 업적은 맥스웰을 거치면서 수학적으로 깔끔하게 정리되었다. 현대물리학에서 널리 사용되고 있는 **유동체**(장)의 개념은 패러데이의 상상에서 비롯된 것으로, **원거리 상호작용**을 이해하는 데 핵심적 역할을 했다.

역학법칙(dynamical law)/역학 방정식(dynamical equation)

물리량이 시간에 따라 변하는 양상을 서술한 법칙을 역학법칙이라 하고, 이 법칙을 수학적으로 표현한 방정식을 역학 방정식이라 한다.

사례: 뉴턴의 제2법칙은 시간에 따른 **속도**의 변화, 즉 **가속도**를 결정한다.

반대 사례: **보존법칙**은 '시간이 흘러도 변하지 않는 양'을 명시하는 법칙이다.

코어이론의 기본 법칙은 역학법칙이지만 몇 개의 물리량에 대한 **보존법칙**으로 이루어져 있다.

두 번째 반대 사례: 코어이론의 방정식에는 자유 매개변수(free parameter)라는 수가 등장하는데 그 값은 이론이 아닌 실험을 통해 결정되며, 시간이 흘러도 변하지 않는 상수일 것으로 추정된다.

더욱 그럴듯한 반대 사례: **액시온**가설의 핵심은 더 큰 이론의 역학 방정식을 만족하는 매개변수 세터(θ)이며, 이 이론에서 θ의 값이 아주 작게 나오는 것은 역학 방정식을 푼 결과이다. 물리학자들은 앞으로 코어이론이 더욱 개선되어 관측이 아닌 역학 방정식으로부터 자유 매개변수가 결정될 수 있기를 기대하고 있다(**초기조건** 참조).

연속대칭(continuous symmetry)

어떤 구조가 연속적인 변환에 대하여 불변일 때(즉 연속변환에 대하여 대칭적일 때) 그 구조는 "연속대칭을 갖고 있다"고 말한다. 또는 "대칭변환의 연속군이 존재한다"고 말하기도 한다.

사례: 원은 가운데를 중심으로 임의의 각도로 돌려도 모양이 변하지 않는다. 따라서 원은 연속적인 회전에 대하여 불변이다. 반면에 정삼각형은 가운데를 중심으로 $120°$의 정수 배만

큼 돌려야 원래 형태와 같아진다. 즉 정삼각형은 불연속대칭을 갖고 있다(아날로그와 디지털 참조).

우주(universe)/관측 가능한 우주(visible universe)/다중우주(multiverse)

현대물리학은 우주의 개념을 크게 넓혀놓았다. 여기에 보조를 맞추려면 '우주'라는 단어의 일상적인 의미도 수정되어야 한다. 특히 '우주'가 '모든 것'을 뜻한다는 생각은 버리는 것이 좋다. 최근 물리학과 우주론에서 우주는 크게 세 가지 의미로 통용되고 있다.

관측 가능한 우주란 말 그대로 '지구에서 관측 가능한 천체로 이루어진 우주'를 의미한다. 관측 가능한 영역에 한계가 있는 이유는 빛의 속도가 유한하기 때문이다. 즉 우주에서 빛보다 빠른 속도로 정보를 전달하는 방법은 존재하지 않는다(확실한 증거는 없지만 과학자들은 그렇게 가정하고 있다).

빅뱅 후 지금까지 136억 년이라는 긴 시간이 흘렀지만 어쨌거나 137억은 유한한 숫자이고 빛의 속도도 유한하므로, 그 너머에 있는 우주는 우리의 관측 능력을 벗어나 있다. 관측 가능한 우주의 경계선을 우주지평선이라 한다. 여기서 특별히 강조할 사항이 두 가지 있다.

- 우주지평선은 시간이 흐를수록 확장되고 있다. 즉 관측 가능한 우주는 시간이 흐를수록 넓어진다. 과거에는 (지구에 생명체가 존재했다면) 관측 가능한 우주가 지금보다 훨씬 작았고 미래에는 훨씬 커질 것이다.
- 빛보다 빠른 정보 전달 수단이 발견된다면 또는 과거에 일어난 빅뱅을 볼 수 있게 된다면 관측 가능한 우주의 개념은 수정되어야 한다.

지금까지 얻은 천문 관측 데이터에 의하면 관측 가능한 우주는 모든 지역이 거의 균일하다. 어떤 거리, 어떤 방향을 바라봐도 비슷한 별들이 비슷한 은하를 이루고 있으며, 물질의 밀도도 거의 비슷하다. 앞으로 우주지평선이 이와 같은 패턴으로 계속 확장된다면 우리가 일상적으로 떠올리는 '우주'에 도달할 것이다. 이런 우주라면 과거의 경험으로부터 미래의 모습을 유추할 수 있다.

현대물리학은 이러한 가정을 거의 사실로 받아들이고 있다. 그러나 앞으로 물리적 세계의 위상이 달라질 수는 있다. 물이 얼음이나 액체 또는 수증기 상태로 존재할 수 있는 것과 같은 이치이다. 위상이 달라지면 공간을 채우고 있는 **장**도 달라진다. (같은 장이라 해도 크기가 달라질 수 있다. **진공** 참조.) 이 장들은 그 안에서 움직이는 물질의 특성을 결정하기 때문에 위상이 달라지면 물리법칙도 달라질 것이다. 공간에 이런 영역이 존재한다면 우리가 정의한 '우주'는 다중우주로 수정되어야 한다.

"우주는 하나가 아니며, 우리가 알아낸 물리법칙은 우리가 아는 우주에만 적용된다"는 주장은 **인류원리**의 핵심이기도 하다.

우주선(cosmic ray)

별과 은하, 성운 등 우주의 천체를 '본다'는 것은 그 천체에서 방출된 전자기파 복사가 공간을 가로질러 지구에 도달했다는 뜻이다(**전자기파 스펙트럼** 참조). 양자이론의 용어로 말하자면 우리가 본 것은 다름 아닌 **광자**이다. 광자는 방대하고 텅 빈 공간을 아무런 방해 없이 자유롭게 이동할 수 있다. 그리고 우리는 렌즈나 거울 등 광학 기구로 광자를 한곳에 모아서 그들을 방출한 천체의 모습을 복구할 수 있다. 여기서 말하는 '텅 빈 공간'이란 '일상적인 물질이 존재하지 않는 공간'을 의미한다(일상적인 물질은 광자를 교란시키기 때문에 이런 곳을 통과한 광자는 원래의 정보를 잃어버리기 쉽다). 물리학자들은 아무것도 존재하지 않는 공간을 '**진공**'이라고 하는데, 진공 내에도 암흑에너지와 암흑물질, 힉스장은 여전히 존재하며 자발적인 양자적 활동도 끊임없이 일어나고 있다(**양자요동** 참조).

대부분의 천체들은 광자 외에 전자, 양전자, 양성자, 그리고 다양한 원자핵(특히 철)을 수시로 방출하고 있다. 이들 중 일부는 에너지가 유난히 커서(**대형 강입자충돌기**에서 가속된 입자의 에너지보다 훨씬 크다!) 지구까지 도달하기도 하는데, 이런 입자들을 우주선(宇宙線)이라 한다(광자는 감마선의 형태로 우주선에 섞여 있다). 우주선의 대부분은 하전입자이기 때문에 은하의 휘어진 자기장을 따라 휘어진 경로를 타고 온다. 그래서 지구에 도달한 입자의 정보만으로는 진원지를 추적하기 어렵다.

LHC나 테바트론(Tevatron, 미국 페르미 연구소의 입자가속기 – 옮긴이) 같은 대형 입자가속기가 존재하지 않던 시절에 우주선은 고에너지 입자를 얻는 최선의 방법이었다. 그 시대의 물리학자들이 양전자와 뮤온(μ), 파이온(π) 등을 발견할 수 있었던 것도 우주선 덕분이었다. 최근 들어 **암흑물질**의 구성입자들이 서로 가까이 접근하면 강력한 에너지를 방출하고 사라질 수도 있다는 가능성이 제기되었는데, 만일 이것이 사실이라면 암흑물질은 우주선의 진원지가 되는 셈이다. 이 의문을 풀기 위해 현재 몇 가지 실험이 진행되고 있다.

운동량(momentum)

운동량은 **에너지**, **각운동량**과 함께 고전물리학의 핵심을 이루는 **보존량**으로, 현대물리학에서도 매우 중요하게 취급되고 있다.

물체의 운동량은 **질량**에 **속도**를 곱한 양으로 정의된다. (이것은 물체의 속도가 광속에 비해 매우 느린 경우에 적용되는 비상대론적 정의이다. **특수상대성이론**에서는 운동량이 다소 복잡한 형태로 정의된다.)

운동량은 크기와 방향을 모두 갖고 있는 **벡터**량이다.

또한 여러 물체로 이루어진 물리계의 총운동량은 각 물체의 운동량을 더한 값과 같다.

운동량이 보존되는 것은 보존법칙과 대칭의 관계를 밝힌 뇌터의 정리를 통해 수학적으로 예견된 결과이다. 즉 물리법칙에 공간병진대칭이 존재하면(모든 물체의 위치를 일괄적으로 이동시켜도 물리법칙이 변하지 않으면) 운동량은 보존된다. 물리법칙이 공간상의 특별한 위치를 선호하지 않는 한, 운동량은 보존된다는 뜻이다.

양자 세계에서도 운동량의 개념은 여전히 유효하며, 미묘하고도 아름다운 특성을 갖고 있다.

운동에너지(kinetic energy)
➡ 에너지 참조.

원거리 상호작용(action at a distance)

원거리 상호작용은 뉴턴의 중력이론이 갖고 있는 중요한 특징 중 하나이다. 뉴턴의 이론에 의하면 중력은 두 물체 사이의 거리가 아무리 멀어도 즉각적으로 전달된다(즉 힘이 전달되는 데 시간이 전혀 소요되지 않는다 – 옮긴이). 그는 이 부분에서 약간 주저하는 모습을 보였지만 수학 논리상 달리 설명할 방법이 없었다. 원거리 상호작용에 기초한 뉴턴의 이론은 한동안 아무런 문제없이 사용되었으며, 전기 및 자기 현상을 연구하던 17~18세기의 물리학자들도 전자기적 상호작용이 즉각적으로 전달된다고 생각했다.

19세기에 패러데이는 전기력과 자기력이 공간을 가득 채우고 있는 유동체의 압력을 통해 전달된다는 새로운 아이디어를 제안했다. 그 후 맥스웰은 패러데이의 직관을 수학적으로 체계화하여 현재 통용되고 있는 전자기유동체(또는 전자기장)의 개념을 확립했다.

오늘날에도 점성술사들은 즉각적으로 전달되는 힘의 존재를 믿고 있지만 과학적 증거는 전무한 상태이다.

원자번호(atomic number)

원자번호는 원자핵에 포함되어 있는 양성자의 수를 의미한다. 따라서 원자핵의 **전기전하**와 원자핵이 **전자**에 미치는 영향은 원자번호에 의해 결정된다. 원자나 분자의 화학적 특성을 결정하는 것도 원자번호이다. 원자번호는 같지만 중성자의 수가 다른 원소를 **동위원소**라 하며, 이들은 화학적 특성을 공유한다.

사례: 탄소-12(C^{12})의 원자핵은 양성자 여섯 개와 중성자 여섯 개로 이루어져 있고 탄소-14(C^{14})는 양성자 여섯 개와 중성자 여덟 개로 이루어져 있다. 이들은 화학적 특성이 똑같지만(그래서 이름은 둘 다 '탄소'이다!) 질량이 다르다. C^{14}의 원자핵은 상태가 불안정하여 쉽게 붕괴되기 때문에 생물학 표본의 연대기를 측정할 때 주로 사용된다. (생명체가 죽으면 더 이상 탄소를 흡수하지 않으므로 C^{12}에 대한 C^{14}의 비율이 서서히 감소한다. 단, 대기 중의 C^{14}는 우주선에 의해 계속 보충되고 있다.)

원자핵(nucleus)

모든 원자의 중심에는 원자핵이 자리 잡고 있다. 원자가 갖고 있는 양전하는 원자핵(더 정확하게는 양성자)에서 기인한 것이며, 질량의 대부분도 원자핵에 집중되어 있다. 16장에서 말한 바와 같이 물리학자들은 원자핵을 연구하던 와중에 **강력**과 **약력**을 발견했고, 이로부터 **코어이론**이 탄생했다.

위치에너지(potential energy)

➡ 에너지 참조.

유비쿼터스(ubiquitous)

어디에나 존재하는 또는 곳곳에 두루 퍼져 있는.

음(tone)/순음(pure tone)

이 책에서 '순음'이란 시간과 공간에 대하여 주기적으로 나타나는 단순한 파동교란을 의미한다. [여기서 '단순하다'는 말은 파동이 사인파(sine wave) 형태로 변한다는 뜻이다. 자세한 내용은 미주에 소개된 두 개의 사이트를 찾아보기 바란다.][17]

순음의 대표적 사례로는 **음파**와 **전자기파**를 들 수 있다(우리의 정의에 의하면 빛도 순음에 속한다). 음파는 공기의 압력과 밀도가 국소적으로 변하는 현상이고, 전자기파에서는 전기장과 자기장이 변한다.

과학자들은 자연을 탐구하면서 수학 및 물리학적으로 정의된 순음이 자연의 단순한 개념에 대응된다는 사실을 깨달았다. 순음은 전자 장비를 이용하여 쉽게 만들 수 있고, 청력 검사 장비나 전자 악기(요즘은 생일 카드를 펼쳐도 전자 음악이 흘러나온다!) 또는 소리굽쇠에서도 들을 수 있다. 또 색의 순음에 해당하는 단색광은 무지개나 프리즘을 통해 모습을 드러낸다. 순음의 상보적 특성(감각과 개념)은 이 책에서 우리가 줄곧 추구해왔던,

$$이상형 \longleftrightarrow 실체(현실)$$

의 대응관계를 보여주는 아름다운 사례이다.

전통적인 악기에서 생성된 단음은 순음과 거리가 멀다. 대부분의 악기에서 나는 단음에는 기본 진동 외에 배음(overtone, 倍音)이 섞여 있으며, 바로 이 혼합비에 따라 악기 특유의 음색이 결정된다.

순음의 특성은 본문에서 자세히 다루었다(스펙트럼 참조).

인류논리(anthropic argument)/인류원리(anthropic principle)

대충 말해 인류논리의 골자는 다음과 같다.

"내가 존재하려면 이 세상은 지금과 같아야 한다."

자세한 내용으로 들어가기 전에 인류원리의 가장 기본적인 형태부터 알아보자.

일단은 인류원리의 '사실성'과 '설명 능력'을 구별하는 것이 중요하다('용어해설'의 타당성을 읽어보기 바란다). '나'를 어떻게 정의하느냐에 따라 인류원리는 뻔한 주장이 될 수도 있고 심오한 원리가 될 수도 있다. 만일 '나'를 탄소에 기반을 둔 인간의 신체를 갖고 지금 나와 같은 경험을 하고 있는 생명체(과학책을 읽고 자연에 대하여 강력한 주장을 펼칠 수 있는 존재)로 정의한다면 물리학의 법칙은 내가 존재하기 전에도 지금과 크게 다르지 않았을 것이다. 이런 경우에 인류원리는 분명한 사실이다. 그러나 '나'라는 존재에는 내가 경험한 모든 것들이 이미 포함되어 있기 때문에 더 이상 설명할 것이 없다. 즉 기본적인 인류원리는 아무것도 설명하지 못한다!

이보다 복잡한 버전의 인류원리는 '나'에 대한 정의가 좀 더 느슨하다. 예를 들어, 우리는 '이 세계의 법칙과 역사로 미루어볼 때 지적인 생명체나 의식이 있는 관찰자가 출현할 수밖에 없었다'고 생각할 수도 있다. 그렇지 않다면 이 세계는 어느 누구에게도 관측되지 않았을

것이고 인류원리라는 것이 탄생하지도 않았을 것이기 때문이다! 그러나 지적인 생명체는 정의하기 어렵고 어떤 법칙과 역사가 지적인 생명체를 낳았는지 골라내기도 쉽지 않다. 이렇게 모호한 개념으로는 어떤 설명도 할 수 없다.

자연을 서술하는 가장 심오한 이론인 **코어이론**에는 **상대성**이나 **국소대칭**과 같은 개념적 원리가 포함되어 있고, 추상적이면서 범우주적으로 적용되는 **양자이론**에도 들어 있다. 그런데 이 원리들은 인류논리와 완전히 딴판이다! 이 세계는 '나를 탄생시키는 것'보다 훨씬 원대한 목적이 있는 것처럼 보인다.

일반적으로 인류논리는 논리의 초점을 '설명'에서 '가정'으로 유도하는 경향이 있기 때문에 가능하면 피하는 것이 좋다. 그러나 어떤 특별한 경우에는 인류논리가 타당하면서 유용할 수도 있다. **암흑에너지/암흑물질**이 바로 그런 경우이다.

일반공변성(general covariance)

아인슈타인이 **국소 갈릴레이대칭**을 칭할 때 사용했던 용어로, **일반상대성이론**의 기초가 되었다.

일반상대성이론(general relativity)

아인슈타인이 창안한 **중력**이론. 존 휠러는 일반상대성이론의 핵심을 다음과 같이 서술했다.

> 물질은 시공간이 어떻게 휘어져 있는지를 말해주고
> 시공간은 물질이 어떻게 움직이는지를 말해준다.

일반상대성이론의 '일반'이라는 말은 '10년 먼저 발표된 **특수상대성이론**을 일반화시킨 이론'이라는 뜻이다. 본문에서는 다른 힘을 설명할 때 사용했던 체계적 언어를 이용하여 두 이론의 차이를 설명했다. 간단히 말해 특수상대성이론은 광역 **갈릴레이대칭**을 고려한 이론이고 일반상대성이론은 국소 갈릴레이대칭을 고려한 이론이다.

입자제트(jet of particles)

대형 강입자충돌기와 같은 입자가속기 안에서 충돌이 일어나면 에너지가 큰 **강입자**들이 거의 같은 방향으로 분출될 때가 있다. 이런 현상을 입자제트라 한다.

입자제트 현상은 **양자색역학**(QCD)과 **점근적 자유성**에 의거하여 다음과 같이 해석될 수 있다. 가속기 안에서 입자가 처음 충돌했을 때 일어나는 현상은 **쿼크**와 반쿼크, 그리고 **글루온**으로 설명할 수 있다. 그러나 충돌 초기에 나타난 입자들은 QCD의 양자유동체(**양자요동** 또는 **가상입자**)의 자발적 활동에 의해 평형상태에 놓이게 되고 이 과정에서 다량의 강입자가 생성된다. 그런데 미시 세계에서도 **에너지**와 **운동량**은 보존되므로 새로 만들어진 입자들은 자신을 낳은 쿼크와 반쿼크, 글루온의 특성을 그대로 물려받게 되고, 그 결과 고에너지 쿼크에서 생성된 강입자들이 원래 쿼크가 진행하던 방향으로 빠르게 분출되면서 입자제트를 형성하는 것이다! 그러므로 입자제트는 쿼크와 반쿼크, 그리고 글루온이 존재한다는 강력한 증거라 할 수 있다(쿼크, 반쿼크, 글루온은 절대 혼자 돌아다니지 않는다. **쿼크 감금** 참조).

자기(magnetism)/자기장(magnetic field)/자기유동체(magnetic fluid)

자기(磁氣)라는 용어는 '전류끼리 서로 주고받는 힘'에서 '자기적 물체끼리 서로 주고받는 힘'에 이르기까지 폭넓은 의미로 사용되고 있다. 철광석을 비롯한 자기적 물질은 우리에게 친숙한 막대자석과 나침반, 냉장고용 자석 등을 만드는 데 사용된다.

자기장은 **전기장/전기유동체**와 비슷한 개념이지만 구체적인 내용은 다소 복잡하다.[18] 예를 들어, 전기력선은 양전하에서 시작하여 음전하에서 끝나지만 자기력선은 시작이나 끝이 없이 닫힌 폐곡선을 그린다. 더 자세한 내용은 미주에 소개된 참고문헌을 읽어보기 바란다.

자발적 대칭붕괴(spontaneous symmetry breaking)

자발적 대칭붕괴는 '완벽하게 구현된 **대칭**'과 '대칭이 붕괴된 현실' 사이를 연결하는 중간논리에 해당한다.

아래의 두 조건이 충족되면 자발적 대칭붕괴를 서술하는 방정식 체계가 갖춰진다.

- 방정식이 대칭조건을 만족한다. 그러나
- 이 방정식의 안정한 해는 대칭조건을 만족하지 않는다.

오늘날 자연에 (게이지)대칭이 존재하지 않는 이유는 이런 식으로 설명할 수 있다. 방정식에는 대칭이 존재하지만 방정식 자체가 '대칭은 관측되지 않을 것'이라고 말해주고 있다!

사례: 자철광 덩어리를 서술하는 방정식에서 모든 방향은 동등하다. 즉 방정식 자체는 특정 방향을 선호하지 않는다. 그러나 자철광 덩어리가 자석이 되면 모든 방향은 더 이상 동등

하지 않다. 자석은 방향성을 갖고 있어서 나침반의 바늘로 사용된다. 회전대칭이 유실되는(붕괴되는) 과정은 간단하게 설명할 수 있지만 그 결과는 매우 심오하다. 자석의 내부에서는 전자의 스핀을 한 반향으로 정렬시키는 힘이 작용하고 있다.

모든 전자들은 이 힘에 반응하여 하나의 '공통된 방향'을 선택한다. 방정식상으로는 어떤 방향이어도 상관없지만 어쨌거나 하나의 방향이 선택되어야 한다. 따라서 방정식의 안정한 해는 방정식 자체보다 대칭성이 낮다.

약력을 서술하는 **코어이론**에 의하면 **약전하공간**에 특정 방향으로 회전대칭이 존재하고 이 대칭은 **힉스장**에 의해 자발적으로 붕괴된다. 여기 적용되는 기본 아이디어는 자석의 경우와 비슷하다. 전자들 사이의 힘을 서술하는 방정식이 전자의 스핀을 한 방향으로 정렬시키는 것처럼 약력을 서술하는 방정식도 힉스장이 고유공간에서 한 방향으로 정렬되도록 유도한다. 이때 어떤 특정한 방향이 선택되어야 하므로, (약력의 고유공간에서) 회전대칭이 붕괴되는 것이다.

이 아이디어는 약력의 작용원리를 설명하고 힉스입자의 존재를 예견했으며, 자연에 더욱 큰 대칭이 존재할 수도 있다는 새로운 가능성을 제시했다.

자연수(natural number)

사물의 수를 헤아릴 때 자연스럽게 등장하는 1, 2, 3…을 자연수라 한다. 피타고라스와 그의 추종자들은 오직 자연수만을 진정한 수로 인정했다. 그러나 자연수는 불연속적인 수이며, 현실적이면서 연속적인 수체계는 **실수**이다.

자연진동수(natural frequency)/공명진동수(resonant frequency)

단단한 물체는 외부로부터 충격을 받았을 때 몇 가지 고유한 패턴으로 진동하는데, 이 진동 패턴을 자연진동모드라 하고 진동이 한 번 진행되는 데 걸리는 시간을 **주기**라 하며, 주기의 역수, 즉 1초당 진동 횟수를 **진동수**라 한다. 자연진동수는 자연진동모드의 진동수이다. 모든 물체의 자연진동은 특정한 톤의 **순음**을 동반하기 때문에 소리로부터 물체의 특성을 역으로 추적할 수도 있다.

사례:

• 소리굽쇠는 가청주파수 안에서 단 하나의 자연진동수로 진동하도록 고안된 음향 도구이다.

- 공은 몇 개의 자연진동수를 갖고 있어서 치는 위치에 따라 각기 다른 음의 조합이 생성된다. 치는 위치가 다르면 **초기조건**이 달라져서 여러 개의 자연진동수가 각기 다른 비율로 섞이기 때문이다.

물체의 자연진동수를 공명진동수로 부르기도 한다.

모든 종류의 악기에서 나타나는 이 현상은 원자에서 방출되는 빛과 여러모로 비슷한 점이 많다. 악기의 자연진동모드는 원자의 **정상상태**와 비슷하고 악기가 낼 수 있는 모든 음의 목록은 원자의 스펙트럼과 비슷하다. 이 유사성은 단순한 비유가 아니라 방정식에 그대로 나타나 있다. 원자의 스펙트럼에는 구의 음악(Music of Sphere)이 가시적으로 구현되어 있다.

장(field)/유동체(fluid)

내 경험에 의하면 장의 개념은 사례를 통해 설명하는 것이 가장 효율적이다.

- 날씨를 예보할 때 "오늘 최고 기온은 27도…"라는 식으로 말하지만 사실 대기의 온도는 모든 점마다 조금씩 다르다. 이 미세한 온도 분포를 표현하는 가장 좋은 방법은 대기의 모든 점마다 온도에 해당하는 숫자를 할당하는 것이다. 그러면 이 값들에 의해 거대한 '온도장(temperature field)'이 정의된다.
- 흐르는 물도 각 지점마다 유속이 다를 수 있고, 시간에 따라 달라질 수도 있다. 이런 경우 물속의 각 지점 및 매 시간마다 **속도**와 방향을 할당하면 시간에 따라 변하는 하나의 벡터장이 정의된다.
- 전기와 관련된 현상을 서술할 때 임의의 위치(그리고 임의의 시간)에 놓인 하전입자에 작용하는 전기력의 크기와 방향을 할당해놓으면 여러모로 편리하다. 이 값을 하전입자의 전하로 나눈 것이 **전기장**이다.

일반적으로 모든 위치와 시간에 X라는 물리량의 값이 할당된 장을 'X장'이라 한다. 예를 들어, 온도가 할당된 장은 온도장이고 전기력이 할당된 장은 전기장, 자기력이 할당된 장은 자기장, 속도가 할당된 장은 속도장이다.

이 책에서는 공간을 가득 채우고 있으면서 활동적인 양을 '유동체'로 표기했다. **전기유동체**와 **자기유동체**, **글루온유동체**, **힉스유동체** 등이 그 사례이다. 장과 유동체의 차이는 **전기장/전기유동체**에 자세히 적어놓았다(**매질**도 읽어보기 바란다).

장에너지(field energy)

➡ 에너지 참조.

재규격화(renormalization)/재규격화군(renormalization group)

양자유동체는 **코어이론**의 핵심 요소로서 끊임없이 양자요동(자발적 활동)을 겪고 있다. 이 효과는 짧은 거리에서 더욱 강하게 나타나며, 물질의 거동에 적지 않은 영향을 미친다. 이 사실을 감안하여 물질의 특성에 수정을 가하는 과정을 재규격화라 한다.

그러나 고에너지, 근거리로 접근할수록(즉 입자의 해상도를 높일수록) 점진적이고 부드러운 양자요동 효과는 점차 사라지고 결국은 '맨입자(bare particle, 양자요동 효과를 제거했을 때 드러나는 순수한 입자)'에 도달하게 된다. 각기 다른 해상도에서 바라본 입자의 특성을 정량적으로 연결하는 수학적 테크닉을 재규격화군이라 한다.

강력의 **점근적 자유성**과 18장에서 논했던 통일이론은 재규격화군을 물리학에 응용한 대표적 사례이다.

전기(electricity)

'전기'란 **전기전하**와 관련된 모든 현상을 통칭하는 말이다. 사람들은 "전기가 흐른다"는 말을 자주 사용하는데, 실제로 전선을 타고 흐르는 것은 전기가 아닌 **전류**이다.

전기역학(electrodynamics)/전자기학(electromagnetism)

전기현상과 **자기현상**, 그리고 둘 사이의 관계를 설명하는 이론을 전기역학 또는 전자기학이라 한다.

패러데이와 맥스웰의 이론이 세상에 알려진 후로 사람들은 전기와 자기가 밀접하게 연결된 현상임을 깨달았다. **패러데이의 법칙**에 의하면 시간에 따라 변하는 자기장은 전기장을 만들고 **맥스웰의 법칙**에 의하면 시간에 따라 변하는 전기장은 자기장을 생성한다. 그리고 이 두 법칙의 합작품인 **전자기파**에는 전기장과 자기장이 모두 포함되어 있다.

특수상대성이론에서 전기장에 갈릴레이변환을 가하면 자기장(자기유동체)이 되고 자기장에 갈릴레이변환을 가하면 전기장이 된다.

전기장(electric field)/전기유동체(electric fluid)

임의의 지점에서 전기장의 값은 그 지점에 있는 입자에 작용하는 전기력을 입자의 **전기전**

하로 나눈 값으로 정의된다. 즉 전기장이란 '단위전하에 작용하는 힘'이다. 단, 힘은 **벡터**이므로 전기장은 **벡터장**이다.

이 정의는 분자생물학, 화학, 전기공학 등 다양한 분야에서 동일한 형태로 사용된다. 미시영역에서는 **양자요동**에 의해 힘과 위치가 수시로 변하기 때문에 문제의 소지가 있지만 '시간과 공간에 대해 평균을 취한 근사적 값'을 장의 값으로 정하면 문제를 피해갈 수 있다.

물리학에서는 이 문제를 피해가는 다른 방법이 있다. 물리학자들은 자신이 도입한 개념이 모든 단계에서 관측 가능한 양과 일치한다고 주장하지 않는다. 그들은 관측 가능한 모든 양들이 방정식의 어딘가에 등장하기를 원하지만 그 외에 다른 것들을 방정식에 포함시키면 문제가 더 쉬워질 수도 있다(**재규격화** 참조).

이런 의미에서 나는 **전기유동체**를 **맥스웰 방정식**에 등장하는 '공간을 가득 채우고 있으면서 활동적인 양'으로 정의했다[간단히 말해 다른 사람들이 '장(field)'으로 부르는 양을 '유동체(field)'로 바꿔 부르겠다는 뜻이다. 그 이유는 아래에 설명되어 있다 – 옮긴이].

"은하들 사이의 우주 공간에서 전기장은 사라진다"는 말을 어떻게 해석해야 할까? 이 문제를 생각하다 보면 장과 유동체의 차이가 분명하게 드러난다. 전기장에 대한 기존의 정의(힘의 평균)에 의하면 은하들 사이에서 전기장은 거의 0이다. 그러나 맥스웰 방정식에 등장하는 자발적이고 활동적인 양자적 양이 "모든 곳에서 사라진다"고 말한다면 완전히 틀린 서술이 된다. 그러므로 앞에 언급한 두 개념(양 자체와 그것의 평균)을 구별하지 않는 기존의 용어는 문제의 소지가 있다. (다른 물리학자들은 이 문제로 고민하지 않지만 나는 몹시 불편하다!) 그래서 나는 양 자체를 전기유동체라 하고, 평균값은 전기장이라 부르기로 했다.

(양 자체와 평균값을 굳이 구별할 필요가 없는 경우에는 '전기장'으로 표기했다.)

양자유동체 참조.

전기전류(electric current)

➡ **전류** 참조.

전기전하(electric charge)

전기전하는 현대물리학, 특히 **코어이론**에서 가장 기본적인 물리량으로, 더 이상 간단하게 설명할 방법이 없다. 전기전하는 불연속적이고(**디지털**) 보존되는 양이며, **전자기장**을 생성하고 거기에 반응하는 양이다.

모든 전기전하는 **힘**을 낳는다. 쿨롱의 법칙에 의하면 두 개의 하전입자(전기전하를 띤 입자)

사이에 작용하는 전기력은 두 입자의 전기전하를 곱한 값에 비례하고 둘 사이의 거리의 제곱에 반비례한다. 또한 전하의 부호가 같으면 두 입자는 서로 밀어내고, 부호가 다르면 잡아당긴다. 따라서 양성자들(또는 전자들) 사이에는 척력이 작용하고 양성자와 전자 사이에는 인력이 작용한다.

모든 전기전하는 양성자의 전기전하의 정수 배로 존재한다. **전자**의 전하는 양성자의 전하와 같고 부호만 다르다. (이론적으로 쿼크의 전하는 양성자의 전하의 분수 배다. 그러나 쿼크는 혼자 돌아다니지 않고 두 개 또는 세 개가 결합한 강입자의 형태로만 존재하며, 강입자의 전하는 항상 양성자의 정수 배로 나타난다.)

전류(current)

전기전하가 한 장소에서 다른 장소로 이동하는 현상을 전류라 한다. 전류의 가장 단순한 사례로는 움직이는 **전자**를 들 수 있다. 전자가 이동할 때 발생하는 전류의 양은 전자의 전하에 속도를 곱한 값과 같다. 단, 전류는 현재 전자가 점유하고 있는 곳에만 존재하고 다른 곳에서는 0이다. 전자의 속도가 일정하면 전류의 양도 일정하지만 위치는 전자를 따라 이동한다.

여러 개의 전자와 다른 하전입자들이 섞여 있을 때 발생하는 전류의 총량은 개개의 입자들이 생성한 전류의 합과 같다(모든 경우에 전류는 '전하×속도'이다). 이 '미시적' 전류는 임의의 위치, 임의의 시간에 정의된다. 다시 말해 전류는 **벡터장**이다.

움직이는 하전입자가 존재하지 않는 곳에서 미시전류는 0이며, 일반적으로 위치와 시간에 따라 변덕스럽게 변한다. 그래서 현실적으로는 여러 개의 전자를 포함하는 영역에서 평균을 취하는 것이 훨씬 편리하다. 이렇게 하면 시간과 공간에서 연속적으로 변하는 전류를 정의할 수 있다. 전기회로나 전기기구에 흐르는 전류란 바로 이 값을 의미한다.

전기전하와 마찬가지로 **약력**의 **약전하**와 **강력**의 **색전하**에도 전류의 개념을 도입할 수 있으며, ('질량'을 '전하'로 대치하면) 질량전이와 관련된 질량전류(mass current), 에너지전이와 관련된 에너지전류(energy current)도 정의할 수 있다.

전자(electron)

전자는 **일상적인 물질**(보통물질)을 구성하는 입자 중 하나로서 1897년에 톰슨에 의해 발견되었다.

코어이론에서 전자는 더 이상 분해할 수 없는 소립자이며, 방정식을 통해 정의될 수 있다.

보통물질 안에서 전자는 음의 **전기전하**(음전하)를 띠고 있다. 전자의 질량 기여도는 극히 미미하지만 물질의 구조와 화학적 성질은 주로 전자에 의해 좌우된다. 전자를 제어하는 전자공학은 현대 기술문명의 기초를 떠받치고 있다.

전자기유동체(electromagnetic fluid)/전자기장(electromagnetic field)

전기유동체와 자기유동체는 서로 상대방에게 지대한 영향을 주고 있기 때문에 하나로 묶어서 취급하는 것이 훨씬 편리하다. 전자기유동체는 전기유동체와 자기유동체라는 두 개의 성분으로 이루어진 유동체이며, 전자기장은 임의의 점에서 전자기유동체의 평균을 취한 값이다.

전자기파(electromagnetic wave)

"변하는 자기장은 전기장을 생성한다"는 패러데이의 법칙과 "변하는 전기장은 자기장을 생성한다"는 맥스웰의 법칙을 하나로 묶으면 자생력을 갖고 빛의 속도로 진행하는 횡파가 얻어지는데, 이 파동을 전자기파라 한다.

맥스웰이 전자기파의 거동을 서술하는 파동방정식을 유도한 후 파동의 속도를 계산해보니 놀랍게도 빛의 속도와 정확하게 일치했다. 그는 이 사실에 착안하여 빛이 전자기파로 이루어져 있음을 천명했고, 그의 이론은 오늘날까지 빛에 대한 정설로 통용되고 있다.

전자기파 스펙트럼에는 모든 가능한 **파장**이 포함되어 있다. 인간이 볼 수 있는 가시광선은 그중 일부에 불과하다. 라디오파와 **마이크로파**, 적외선복사, 자외선복사, X선, 감마선 등은 **파장과 진동수**가 각기 다른 전자기파이다.

전자유동체(electron fluid)

전자장은 이 세상을 가득 채우고 있는 **양자유동체** 또는 **매질**이다. **양자이론**에 의하면 **전자와 반전자**(전자의 **반입자** 또는 **양전자**)는 전자유동체 안에 존재하는 교란(disturbance)으로 방해요인이 없으면 먼 거리까지 이동할 수 있다[가끔은 '전파된다(propagate)'는 표현을 쓰기도 한다]. 전자유동체를 물에 비유하면 전자와 양전자의 역할은 파도와 비슷하다.

모든 종류의 소립자들은 이와 비슷한 유동체를 갖고 있으며(물리학 논문이나 교과서에는 흔히 '**양자장**'으로 표기되어 있다), 이들은 서로 방해하지 않으면서 공간을 가득 채우고 있다. 유동체들이 주고받는 영향은 **코어이론**의 **역학 방정식**을 통해 서술된다.

물질을 서술하는 대부분의 이론이 그렇듯이 전자의 개념은 전자기학과 빛의 특성에 기초하고 있다. 전자유동체는 **전자기유동체**와 여러 면에서 비슷하며, 전자는 전자유동체의 최소 교란으로 간주된다. **광자**가 전자기유동체의 **양자**인 것처럼 전자는 전자유동체의 양자에 해당한다.

점근적 자유성(asymptotic freedom)

두 개의 **쿼크** 사이에 작용하는 **강력**은 공간을 가득 메우고 있는 양자유동체의 자발적이고 부단한 활동에 영향을 받는다. 이 힘은 쿼크 사이의 거리가 가까워질수록 약해지고 거리가 멀어질수록 강해지는데, 이 현상을 점근적 자유성이라 한다.

점근적 자유성의 다양한 의미와 응용에 대해서는 본문에 자세히 설명되어 있다.

'용어해설'의 **쿼크 감금**과 **재규격화/재규격화군**도 읽어보기 바란다.

정상상태(stationary state)

정상상태의 개념은 보어의 원자모형을 통해 처음으로 제기되었다. 양성자에 속박되어 있는 전자에 뉴턴의 고전역학과 맥스웰의 고전 전자기학을 적용하면 예상 밖의 결과가 얻어진다. **전자기파**를 방출하면서 에너지를 잃은 전자는 나선궤적을 그리며 양성자에 점차 가까워지다가 결국은 양성자 속으로 빨려 들어간다. 다시 말해 원자가 순식간에 붕괴되는 것이다! 모든 원자가 이렇다면 우주는 순식간에 붕괴되어야 하는데 현실은 전혀 그렇지 않다. 이 문제를 해결하기 위해 보어는 정상상태라는 대담한 가설을 제안했다. 그의 원자모형에 의하면 전자는 몇 개의 허용된 궤도만 점유할 수 있으며, 이 특별한 **궤도**에서는 전자기파를 방출하지 않고 '정상상태'를 유지한다.

보어의 원자모형은 훗날 양자역학으로 대치되었지만 정상상태를 비롯한 몇 가지 개념은 끝까지 살아남았다. 현대 양자이론에서 전자의 상태는 **파동함수**로 서술되며, 파동함수의 시간에 따른 변화는 **슈뢰딩거 방정식**에 의해 결정된다. 그런데 슈뢰딩거 방정식의 해(解) 중에는 시간이 흘러도 변하지 않는 것이 있다. 이 해들은 보어가 제안했던 정상상태와 정확하게 일치한다. 그래서 양자역학에서도 확률구름이 시간에 따라 변하지 않는 파동함수를 정상상태라 한다(12장과 **스펙트럼** 참조).

정상상태를 정의하는 특별한 파동함수(시간이 흘러도 확률파동이 변하지 않는 파동함수)는 원자물리학과 화학에서 매우 유용하게 사용된다. 지금도 화학자들은 보어의 업적을 기리는 의미에서 이 파동함수를 **오비탈**이라 부르고 있다.

사실 전자는 **광자**를 흡수하면서 하나의 정상상태에서 다른 정상상태로 전이될 수 있으므로 정상상태는 근사적 개념일 뿐이다. 전자궤도가 불연속적으로 변하는 과정을 매끄럽게 설명할 수 없었던 보어는 자신의 원자모형에 '**퀀텀 점프**' 또는 '**양자 도약**'이라는 또 하나의 가정을 도입했다.

현대 양자이론에 의하면 정상상태 사이의 전이는 방정식으로부터 유도되는 논리적 결과이다. 실제로 상태 전이는 전자와 전자기장의 상호작용에 의해 일어난다. 그러나 이 상호작용은 전자에 작용하는 **전기력**보다 훨씬 약하기 때문에 물리학자들은 일단 정상상태에서 출발하여 해를 보정해나가는 식으로 문제를 해결하고 있다.

광자가 방출되는 과정도 매우 흥미롭다. 전자는 아무것도 없는 상황에서 전자기에너지를 광자의 형태로 방출한다. 이런 사건은 전자가 전자기유동체의 자발적 활동(양자요동)과 마주쳤을 때 에너지의 일부가 증폭되면서 일어난다. 전자는 이런 과정을 거쳐 에너지가 낮은 상태로 이동하고, **가상광자**는 실제광자가 되어 빛으로 나타나는 것이다.

정상파(standing wave)/진행파(traveling wave)

한정된 영역 안에서 진동하는 파동을 정상파라 한다. 현악기의 현이나 타악기의 울림판에서 일어나는 진동은 모두 정상파이다.

이와는 반대로 한정된 영역에 갇혀 있지 않고 공간 속에서 자유롭게 진행하는 파동을 진행파라 한다. 소리의 파동인 '음파'는 진행파에 속한다. 그랜드피아노의 공명판이 진동하면 그 근처의 공기가 같은 진동수로 진동하고, 이 진동은 옆에 있는 공기에 도미노처럼 전달되어 우리의 귀에 들어온다. 이때 공명판의 진동은 정상파이고 공기의 진동(음파)은 진행파이다.

전자의 파동함수는 정상파일 수도 있고 진행파일 수도 있다.

양성자에 속박되어 수소원자를 이루는 전자의 파동함수는 공간 전체에 퍼져 있음에도 불구하고 정상파로 간주된다. 전자의 확률구름(파동함수의 크기)은 양성자 근방에서 0이 아닌 값을 갖지만 특정 거리를 벗어나면 급격하게 감소한다. 전자가 양성자에 속박되어 있다는 것은 바로 이런 의미이다. 즉 전자의 파동함수는 '한정된 영역 안에서' 진동하고 있으므로 정상파로 간주된다.

속박에서 벗어나 자유롭게 움직이는 전자의 파동함수는 진행파에 속한다(**슈뢰딩거 방정식** 참조).

조화(harmony)

음악에서 두 개 이상의 음이 농시에 발생하여 듣기 좋은 소리를 만들어낼 때 "조화를 이루었다"거나 "화성을 이루었다"고 한다. 화성을 인지하는 생리학적 원리는 아직 밝혀지지 않았다. 이 책에서는 피타고라스의 논리에 입각하여 화성(조화)의 개념을 '잘 어울리는 것들'이라는 의미로 확장시켰다.

족(family, 族)

코어이론에 등장하는 **물질입자**들(쿼크와 렙톤)의 목록을 보면 비슷한 패턴이 세 번 반복되는데, 이 패턴을 족이라 한다. 즉 물질입자는 세 개의 족으로 존재하며, 하나의 족은 **강력, 약력, 전자기력**에 관여하는 16개의 입자들로 구성되어 있다.

또는 16장에서 말한 대로 "개개의 족은 여섯 개의 항목으로 이루어져 있으며, 이들은 동일한 **고유공간**을 점유하고 있다"고 할 수도 있다.

본문에서 말한 바와 같이 노란색 단위**약전하**를 자주색 단위약전하로 바꾸는 변환은 (왼손잡이)위-쿼크를 (왼손잡이)아래-쿼크로 바꾼다. 본문에서는 이 부분을 간단히 언급하고 넘어갔는데, 기회가 온 김에 자세한 설명을 추가하고자 한다. 이 문제가 복잡한 이유는 약전하변환이 족변환(family transition)과 함께 일어날 수 있기 때문이다. 즉 $u \to d$변환과 함께 $u \to s$와 $u \to b$변환이 일어날 수도 있다. 이 변환이 일어날 상대적 확률을 계산하려면 **코어이론**에 몇 개의 숫자를 추가해야 한다. 예를 들어, **카비보 각도**는 첫 번째 변환에 대한 두 번째 변환의 상대적 확률을 말해준다. 그 외에도 쿼크들 사이에 많은 변환이 가능하며($c \to d$변환 등), 렙톤까지 고려하면 변환의 종류는 더 많아진다. 코어이론의 범주 안에서 이 모든 변환을 설명하려면 '혼합 각도(mixing angle)'를 나타내는 10여 개의 숫자를 추가로 도입해야 한다. 이 값들은 실험을 통해 결정되었는데 왜 하필 그런 값이어야만 하는지, 이론적으로 설명할 방법은 없다.

그러므로 지금 당장은 입자가 3족에 걸쳐 존재하는 이유를 설명할 수 없다.[19]

종합(synthesis)

단순한 구성 요소들을 모아서 더 큰 구조를 만드는 과정. **분석과 종합** 참조.

좌우성(handedness)

➡ **반전성** 참조.

좌표(coordinate)

공간상에서 특정 위치를 정의하기 위해 부여된 수를 좌표라 한다.

좌표를 도입하면 공간을 인지하는 데 많은 도움을 받을 수 있다. 숫자 계산은 주로 좌뇌에서 진행되고 형태를 인지하는 능력은 우뇌가 관장하고 있기 때문에 공간에 좌표를 상정하고 위치를 숫자로 표현하면 좌-우뇌가 서로 협조하여 공간인지 능력이 향상된다.

좌표의 가장 간단한 사례로는 수직선(數直線)에 할당된 실수를 들 수 있다. 수직선에 좌표를 할당하려면 다음 세 단계를 거쳐야 한다.

- 직선 위에서 임의의 한 점을 선택하여 원점으로 정한다.
- 길이의 단위를 선택한다. 미터, 센티미터, 인치, 피트, 광년 등 어떤 단위라도 상관없다. 일단은 미터를 기본단위로 선택했다고 하자.
- 직선의 두 방향 중 하나를 선택하여 양의 방향으로 정한다. 그러면 반대 방향은 자동으로 음의 방향이 될 것이다. 아마도 독자들은 오른쪽을 양의 방향으로 선택하는 데 익숙할 것이다.

이제 직선 위의 한 점 P를 정의하기 위해 P와 원점 사이의 거리를 미터 단위로 측정한다. 이 값은 항상 양의 실수이다. P가 원점을 기준으로 오른쪽에 있으면 방금 측정한 값이 곧 좌표가 되고, 왼쪽에 있으면 거기에 '-'를 붙인 값이 좌표가 된다. 원점의 좌표는 0이다.

이 과정을 반복하면 직선 위의 모든 점과 모든 실수를 일대일로 대응시킬 수 있다. 즉 하나의 점에는 하나의 실수(좌표)가 대응되고 하나의 실수에는 하나의 점이 대응된다.

이와 비슷하게 2차원 평면 위의 한 점은 한 쌍의 실수로 정의할 수 있고, 3차원 공간의 한 점은 세 개의 실수로 정의된다. 이 숫자들이 그 점의 좌표이다. 2차원 평면 위의 한 점을 하나의 **복소수**로 표현할 수도 있다. 임의의 복소수는 '$z = x + iy$'로 표현되고 x와 y는 실수이므로, 평면 위에 놓인 하나의 점은 하나의 복소수에 대응된다.

물론 직선의 일부를 잘라서 좌표를 할당할 수도 있다. 그러나 이 경우에는 모든 실수를 표현할 수 없다. 평면이나 공간도 마찬가지이다.

휘어진 곡면은 적절한 **투영** 과정을 통해 평면으로 표현할 수 있다. 구면 위의 지형을 평면에 표현한 지도가 그 대표적 사례이다. 따라서 곡면 위에도 좌표를 할당할 수 있다.

또한 우리는 다음과 같이 좌표의 기본 개념에 다양한 방식으로 변화를 주거나 일반화시킬수 있다.

- 좌표의 개수는 얼마든지 많아질 수 있다! 4차원 이상의 공간은 머릿속에 그리기가 쉽지 않지만 실수 세 개를 다루는 것과 네 개 이상을 다루는 것은 난이도에 별 차이가 없다(차

원 참조).

- 좌표의 주된 기능은 실수를 이용하여 기하학적 물체를 서술하는 것이다. 그러나 **색**을 분석할 때는 이 과정이 반대로 진행된다! 우리가 인지하는 모든 색은 적색, 녹색, 청색의 조합이며, 강도가 다르면 눈에 보이는 색도 달라진다. 따라서 적·녹·청색의 강도에 숫자를 할당하면 색의 기본 개념은 좌표와 동일해진다. 즉 모든 점이 각기 다른 색에 대응되는 3차원 고유공간을 정의할 수 있는 것이다. 특히 강력의 **색전하**에 기초한 공간은 **코어이론**에서 핵심적 역할을 한다.
- 3차원 이상의 휘어진 공간도 정의할 수 있다! 이런 공간은 머릿속에 그리기 어렵지만 **계량**을 이용하여 곡면을 표현하는 방법을 그대로 확장해서 적용하면 된다.
- 시간과 공간의 차이가 없는 4차원 시공간도 정의할 수 있다! 이를 위해서는 하나의 사건이 일어난 날짜(시간)와 장소(공간)를 하나의 좌표 세트로 간주해야 한다(연도 표기에 음수를 도입하면 '기원전 5년'은 '-5년'으로 간편해진다).(그러나 서기는 0년이 아닌 1년부터 시작되었으므로, 이런 식으로 표기하면 엄청난 혼란이 야기될 것이다. 숫자는 -1, 0, 1…의 순서로 진행되지만 연도는 0이 누락된 채 기원전 1년, 서기 1년, 서기 2년…으로 진행되기 때문이다 – 옮긴이) 아인슈타인의 **일반상대성이론**에 등장하는 시공간은 '휘어진 4차원 공간'이다.
- 좌표에는 다른 종류의 숫자가 사용될 수도 있다! 양자이론에서는 **복소수**에 기초한 좌표가 사용되고, **초대칭**이론에서는 그라스만 수라는 특별한 수가 좌표로 사용된다.

주기(period)

동일한 움직임이 반복되는 운동을 주기운동이라 하고 한 번의 움직임이 진행되는 데 소요되는 시간을 주기라 한다. 그러나 과학자들은 시간이 아닌 공간에서 동일한 구조가 반복되는 경우에도 '주기'라는 용어를 사용한다(단, 이 경우에 주기는 시간 간격이 아닌 거리 간격을 의미한다). **진동수** 참조.

주기율표(periodic table)

화학원소의 목록을 특정 규칙에 따라 나열해놓은 표. 같은 세로줄에 속한 원소들은 화학적 성질이 비슷하며, 아래로 갈수록 원자번호와 원자량(원자의 무게)이 증가한다. 가로줄에서는 오른쪽으로 갈수록 원자번호와 원자량이 증가한다. 주기율표에서 오른쪽으로 한 칸 이동할 때마다 원자번호는 1씩 증가하고 가로줄의 오른쪽 끝에 도달하면 한 줄 아래의 왼쪽 끝에서 다시 시작된다(개중에는 희토류 원소와 악티늄계열 원소를 주계열에서 분리하여 별도의 표에 정리해놓은 주기율표도 있다). 양자역학의 **슈뢰딩거 방정식**을 적용하면 주기율표의 구조를 이론적으로 설명할 수 있다. 또한 주기율표는,

$$이상형 \rightarrow 실체$$

의 대응관계를 보여주는 아름다운 사례이다. 주기율표를 양자역학으로 설명할 때는 전자의 **각운동량**과 **파울리의 배타원리**가 핵심적 역할을 한다.

중간자(meson)

➡ **강입자** 참조.

중력(gravity)

중력은 **코어이론**에 등장하는 네 종류의 힘 중 가장 약한 힘이다. **약력**과 **강력**, 그리고 **전자기력**은 **전하**에 반응하고[20] 이 전하들은 서로 상쇄될 수 있지만 중력은 주로 에너지에 반응하기 때문에 상쇄되는 경우가 없고 입자가 많을수록 한없이 강해진다. 중력은 천체역학에서 가장 막강한 영향력을 행사하고 있다.

중력은 물체들을 서로 잡아당기는 인력으로 작용한다.[21] 그러나 **암흑에너지**만은 예외이다. 이 문제에 관해서는 책의 뒷부분에 첨부된 '추천도서'에 두 권의 참고문헌을 소개했으니, 관심 있는 독자들을 읽어보기 바란다. 여기서는 암흑에너지가 과거와 미래의 우주에 미치는 세 가지 영향을 간단하게 알아보기로 한다.

- 은하 정도의 규모에서는 **암흑에너지**에 의한 중력보다 **보통물질**과 **암흑물질**에 의한 중력이 훨씬 강하게 작용한다. 그러나 범우주적 스케일에서 보면 보통물질과 암흑물질은 얼굴에 난 여드름처럼 드물게 뭉쳐 있기 때문에(단, 암흑물질은 보통물질보다 넓게 퍼져 있어서 그 효과가 누적되어 나타난다) 우주의 운명을 좌우하는 것은 '척력을 발휘하는' 암흑에너지이다. 잡아당기는 중력만 고려하면 우주의 팽창 속도는 느려져야 하는데, 실제로는 암흑에너지 때문에 점점 더 빨라지고 있다.
- 현재의 우주론에 의하면 앞으로 수천억 년 후에 우리 은하(은하수)와 안드로메다은하, 그리고 그 주변에 있는 왜소은하들이 하나로 뭉쳐서 '우주의 섬'을 형성하고 나머지 보통물질과 암흑물질은 팽창하는 우주와 함께 멀리 그리고 빠르게 이동하여 더 이상 관측

되지 않을 것으로 추정된다(빛의 속도는 유한하기 때문이다!).

　　물론 이것은 대략적인 시나리오일 뿐이다. 우주론은 지난 수십 년 사이에도 정신없이 변해왔으므로, 앞으로 무엇이 어떻게 변할지는 아무도 알 수 없다. 우주팽창론이 탄생한 지도 아직 100년이 채 안 되었다.

- 보통물질과 암흑물질의 중력은 빅뱅 후 거의 130억 년 동안 범우주적 스케일에서 암흑에너지의 중력을 압도해왔다. 그러나 우주가 팽창할수록 보통물질과 암흑물질의 밀도는 낮아지는 반면 암흑에너지의 밀도는 항상 일정하기 때문에 언젠가는 역전이 일어날 운명이었다. 그리고 지난 20억 년 사이에 바로 이 역전 현상이 일어났다! 우주가 갓 탄생한 초창기에도 몇 가지 이유로 암흑에너지가 모든 것을 압도하여 급속팽창이 일어났을 것으로 추정된다.

　　뉴턴의 중력이론은 과학 역사상 가장 훌륭한 이론으로 꼽힌다. 뉴턴은 몇 개의 수학원리를 이용하여 다양한 천체의 운동을 정확하게 설명함으로써 과학의 새로운 기준을 확립했다. 그러나 20세기 초에 뉴턴의 중력이론은 아인슈타인의 **일반상대성이론**에게 왕좌를 내주었다.

중력자(graviton)

중력유동체의 최소 단위 또는 양자를 중력자라 한다(**계량유동체**라 부르기도 한다). **전자기력**에 **광자**가 있듯이, **중력**에는 중력자가 있다. 개개의 중력자는 보통물질과 주고받는 상호작용이 극히 미미하기 때문에 직접 관측될 가능성은 거의 없다. 그래서 물리학자들은 다량의 중력자들이 만들어낸 중력파를 감지하기 위해 노력하고 있다.

중성자(neutron)

중성자는 양성자와 함께 **원자핵**을 구성하는 입자로서 질량은 **양성자**와 거의 같지만 전기전하를 갖고 있지 않다. 양성자와 중성자는 **보통물질**의 질량 대부분을 차지한다. 중성자는 한때 '더 이상 세부 구조를 갖고 있지 않은' 소립자로 간주되었으나 쿼크가 발견된 후 **쿼크**와 글**루온**으로 이루어진 복합입자로 밝혀졌다.

진공(vacuum, void)

진공은 흔히 '물질이 존재하지 않는 텅 빈 공간'을 뜻한다. 따라서 '진공탱크'나 '진공튜브' 또는 '성간 진공(별들 사이의 빈 공간)'이라는 말은 다음과 같은 의미에서 오해의 소지가 있다.

- 별들 사이의 공간은 마이크로파 배경복사와 별에서 방출된 복사, 우주선, 뉴트리노, 그리고 암흑에너지와 암흑물질로 가득 차 있다. 지구에서 인위적으로 진공상태를 만들 때 앞에서의 목록 중 처음 두 개는 완벽하게 제거할 수 있고 세 번째 항목은 대부분 제거할 수 있지만 기술이 아무리 좋아도 나머지 세 개는 제거할 수 없다. 그러나 다행히도 뉴트리노와 암흑에너지, 그리고 암흑물질은 **보통물질**과 주고받는 힘이 극히 미미하기 때문에 진공의 품질에 큰 영향을 주지 않는다.
- 코어이론에서 말하는 '텅 빈' 공간은 다양한 **양자유동체**(전자기유동체, 계량유동체, 전자유동체, 힉스유동체 등)로 가득 차 있다.

일상적인 대화에서 '진공'이라는 단어가 심각한 오해를 초래하는 경우는 거의 없지만 근본적인 단계에서 '진공'은 단 하나의 뜻을 가진 단어가 아님을 명심해야 한다. 특히 철학에서 말하는 진공(완벽하게 빈 공간)은 물리적 진공과 완전히 다른 뜻을 내포하고 있다.

현대 천체물리학에서 진공을 다룰 때는 **힉스장**과 같이 공간을 가득 채우고 있는 장의 효과를 반드시 고려해야 한다.

- 힉스장은 **보통물질**과 **암흑에너지**의 거동에 영향을 주고 있다.
- 힉스장은 물리적으로 정의된 모든 진공에 존재한다(힉스장은 모든 곳에 펴져 있으며, 어떤 물질도 그 영향을 벗어날 수 없다).
- 힉스장은 극단적인 환경에서 크기가 달라질 수 있다.

그러므로 공간을 채우고 있는 장의 크기가 달라지면 진공의 물리적 특성과 물질의 거동 방식도 크게 달라질 수 있다(**암흑에너지**와 **암흑물질**의 밀도가 다를 수도 있다).

결론적으로 말해 공간은 고체, 액체, 기체 상태로 존재하는 물처럼 다양한 위상으로 존재하는 '물질'로 취급되어야 한다(**우주/관측 가능한 우주/다중우주** 참조).

진동(oscillation)

물리계의 운동이 일정한 시간 간격을 두고 이전과 동일한 패턴으로 반복되는 현상을 진동이라 한다. 현악기의 줄과 소리굽쇠는 진동의 대표적 사례이다.

진동수(frequency)

물리계에서 동일한 과정이 반복되는 경우 한 번 진행하는 데 걸리는 시간을 **주기**라 하고 주기의 역수(또는 단위시간당 동일한 과정이 반복된 횟수)를 **진동수**라 한다. 진동수의 단위는 초의 역수로서 **전자기파**복사를 발견한 하인리히 헤르츠의 이름을 따서 '헤르츠(Hz)'라 한다.

사례: 어떤 물리적 과정이 2초에 한 번씩 반복될 때 진동수는 1/2Hz이고, 1초당 2회 반복되면 진동수는 2Hz이다. 젊고 건강한 사람은 20~20,000Hz의 음파를 들을 수 있으며(이것을 가청주파수라 한다), 눈으로는 $4 \times 10^{14} \sim 8 \times 10^{14}$Hz의 전자기파를 볼 수 있다(이것을 가시광선이라 한다).

진동주기(period of oscillation)

➡ 주기 참조.

질량(mass)

질량의 개념은 오랜 세월 동안 많은 변화를 겪어왔다. 지금도 질량이라는 용어는 몇 가지 의미로 통용되고 있는데, 서로 밀접한 관계에 있긴 하지만 일관성은 다소 결여되어 있다. 그 중에서 가장 흔하게 통용되는 세 가지 의미를 소개한다.

1. 과학적 관점에서 질량의 개념을 최초로 도입한 사람은 아이작 뉴턴이었다. 뉴턴역학에서 질량은 창조되거나 파괴되지 않고 더 이상 간단하게 설명할 수 없는 근본적인 양으로 등장한다. 질량은 물체의 '관성' 또는 '**가속도**에 저항하는 능력'을 가늠하는 척도로서 질량이 큰 물체는 외부로부터 큰 영향(**힘**)을 받지 않는 한, 일정한 속도를 유지하려는 경향이 있다. 이와 같은 개념은 "물체의 가속도는 물체에 가해진 힘을 질량으로 나눈 값과 같다"는 뉴턴의 두 번째 운동법칙에 잘 표현되어 있다. 뉴턴의 질량은 오늘날까지 과학 전반에 걸쳐 널리 통용되고 있다. 엄밀히 말해 정확한 정의는 아니지만 물체의 속도가 광속보다 현저하게 느린 경우에는 굳이 상대성이론을 도입하지 않아도 별 문제가 없기 때문이다.

2. 아인슈타인은 특수상대성이론을 통해 질량의 개념을 수정했다. 상대론적 역학에서도 질량은 입자의 개별적 특성이지만 상호작용을 통해 창조되거나 파괴될 수 있다. 상대성이론에서 질량이란 '입자가 **질량에너지**에 기여하는 정도'를 나타내는 양으로, 입자의 '운동에 의한 에너지(energy of motion)'를 결정한다.

코어이론에 등장하는 **소립자**들은 명확한 질량을 갖고 있지만 입자들끼리 충돌할 때 충돌 전과 충돌 후의 질량은 얼마든지 다를 수 있다. 예를 들어, 에너지가 큰 **전자**와 **양전자**가 충돌했을 때 충돌 후의 총 질량은 충돌 전의 총질량보다 수십만 배나 크다.

상대론적 역학에서 보존되는 것은 질량이 아니라 **에너지**이다. 질량과 에너지의 관계는 다음과 같이 시적으로 표현할 수 있다.

"입자는 질량을 갖고 세상은 에너지를 갖는다."

3. 우주의 질량은 몇 가지 형태로 존재하는데, 그중 **보통물질**이 차지하는 비율은 약 5%이고 **암흑물질**이 27%, **암흑에너지**가 68%다(앞에서 정의한 질량을 그대로 적용한다면 암흑에너지는 질량을 갖고 있지 않다). 이것은 '질량'이라는 용어를 대충 갖다 붙인 서술에 불과하지만 대부분의 과학 논문과 교양 과학 서적에서 통용되고 있으므로 우리도 받아들이기로 하자.

일반상대성이론을 적용하면 우주의 팽창 속도가 변하는 비율(대충 말하자면 팽창 가속도)과 우주 공간에 퍼져 있는 에너지밀도의 관계를 알 수 있다. 에너지 평균 밀도를 광속의 제곱으로 나누면 질량 밀도 단위의 어떤 값이 얻어진다. 앞에 제시한 질량의 비율(%)은 바로 이 값을 상대적으로 비교한 결과이다.

질량은 보존되는 양이 아니므로, 무언가 새로운 개념을 도입하면 더 간단하게 표현할 수 있을지도 모른다. 실제로 **양자색역학**은 **보통물질**의 질량의 기원을 아름다운 논리로 설명하고 있다. **양성자**는 위-쿼크와 아래-쿼크, 그리고 **글루온**으로 이루어져 있는데, 이 구성원들의 질량을 모두 합한 값보다 양성자의 질량이 훨씬 크다. 따라서 양성자 질량의 대부분은 다른 곳에서 기원한 것이 분명하다.

양성자의 질량의 기원을 이해하려면 양성자의 정체부터 정확하게 파악해야 한다. 양성자란 무엇인가? 지금까지 알려진 바에 의하면 양성자는 쿼크와 글루온유동체가 좁은 영역에 안정한 상태로 집약된 일종의 '교란 패턴'이다. 이 패턴은 (갈릴레이대칭에 의거하여) 공간을 따라 이동할 수 있으며, (크기에 비하여) 먼 거리에서 보면 입자처럼 보인다. 그리고 내부는 글루온유동체의 에너지와 쿼크의 에너지로 가득 차 있다. 이 정적인 교란체의 에너지를 ε이라 했을 때 (우리가 양성자라 부르는) 입자의 질량은 ε/c^2이며, 이것이 바로 양성자의 질량의 기원이자 당신의 몸무게의 기원이다. 에너지로부터 '질량 없는 질량'이 탄생한 것이다.

질량에너지(mass energy)

➡ 에너지 참조.

차원(dimension)

차원의 직관적 의미는 '움직일 수 있는 방향의 개수'이다. 즉 직선이나 곡선은 1차원이다 (직선이나 곡선 위에서는 '앞'과 '뒤'로 갈 수 있지만 두 방향 모두 동일 직선 또는 곡선상에 놓여 있으므로 하나의 방향으로 취급한다 – 옮긴이). 평면이나 곡면은 임의의 한 점에서 다른 점으로 이동할 때 두 개의 독립적인 방향(수평-수직 또는 남-북 또는 동-서 등)으로 움직여야 하므로 2차원이다. 그리고 모든 입체도형과 이들이 속한 공간은 세 개의 차원을 갖고 있다.

좌표를 도입하면 공간과 차원의 개념이 좀 더 확실하게 드러난다. 좌표계가 설정된 공간의 차원은 임의의 한 점을 결정하는 데 필요한 좌표의 개수와 같다. 이 개념을 단순하고 매끈한 기하학적 물체에 적용하면 앞에서 언급한 직관적 개념과 일치한다는 것을 쉽게 확인할 수 있다.

수학자들은 차원의 개념을 꾸준히 확장하여 **복소 차원**과 분수 차원(프랙털, fractal)까지 도입했다. 복소 차원은 좌표가 **복소수**로 표현되고, 분수 차원은 미세 구조가 복잡하면서 전혀 매끈하지 않은 도형에서 주로 나타난다(**프랙털** 참조). 최근 들어 물리학자들은 **초대칭**과 관련하여 좌표가 그라스만 수로 표현되는 양자 차원을 도입했다.

물리량의 단위를 논할 때 '차원'이라는 용어를 쓰기도 한다. 예를 들어, 면적의 차원은 길이의 제곱(L^2)이고, **속도**의 차원은 길이/시간(L/T)이며, **힘**의 차원은 질량×길이/시간^2(ML/T^2)이다. 이 책에서는 혼동을 피하기 위해 차원을 '움직일 수 있는 방향의 개수'라는 뜻으로만 사용했다.

천체역학(celestial mechanics)

천체역학이란 원래 뉴턴의 고전역학과 중력이론을 이용하여 행성과 위성, 혜성 등 태양계 안에 존재하는 천체들의 운동을 연구하는 분야였다. 그러나 현대에 와서 천체역학은 태양계뿐만 아니라 모든 천체물리학적 물체와 로켓, 인공위성까지 포함하는 등 연구 범위가 훨씬 넓어졌다. 천체물리학은 물리법칙의 일부를 사용하기 때문에 독립된 분야가 아니라 역학의 세부 분야로 간주된다.

초기조건(initial condition)

우리가 아는 한 물리학의 기본 법칙은 **역학 방정식**으로 표현되고 역학 방정식은 특정 시간에 물리적 세계의 상태와 다른 시간의 상태가 어떻게 연결되어 있는지 설명해준다. 그러나 방정식만으로는 물리계의 초기 상태를 알 수 없으므로, 완전한 답을 얻으려면 적절한 초기조건을 방정식에 입력해야 한다.

초대칭(supersymmetry, SUSY)

초대칭은 **양자 차원**에 존재하는 일종의 병진대칭으로, **힘입자(보손)**가 이곳에 진입하면 **물질입자(페르미온)**로 변하고, 물질입자가 이곳에 진입하면 힘입자로 변환된다.

힘과 물질이 같다는 것은 자연이 더욱 근본적인 단계에서 통일되어 있음을 의미한다. 그러나 초대칭은 아직 검증되지 않은 가설로 남아 있다.

초전도성(superconductivity)/초전도체(superconductor)

다양한 금속과 일부 비금속 중에는 절대온도 $0°$(0K, 섭씨 $-273°$) 근처로 냉각되었을 때 전기저항이 갑자기 0으로 떨어지는 것이 있다. 이런 성질을 초전도성이라 하고 초전도성을 가진 물질을 초전도체라 한다.

초전도현상은 1911년에 네덜란드의 물리학자 카메를링 오네스(Kamerlingh Onnes)에 의해 최초로 발견되었으나 이론적 배경을 설명하지 못하여 한동안 미지 현상으로 남아 있다가 1957년에 존 바딘과 리언 쿠퍼, 그리고 로버트 슈리퍼의 BCS이론이 알려지면서 비약적인 발전을 하게 된다. BCS이론은 초전도현상을 설명했을 뿐만 아니라 다른 문제에도 결정적 실마리를 제공했다. **자발적 대칭붕괴**와 **힉스 메커니즘**이 그 대표적 사례이다.

초전도체 안에서 **광자**는 **질량**이 있는 입자처럼 행동한다. 이 상황을 서술하는 방정식은 **코어이론**에서 **약력자**에 질량을 부여하는 **힉스 메커니즘**의 방정식과 비슷하다. 그러니까 우리는 '우주'라는 거대한 초전도체 안에서 살고 있는 셈이다(단, 여기 흐르는 전하는 **전기전하**가 아니라 **약전하**이다).

초전하(hypercharge)

코어이론에 등장하는 전하의 평균을 초전하라 한다(이 양은 16장에 정의되어 있다).

나는 본문에서 **약력**과 초전하, 그리고 **전자기력**의 복잡한 관계를 대충 얼버무리고 넘어갔다.[22] 설명을 제대로 하려면 복잡한 내용을 몇 페이지에 걸쳐 늘어놓아야 하는데, 우리가 이 책을 통해 시종일관 추구해온 '아름다움'과 별 관계가 없다고 판단했기 때문이다. 책의 '미주'에 초전하와 관련된 참고문헌 두 권을 소개했으니, 관심 있는 독자들은 읽어보기 바란다.

축류(axial current)

축류란 공간의 **반전성**(parity 또는 좌우성)을 바꿔도 부호가 변하지 않는 특별한 전류를 의미한다. 따라서 축류는 **축성벡터**의 장(field)을 정의한다. 〈피지컬 리뷰 레터스〉의 편집자들은 '액시온'에 관한 나의 논문을 심사할 때 축류와 관련되어 있다는 이유로 내가 만든 신조어를 정식 용어로 인정해주었다.

축성벡터(axial vector)

➡ 반전성 참조.

측지선(geodesic)

평면 위에서 두 점을 잇는 가장 짧은 선이 직선이듯이, 곡면 위에서 인접한 두 점을 잇는 가장 짧은 선을 측지선이라 한다(직선보다는 측지선이 더 일반적인 개념이므로 '직선은 평면의 측지선'이라 할 수 있다 - 옮긴이). '인접한' 두 점이라는 제한 조건을 붙인 이유는 폐곡면에서 두 점을 잇는 방법이 두 가지이기 때문이다. (두 점을 직접 이을 수도 있고, 반대쪽으로 돌아서 이을 수도 있다. 둘 중 하나는 길고 하나는 짧다.)

사례: 구면 위의 측지선은 대원(great circle, 중심을 지나는 평면으로 구를 잘랐을 때 단면의 테두리)이다. 그러므로 적도는 대원이자 측지선이며, 모든 경도선도 측지선이다. 미국에서 유럽으로 가는 비행기가 북극 항로를 지나가는 이유는 그 길이 측지선에 가까워서 연료가 절약되기 때문이다.

측지선의 개념은 2차원 곡면뿐만 아니라 3차원 이상의 공간과 4차원 시공간에도 적용될 수 있다.

카비보 각도(Cabibbo angle)

➡ 족 참조.

코어이론(core theory)

이 책에서 코어이론이란 **양자이론**과 **국소대칭**에 입각하여 **강력**과 **약력**, **전자기력**, 그리고 **중력**의 작동원리를 설명하는 이론을 의미한다(갈릴레이대칭의 국소 버전을 도입한 **일반상대성이론**도 코어이론에 포함된다).

코어이론(또는 코어이론에서 중력을 뺀 이론)의 원래 명칭은 표준모형이다. 그러나 나는 본문에서 밝힌 몇 가지 이유로 코어이론이라는 용어를 더 좋아한다.

개중에는 중력을 제외한 이론을 코어이론이라 부르는 물리학자도 많이 있다. 왜 그럴까? 일부 과학 작가들은 "양자역학과 일반상대성이론 사이에 근본적인 충돌이 일어났다"거나 "그 충돌 때문에 물리학이 총체적 위기에 빠졌다"고 주장한다. 그러나 이 주장은 사실을 크게 과장한 것이고 특히 두 번째 주장은 사실과 많이 다르다. 예를 들어, 일반상대성이론과 양자역학을 결합하는 것은 천문학자들의 일상사이며, 여기에는 특별한 어려움도 없다.

또 기존의 힘을 통합하는 데 사용했던 국소대칭을 도입하면 일반상대성이론을 코어이론의 방정식에 포함시킬 수 있다. 이 과정에서 양자역학은 아무런 문제없이 작동한다.

문제는 코어이론이 블랙홀의 특성과 관련된 사고실험에 만족할 만한 답을 주지 못한다는 점이다. 그리고 코어이론의 방정식을 우주의 기원인 빅뱅에 적용하면 특이점(singularity)이 발생하여 더 이상 논리를 진행할 수 없게 된다. 즉 코어이론은 만물의 이론이 아니다. 이것은 **입자족과 암흑에너지, 암흑물질** 등을 통해 이미 알려진 사실이다. 그럼에도 코어이론은 **반증 가능**하면서 매우 **경제적**인 이론이다. 따라서 일반상대성이론을 코어이론에 포함시키는 것은 전적으로 타당하며, 나 역시 이런 연구를 오랫동안 진행해왔다.

쿼크(quark)

쿼크의 개념은 1964년에 머리 겔만과 조지 츠바이크에 의해 처음으로 도입되었다. 이들이 제안했던 **쿼크모형**은 훗날 수많은 **강입자**의 모태가 되었으며, 현대에 이르러 **코어이론**을 구성하는 **물질입자**로 확고한 입지를 굳혔다.

쿼크 감금(quark confinement)

➡ 감금 참조.

쿼크모형(quark model)

강입자의 특성을 설명하는 모형(이론). **강력**을 서술하는 **양자색역학**에서 중요한 일익을 담당했다. 자세한 내용은 16장을 읽어보기 바란다.

쿼텀 점프(quantum jump)/양자 도약(quantum leap)

이 용어의 진정한 의미는 **정상상태**에 설명되어 있다. 사람들은 무언가 혁신적인 발상을 언급할 때 양자 도약이라는 말을 자주 사용하는데, 사실 양자 도약은 극도로 미세한 도약이다.

굳이 혁신을 강조하고 싶다면 '양자'라는 수식어는 빼는 것이 낫다.

타당성(consistency)/모순(contradiction)

가정과 관측 결과로 구성된 물리계가 아무런 모순도 초래하지 않을 때 우리는 그 계가 물리적으로 "타당하다"라고 말한다. 그리고 하나의 서술과 그 반대 서술이 모두 옳은 경우를 '모순'이라 한다.

물리적 현상에 대하여 구체적 주장을 하지 않는 순수한 이론은 모순을 초래하지 않는다. 이런 이론은 논리적으로 타당하지만 결코 좋은 이론은 아니다. 뉴턴은《프린키피아》에서 이 점을 특히 강조했다.

자연현상으로부터 직접 유추할 수 없는 주장을 가설이라 한다. 물리학이건 형이상학이건, 초자연적 양에 기초한 주장이건 또는 역학이건 간에 가설은 실험의 일부가 될 수 없다.

물리학이론을 평가할 때는 타당성뿐만 아니라 이론의 파급효과와 경제성까지 고려해야 한다. 더 자세한 내용은 **반증 가능성**과 **아이디어의 경제성**을 참고하기 바란다.

타원(ellipse)

쉽게 말하자면 **타원**이란 원을 길게 잡아 늘인 것처럼 생긴 평면도형이다. 타원의 수학적인 정의는 다음과 같다. (1) 평면 위에 임의의 두 점 A, B를 찍고, A와 B 사이의 거리보다 큰 값 d를 임의로 설정한다. (2) 그 근방에서 또 하나의 점 P를 선택하여 A와 P 사이의 거리를 d_1, B와 P 사이의 거리를 d_2라 했을 때 '$d_1 + d_2 = d$'를 만족하는 모든 P를 연결하면 타원이 된다. 그러면 A와 B는 타원의 내부에 놓이게 되는데, 이들을 타원의 '초점(focus)'이라 한다.

원은 초점 A, B가 일치하는 특별한 타원이다. d가 A와 B 사이의 거리보다 훨씬 크면 타원은 거의 원에 가까워지고 반대로 d가 A와 B 사이의 거리보다 조금 크면 A와 B를 연결하는 직선을 간신히 포함하는 납작한 타원이 된다(d가 A와 B 사이의 거리보다 작은 타원은 존재하지 않는다 – 옮긴이). 극단적인 예로 d가 A와 B 사이의 거리와 같으면 타원은 A와 B 사이를 연결하는 직선이 된다.

다른 방법으로 타원을 정의할 수도 있지만 수학적 원리는 모두 동일하다. 내가 가장 좋아하는 타원작도법은 다음과 같다—고무판에 원을 그린 후 임의의 방향으로 판을 잡아당기면 원은 타원으로 변신한다. 고무판의 탄성에 제한이 없다면 이 방법으로 모든 타원을 만들어낼 수 있다.

고대 그리스의 기하학자들은 타원의 아름다움에 매료되어 많은 연구 결과를 후대에 남겼다. 그로부터 1000여 년이 지난 후 요하네스 케플러는 스승인 티코 브라헤에게 물려받은 천문 관측 데이터를 분석한 끝에 행성의 궤도가 타원이며, 두 개의 초점 중 하나에 태양이 자리 잡고 있다는 사실을 알아냈다. 케플러는 '완벽한' 원궤도를 포기해야 하는 현실에 적지 않게 실망했으나 그리스의 기하학이 행성의 운동에 적용된 것은 이상형이 현실로 구현된 대표적 사례로 꼽힌다.

케플러가 발견한 행성의 운동법칙은 뉴턴의 역학과 중력이론을 바른 길로 이끄는 이정표가 되었다. 뉴턴의 이론에 의하면 태양 주변을 공전하는 행성들은 다른 행성의 영향을 받기 때문에 궤도가 타원에서 조금 벗어나 있다. 궁극적인 아름다움은 방정식의 해가 아니라 **역학방정식** 자체에 구현되어 있었던 것이다. 더 자세한 내용은 8장을 읽어보기 바란다.

통일(unification)

서로 관련된 개념들을 하나로 통일하는 것은 '경제적 사고'의 산물이다. 또는 서로 상충되는 개념을 조화롭게 엮는 것도 통일에 해당한다. 상반된 개념이 하나로 통일되면 그 저변에 숨어 있는 상보적 특성이 모습을 드러내곤 한다.

이 책의 궁극적인 목적도 아름다움과 물리적 세계 또는 이상형과 현실을 통일하여 자연에 내재된 아름다움을 부각시키는 것이었다.

자연철학에서 이루어진 중요한 통일 사례는 다음과 같다.

- 르네 데카르트는 1637년에 발표한 《기하학(La Géometrié)》에서 **좌표**의 개념을 도입하여 대수학과 기하학을 통일했다.
- 뉴턴의 중력이론과 운동법칙은 천체의 운동과 지구 근처에서 적용되는 물리학을 통일했고 갈릴레이는 망원경으로 지구의 달과 목성의 위성에서 비슷한 산악 지대를 발견하여 태양계의 행성과 위성을 '시각적으로' 통일했다.
- **전자기파**의 거동을 서술하는 **맥스웰 방정식**은 전기와 자기를 통일했고, 전자기파가 빛이라는 사실을 밝힘으로써 모든 광학적 현상을 하나로 통일했다.
- 아인슈타인의 **특수상대성이론**은 대칭변환을 통해 시간과 공간을 섞음으로써 시간과 공간을 **시공간**이라는 하나의 공간으로 통일했다.
- 패러데이와 맥스웰의 **전자기유동체**와 아인슈타인의 **계량유동체**는 진공의 개념을 폐기하고 시공간과 물질을 통일했다.
- 전자기복사의 광자로 대변되는 **양자요동의 양자**는 입자와 파동이라는 상반된 개념을 하

나로 통일했다.

그리고 아직 실현되진 않았지만 첨단 물리학에서 예견되는 통일 대상은 다음과 같다.

• **코어이론**은 **국소대칭**에 기초한 이론이다. 그런데 **강력**과 **약력**, 그리고 **전자기력**의 변환
은 각자의 **고유공간**에서 이루어지는 반면 **중력**의 변환은 시공간에서 이루어진다. 물리
학자들은 이 모든 대칭을 포괄하는 하나의 큰 공간을 찾고 있다.

또한 **초대칭**이 존재한다면 물질과 입자도 하나로 통일될 것이다.
이 아이디어는 18장에서 중요한 역할을 한다.

투영(projection)

투영이라는 단어는 수학과 물리학에서 매우 다양한 의미로 사용되고 있다(정의도 여러 가지
이며, 정의에 따라 '투영' 또는 '사영' 등 한국어 표기도 다르다 – 옮긴이). 그러나 어떤 경우이건 투영
은 하나의 공간을 다른 공간으로 옮기는 일종의 변환이며, 원래 공간의 정보는 변형된 공간
에 새로운 형태로 표현된다. 항상 그런 것은 아니지만 원래의 정보가 투영을 거치면서 유실
되는 경우도 있다. 나는 이 책에서 '투영'이라는 단어를 다음과 같은 의미로 사용했다.

• 동굴 벽에 투영된 그림자: 이것은 플라톤의 '동굴의 비유'에 등장하는 개념이다. 실체가
투영된 그림자는 2차원 평면도형이고 색도 없으므로 대부분의 정보가 유실되어 있다.
• 사람의 눈에 투영된 영상: 우리의 망막은 3차원 세계의 영상을 2차원으로 받아들인다.
그러나 물체에서 반사된(또는 방출된) 빛은 수정체(눈의 렌즈)를 통해 아주 작은 영역에
집중되기 때문에 꽤 많은 공간 정보를 보존할 수 있다.

이 책의 10장에서 말한 바와 같이, 전자기파(빛)에는 우리 눈이 인식하는 것보다 훨씬 많
은 정보가 담겨 있다.

인간의 눈은 무한차원의 **스펙트럼색**을 3차원으로 투영하고 있으며, 이 과정에서 **편광**에
관한 정보는 사라진다.

• 기하학적 투영: (1) 플라톤 면에 외접하는 구를 설정한 후 구의 중심에서 밖으로 뻗어나

가는 선을 따라 플라톤 면의 모든 점들을 구면에 대응시키는 기법. (2) 빛을 화폭에 투영하는 기법(원근법), (3) 지구의 표면(구면)을 평면에 투영하는 기법(지도제작법).

- 색 **고유공간**에 정보를 투영하는 **색 투영**. 예를 들어, R(적), G(녹), B(청)로 표현되는 3차원 색 고유공간의 정보는 B를 누락시킨 채 2차원 색 고유공간(R, G)에 투영할 수 있다.

특수상대성이론(special relativity)

아인슈타인은 특수상대성이론을 통해 서로 상충되는 듯한 두 가지 아이디어를 하나로 결합했다.

- **갈릴레이대칭**: 모든 물체에 임의의 속도를 더하거나 빼도 운동법칙은 변하지 않는다.
- **맥스웰 방정식**: 빛의 속도는 자연법칙의 결과이며, 어떤 경우에도 변하지 않는다.

우리의 경험에 의하면 나 자신이 움직이고 있을 때 내 눈에 보이는 물체의 속도는 내가 정지해 있을 때 봤던 속도와 분명히 다르다. 그러므로 앞의 두 항목은 양립할 수 없다. 빛을 따라가면서 보면 광속이 느려지고, 반대 방향으로 도망가면서 보면 광속은 빨라질 것 같다.

아인슈타인은 각기 다른 속도로 움직이고 있는 두 명의 관측자(또는 정지해 있는 관측자와 등속도로 움직이는 관측자)들이 시간을 맞추는 방법을 면밀히 분석하여 갈릴레이대칭과 맥스웰 방정식을 조화롭게 연결시켰다. 여기서 얻어진 결과에 따르면 움직이는 관측자와 정지상태의 관측자가 동일한 사건을 관측했을 때 사건이 일어난 시간은 서로 일치하지 않는다. 두 사람이 똑같은 사건을 관측했는데도 운동 상태가 다르면 '동시성'이 붕괴된다는 뜻이다. 왜 그럴까? 두 관측자를 A, B라 했을 때 A가 바라본 B의 시간은 순수한 시간이 아니라 '시간과 공간의 조합'이기 때문이다. 바로 이것이 특수상대성이론의 핵심이다. 사실 앞에 열거한 두 항목은 상대성이론이 등장하기 한참 전부터 물리학자들 사이에 널리 알려진 사실이었다. 아인슈타인이 위대한 물리학자로 추앙받는 이유는 서로 모순되는 듯한 두 가정을 하나로 엮어서 완벽한 이론 체계를 만들어냈기 때문이다.

특수상대성이론은 그 자체로도 중요한 이론이지만 시간과 공간의 **대칭**을 간파하여 후대의 물리학을 업그레이드시켰다는 점에서 인류의 지성이 낳은 위대한 유산이라 불릴 만하다. 이 대칭은 앞에 열거한 두 개의 가정에 잘 나타나 있다. 첫 번째 가정은 우리가 눈여겨봐야 할 변환을 말해주고(갈릴레이변환), 두 번째 가정은 이 변환에 대하여 무엇이 불변인지를 말해주고 있다(빛의 속도).

대칭과 불변성(변화 없는 변화)은 아름다움을 추구해온 우리의 여정에 다양한 형태로 등장했다. 처음에는 뜬구름 잡는 듯 모호했지만 자연에 대한 이해가 깊어질수록 그 존재가 점차 뚜렷해지면서 결국은 자연에 아름다움을 구현한 일등공신으로 부각되었다.

파동함수(wave function)

고전적 입자는 특정 시간에 공간의 특정 위치를 점유한다. 그러나 양자역학은 입자를 완전히 다른 방식으로 서술하고 있다. 예를 들어, 전자를 서술하려면 전자의 파동함수를 알아야 한다. 전자의 파동함수는 전자가 임의의 위치에서 발견될 확률을 말해준다(확률의 분포 상태를 **확률구름**이라 한다).

전자의 파동함수를 좀 더 자세히 들여다보자. 파동함수에서 정보를 최대한으로 얻어내려면 복소수와 확률을 알아야 한다. 이 항목(파동함수)을 읽고 싶은 마음이 별로 없다 해도 마지막 부분에 별표(*)가 붙은 문장만은 꼭 읽어보기 바란다.

파동함수의 모든 시간과 모든 위치에는 복소수로 표현되는 **장**이 할당되어 있다. 다시 말해 시공간의 모든 점에 복소수가 할당되어 있다는 뜻이다. 이 복소수를 해당 지점, 해당 시간에 파동함수의 '진폭'이라 한다. 파동함수는 **슈뢰딩거 방정식**을 만족하지만 그 자체로는 물리적 의미를 갖지 않는다.

물리적으로 의미 있는 양은 파동함수의 크기를 제곱한 값이다(파동함수는 복소함수지만 크기를 제곱하면 항상 0 또는 양의 실수가 된다). 이 값이 바로 전자의 **확률구름**에 해당한다. 특정 위치, 특정 시간에 전자가 발견될 확률은 그 위치와 시간에 계산된 확률구름에 비례한다.

이와 같이 전자는 넓은 공간에 퍼져 있는 파동함수로 서술되지만 전자 하나가 넓게 퍼져 있다는 뜻은 아니다. 입자감지기에 포착된 전자는 질량과 전하를 갖고 있는 명확한 입자이며, 파동함수는 입자가 발견될 확률의 분포 상태를 알려줄 뿐이다.

양자역학에서는 두 개 이상의 입자도 파동함수로 서술된다. 그런데 여기에는 '양자적 얽힘(quantum entanglement)'이라는 중요한 특성이 숨어 있다.

양자적 얽힘을 이해하기 위해 두 개의 입자에 대한 '그럴듯하면서 틀린' 서술을 예로 들어보자. 입자 a, b를 동시에 서술하는 파동함수는 'a를 서술하는 파동함수 A와 b를 서술하는 파동함수 B의 곱(AB)'이라고 추측할 수 있다. 그렇다면 '입자 a가 위치 x에서 발견되고 b가 위치 y에서 발견될 확률'은 'a가 x에서 발견될 확률'과 'b가 y에서 발견될 확률'의 곱과 같을 것이다[$(AB)^2 = A^2B^2$이므로 각 확률의 곱과 같다 - 옮긴이]. 다시 말해 두 개의 확률은 서로 독립적이다. 그러나 이것은 물리적으로 결코 수용할 수 없는 결과이다. a의 위치는 어떻게든 b

의 위치에 영향을 줄 것이기 때문이다.

두 개의 전자를 올바르게 서술하려면 6차원 파동함수를 도입해야 한다. 이 함수의 변수는 모두 여섯 개인데, 그중 처음 세 개는 a의 위치이고 나머지 세 개는 b의 위치를 나타낸다. 이 파동함수를 제곱하여 확률을 계산해보면 두 입자는 더 이상 독립적이지 않음을 알 수 있다. a의 위치를 관측하면 b의 위치에 영향을 주고 그 반대도 마찬가지이다. 즉 두 입자는 서로 "얽혀 있다."

양자적 얽힘은 양자역학에서 드물게 일어나는 현상이 아니며, 실험적으로도 이미 검증되었다. 헬륨원자에 속한 두 전자의 파동함수가 대표적 사례다. 헬륨원자의 **스펙트럼**은 매우 정밀한 수준까지 측정되어 있는데, 양자적으로 얽힌 파동함수를 사용하면 이 결과가 정확하게 재현된다.

* 상상으로 만들어낸 6차원 공간이 헬륨원자와 같이 현실적이고 구체적인 대상에 구현되어 있다는 것은 거의 기적에 가깝다. 헬륨원자의 스펙트럼은 6차원 공간에서 보내온 우편엽서이다! *

파동함수에 대한 구체적 설명은 **양자이론**을 참고하기 바란다.

(마지막 첨언: 사실 '파동함수'는 그다지 적절한 용어가 아니다. 일반적으로 '파동'이라고 하면 진동하는 무언가를 떠올리게 되는데, 파동함수 자체는 진동하지 않을뿐더러 진동하는 대상을 서술하는 함수도 아니다. 내 생각에는 '전자의 확률장의 제곱근'이 더 나을 것 같은데, 파동함수라는 용어가 너무 깊게 뿌리박고 있어서 고치기는 어려울 것 같다.)

파장(wavelength)

파동 중에서 특히 중요한 것은 공간에서 주기적으로 변하는 파동이다. 일정한 주기 없이 제멋대로 변하는 파동도 확실한 주기를 갖는 파동의 조합으로 표현할 수 있기 때문이다. 즉 주기적인 파동은 모든 복잡한 파동을 서술하는 기본단위라 할 수 있다(이것은 **분석과 종합**이 적용되는 또 하나의 사례이다). 악기에서 생성된 순음과 **전자기파**의 스펙트럼색은 시간과 공간에 대하여 주기적으로 변한다(음색/순음 참조).

명확한 주기를 갖는 파동에서 이웃한 마루 사이의 거리 또는 이웃한 골짜기 사이의 거리를 파장이라 한다. **주기**가 시간에 따른 변화를 말해주듯이, 파장은 위치(공간)에 따른 변화를 말해준다. 파장의 사례는 다음과 같다.

• 인간이 들을 수 있는 음의 파장 범위는 대략 1cm~1m다. 그래서 모든 악기의 크기는 이

범위 안에 들어 있다. 가장 큰 악기는 파이프오르간이고, 가장 작은 악기는 피콜로다. 개를 부르는 호루라기는 이 범위를 벗어나 있다!

• 인간이 볼 수 있는 스펙트럼색의 파장은 약 400nm(4×10^{-7}m, 푸른색)~700nm(7×10^{-7}m, 붉은색)이다. 기계를 사용하면 가시 영역을 크게 넓힐 수 있다. 바이올린이나 피아노가 순음의 조합으로 듣기 좋은 음악을 만들어내듯이, 원자와 분자는 빛으로 음악을 만들어내고 있다.

기계를 사용하면 눈과 귀의 가시(가청)영역뿐만 아니라 인식의 세계도 크게 확장된다(그러나 광학기계가 적외선을 감지했다 해도, 사람들에게 그것을 보여주려면 기존의 가시광선 범위 안에서 표현하는 수밖에 없다. 예를 들어, 적외선카메라는 파장이 긴 자외선을 붉은색으로 보여준다. 어차피 자외선은 두뇌가 판별 가능한 색 목록에 없기 때문에 기계를 사용한다 해도 새로운 인식의 문이 열린다는 것은 다소 과장된 표현인 것 같다 – 옮긴이).

패러데이의 법칙(Faraday's law)

곡선 주변에서 계산된 **전기장**의 **회전**이 그 곡선으로 에워싸인 면을 통과하는 **자기장** 선속의 변화율에 마이너스부호를 취한 값과 같다는 법칙. 패러데이의 법칙은 **맥스웰의 법칙** 중 하나로 편입되었다.

페르미온(fermion)

➡ **보손** 참조.

표준모형(standard model)

➡ **코어이론** 참조.

프랙털(fractal)

모든 척도에서 세부 구조를 갖는 기하학적 도형을 프랙털이라 한다. 복잡한 프랙털 영상을 크게 확대하면 그 안에 복잡한 구조가 또 발견되고, 이것을 다시 확대해도 여전히 복잡한 구조가 눈에 뜨인다. 그리고 대부분의 경우 확대를 통해 나타난 미세 구조는 원래의 구조와 동일하다!

지금까지 발견된 프랙털은 규모와 형태가 매우 다양하여, 일괄적으로 정의하기 쉽지 않다.

또한 프랙털은 작은 부분도 전체 못지않게 복잡하기 때문에 **분석**과 **종합**이나 **미적분학**을 적용해도 별다른 효과를 보기 어렵다. 그보다는 자기닮음(도형의 일부를 확대한 모습이 원래의 형태와 비슷한 성질 – 옮긴이)을 이용한 귀납적 방법이 훨씬 효율적이다(매우 흥미로운 내용이지만 우리의 주제와 직접적인 관계가 없으므로 자세한 설명은 생략한다).

간단한 기하학적 규칙을 여러 번 반복적으로 적용하면 복잡한 프랙털을 만들 수 있다. 이 과정은 컴퓨터로 수행하는 것이 훨씬 효율적이어서 컴퓨터예술이라는 새로운 장르가 탄생하기도 했다.

플라톤 정다면체(Platonic solid)/플라톤 면(Platonic surface)

여러 개의 **정다각형**들이 동일한 방식으로 연결되어 이루어진 3차원 입체도형을 플라톤 정다면체라 한다. 기하학적으로 가능한 플라톤 정다면체는 정사면체와 정팔면체, 정이십면체, 정육면체, 그리고 정십이면체가 있다.

3차원 공간에 존재할 수 있는 정다면체는 방금 열거한 다섯 개가 전부이다. 이것은 유클리드의 《원론》에 증명되어 있다.

플라톤 정다면체의 표면은 정다면체 자체보다 더 근본적이면서 흥미로운 도형이다. 그래서 나는 이들을 '플라톤 면'으로 명명했다.

플라톤 정다면체는 오랜 세월 동안 수학자와 과학자들, 그리고 신비주의자들에게 다양한 영감을 불러일으키며 '천상의 도형'으로 군림해왔다.

플랑크상수(Planck's constant)/축약형 플랑크상수(reduced Planck's constant)

1900년에 독일의 물리학자 막스 플랑크는 **전자기유동체**가 뜨거운 기체와 함께 평형상태에 도달하는 과정을 연구하던 중, 물질과 전자기복사의 에너지 교환이 어떤 최소 단위의 **양자**로 이루어져야 한다는 결론에 도달했다. 그는 에너지의 최소 단위가 빛의 진동수에 비례한다는 가정 하에 둘 사이를 연결하는 상수를 도입했는데, 이것이 바로 그 유명한 플랑크상수다. (기호로는 b로 표기한다. 에너지와 진동수 사이의 관계는 훗날 플랑크-아인슈타인 관계식으로 알려지게 된다).

아인슈타인은 플랑크-아인슈타인 관계식이 전자기유동체와 원자의 에너지교환뿐만 아니라 전자기유동체 자체에도 적용된다고 생각했다. 한편 보어는 자신이 제안한 원자모형에서 플랑크상수를 이용하여 원자의 **정상상태**를 결정하는 규칙을 제안했는데, 이 규칙이 수소원자 **스펙트럼**을 성공적으로 설명하면서 "플랑크상수는 빛뿐만 아니라 물질의 상태를 서술할 때도 유용하다"는 사실이 널리 알려지게 되었다.

현대의 **양자이론**에서 플랑크상수는 시도 때도 없이 등장한다. 특히 입자의 **스핀**은 플랑크상수의 단위로 표기하는 것이 관례로 되어 있다. 또한 양자이론에는 플랑크상수를 2π로 나눈 값이 자주 등장하는데, 이것을 '축약형 플랑크상수'라 하고 기호로는 ℏ로 표기한다. **전자와 양성자, 중성자, 뉴트리노**의 스핀이 1/2이라는 것은 '축약형 플랑크상수의 1/2배'라는 뜻이다.

피타고라스의 정리(Pythagorean theorem)

직각삼각형의 빗변의 길이를 c, 나머지 두 변의 길이를 각각 a, b라 했을 때 '$a^2+b^2=c^2$'임을 증명한 정리. 기원전 5세기경에 피타고라스가 증명한 것으로 추정되며, 기하학의 기원을 이룩했던 중요한 정리이다.

함수(function)

어떤 양이 시간에 따라 변할 때 그 양을 '시간의 함수'라 한다. 일반적으로 x의 값에 의해 y가 결정될 때 y는 x의 함수이며, 기호로는 $y(x)$로 표기한다.

사례:

- 보스턴 시의 온도는 시간의 함수이다.
- 지구표면의 온도는 위치와 시간의 함수이다. 또는 "시공간의 함수"라고 말할 수도 있다 (장 참조).

핵자(nucleon)

원자핵을 구성하는 입자를 핵자라 한다. 간단히 말해 양성자와 중성자를 통칭하는 용어다.

향(flavor, 香)

쿼크는 여섯 가지 향을 갖고 있으며, 종류에 따라 위(up, u), 아래(down, d), 기묘(strange, s), 맵시(charm, c), 꼭대기(top, t), 바닥(bottom, b)으로 표기한다(뒤로 갈수록 질량이 크다). 모든 쿼크는 3차원 색으로 표현되는 **고유공간**에 존재하고, 강력에 대하여 똑같이 반응한다. 이들 중 u, c, t의 전기전하는 양성자의 2/3배이고 d, s, b의 전기전하는 양성자의 -1/3배다. 쿼크가 약력에 반응하는 방식은 종류마다 조금씩 다르며, 강력보다 다소 복잡하다(쪽 참조).

쿼크의 종류가 이토록 많은 이유는 아직 불분명하다. 다만 양성자와 중성자가 u와 d로 이루어져 있으므로, 이들이 현실 세계에서 가장 큰 역할을 한다는 사실만은 분명하다.

확률구름(probability cloud)

고전물리학에서 입자는 임의의 시간에 공간의 한 점을 점유하며, 그 위치는 운동방정식을 통해 정확하게 결정된다. 그러나 양자역학에서 입자는 명확한 시간과 위치를 점유하지 않고 모든 공간에 퍼져 있는 **확률구름**의 형태로 존재한다. 이 확률구름은 시간에 따라 변하지만 일부 특수한 경우에는 변하지 않을 수도 있다(**정상상태** 참조).

이름에서 알 수 있듯이, 확률구름은 하나의 물체(입자)가 넓게 퍼져 있는 상태로 가시화할 수 있다. 이때 각 부분의 밀도는 그 위치에서 물체(입자)가 발견될 상대적 확률을 의미한다. 확률구름의 밀도가 높은 곳에서는 입자가 발견될 확률이 높고 밀도가 낮은 곳에서는 발견될 확률이 낮다.

양자역학의 방정식으로는 확률구름을 직접 구할 수 없다. 일단은 슈뢰딩거 방정식을 풀어서 파동함수를 구한 후 파동함수에 제곱을 취해야 한다(파동함수는 복소함수이므로, 단순한 제곱이 아니라 절대값의 제곱을 취해야 한다 – 옮긴이)(**파동함수, 슈뢰딩거 방정식** 참조).

환원주의(reductionism)

'분석과 종합'을 별로 곱지 않은 시선으로 부르는 용어. **분석과 종합** 참조.

회전(circulation)

일반적으로 공기나 물과 같은 유체는 **벡터장**으로 표현될 수 있다(모든 점에서 유체가 흐르는 속도는 그 지점에 할당된 벡터의 크기와 방향으로 표현된다). 이런 경우 임의의 한 지점에서 벡터장의 회전이란 그 점에서 유체의 각운동(angular motion)을 나타내는 양이다. 예를 들어, 태풍의 중심부를 감싸는 곡선 주변에서는 회전이 매우 크다.

좀 더 정확한 정의는 다음과 같다. 공기가 가느다란 원통 모양을 그리며 돌고 있을 때 회전은 원통을 따라 단위시간에 이동한 공기의 양을 원통의 면적으로 나눈 값이다(원통 안으로 공기가 유입되거나 밖으로 빠져나가는 경우는 없다고 가정한다).

전기장이나 **자기장**의 회전도 이와 비슷한 방법으로 계산할 수 있다. 이 값은 **맥스웰 방정식**에서 핵심적인 역할을 한다(**앙페르의 법칙/앙페르–맥스웰의 법칙** 참조).

횡파(transverse wave)/편광(polarization of light)

파동의 진행 방향과 진동 방향이 서로 수직을 이루는 파동을 횡파라 한다. 자연의 아름다움을 추구하는 우리의 여정에서 가장 중요한 횡파는 **전자기파**(빛)이다.

전자기파가 텅 빈 공간(**진공** 참조)을 진행할 때 전기장과 자기장은 진행 방향과 수직을 이룬다(전기장과 자기장은 **벡터**이다). 즉 전자기파는 횡파이다.

반면에 음파는 진행 방향으로 압축과 이완이 반복되면서 나아가는데, 이런 파동을 종파(longitudinal wave)라 한다.

가장 단순한 빛인 단색광도 색과 진행 방향 외에 '편광'이라는 특성을 갖고 있다. 그중에서 가장 단순한 것은 선형편광이다. 빛이 당신을 향해 날아가고 있을 때 전기장이 항상 당신의 머리와 발을 잇는 방향으로 진동한다면 그 빛은 '지면에 대하여 수직 방향으로 선형편광된 빛'이다. 굳이 지면에 대하여 수직이 아니더라도 전기장이 진행 방향에 수직한 모든 전자기파는 맥스웰 방정식의 해(解)가 될 수 있다. 예를 들어, 전자기파의 진행 방향과 수직한 면에서 전기장의 진동 방향이 원이나 타원을 그리며 변하는 경우에는 각각 '원형편광된 빛' 또는 '타원편광된 빛'이라 한다.

인간은 편광된 빛과 그렇지 않은 빛을 구별할 수 없지만 일부 곤충과 새들은 구별할 수 있다.

흡수(absorption)

독립적으로 존재하던 입자가 흔적을 남기지 않고 사라졌을 때 "그 입자는 흡수되었다"고 말한다. 그런데 물리계의 총 에너지는 항상 보존되어야 하므로, 사라진 입자의 에너지는 다른 형태로 바뀐다. 예를 들어, 빛의 입자(광자)가 당신의 망막을 때리면 단백질(rhodopsin)이 광자를 흡수하면서 형태가 바뀌고 여기서 발생한 전기신호가 대뇌에 전달되어 시각 영상을 만들어낸다.

힉스 메커니즘(Higgs mechanism)

우리는 **약력**의 작동원리가 **국소대칭**이 반영된 아름다운 방정식을 통해 서술되기를 원한다. 이 방정식을 텅 빈 공간에 적용하면 약력**유동체**의 **양자**인 **약력자**의 질량이 0이라는 결과가 얻어지는데, 실제로 약력자의 질량은 양성자의 수십 배에 달한다. 이 문제를 해결하기 위해 제안된 가설이 바로 힉스 메커니즘이다. 이 가설에 의하면 공간을 가득 채우고 있는 **힉스장**이 약력자를 비롯한 여러 입자에 질량을 부여한다.

힉스 메커니즘에 의하면 우리는 **약전하**의 **전류**가 흐르는 **초전도체** 안에서 살고 있는 셈이다.

힉스입자(Higgs particle)/힉스보손(Higgs boson)

힉스유동체의 최소 단위나 **양자**를 뜻하는 용어. 힉스입자는 보손에 속하기 때문에 '힉스보손'이라고도 한다.

자세한 설명은 **힉스장/힉스유동체**와 본문 16장을 참고하기 바란다.

힉스장(Higgs field)/힉스유동체(Higgs fluid)

힉스유동체는 **코어이론**의 방정식에 등장하는 유동체이며, 힉스장은 힉스유동체가 다른 입자에 주는 영향을 평균한 것이다. 자세한 내용은 **장/유동체**와 **전기장/전기유동체**, 그리고 본문 16장을 읽어보기 바란다.

힘(force)

물리학에서(그리고 이 책에서) 힘이라는 용어는 두 가지 의미로 사용되고 있다.

(1) 뉴턴역학에서 힘이란 하나의 물체가 다른 물체에 행사하는 영향의 척도이다. A가 B에게 힘을 행사하면 B는 가속운동을 하게 된다(**가속도** 참조).

(2) **코어이론**에서 자연에 존재하는 기본 힘은 중력, 전자기력, 강력, 약력으로 구분되는데, 이들은 종종 힘 대신 '상호작용(interaction)'으로 불리기도 한다(전자기적 상호작용, 강한 상호작용 등). 그러나 상호작용보다는 힘이 더 '힘차게' 들리기 때문에 나는 이 책에서 힘이라는 용어를 주로 사용했다.

힘입자(force particle)

힘입자는 **코어이론**에 등장하는 **보손**(광자, 약력자, 글루온, 중력자, 힉스입자)을 통칭하는 말이지만 공식적인 용어는 아니다. '힘입자'라고 표기하면 자연에서 입자(보손)의 역할을 대략적으로나마 짐작할 수 있으므로, 사용자 친화적인 용어라 할 수 있다.

*W*입자(W particle)

약력을 매개하는 무거운 입자. **약력** 및 **약력자** 참조.

*Z*입자(Z particle)

약력을 매개하는 무거운 입자. **약력자** 참조.

미주

1

음악에서는 아주 단순한 사실도 흥미로운 질문을 야기한다. 피타고라스는 중요한 질문을 후대에 남겼다—두 음의 진동수 비율이 간단한 정수비로 표현될 때 조화롭게 들리는 이유는 무엇인가?

추상화(Abstraction)

피아노 건반에서 중간 C음을 기준으로 한 옥타브 올라가면 높은 C음에 도달하는데, 두 음의 진동수는 정확하게 2배 차이가 난다. 즉 높은 C음의 진동수는 낮은 C음의 2배이며, 비율로 표현하면 정수로 나타낼 수 있는 가장 간단한 비율인 2:1이 된다. 그러므로 피타고라스의 주장에 따르면 낮은 C와 높은 C는 '동시에 울렸을 때 가장 조화롭게 어울리는' 음이다. 화음의 원리를 좀 더 깊이 이해하기 위해 전자 장비를 이용하여 소리의 강도가 동일한 순음(낮은 C와 높은 C)을 재생한다고 가정해보자. 그러나 이 정도로는 귀에 들리는 음파가 정확하게 정의되지 않는다. 두 개의 음이 어떤 위상차로 귀에 도달할지 알 수 없기 때문이다. 전자 장비에서 생성된 두 개의 사인파는 위상이 같을 필요가 없다. 즉 한 파동의 마루가 다른 파동의 마루와 일치하지 않을 수도 있다는 뜻이다. 이런 경우 두 개의 순음 사이에는 "위상차가 있다"고 말한다. 이 위상차에 따라 전체 파동의 형태는 완전히 달라질 수도 있다. 그러나 위상이 얼마나 다르건 간에 두 음은 항상 같은 소리로 들린다! 나는 다양한 악기를 대상으로 이 실험을 여러 번 해봤는데, 기저막(귓속에서 달팽이관을 떠받치고 있는 섬유성 막 – 옮긴이)은 두 음을 구별하면서도 위상 차이는 감지하지 못했다. (귀의 내부에서 진행되는 과정은 실험으로 알아내기가 쉽지 않다. 그래서 대부분의 실험은 귀 밖에서 도구를 이용하여 진행된다.) 그러나 우리는 이 정보를 어떻게든 하나로 모아서 "두 개의 C음이 동시에 울리고 있다"는 사실을 알아낸다. 물리적 정보가 담겨 있는 연속 신호를 하나의 '묶음'으로 인지하여 대상을 추상화시키는 것이다.

두 음의 진동수가 지나치게 가깝지 않은, 한 옥타브가 아닌 두 음(즉 계명이 다른 두 음)이

뷰티풀 퀘스천

섞인 경우에도 동일한 논리를 적용할 수 있다. [극단적인 경우로 진동수가 같은 두 음이 다른 위상으로 울리는 것을 '유니즌(unison)'이라 한다. 이런 경우에 두 음의 위상차에 변화를 줘도 여전히 진동수가 같은 두 음이 들려온다. 단, 소리의 강도는 위상차에 따라 달라질 수 있다.]

'종합'과 '추상화'는 정보를 처리하는 바람직한 방법이다. 자연의 소리나 간단한 악기(목소리 포함)에서는 하나의 음원에서 다른 옥타브의 음이 무작위의 위상차로 동시에 생성되는 경우가 종종 있다. 만일 우리가 이렇게 다른 위상으로 섞인 복합파동을 일일이 구별할 수 있다면 쓸모없는 정보를 분석하느라 '옥타브'라는 일반적 개념을 습득하기가 매우 어려웠을 것이다. 결과론 같지만, 인간은 효율적인 진화를 통해 필요 없는 기능은 퇴화시키고 필요한 기능만 선택적으로 발전시킨 것 같다.

우리 주변에는 넓은 영역에 걸쳐 있는 다른 옥타브의 음을 같은 음으로 인지하는 사람들이 꽤 많이 있다. 이들은 위상과 절대 진동수에 관한 정보를 취하지 않고 상대 진동수만으로 음을 판단한다.

필요 없는 정보를 무시하고 필요한 정보만 취하여 추상화를 구현하는 것은 확실히 효율적인 방법이다. 그렇다면 이 과정을 어떻게 구현할 수 있을까? 이것은 리버스 엔지니어링에서 매우 중요한 문제이다. 내가 보기에 생물학적으로 가능한 방법은 다음과 같다.

- 기저막의 각기 다른 부위의 진동에 반응하는 신경세포들(또는 신경세포의 작은 네트워크)이 역학적 또는 화학적으로 결합하여 진동의 위상을 일치시킬 수 있다. 이 현상은 물리학자와 공학자들 사이에 '위상동기화(phase locking)'로 알려져 있다. 이 개념을 조금 변형하면 두 개의 신경세포에서 전송된 정보를 하나의 신경세포가 수신하여[또는 내이(內耳)에서 진동하는 모세포의 정보를 곧바로 수신하여] 위상차와 관련된 정보를 걸러낸다고 생각할 수도 있다.

- 몇 개의 신경세포로 이루어진 신경단위들이 기저막의 각 부위에서 일어나는 진동과 위상차에 반응한다고 생각할 수도 있다. 그렇다면 서로 다른 부위에 있는 두 신경단위의 정보를 결합했을 때 동기화가 이루어지는 경우가 종종 있을 것이고, 그다음 단계의 신경단위들이 동기화된 신호에 가장 예민하게 반응한다면 효율적인 추상화를 구현할 수 있다.

- 모든 진동수마다 '표준대표(standard representative)'가 존재할 수도 있다. 표준대표에 해당하는 신경세포의 출력은 광역 시간 조절 메커니즘에 맞춰 있다. 그렇다면 입력

신호의 상대적 위상차가 어떤 값이건 간에 표준대표들 사이의 상대적 위상차는 항상 같을 것이다.

기저막이 입력 신호의 마루와 골을 전혀 구별하지 않고 진동하는 단순한 모형은 여기 제시하지 않았다(이것은 사람이 전자기파를 인식하는 방법과 비슷하다). 이런 식이라면 위상차와 관련된 정보가 누락될 뿐만 아니라 진동수의 비율이 입력 정보에 포함되지 않기 때문에 피타고라스의 화성이론을 설명할 수 없게 된다.

기억(Retention)

벤저민 프랭클린(Benjamin Franklin)은 글래스하모니카(유리를 크기 순서로 나열해놓고 손가락으로 문질러서 음을 만들어내는 악기 - 옮긴이)를 직접 개량할 정도로 음악에 조예가 깊었다[모차르트의 C장조 아다지오(K 356)는 글래스하모니카를 위한 곡이다]. 1765년에 프랭클린이 로드 케임스(Lord Kames)에게 보낸 편지에는 다음과 같은 내용이 적혀 있다.

"대부분의 사람들은 연속적으로 이어지는 음을 '멜로디'라 하고, 동시에 울리는 음을 '화음'이라고 부릅니다. 그러나 우리 머리는 방금 전에 들었던 음의 높이를 기억하고, 이것을 다음에 들려오는 음의 높이와 비교하여 멜로디의 품질을 평가합니다. 그러므로 시간차를 두고 발생한 두 음에서도 화성을 느낄 수 있을 것입니다."

방금 전에 들었던 음의 진동수를 지금 들리는 음의 진동수와 비교할 수 있다는 것은 수신된 진동 패턴을 짧은 시간 동안 기억하고 재현하는 세포 네트워크가 존재한다는 것을 강하게 시사하고 있다. 이런 네트워크는 위에서 말한 표준대표를 연상케 한다. 상대적 음높이를 인지하는 것(상대음감)은 표준대표의 간단한 비교를 통해 이루어지며, 음의 절대적 높이를 인지하는 능력(절대음감)과는 무관하다.

또한 우리는 악기를 연주하거나 노래를 부를 때 꽤 긴 시간 동안 어느 정도 규칙적인 빠르기를 유지할 수 있다. 이것도 우리의 신경계 안에 조절 가능한 진동 네트워크가 존재한다는 것을 시사하고 있지만, 이 경우에는 진동수가 매우 낮다.

애석하게도 나는 음을 판별하는 능력이 별로 뛰어나지 않다. 하지만 인공적인 공감각을 이용해서라도 한계를 극복하고 싶었기에 무작위로 고른 음이 특별한 색과 함께 나타나는 프로그램을 개발하여 소리를 듣고 색을 맞히거나 색을 보고 소리를 맞히는 훈련을 해보았다. 처음에는 적중률이 많이 떨어졌지만 여러 번 시행착오를 겪고 나니 음을 판별하는 능력이 조금 향상된 것 같았다. 아마 내가 만든 프로그램보다 효율적인 방법이 분명히 있을 것이다.

화성의 본질과 인지 과정을 실험적으로 밝히는 것은 결코 쉬운 일이 아니다. 그러나 피타고라스가 위대한 발견을 이룩하고 거의 2500년이 지난 후에 그 원리가 밝혀진다면 더없이 기쁘고 놀라운 사건이 될 것이다. "너 자신을 알라"고 했던 소크라테스의 가르침은 화성을 이해하는 데도 가장 중요한 덕목이다.

2

좀 더 일반적인 방법으로 플라톤 면을 찾을 수 있다면 플라톤 정다면체가 다섯 개라는 한계를 넘어설 수 있지 않을까? 본문에서 우리는 정다면체의 꼭짓점에서 만날 수 있는 정삼각형의 개수가 다섯 개 이하임을 확인했다. 정삼각형의 내각은 $60°$이므로, 정삼각형 여섯 개가 한 꼭짓점에서 만나면 '$6 \times 60° = 360°$', 즉 평면이 되기 때문이다.

평면이 아닌 구면 위에서는 세 개, 네 개 또는 다섯 개의 정삼각형이 아무런 빈 틈 없이 꼭짓점에서 만날 수 있다. 구면 위에 투영된 정삼각형은 하나의 내각이 $60°$보다 크기 때문이다. 이것은 플라톤 입체도형을 상상하는 또 하나의 방법이다.

그렇다면 정삼각형의 한 각이 $60°$보다 작은 곡면도 있을까? 만일 이런 면이 존재한다면 한 꼭짓점에서 여섯 개 이상의 정삼각형이 만나는 플라톤 정다면체를 만들 수 있을지도 모른다.

그런 곡면은 실제로 존재한다. 평면을 바깥쪽으로 구부리면 볼록한 곡면이 되지만 안쪽으로 구부리면 말안장처럼 움푹 들어간 곡면이 된다. 그리고 이런 곡면에 투영된 정삼각형의 내각은 $60°$보다 작다. 정확한 값은 휘어진 정도(곡률)에 따라 다른데, 적절한 곡률로 휘어져 있으면 정삼각형 여섯 개 또는 일곱 개가 하나의 꼭짓점에서 빈틈없이 만날 수 있다(곡률은 무한히 커질 수 있으므로 삼각형의 개수에도 한계가 없다). 수학적으로 말안장 곡면과 일치하는 것은 트로코이드(trochoid, 사이클로이드를 일반화시킨 곡선 또는 곡면 – 옮긴이)이다.

고대 기하학자들은 건축가들의 수요를 충족하고도 남을 정도로 기하학에 대하여 많은 것을 알고 있었다. 진리와 지식을 향한 이들의 열정이 충실하게 전수되었다면 비유클리드 기하학(구면기하학)과 미술에 기하학을 도입한 모리츠 에셔(Maurits Escher, 1898~1972)의 작품은 19~20세기가 아닌 서기 1년경에 탄생했을 것이다.

3

애슈몰린 석(Ashmolean stones)과 그와 유사한 유품들이 플라톤 정다면체라는 확실한 증거는 없다. 학자들은 이 문제를 놓고 지금도 논쟁을 벌이고 있다. math.ucr.edu/home/baez/icosahedron 참조.

4

헤르만 바일은 나의 영웅이다. 나는 그의 책을 읽으며 자랐고 지금도 틈날 때마다 읽고 있다. 그는 내가 아주 어렸을 때 세상을 떠났기 때문에 직접 만나볼 기회는 없었지만 본문에 인용된 그의 아름다운 글은 자연의 아름다움을 찾는 우리의 여정에 중요한 동기를 제공했다. 나는 바일의 글을 접할 때마다 한 편의 시를 읽는 듯한 느낌이 든다. 아닌 게 아니라 그가 다음과 같이 몇 구절만 더 적었다면 훌륭한 시가 되었을 것이다.

세상은 더없이 단순하다.
나의 머리와 몸은 의식 속에서 하나로 엮여
빠르게 지나가는 영상에 생명을 불어넣는다.
이 세상에 존재하는 것은 사례들뿐이다.
그래서 세상은 단순하다.
그러나 안타깝게도 이런 일은 일어나지 않았다.

5

maxwells-equations.com에는 맥스웰 방정식이 초보자 수준에 맞춰 자세하게 설명되어 있다(동영상도 있다!). 위키피디아(en.wikipedia.org/wiki/Maxwell%27s_equations)도 추천할 만하다. 단, 이 부분을 참고할 때는 앞부분을 건너뛰고 개념 설명(Conceptual Descriptions)부터 읽는 것이 좋다. en.wikipedia.org/wiki/Maxwell%27s-equations#mediaviewer/File:Electromagneticwave3D.gif에는 공간 속에서 이동하는 전자기파의 형태가 동영상으로 올라와 있다.

6

색맹인 남자의 어머니와 딸 중에 사색자가 많다는 것은 통계 자료가 입증하고 있다. 색맹인 남자의 녹색, 청색 수용체가 매우 비슷하면(완전히 같지는 않음) 이 특질은 X-염색체를 통해 딸에게 전달된다. 그러나 어머니가 정상이면 딸들은 네 개의 색수용체를 갖게 된다(그중 두 개는 매우 비슷하다). 만일 이것이 사실이라면 사색자는 그리 드문 현상이 아니며, 같은 논리에 의해 색맹인 남자의 어머니도 사색자일 가능성이 높다.

7

인류원리의 일반적 의미는 '용어해설'에 정리해놓았다. 거기에는 인류원리라는 항목도 있고 암흑물질과 암흑에너지에도 인류원리가 언급되어 있다. 이 내용을 본문에 섞어놓으면 논지가 산만해질 것 같아서 따로 빼놓은 것이니, 불편하더라도 '용어해설'을 읽어보기 바란다.

8

과학 작가들 중에는 세 종류의 색전하를 다른 이름으로 부르는 사람도 있다. 본문에서 채택한 적-녹-청(RGB)도 임의로 붙인 이름이지만 앞에서 다뤘던 스펙트럼색의 혼합 규칙이 비슷하게 적용되기 때문에 여러모로 편리하다.

본문에서는 색 고유공간에 대하여 자세한 설명을 하지 않았다. 내용이 다소 복잡한 데다 복소수까지 등장하기 때문이다. 강력의 색전하 공간은 3차원 고유공간이며, 약력과 전자기력의 고유공간도 이와 비슷하다. 이곳에 대칭변환을 가해도 원점과의 거리는 변하지 않는다. 따라서 고유공간은 다양한 차원의 구(球)로 시각화할 수 있다. 단, 강력의 경우에는 세 개의 복소 차원에서 출발하기 때문에 실제로는 6차원이며, 쿼크의 고유공간은 5차원 구에 대응된다. 전자기력의 전하는 한 개의 실수 차원과 두 개의 복소 차원으로 이루어져 있어서 최종적으로는 1차원 구에 대응되며, 원의 반지름은 전하를 의미한다.

9

1919년에 헤르만 바일은 〈상대성이론의 새로운 확장(Eine neue Erweiterung der Relativitätstheorie)〉이라는 논문에서 전자기력의 근원을 설명하는 멋진 이론을 제안했다. 결국 그 이론은 틀린 것으로 판명되었지만 아이디어 자체는 매우 유용했다. 실제로 바일의 논문은 중력을 제외한 힘을 국소대칭으로 설명한 최초의 시도였으며, 지금의 코어이론을 탄생시킨 원동력이었다.

'게이지대칭'이라는 용어는 바로 이 바일의 논문에서 최초로 사용되었다.

본문에서 말한 바와 같이 국소대칭은 이 세계의 다양한 모습들이 동일한 물리적 객체를 서술한다는 가정에서 출발한다. 시간과 공간, 그리고 물질을 다양한 형태로 '왜곡시켜도' 물리법칙이 그대로 적용되길 바란다면 그와 같은 왜곡을 '창조하는' 매질을 도입해야 한다(이 아이디어는 〈그림 33〉과 〈그림 EE〉에 시각적으로 표현되어 있다). 이 매질은 우리가 선택한 왜곡과 밀접하게 연관되어 있다.

바일은 자신의 이론에 국소대칭이 존재한다고 가정했다. 즉 시공간의 모든 점에서 물체의 크기를 독립적으로(국소적으로) 바꿔도 물리적 거동 방식이 변하지 않는다고 가정한 것이다! 그는 이 대담한 가정이 성립하도록 만들기 위해 '게이지연결장(gauge connection field)'이라는 새로운 장을 도입했다. 게이지연결장은 한 점에서 다른 점으로 이동할 때 자의 눈금을 얼마나 수정해야 할지 알려준다. 바일은 "게이지연결장이 국소적 척도대칭을 구현하려면 맥스웰 방정식을 만족해야 한다"는 놀라운 사실을 알아냈다! 이 기적 같은 사실에 잔뜩 흥분한 바일은 이 이상적인 수학적 연결장이 현실 세계에 실존하는 전자기장이라고 생각했다.

바일이 제안했던 연결장은 국소대칭을 보장하기 위해 반드시 필요한 요소였으나 그것만으로는 충분하지 않았다. 한 점에서 다른 점으로 이동해도 변하지 않는 객관적 척도를 정의하려면 양성자의 크기와 같은 다른 물리적 특성들을 고려해야 한다.

아인슈타인을 비롯한 일부 물리학자들은 바일의 이론에 무엇이 누락되었는지 금방 알아차렸다. 아이디어 자체는 훌륭했지만 현실성이 없었기에 그의 이론은 곧 잊힐 운명에 처했다.

그러나 양자이론이 등장하면서 상황이 크게 달라졌다. 본문에서 말한 대로, 양자이론에 의하면 전기전하는 1차원 고유공간과 관련되어 있다.

1929년에 바일은 수정된 게이지이론을 발표했다. 이 이론에 의하면 국소대칭은 시공간에 존재하는 것이 아니라 전기적 고유공간에 회전대칭의 형태로 존재한다. 이 논리에 따라 기존의 이론을 수정하면 전자기학이 완벽한 형태로 재현된다!

그로부터 수십 년 후 물리학자들은 더욱 큰 고유공간에 회전대칭을 구현함으로써 강력과 약력이론을 구축할 수 있었다. 그리고 이 아이디어를 최초로 제안한 바일에게 모든 영예를 돌리는 뜻에서 비슷한 형태의 모든 이론을 '게이지이론'으로 명명했다.

10

리정다오와 양전닝은 처음부터 이렇게 주장하지 않았다. 본문의 내용은 나중에 수정된 논문을 통해 발표된 것이다.

11

전체 상호작용에서 흐르는 전류 x와 결합의 강도는 게이지이론에 등장하는 결합의 특성을 좌우한다.

12

보어와 란다우가 에너지 비보존 사례를 발견한 것은 뇌터의 정리가 알려진 후의 일이었다. 두 사람은 물리학 전반에 걸쳐 뇌터의 정리가 적용되지 않는 파격적 변화가 일어날 것으로 예측했지만 현대의 양자이론과 코어이론은 뇌터가 자신의 정리를 증명할 때 사용했던 해밀턴 역학(Hamiltonian mechanics)에 기초하고 있다. 본문에서 말한 대로, 기술적인 면보다는 개념에 충실한 것이 바람직하다.

13

자연에 존재하는 네 개의 힘, 그리고 힘과 물질을 하나로 통일하는 것은 이론물리학의 오래된 숙원으로 이론적 체계는 어느 정도 갖춰진 상태이며, 실험적으로 확인 가능한 예측을 내놓기도 했다(그 진위 여부는 현재 실험을 통해 확인 중이다). 그러나 나는 기존의 통일이론 외에 물리학의 기본 단계에서 두 가지 통일이 추가로 가능하다고 생각한다.

그중 하나는 물질과 정보의 통일이다. 대충 말하자면 물질은 에너지와 전하의 흐름을 서술하는 방정식에 기초하고 있으며, 이 방정식은 '작용(action)'이라는 양으로부터 유도된다. 또한 작용은 엔트로피와 관련되어 있고 엔트로피는 정보와 관련되어 있다. 따라서 물질과 정보의 통일은 그다지 황당한 발상이 아니다. 이런 이론이 구축된다면 뇌터의 정리를 더욱 깊이 이해할 수 있고, 개념적 기초도 더욱 확고해질 것이다. 두 번째는 본문에서 여러 번 언급된 바 있는 역학과 초기조건의 통일이다.

"인간의 의식(정신)이란 물질의 상호작용이 낳은 결과물에 불과하다"는 프랜시스 크릭(Francis Crick)의 '놀라운 가설(Astonishing Hypothesis)'은 물리학의 변방에서 궁극적인 통일에 중요한 실마리를 제공한다. 분자신경과학이 지금처럼 아무런 장애 없이 계속 발전하고 인간의 지적 활동을 재생산하는 컴퓨터의 능력이 계속 향상된다면 인간의 존엄성을 훼손한다는 이유로 크릭의 가설을 마냥 무시할 수만은 없을 것이다.

14

월트 휘트먼은 그의 대표적 시 〈풀잎〉에서 자연의 상보성을 예견한 바 있다. 나는 이 책을 마무리하면서 그의 시를 다음과 같이 보완하고 싶다.

넓디넓은 세상

그 안에는 다양성이 공존한다.

나는 모든 것을 포용하는 눈으로 세상을 바라보고

내가 본 것을 당신에게 들려준다.

나는 모순된 존재인가?

그렇다면 좋다, 나는 모순을 받아들이겠다.

당신이 아직 경이로움을 느끼지 못했다면

다른 시각으로 세상을 바라보라.

15

수학적으로 가장 간단한 주기운동은 원주를 따라 일정한 속도로 회전하는 원운동이다. 이 운동을 위에서 세로 방향으로 내려다보면 직선 위에서 왕복하는 주기운동처럼 보이는데, 이것을 사인형 진동(sinusoidal oscillation)이라 한다. www.youtube.com/watch?v=mitioODQYgI를 방문하면 바흐의 음악을 배경으로 사인형 진동을 감상할 수 있다.

또한 http://www.mathopenref.com/trigsinewaves.html에 올라온 동영상을 보면 스프링에 매달린 채 수직으로 진동하는 물체의 운동이 사인형 진동임을 한눈에 알 수 있다. 위-아래로 진동하는 물체의 궤적을 시간 축을 따라 펼치면 (즉 물체의 위치를 시간의 함수로 표현하면) 사인파가 모습을 드러낸다. 순음의 진동과 스펙트럼의 단색광도 사인형 진동으로 서술된다. 순음의 경우에는 기압의 변화가 사인파로 나타나고 단색광은 전기장과 자기장이 사인파를 그리며 변하고 있다.

그러므로 우리의 귀가 음악을 들으면서 복합음을 단순음으로 분리하거나 프리즘이 혼합광을 단색광으로 분리하는 것도 일종의 분석이라 할 수 있다. 물론 짧은 시간 간격에서 물체의 운동을 분석하는 미적분학과는 수학적으로 많이 다르지만 대상을 분해하여 본질에 다가선다는 점에서는 개념적으로 별 차이가 없다. 수학에서 임의의 함수는 파장(또는 진동수)이 각기 다른 여러 개의 사인함수로 분해할 수 있는데, 이 기법을 푸리에 분석(Fourier analysis)이라 한다[프랑스의 수학자 조제프 푸리에(Joseph Fourier, 1768~1830)의 이름에서 따온 용어이다]. 푸리에 분석과 그 반대 과정으로 진행되는 종합은 미적분학의 무한소 분석에서 막강한 위력을 발휘한다.

16

스피너는 물리학의 여러 분야에서 사용되는 매우 유용한 개념이다.

스피너는 임의의 차원에서 정의될 수 있으며, 구체적인 특성은 차원에 따라 변화무쌍하게 달라진다.

가장 인상적인 적용 사례는 컴퓨터 그래픽이다. 스피너는 3차원 공간에서 회전을 다루는 가장 간결하고 효율적인 수단이다. 다량의 회전을 짧은 시간에 계산하고 싶다면(체감형 게임을 만들 때 이런 경우가 자주 발생한다) 스피너가 최선의 선택이다.

물리학에서는 전자를 비롯하여 스핀이 1/2인 입자의 스핀 자유도를 서술할 때 스피너가 사용되며, 상대론적 양자역학의 상징인 디랙 방정식에서는 또 다른 형태의 4차원 스피너가 등장한다. 그 외에 $SO(10)$통일이론에서 물질을 서술할 때는 10차원 스피너가 사용되고, 양자컴퓨터의 오차보정이론에도 다른 형태의 스피너가 사용된다. 그런데 마지막 세 종류의 스피너들 사이의 관계는 아직 분명하지 않다. 학계에는 이것을 또 다른 통일이론의 출발점으로 간주하는 물리학자도 있다.

물리학과 대수학을 공부해본 경험이 없는 사람은 스피너의 의미를 이해하기가 쉽지 않다. 기본적인 개념은 en.wikipedia.org/wiki/Spinor에 잘 설명되어 있지만 기적을 일으키기에는 역부족이다. youtube.com/watch?v=SBdW978Ii_E에는 "스피너란 무엇인가?"라는 제목으로 현대 수학의 대가인 마이클 아티야(Michael Atiyah)가 진행했던 강연이 올라와 있다.

스피너로부터 알 수 있는 한 가지 사실은 360° 회전시킨 상태와 회전을 전혀 하지 않은 상태가 동일하지 않다는 것이다. 완전히 같아지려면 두 바퀴(720°)를 돌아야 한다. 이 차이는 youtube.com/watch?v=fTlbVLGBm3Q에 잘 나와 있다.

17

관련 내용은 앞에서 소개했던 www.youtube.com/watch?v=mitioODQYgI와 http://www.mathopenref.com/trigsinewaves.html에 나와 있다. 그 외에 음에 관한 고전 서적으로는 헬름홀츠(H. Helmholtz)의 《음감각에 대하여(On the Sensations of Tones)》와 레일리 경(Lord Rayleigh)의 《음이론(Theory of Sound)》을 추천한다. 두 권 모두 온라인에서 읽을 수 있으며, 도버 에디션(Dover Edition, 판권이 해지된 후 싼 가격으로 파는 책 – 옮긴이)으로도 나와 있다.

18

자기장과 자기력의 관계는 다소 복잡하다. 자기장 속에서 움직이는 하전입자에 작용하는 자기력의 크기는 자기장의 크기와 입자의 전하량 및 속도에 비례하고 자기력의 방향은 입자의 속도와 자기장이 동시에 속한 평면에 수직한 방향이다. 물론 평면에 수직한 방향은 두 가지가 있으므로 둘 중 어느 방향인지 결정해야 하는데, 이 경우에는 오른손규칙을 따른다. 즉 속도벡터에서 자기장벡터를 향해 돌아가는 방향으로 엄지를 제외한 오른손 네 손가락을 감았을 때 엄지손가락이 향하는 방향이 자기력의 방향이다. 이 관계는 en.wikipedia.org/wiki/Lorentz_force에 잘 나와 있다. 자기장에 대하여 더 많은 내용을 알고 싶다면 en.wikipedia.org/wiki/Magnetic_field를 읽어보기 바란다. 전자기학 교과서로는 노벨상 수상자 멜빈 슈바르츠(Melvin Schwartz)가 저술한《전자기학의 원리(Principles of Electrodynamics)》를 추천한다.

19

세 개의 입자족(族)이 존재한다는 것은 아직 알려지지 않은 또 다른 특성이 존재한다는 뜻이다. 이 상황은 강전하와 약전하를 통해 입자가 세분된 것과 비슷하다. 그렇다면 입자족과 관련된 또 하나의 고유공간을 정의할 수 있을 것이다. 예를 들면, 입자족마다 새로운 색을 할당하여 각각 샤르트뢰즈(연녹색), 라벤더(연보라색), 피어니(작약색)라고 부를 수도 있다. 앤서니 지(Anthony Zee)와 나는 이 고유공간에 국소대칭을 적용해보았는데, '가족대칭'이 존재한다는 실험적 증거가 없기 때문에 이 대칭은 심각하게 붕괴되어 있고 게이지보손은 매우 무거울 것으로 추정된다.

20

여기서 한 가지 흥미로운 질문을 제기해보자. "우주 전체는 왜 전기적으로 중성인가?"(질문 자체가 의심스럽다면 "우주 전체는 과연 전기적으로 중성일까?"로 바꿔도 상관없다.) 우주가 중성이 아니라면 전기력이 완전히 상쇄되지 않아서 중력 대신 전기력이 천문 현상의 대부분을 좌지우지했을 것이다(전기력은 중력과 비교가 안 될 정도로 강하다!). 각운동량에 대해서도 같은 질문을 제기할 수 있다. 우주의 총 각운동량이 0이 아니라면 우주는 소용돌이와 비슷한 형태로 진화했을 것이다. 이유는 확실치 않지만 우주는 전기전하와 각운동량이 각자 균형을 이루고 있는 것 같다. 그러나 바리온과 반바리온이 균형을 이루었다면 인간을 비롯한 대부분의 물질은 우주에 존재하지 않았을 것이다. 최대한의 대칭조건에서 출발하여 우주를 동결시키면 빅뱅 초기에 바리온-반바리온 대칭이 붕괴된 이유를 설명할 수 있다. 이 이론이 궁금하다면 frankwilczek.com/Wilczek_Easy_Pieces/052_Cosmic_Asymmetry_between_Matter_and_Antimatter.pdf를 읽어보기 바란다.

21

오늘날 우리가 '암흑에너지'라 부르는 물질을 최초로 예견한 사람은 아인슈타인이었다. 그는 계량유동체의 특성이 에너지밀도와 비슷하다고 생각했는데, 사실 이것은 그가 장방정식을 수정하기 위해 나중에 끼워 넣은 '우주상수항'이었다. 우주의 에너지밀도가 갈릴레이변환에 대하여 불변량이 되려면 크기가 같고 부호가 반대인 압력이 동반되어야 한다. 즉 계량유동체의 양압이 음압과 공존해야 하는 것이다. 이런 경우를 두고 "양의 우주상수항이 존재한다"고 말한다. 그리고 음압은 우주의 팽창을 유도한다. 따라서 양의 암흑에너지밀도는 팽창과 관련되어 있으며, '밀어내는 중력'의 원천이라 할 수 있다.

우주상수항이 양(+)이 아닌 음(-)이라고 생각할 수도 있다. 계량유동체의 에너지밀도가 음이면 우주의 수축을 유도하는 양압이 존재해야 한다.

그 후 물리학자들은 계량유동체뿐만 아니라 우주에 퍼져 있는 다른 유동체들도 양 또는 음의 유한한 에너지밀도를 가질 수 있음을 알게 되었다. 갈릴레이대칭이 만족되려면 이들도 반대부호의 압력을 행사해야 한다. '암흑에너지'는 이 효과를 통칭하는 용어이며, '우주상수'는 계량유동체에 의한 효과를 의미한다. 그러나 아직은 이들의 밀도를 계산할 방법이 없고, 에너지밀도를 별개의 양으로 간주하는 것이 타당한지도 의문으로 남아 있다(**재규격화/재규격화군** 참조).

암흑에너지와 우주상수를 다룬 책들은 많이 나와 있지만 개념이 정확하게 정리되지 않아서 내가 읽어도 몹시 혼란스럽다. 정확한 정보를 얻고 싶은 독자들은 en.wikipedia.org/wiki/Cosmological_constant나 en.wikipedia.org/wiki/Dark-energy 또는 scholarpedia.org/article/Cosmological_constant를 읽어보기 바란다. 기본적인 정의와 관측 자료에 대한 설명은 이견의 여지가 없지만 이론적 배경은 아직도 논쟁거리로 남아 있다.

22

전자기력은 약력과 엮인 채 코어이론에 흡수되었기 때문에 코어이론에서 전자기력의 위치는 다소 복잡하다. 문제는 가장 단순한 방식으로 고유공간에 작용하는 게이지보손이 단순한 물리적 특성을 가진 게이지보손과 다르다는 것이다. 흔히 노란색 약전하와 자주색 약전하의 차이를 B라 하고 초전하를 C로 표기한다. 초전하는 전기전하와 밀접하게 연관되어 있을 뿐, 전기전하 자체는 아니다. 수학적으로 광자와 Z보손은 B와 C의 조합으로 표현된다. 질량이 없는 광자는 전자기력을 매개하는 반면, 1983년에 최초로 발견된 Z보손은 질량이 양성자의 100배에 달하고 자연에서 극히 제한된 역할만 수행하고 있다.

어떤 객체의 초전하는 그 객체에 포함된 입자들의 '평균 전기전하'에 해당한다(가끔은 그 2배를 초전하로 정의하는 경우도 있다). 약한 상호작용을 주고받는 입자들은 하나의 객체로 엮여서 전기전하가 바뀔 수도 있기 때문에 전기전하를 하나의 값으로 정의하기 어렵다. 초전하는 이런 객체의 전하를 일괄적으로 표현하기 위해 도입된 개념이다.

코어이론의 강력과 약전자기력을 일반 독자들의 눈높이에 맞춰 깔끔하게 설명한 책으로는 로버트 오터(Robert Oerter)의 《거의 모든 것의 이론(The Theory of Almost Everything)》을 추천한다.

노바에스(S. F. Novaes)의 arxiv.org/pdf/hep-ph/0001283v1.pdf도 읽어볼 만하다(애석하게도 일반 독자를 위한 글은 아니다). 1장은 코어이론의 역사와 연대기이고 2장에는 코어이론의 방정식들이 간단한 형태로 정리되어 있다.

추천도서

이 책의 주제와 관련하여 더 읽어볼 만한 책들을 여기 소개한다. 독자들의 편의를 위해 고전 이론(양자 이전)과 양자이론, 그리고 최신 이론으로 분류해놓았으니, 각자 관심 있는 분야를 찾아 읽어보기 바란다.

고전 이론

대가들이 심혈을 기울여 집필한 명저를 읽는 것만큼 값진 경험은 없다. 본문에서 이 책들을 인용할 때 기술적인 부분은 전혀 언급하지 않았는데, 실제로 중요한 것은 바로 그런 부분이다. 이 책을 읽고 다소 어려운 콘텐츠에 도전할 마음의 준비가 되었다면 강력히 추천하는 바이다. 다음에 제시된 목록 중에는 인터넷에서 온라인으로 읽을 수 있는 책도 있다. 그러나 역시 책은 책꽂이에 꽂아놓고 언제든지 꺼내서 필요한 부분을 골라 읽을 수 있어야 한다.

Plato, *The Collected Dialogues of Plato, Including the Letters*, Hamilton & Huntington Cairns 편집, Lane Cooper 번역(Princeton University Press).

특히 〈티마이오스(Timaeus)〉 편을 읽어보기 바란다.

Bertrand Russell, *The History of Western Philosophy*(Simon & Schuster).

특히 1권(고대 철학)과 3권(르네상스에서 흄까지)이 읽을 만하다.

Galileo Galilei, *The Starry Messenger*(Levenger).

Isaac Newton, *The Principia: Mathematical Principles of Natural Philosophy* (University of California Press).

이 명저는 해설과 곁들여 읽는 것이 좋다. 다행히도 최근에 버나드 코헨(I. Bernard Cohen)과 앤 휘트먼(Anne Whitman)의 번역본이 출간되었는데, 특히 코헨의 해설이 매우 훌륭하다. 분량이 무려 1000페이지에 가깝지만 과학을 좋아하는 독자라면 한번쯤 읽어보고 소장할 가치가 있는 책이다.

Isaac Newton, *Opticks*(Dover Publications).

《프린키피아》보다 좀 더 쉽게 읽히는 책. 특히 이 책에는 알베르트 아인슈타인의 머리말과 에드문드 휘태커(Edmund Whittaker)의 도입글, 버나드 코헨의 서문, 그리고 두에인 롤러(Duane Roller)가 작성한 각종 분석표들이 추가되어 있다.

John Maynard Keynes, *Newton, the Man*. 한 사람의 천재가 또 다른 천재에게 헌정한 짧은 에세이.

James Clerk Maxwell, *The Scientific Papers of James Clerk Maxwell*, W. D. Niven 편저(Dover Publications).

Albert Einstein, H. A. Lorentz, H. Weyl, and H. Minkowski, *The Principle of Relativity*. 아르놀트 좀머펠트(Arnold Zommerfeld)의 주석 첨부(Dover Publications).

정말 환상적인 책이다! 특수 및 일반상대성이론과 질량-에너지 변환을 아인슈타인이 직접 설명했고, 민코프스키는 시공간의 현대적 개념을 서술했으며, 위대한 수학자 바일은 통일장이론과 함께 게이지불변성을 소개했다(게이지이론은 이 책을 통해 처음으로 세상에 알려졌다!). 이 책에 실린 글은 전문가들이 쓴 논문이어서 일반 독자들이 이해하기에는 다소 무리가 있지만 개념을 정립하기에는 더 없이 좋은 책이다.

양자이론

양자이론을 제대로 이해하려면 수학과 물리학 분야의 배경 지식이 필요하다. 그러나 양자이론의 태동기에 대가들이 쓴 책과 논문은 일반 독자들에게도 큰 도움이 된다.

P. A. M. Dirac, *The Principles of Quantum Mechanics*(Oxford University Press).

책의 앞부분에 양자역학의 기본 개념이 잘 설명되어 있다.

R. P. Feynman, R. Leighton, and M. Sands, *The Feynman Lectures on Physics* (Addison-Wesley).

파인만의 강의록은 모두 세 권으로 출판되었다. 이 책은 그중 세 번째 책으로 양자역학을 다루었는데, 앞부분은 개념을 정리하는 데 많은 도움을 준다. 1권은 물리학 전반과 고전역학을 다루었고, 2권의 주제는 전자기학으로, 파인만 특유의 논리와 열정, 그리고 유머로 가득 차 있다.

Henry A. Boorse, ed., *The World of Atoms*(Basic Books).

이 책에는 고대 로마의 루크레티우스에서 현대 입자물리학에 이르기까지 원자를 탐구해온 과학의 역사가 훌륭한 해설과 함께 정리되어 있다. 특히 물질을 분석하던 단계에서 양자이론으로 옮겨가는 과정이 드라마틱하게 펼쳐진다.

최신 이론

최신 이론의 가장 훌륭한 정보 제공처는 노벨상위원회의 웹사이트(nobelprize.org)이다. 이곳을 방문하면 1901년부터 현재까지 노벨상 수상자의 연구 내용과 수상 기념 연설을 조회할 수 있다.

입자 데이터 그룹(Particle Data Group, PDG)의 웹사이트인 pdg.lbl.gov는 전문가를 위한 사이트지만 '리뷰, 표, 그래프(Reviews, Tavles, Plots)' 항목에는 첨단 물리학의 최근 소식과 관련 지식이 정리되어 있어서 일반인들도 쉽게 접근할 수 있다. 그리고 가장 중요한 사실, 이런 사이트들을 방문하다 보면 코어이론이 실험적으로 완벽하게 입증된 이론임을 깨닫게 된다.

인터넷에서 새로운 논문이 가장 먼저 올라오는 곳은 arXiv.org이다. 물론 이들 중 끝까지 살아남는 논문은 극소수에 불과하다.

plato.stanford.edu의 Stanford Encyclopedia of Philosophy에는 흥미롭고 놀라운 논문들이 다수 올라와 있다.

티모시 가워스(Tomothy Gowers)가 편집한 *Princeton Companion to Mathematics* (Princeton University Press)는 전문가를 위한 책이지만, 나의 이 책을 재미있게 읽었다면 이 책도 도전해볼 만하다. 최근에 내가 편집한 *Princeton Companion to Physics*는 2018년에 출간될 예정이다.

그림 판권

흑백 그림

권두삽화: Printed by permission of He Shuifa.

그림 1: Courtesy of the author.

그림 2: Courtesy of the author.

그림 3: Woodcut from Franchino Gaffurio, *Theorica Musice*, *Liber Primus*(Milan: Ioannes Petrus de Lomatio, 1492).

그림 4: Albrecht Dürer, *Melancholia I*, copper plate engraving, 1514.

그림 5: Courtesy of the author.

그림 6: Courtesy of the author.

그림 7: © Ashmolean Museum, University of Oxford.

그림 8: From Ernst Haeckel, *Kunstformen der Natur*, 1904. Plate1, Phaeodaria.

그림 9: Model of Johannes Kepler's Solar System theory, on display at the Technisches Museum Wien(Vienna), photograph © Sam Wise, 2007.

그림 10: Courtesy of the author.

그림 11: www.vertice.ca.

그림 12: Filippo Brunelleschi, perspective demonstration, 1425.

그림 13: Abell 2218, Space Telescope Science Institute, NASA Contract NAS5-26555.

그림 14: Diary of Isaac Newton, University of Cambridge Library.

그림 15: Sir Godfrey Kneller, portrait of Isaac Newton, oil on canvas, 1689.

그림 16: Galileo Galilei, *Sidereus Nuncius*, 1610.

그림 17: Sir Isaac Newton, *A Treatise of the System of the World*, 1731, p. 5.

그림 18: Courtesy of the author.

그림 19: Sir Isaac Newton, *The Mathematical Principles of Natural Philosophy*, vol.

1, 1729.

그림 20: Newton Henry Black and Harvey N. Davis, *Practical Physics*(New York: Macmillan, 1913), figure 200, p. 242.

그림 21: James Clerk Maxwell, 'On Physical Lines of Force', *Philosophical Magazine*, vol. XXI, Jan–Feb. 1862. Reprinted in *The Scientific Papers of James Maxwell*(New York: Dover, 1890), vol. 1, pp. 451–513.

그림 22: © Bjørn Christian Tørrissen, 'Spiral Orb Webs Showing Some Colours in the Sunlight in a Gorge in Karijini National Park, Western Australia, Australia,' 2008.

그림 23: James Clerk Maxwell with his color top, 1855.

그림 24: Courtesy of the author.

그림 25: Hans Jenny, *Kymatic*, vol. 1, 1967.

그림 27: Courtesy of the author.

그림 28: © D&A Consulting, LLC.

그림 29: Care of Wikimedia contributor Alexander AIUS, 2010.

그림 30: Wikimedia user Benjahbmm27, 2007.

그림 31: Harold Kroto, © Anne-Katrin Purkiss, reprinted by permission of Harold Kroto.

그림 33: © István Orosz, SACK, Seoul-HUNGART, Budapest, 2018.

그림 34: *Mechanic's Magazine*, cover of vol. II(London: Knight & Lacey, 1824).

그림 35: Andreas S. Kronfeld, 'Twenty-first Century Lattice Gauge Theory: Results from the QCD Lagrangian,' *Annual Reviews of Nuclear and Particle Science*, March 2012. Reprinted by permission of Andreas Kronfeld.

그림 36: Courtesy of the author.

그림 37: Emmy Noether, 1902.

그림 38, 39: Created by Betsy Devine.

그림 40: Courtesy of the author.

그림 41: Courtesy of the author.

그림 42: Wikimedia.

그림 43: NASA Mars Rover image, NASA/JPL-Caltech/MSSS/TAMU.

컬러 그림

그림 A: Printed by permission of He Shuifa.

그림 B: Detail of Pythagoras from Raphael, *Scuola di Atene*, fresco at Apostolic Palace, Vatican City, 1509 – 1511.

그림 C: Courtesy of the author.

그림 D: RASMOL image of 1AYN PBD by Dr. J.-Y. Sgro, UW-Madison, USA. RASMOL: Roger Sayle and E. James Milner-White. 'RasMol: Biomolecular Graphics for All', *Trends in Biochemical Sciences(TIBS)*, September 1995, vol. 20, no. 9, p. 374.

그림 E: Salvador Dalí, Fundacio Gala-Salvador Dalí, SACK, 2018.

그림 F: Camille Flammarion, *L'atmosphère: météorologie populaire*, 1888.

그림 G: Pietro Perugino, *Giving of the Keys to St. Peter*, fresco in Sistine Chapel, 1481 – 1482.

그림 H: Courtesy of the author.

그림 I: Fra Angelico, *The Transfiguration*, fresco, c. 1437 – 1446.

그림 J: © Molecular Expressions.

그림 K: William Blake, *Newton*, pen, ink, and watercolor on paper, 1795.

그림 L: William Blake, *Europe a Prophecy*, hand-colored etching, 1794.

그림 M: 'Phoenix Galactic Ammonite', © Weed 2012.

그림 N: Courtesy of the author.

그림 O: Courtesy of the author.

그림 P: Spectrum image by Dr. Alana Edwards, Climate Science Investigations project, NASA. Reproduced by permission.

그림 Q: Courtesy of the author.

그림 R: R. Gopakumar, 'The Birth of the Son of God', digital painting print on canvas, 2011. Via Wikimedia Commons.

그림 S: William Blake, *The Marriage of Heaven and Hell*, title page, 1790.

그림 T: Courtesy of the author.

그림 U: Courtesy of the author.

그림 V: Claude Monet, *Grainstack(Sunset)*, oil on canvas, 1891. Juliana Cheney

Edwards Collection, Museum of Fine Arts, Boston.

그림 W: Courtesy of the author.

그림 X: Photographs by Jill Morton, reproduced by permission.

그림 Y: Image created by Michael Bok.

그림 Z: Mantis shrimp by Jacopo Werther, 2010.

그림 AA: Image created by Michael Bok.

그림 BB: Courtesy of the author.

그림 CC: Courtesy of the author.

그림 DD: Via Wikimedia Commons.

그림 EE: Printed by permission of István Orosz.

그림 FF: Via Wikimedia Commons. Created by Michael Ströck, 2006.

그림 GG: Photograph by Betsy Devine; effects by the author.

그림 HH: Winter Prayer Hall, Nasir Al-Mulk Mosque, Shiraz, Iran.

그림 II: Courtesy of the author.

그림 JJ: Courtesy of the author.

그림 KK: Amity Wilczek photographed by Betsy Devine; effects by the author.

그림 LL: Photograph by Mohammad Reza Domiri Ganji.

그림 MM: Typoform, The Royal Swedish Academy of Sciences.

그림 NN: © CERN image library.

그림 OO: © Derek Leinweber, used by permission.

그림 PP: © Derek Leinweber, used by permission.

그림 QQ: Courtesy of the author.

그림 RR: Courtesy of the author.

그림 SS: Courtesy of the author.

그림 TT: Courtesy of the author.

그림 UU: Courtesy of the author.

그림 VV: Courtesy of the author.

그림 WW: Courtesy of the author.

그림 XX: © Derek Leinweber, used by permission.

그림 YY: Caravaggio, *The Incredulity of St. Thomas*, oil on canvas, 1601-2.

그림 ZZ: Leonardo da Vinci, *Vitruvian Man*, ink and wash on paper, c. 1492.

그림 AAA: Via NASA.

표지: The Northern Sky. 1729. Celestial maps depicting the digitale A5 (1)
European view of the cosmos, Reiner Ottens, European Culture. Boston,
WGBH Educational Foundation. © 2018. WGBH Stock Sales/Scala, Florence

ㄱ

ABC

감사의 글

이 책을 집필하는 프로젝트는 2010년에 케임브리지의 다윈 대학으로부터 '양자적 아름다움'이라는 주제로 강연을 해달라는 부탁을 받으면서 시작되었다. 그 후 강연 자료를 준비해준 크리스토퍼 존슨(Christopher Johnson)과 3Play Media의 관계자들, 그리고 강연 내용을 '아름다움'이라는 주제 하에 여러 개의 장(章)으로 분류하고 정리해준 조 라인하르트(Zoe Leinhardt)와 필립 다위드(Philip Dawid), 로렌 애링턴(Lauren Arrington)에게 깊이 감사드린다.

나의 초기 아이디어를 확장하고 살을 붙이도록 용기를 북돋워준 존 브록만(John Brockman)에게도 감사의 마음을 전한다. 그 덕분에 나의 책은 펭귄프레스(Penguin Press, 이 책을 출간한 출판사 – 옮긴이)의 관심을 끌 수 있었다.

펭귄프레스의 스콧 모이어스(Scott Moyers)와 말리 앤더슨(Mally Anderson)은 집필 초기부터 원고에 열성적인 관심을 보이며 격려와 비평을 아끼지 않았고 원고를 개선하는 데 커다란 도움을 주었다. 특히 말리는 집필이 마무리될 때까지 특유의 침착함을 발휘하며 원고의 완성도를 높여주었다. 그리고 탁월한 프로 정신으로 나의 원고를 아름다운 책으로 만들어준 펭귄프레스의 디자이너들과 기술진에게도 깊이 감사드린다.

집필 초기에 값진 조언을 해준 알 셰피어에게도 이 자리를 빌려 감사의 말을 전하고 싶다.

나의 아내이자 인생의 파트너인 벳시 디바인(Betsy Devine)은 원고를 처음부터 끝까지 꼼꼼하게 읽고 난해한 문장을 좀 더 직설적이고 설득력 있게 고쳐주었으며 책의 뒷부분에 '용어해설'을 첨부할 것을 강력하게 권했다. 그녀가 아니었다면 '용어해설'은 아예 존재하지 않았거나 무미건조한 용어사전에 머물렀을 것이다. 또한 벳시는 책을 쓰면서 나의 의지가 오락가락할 때마다 마음을 편하게 해주었다. 이 정도의 책을 쓰려면 당연히 겪는 일이겠지만 아내의 위로가 없었다면 결코 끝내지 못했을 것이다.

책을 쓰는 동안 다양한 방식으로 지원해준 나의 직장, MIT와 집필 후반기에 도움을 준 애리조나 주립대학교의 관계자들에게 깊이 감사드린다. 이 책의 핵심 부분은 중국의 아름다운 시후(西湖)를 방문했을 때 집필되었다. 책의 첫 부분에 실린 권두 삽화도 이때 결정한 것이다. 나의 중국 여행을 물심양면으로 도와준 빈센트 리우(Vincent Liu)와 우 비아오(Wu Biao), 홍웨이 치옹(Hongwei Xiong)에게 감사의 말을 전한다.

자연과학을 공부하다 보면 주변의 모든 사물들이 어떤 '당위성'을 갖고 움직인다는 느낌이 강하게 들 때가 있다. 물론 태엽이 풀리면서 돌아가는 시계나 배터리로 작동하는 스마트폰은 '그런 식으로 작동할 수밖에 없게끔' 인위적으로 만든 것이니 예측한 결과가 그대로 구현되는 것이 당연하지만 모든 행성이 수학적인 타원궤도를 따라 움직이고 수소원자의 스펙트럼이 100억 년 전이나 지금이나(또 이곳에서나 우주 반대편에서나) 완벽하게 같은 것을 보면 우주는 거시적, 미시적 스케일에서 확실한 목적이 있는 것처럼 보인다. 인간은 손바닥에 들어올 정도로 조그만 기계를 100년 동안 똑같이 작동하도록 만들기도 어려운데, 우주는 그 방대한 규모에도 불구하고 거의 130억 년 동안 한결같은 성능을 유지해왔다.

생각이 여기까지 미치면 으레 전능한 창조주나 종교적 교리를 떠올리기 마련이다. 모든 물리학 교과서에는 '이 세상이 돌아가는 방식(How)'만 적혀 있을 뿐, '그런 식으로 돌아가야만 하는 이유(Why)'를 알려주지 않으니, 결정적인 순간에 논리상의 점프가 일어나는 것이다. 특정 종교에 귀의하면 나름대로 자체 모순이 없는 답을 얻을 수 있지만 그 답이라는 것은 "신의 의도는 당신의 인지 능력을 벗어나 있으니 더 이상 캐지 말고 그의 뜻에 순종하라"는 불가지론(不可知論)에 가깝다. 바로 전 단계까지는 난해한 수학과 씨름을 벌이며 인과관계를 잘

꿰어 맞춰왔는데, 마지막 단계에서 갑자기 판을 엎어버린다. 그리고 이 단계에 들어서면 자연을 이해하기 위해 긴 시간을 투자한 사람이나 오직 먹고살기 위해 인간사에 파묻혀 살아온 사람이나 별반 차이가 나지 않는다. 신 앞에서는 누구나 평등하니까.

그런 극약 처방이 싫어서 다른 답을 찾으려 해도 세상만물의 이치를 초지일관한 논리로 설명하기란 결코 쉬운 일이 아니다. 고전역학의 창시자인 아이작 뉴턴은 물체가 움직이는 방식(how)을 수학적으로 완벽하게 설명해놓고 마지막 단계에서 전능한 존재(신)를 끌어들였다(본문 6장 뒷부분 참조). 인류 역사상 최고의 천재도 달리 뾰족한 수가 없었던 것이다. 20세기 초에 상대성이론으로 물리학계의 판도를 바꿨던 아인슈타인도 양자역학의 타당성을 놓고 닐스 보어와 세기적 논쟁을 벌이던 중 궁지에 몰릴 때마다 "신은 주사위놀음을 하지 않는다"는 등 막판 뒤집기식 반론을 제기하곤 했다. 최고의 석학들이 이처럼 지름길을 택했으니, 우리도 그 길을 따라가야 할까?

프랭크 윌첵은 이 책을 통해 (본문에서 대놓고 주장하진 않았지만) "그럴 필요 없다"고 조용히 외치고 있다. 종교의 교리가 체질에 맞아서 그 길로 가는 것은 아무 문제가 없지만 자연의 당위성을 논리적으로 설명할 수 없다는 이유로 굳이 종교에 의지할 필요는 없다는 이야기이다. 그가 자연의 섭리를 이해하는 데 가장 중요한 지침이 된 것은 바로 '아름다움'이었다. 그래서 이 책은 다음과 같은 질문으로 시작된다.

이 세계에는 '아름다운 사고(beautiful idea)'가 구현되어 있는가?

이 하나의 질문에서 출발하여 피타고라스의 음이론과 플라톤의 이상형, 갈릴레이의 운동법칙과 뉴턴의 역학, 그리고 맥스웰의 전자기학과 20세기의 양자이론에 이르기까지 한 시대를 풍미했던 모든 물리학 이론에서 아름다운 요소를 찾아냈다. 그게 뭐 어쨌냐고? 아니다. 이건 결코 가볍게 넘길 일이 아니다. 자연을 서술하는 이론이 한결같이 아름답다는 것은 만물의 앞날을 결정하는 제1 원칙이 정의(正義)도 아니고 선(善)도 아닌 '아름다움'임을 의미하기 때문이다. 물론 이런 논리로 독자들을 설득하려면 아름다움이라는 단어부터 엄밀하게 정의해야 한다. 윌첵은 아름다움을 한 문장으로 정의하지 않고 다양한 형태로 제시했는데, 그 핵심은 '간결함'과 '경제성', 그리고 '대칭'으로 요약할 수 있다.

대표적인 사례가 바로 음악이다. 두 개 이상의 음이 동시에 울릴 때 듣기 좋은 화음이 형성되려면 두 음의 진동수가 '간단한 정수비율'로 표현되어야 한다. 가장 간단한 정수비율은 2대 1이니 낮은 '도' 음과 높은 '도' 음이 가장 잘 어울리고, 그다음으로 간단한 정수비율은 3

대 2이므로 '도' 음과 '솔' 음이 두 번째로 듣기 좋은 화음이다(3대 1은 두 음의 차이가 한 옥타브를 넘어가므로 제외된다). 이런 식으로 간단한 정수 비율을 순차적으로 골라내다 보면 자연스럽게 피아노 건반이 재현된다. 이것이 바로 음악의 출발점이 되었던 피타고라스 음계이다. 그저 '가능한 한 단순한 정수비율'을 찾았을 뿐인데, 가장 듣기 좋은 음계가 완성된 것이다. 훗날 요한 세바스찬 바흐(J. S. Bach)가 여기에 약간의 수정을 가한 평균율을 제안했는데, 이것은 피타고라스의 음계에 한 술 더 떠서 각 음의 진동수 비율에 등비수열을 적용한 것이다. 그러니까 한마디로 음악은 '수학의 아름다움을 소리에 투영한 예술'인 셈이다. 더욱 놀라운 것은 이 화음의 원리가 현대 양자이론에도 그대로 적용된다는 사실이다. 진동하는 끈을 원형으로 감아서 진동수의 비율을 적용하면 수소원자에 속한 전자의 정상상태 궤도를 계산할 수 있다.

뉴턴의 역학, 맥스웰의 색이론과 전자기학 방정식, 아인슈타인의 상대성이론, 그리고 현대의 양자이론과 표준모형에는 이와 같은 아름다움이 곳곳에 배어 있다. 그리고 저자는 넓고 깊은 지식과 탁월한 직관을 동원하여 자연의 가장 깊은 곳에 숨어 있는 아름다움의 편린을 조심스럽게 캐내어 감상하기 좋게 진열장 위에 올려놓았다. 물론 한눈에 아름다움이 느껴지지는 않을 것이다. 고전음악에 익숙하지 않은 사람에게 베토벤의 피아노 소나타를 들려주고 그 자리에서 감동하기를 바랄 수는 없다. 그러나 여기에 한번 빠지면 그 어떤 매력보다 치명적이다. 자연의 아름다움에 흠뻑 매료되어 과학자가 되었다가 그 아름다움에 식상함을 느껴 진로를 바꿨다는 사람은 들어본 적이 없다.

굳이 물리학을 들먹이지 않아도 자연이 아름답다는 데는 누구나 공감할 것이다. 그러나 숨이 막힐 정도로 뛰어난 절경을 바라보며 아름다움을 느끼는 것은 여인의 빼어난 외모에 반하는 것과 같아서 임팩트는 강하지만 깊이가 없다. 반면에 '고유공간의 국소대칭'이라는 극히 비밀스러운 형태로 숨어 있는 질서에서 아름다움을 느끼는 것은 여인의 가장 깊은 내면에 숨어 있는 매력에 반하는 것과 같아서 중독성이 매우 강하다. 게다가 이런 중독은 악성 후유증을 유발하지도 않는다. 깊은 곳에 숨어 있는 속성일수록 쉽게 변하지 않기 때문이다.

박병철

뷰티풀 퀘스천

A
BEAUTIFUL
QUESTION

뷰티풀 퀘스천

초판 1쇄 발행 2018년 6월 15일
초판 4쇄 발행 2023년 1월 3일

지은이 프랭크 윌첵
옮긴이 박병철
감 수 김상욱
펴낸이 유정연

이사 김귀분
책임편집 조현주 **기획편집** 신성식 심설아 유리슬아 이가람 서옥수 **디자인** 안수진 기경란
마케팅 이승헌 반지영 박중혁 **제작** 임정호 **경영지원** 박소영

펴낸곳 흐름출판(주) **출판등록** 제313-2003-199호(2003년 5월 28일)
주소 서울시 마포구 월드컵북로5길 48-9(서교동)
전화 (02)325-4944 **팩스** (02)325-4945 **이메일** book@hbooks.co.kr
홈페이지 http://www.hbooks.co.kr **블로그** blog.naver.com/nextwave7
출력·인쇄·제본 (주)상지사 **용지** 월드페이퍼(주) **후가공** (주)이지앤비(특허 제10-1081185호)

ISBN 978-89-6596-265-6 03400